U0023208

Marketing Management

行銷管理

2nd Edition

林欽榮◎著

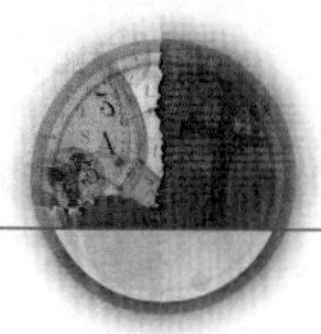

再版序

行銷在今日社會中，已是一項相當重要的人類活動。它不僅存在於商業活動的領域之中，也存在於人類社會的各個層面。誠然，產品或服務必須行銷，而個人或組織的形象也需要行銷。因此，行銷已深深地影響到人類生活。吾人必須重視它、善用它，才能開創更幸福的人生。

然而，行銷是需要管理的。只有進行行銷管理，才能使行銷活動更有效率。本書的再版即秉持此一理念，基本上仍沿用第一版所列章節。本版第一篇導論，首先探討和行銷有關的幾項概念，行銷管理的意義、哲學觀、研究目的和範疇，以作為本書立論的架構；接著則討論行銷策略、行銷管理程序，以及行銷環境等。

第二篇分析行銷機會，乃包括行銷研究與目標市場、消費者市場、組織市場、市場區隔等，其目的不外乎在找尋市場機會，並設定目標市場。第三篇行銷組合，則包含產品創新與擴散、產品與服務決策、產品價格、行銷通路、零售與批發、整合性推廣，以及廣告、促銷與公共關係和人員推銷與直效行銷等，其主旨乃在探討行銷的4P組合及其策略。

第四篇行銷的延伸，包括服務業的行銷、網路行銷、顧客關係管理、國際性行銷、行銷與社會責任等，這些都和行銷工作的主題有關，係屬於行銷作業的延長範疇，因此列在本書最後篇章討論之。

本次再版各章節的變動不多，但在內文上則變化甚大，有些幾乎都重新編寫，其中變化最大的是新增的「網路行銷」一章，此乃為吾人深深感覺到網際網路對行銷工作的影響愈來愈大之故。此外，對「消費者市場」、「組織市場」兩章的節次及內文，做了較大的更動。其他各章如「概論」、「行銷策略」、「市場區隔」、「產品創新與擴散」、「產品與服務決策」、「人員推銷與直效行銷」、「服務業的行銷」、「顧客關係管理」等章，都做了不少增刪。

雖然本次再版已力求周詳完整，惟恐仍有疏漏之處，尚請指教為幸。

林欽榮　謹識

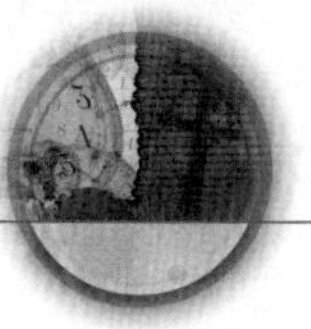

序

在現代社會中，行銷活動已日益重要。今日不僅企業機構需要行銷，非營利機構、政府機關和民間社團等也需要行銷；甚至於不止機關組織需要行銷，即使個人也需要行銷。因此，行銷活動已成為人們日常生活中的重要部分，它已普遍存在於整個社會中，以致所有的人都不能忽略行銷工作。正因為人們所面對的都是行銷的環境，而若缺乏行銷的認識，便無樂趣之可言。

然而，行銷是需要管理的，此即為行銷管理。不過，行銷管理的興起，只是近幾十年以來的事。今日行銷管理知識乃係源自於應用經濟學，再加上社會學、心理學、文化人類學、管理學等行為科學的原理原則所彙聚而成。行銷管理的目的，即在順應消費者的需求、服務消費者的需求和滿足消費者的需求。行銷活動絕不只是銷售而已，更重要的是必須能重視售後服務。唯有如此，才是真正的行銷。

當然，行銷管理是一件錯綜複雜的工作。首先，行銷人員都必須具備正確的行銷觀念，才能擁有正確的行銷態度，以及採取合宜的行銷行動。因此，行銷人員必須培養準確的行銷哲學觀，能審視行銷的環境，以幫助作成適宜的行銷決策；並運用良好的行銷管理程序，以實現其訂定有效的行銷策略。

其次，行銷人員尚需分析市場機會。蓋產品和服務的行銷必須有市場機會，才得以實現。市場機會的分析，必須能瞭解目標市場在哪裡，並進行市場研究；在有了目標市場，行銷人員才可能訂定與選擇行銷策略和市場定位策略。在目標市場中，有兩種主要市場：一為消費者市場，一為組織市場。消費者市場是指個別的消費者。個別消費者都有其個別的消費習慣與嗜好，行銷人員必須對影響消費者的各項因素有所瞭解，才可能進行市場區隔策略。此外，組織市場的類型、特性，和購買者角色、購買過程等，都是行銷人員所要切實掌握的。

再者，行銷組合是行銷工作的重心。凡是行銷人員都必須瞭解行銷組合的要素。就產品而言，行銷人員必須重視產品的創新與擴散，瞭解產品的生命週期，才能提供完整的顧客服務。就價格而言，行銷人員需研擬合理的產品價格，才能為顧客所接受，並形成品牌忠誠性。就行銷通路而言，行銷人員需懂得自我產品的通路，並和中間商建立起良好的關係，以協助自我產品行銷的暢通。就促銷推廣而言，行銷人員更要瞭解運用自我產品的最佳促銷方法，選擇最佳的推廣工具，以利於自我產品的推銷。

接著，行銷人員需就自我企業機構的資源，提供全面性服務品質管理制度。行銷人員還必須能與顧客建立長期的良好關係，以期能使企業永續經營。當然，企業機構若有機會從事國際性行銷活動，行銷人員也必須能審視國際環境，進行國際行銷決策與國際人員的管理。最後，行銷人員在從事行銷工作時，更需擔負社會責任，並注意企業倫理的建構，以求能與社會共存共榮。

準此，今日行銷及其管理工作可謂經緯萬端，絕非簡單的原理原則所可構築而成。本書的編寫一方面希求能兼顧有關行銷問題的各項主題，另一方面則期望能同時適用於產品與服務的行銷，其乃為個人從事多年教學工作的心得，希望能對行銷學習者和工作者有所助益。然而，由於作者所知有限，其必有闕漏誤謬之處，尚祈指正是幸。

林欽榮　謹識

目 錄

Chapter 3 行銷管理程序 49

Chapter 4 行銷環境 73

Part 2 分析行銷機會 95

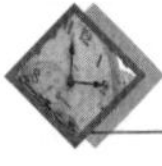

Chapter 5 行銷研究與目標市場 97

Chapter 6 消費者市場 117

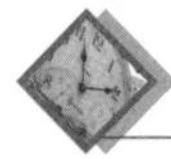

Chapter 7 組織市場 145

Chapter 8 市場區隔 163

Part 3 行銷組合 185

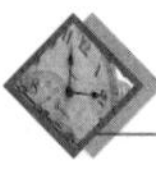

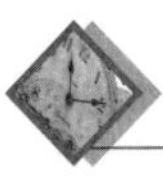

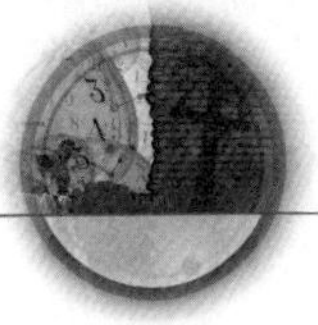

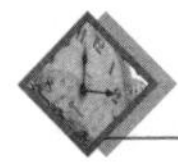

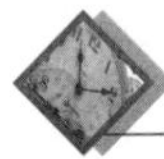

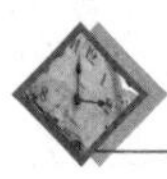

Part 1

導　論

行銷管理係企業活動的重大職能之一，企業生產必須依靠行銷才能達到追求利潤的目標；否則，若只有生產而無行銷，則生產亦無法達成其利潤目標。是故，行銷管理在企業活動中實占有一席重要的地位。惟今日行銷的概念若只源自於生產，則不免過於狹隘。因為行銷絕不只是把產品銷售出去而已，其乃奠基於消費者對需求的滿足上，只有消費者能滿足其需求，才談得上行銷。因此，今日的行銷概念乃為「以消費者的需求為前提，以消費者的滿足為依歸」。本篇首先將討論行銷的概念與行銷管理的內涵。其次，行銷策略也是吾人所必須重視的，唯有正確的行銷策略，才能有確切可行的行銷管理方案和程序。再次，本篇尚須探討行銷管理的一般程序，如此才能循序漸進地完成行銷目標。最後，行銷管理階層尚須瞭解行銷環境及其所可能概括的要素，如此才具有完整的行銷管理理念。

Chapter 1

概　論

在企業管理的領域中，行銷是一項很重要的活動。企業若缺乏行銷，則生產仍無法達成追求利潤的目標。因此，一般學者常將行銷與生產並列，而合稱之為產銷。事實上，行銷乃是一項獨立的職能，不僅企業生產需要行銷，各種組織和個人也需要行銷。是故，行銷是無所不在的，所有的人都需要懂得行銷。本書首先將探討行銷的概念及行銷管理的意義，再研討有關行銷的管理哲學及行銷管理的目的，最後分析本書行銷管理所指涉的內容。

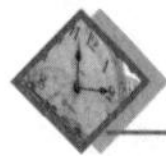

第一節　行銷的幾項概念

行銷是吾人日常生活中很重要的一環，每個人都無法脫離行銷的環境。然而，何謂行銷（marketing）？許多人都把行銷視為銷售（sale／selling）、促銷（promotion）或廣告（advertising）。事實上，銷售和廣告都僅是行銷活動的一部分而已。今日行銷的觀念，遠比過去銷售和廣告的範圍大得多；亦即行銷不僅止於把商品或服務銷售出去，甚且要注意售後的服務。換言之，今日的行銷乃涵蓋著持續地滿足顧客的需要。如果行銷人員能夠確認消費者的需要，就能提供具有價值的產品，並做有效的生產、訂價、配銷及促銷活動。

依此，行銷乃是一種經由交換程序的人性活動，其乃以人性需要和慾望的滿足為目的。更具體地說，行銷就是藉著創造和交換產品與價值，而使得消費者滿足其需要和慾望的程序。此種程序至少包括下列概念：

一、需要

行銷最基本的概念，乃涉及「需要」（needs）。所謂需要，就是一種人們自覺得到的缺乏狀態。由於缺乏，所以促使人們採取想去滿足的行動。這些乃包括基本生理上對食物、衣著、居所、安全等的需要，社會層次上對歸屬感、認同感和親和感的需要，以及心理層面上對尊重、自信心、知識追求、自我表現和成就等的需要。以上都是人類與生俱來的需要。其中任何一項需要若未能得到滿足，人們必然會表現出兩種行為方式：一為設法取得能滿足需要的某種標的物，一為放棄或壓抑其需要。

二、慾望

行銷的第二項基本概念，乃是慾望（wants）。所謂慾望，就是經由文化背景和社會環境所塑造而表現出來的人性需要之形態。例如，飢餓是一種需要，但吃稻米、麵食、漢堡、薯條、豆子、乳豬等則各是一種慾望，這些乃是社會環境和文化背景所鑄造出來的。人們的需要是自然產生的，但慾望是創造出來的，故慾望是無窮盡的。行銷者為了滿足人們的慾望，所以必須不斷地生產、製造和提供足以滿足慾望的商品和服務。

三、需求

行銷的第三項概念，就是需求（demands）。所謂需求，是指具有購買能力和意願的慾望。人的慾望幾乎是無窮盡的，可是可資運用的資源是有限的；尤其是消費者在選購產品時，必然會以本身的財力和購買力來衡量，以選取最能獲得滿足的產品。因此，消費者選購最能滿足其慾望的產品，乃是以他們所擁有的有限資源為度，這是實現其需求的基本條件。

四、產品

行銷的第四項概念，就是產品（products）。所謂產品，是指任何能提供於市場上，用以引起人們注意、取得、使用、或消費，而能滿足其慾望或需要的所有物品或事物。產品的觀念並不只限於實體物質，而且也包括精神和心理層面的事物；前者直稱為產品，後者則稱之為服務。蓋實體物質固可提供來應用，而服務亦能提供其便利性和利益，此兩者都能滿足消費者的需求和慾望，故通稱之為產品。亦即產品包括實質和非實質的東西，一件物品是產品，一套機器是產品，而一種服務、資訊、事件、構想和觀念等都是屬於產品之列。

五、價值

行銷的第五項概念，就是價值（value）。所謂價值，是指消費者對某種產品能滿足其需要的整體評估，此又稱為顧客價值（customer value）。消費者在選購產品時，常將該產品所能產生的利益和花費在該產品的成本做比較，若產品利益超過選購成本，將感受到更大的價值；反之，則認為無太大價值。因此，決定產品是否具有價值的重大因素，乃為知覺（perception）和認知（perceive）。此種知覺和認知是多層面的，故甚難加以評估。例如，評估賓士汽車的價值，可包括快速、可靠、更高地位與形象等利益；且將這些利益用來和所支付的金錢、心理成本等，加以權衡與評估。此時，對不同社會階層的人士，就顯現出不同的價值。

六、滿足

行銷的第六項概念，就是滿足或滿意（satisfaction）。它是與顧客價值具有相當密切關係的因素。所謂滿足，就是購買者對某項產品所認定的功能和其所期望的價值之比較程度。如果產品的功能特性不如他的期望，則消費者將感到不滿足；如果功能特性符合或超出他的期望，則會感到滿足。一旦消費者對某項產品感到滿足，他將會重複購買，且會將購買該產品的愉快經驗分享給他人。因此，能提供讓消費者滿足的商品，乃是行銷工作的重要步驟之一。

七、品質

行銷的第七項概念，就是品質（quality）。所謂品質，就是依據產品規格和質材，在現有的技術和製造能力下，生產消費者所願意購買的產品之謂。最好的品質並不是質材最佳，而應是最符合消費者意願和滿足感的。此種品質包括產品本身、服務和行銷活動的品質，其對產品性能具有直接的影響，且與消費者的滿意度有重大的關聯性。易言之，品質就是在「免除缺失」（freedom from defect）。今日，許多公司都採行「全面品質管理」（Total Quality Management, TQM）計畫，一方面致力於各個層面品質的提升，另一方面則希望能獲致全面顧客滿意度（total customer satisfaction）。

八、交換

行銷的第八項概念，就是交換（exchange）。所謂交換，是指某人為取得某種所要的標的物，而以提供另一項事物作為回報的行為。此為行銷的核心概念，蓋人們之間透過交換的方式，來滿足其需要和慾望時，則所謂的行銷乃得以告成。一般而言，人們取得標的物有四種方式：(1)為自行生產的方式，如自行狩獵、畜牧、漁撈或採摘果物；(2)為強制取得的方式，如採用暴力強取或偷取；(3)為乞求的方式，如乞求他人的憐憫施捨；(4)為交換的方式，即以付出金錢、另一項商品或服務，而換取所需的物品。其中，只有交換的方式符合行銷的概念。

至於交換的存在，至少必須具備下列五項條件：

1.必須同時至少有雙方當事人。

2.雙方都必須擁有對方認為有價值的東西。

3.雙方都必須具有相互溝通與交貨的能力。

4.雙方都必須有與對方從事交換的意願。

5.雙方都必須享有充分接受或拒絕的自由權力。

唯有具備上述條件，交換始有存在的可能。易言之，交換是否會真正發生，必須雙方當事人同感交換的價值。因此，生產固然會創造價值，交換也同樣創造了價值。此種交換的結果，乃造就了社會成員消費的機會。

九、交易

行銷的第九項概念，就是交易（transaction）。交換是行銷的核心概念，而交易則為交換的基本測度單位。所謂交易，是指交換雙方所互換的事物或價值，其乃包括雙方當事人之間價值的給與予。交易有金錢交易（monetary transaction），也有以物易物的交易（barter transaction）；前者如以新台幣四百元購買玩具，後者如以電冰箱和電視機的交換即是。此外，交易不一定必然為商品，而可能也包括服務、觀念，以及所產生的期望反應。例如，一位候選人希望獲得選民的反應——選票，即為政治承諾的交易。因此，精明的行銷者都會設法與顧客、經銷商、零售商和供應商等建立一種長期、互信和共存共榮的合作關係，以利於各種可能的交易，此即為關係行銷（relationship marketing）。良好的關係行銷必須不斷地提供高品質的產品、良好的服務和合理的價格，並建立堅強的經濟、技術和社會關係。

今日許多企業為降低交易成本和節省交易時間，並順利完成交易，乃建構了行銷網路。所謂行銷網路（marketing network），就是公司和其所有相關的利益關係者，包括顧客、員工、供應商、配銷商、零售商、廣告代理商，以及其他成員，在網路上建立關係行銷網。行銷網路一旦建立，就不再是公司與公司的競爭，而是網路與網路之間的競爭。此種行銷網路將為企業帶來高利潤的營運。

十、市場

行銷的第十項概念，乃是市場（market）。所謂市場，是指某項產品的實際購買群及潛在的購買群而言。早期所謂的市場，其實就是市集，乃為貨品實際進行交易的地方。隨著時代的演進，市場的觀念已有很大的變化。今日「市場」的概念，已不再是指實際進行交易的場地，而是指任何構成交易的要件者，均屬於市場。此外，市場的範圍不僅限於貨品和服務，而且更擴大及社會上各個層面及組織機構。例如，由勞力所構成的「勞工市場」，由金錢借貸、儲蓄及保護所形成的「金融市場」，或基於財務需要所產生的「贈與者市場」等，均屬於市場之列。此種市場的概念，正逐日擴大之中，如房屋市場、穀物市場、原料市場、消費者市場、中間商市場、製造者市場、政府市場等，有些以所售貨品為名，有些則以銷售對象為名，真可謂錯綜複雜，不一而足。

最後，市場的概念又衍生出行銷的概念，至此乃構成一個完整的行銷體系。在行銷體系中，行銷者必須找出買主，並確認其需求，以設計適當的產品，進行促銷、儲存、運送及訂價等活動。行銷工作的核心作業，包括：產品開發、研究、傳播或溝通、配銷、訂價及服務等活動。一般人都以為行銷是屬於賣方的工作，事實上買方也從事於行銷活動。例如，消費者在尋求他們所需要的、價格合理的商品，就是一種行銷活動。又如企業機構的採購部門在探尋供應商、洽談採購條件等，也是一種行銷工作。因此，以行銷的市場言，就可分為買方市場和賣方市場。當買方的力量較大，而使得賣方必須擔任較積極的「行銷者」角色，就稱之為買方市場；倘若賣方的力量較大，使得買方必須擔任較積極的「行銷者」角色，此時就稱為賣方市場。直至今日，由於商品供應的成長高於需求的成長，以致行銷工作必須以賣方致力於尋找買方為主。因此，本書的討論即以此一觀點為主導，而用於研究買方市場，並探討賣方必須面對的各項行銷問題。

第二節　行銷管理的意義

企業生產產品或提供勞務，必須依靠行銷；公務機關要建立良好的形象或公共關係，必須依靠行銷；即使個人的行與形象的包裝，仍然要依靠行銷。因此，行銷需要管理，乃屬理所當然之事。人們既然生活在行銷的社會環境之中，就必須重視行銷管理。然而，何謂行銷管理？有關行銷管理的定義，各家說法略有差異。吾人首先將探討行銷定義，然後再對行銷管理做綜合性的敘述。

首先，史坦頓等（William J. Stanton and Charles Futrell）認為：行銷是指所有能生產和增進人類需要（needs）與慾望（wants）的滿足之活動。該定義很簡明，指陳只要能滿足人類需要和慾望的活動，都屬於行銷的範圍。

其次，根據著名的行銷學者柯特勒（Philip Kötler）的看法，他認為行銷是一種由個人或群體透過創造與提供，而與他人自由交換有價值的產品和服務，以滿足他們的需要與慾望之社會性過程。該定義較為明確，已指出必須提供有價值的產品和服務，且能做自由交換的過程。

接著，普萊德等（William M. Pride and O. C. Ferrell）更進一步指出：行銷是指個人或組織對各種財貨、勞務與理念，做創造、配銷、促銷與訂價等活動，以求能在動態的環境中增進令人滿意的交換關係之過程。

美國行銷協會（American Marketing Association, AMA）則解釋：行銷是經由創意、商品、服務的概念化、訂價、配銷和促銷等一系列活動之規劃與執行，藉此而創造出交換活動，用以滿足個人和達成組織目標的過程。

依據前述，則所謂行銷管理（marketing management），就是在安排、設計、規劃、組織、執行和控制有關行銷方案，經由創造、確立、提供、維繫與他人自由交換有價值的產品和服務，來滿足個人或群體慾望和需求，並達成企業利潤目標的過程。此即為對創意、商品和服務的訂

價、配銷和促銷等各項行銷決策的分析、規劃、執行和管制，其目的在鼓勵與便利於相互的交換，用以達成個人和組織的目標。

行銷管理的意義固可如上所述，惟它實隱含著更深層的概念：一為行銷管理是一種需求管理，另一為行銷管理是一種顧客關係管理。此可討論如下：

一、需求管理

就需求管理而言，行銷管理乃是為了滿足需求而來，此種需求可以是個人的，也可以是組織的。行銷管理是為了滿足個人需求，乃是無庸置疑的。至於，行銷管理是為了滿足組織需求，也是事屬必然的。一般來說，行銷管理就是在為公司所生產的產品和服務，尋找大量的顧客或消費者，如此才能做大量的促銷，並為公司賺取最大的利潤。事實上，創造大量需求固為組織所應努力的方向，但所有的企業機構對其本身的產品，都應有一定的期望需求，或某種理想的需求水準。無論在任何時點下，需求都有可能是零、剛好、過剩、不足等不規則的現象，此時行銷管理就必須設法去應付各種需求狀況。因此，行銷管理就是一種需求管理。

準此，行銷管理人員的任務，不僅在創造、刺激與擴大市場需求，而且也包括調整或降低市場需求。例如，在需求大過於供應的情況下，行銷管理人員就必須設法擴增產品；但在供應大於需求時，就必須設法減少產品供應；甚至於在市場已缺乏需求時，更需暫時或永久地降低需求，此稱之為「負行銷」（demarketing）。負行銷的方式，不外乎是提高價格、降低服務，其目的只是在降低需求，而不是消滅需求。

由此可知，行銷管理的任務，乃在調整市場需求的水準、時機和本質，藉以協助組織目標的達成。是故，行銷管理的本質即為需求管理（demand management）。

二、顧客關係管理

行銷管理也是一種顧客關係管理。所謂顧客關係管理（Customer Relationship Management, CRM），乃為行銷人員必須和顧客建立永久的良好關係，藉以維持住現有的顧客。畢竟，維持住舊有顧客比開發新顧客所花費的成本較小；且提高顧客忠誠度（loyalty），將有助於公司利潤的提升。因此，行銷管理有時是需求管理，但同時也意味著顧客關係管理。

一般而言，公司的需求主要來自兩種群體：一為新顧客，一為原顧客。傳統的行銷理論與實務，比較著重吸引新顧客，並銷售產品給他們。然而，時至今日，此種觀念已逐漸在改變之中。今日許多公司除了設計行銷策略，用以吸引新顧客，並與之達成交易之外，尚積極地設法維持住原有的顧客，並與之建立長久的顧客關係。

由於今日社會環境的變遷，諸如急遽變化的人口統計、成長緩慢的經濟、激烈的競爭態勢，以及多數產業超額的產能等行銷現實問題，已使新顧客愈來愈少；再加上許多產業公司為了爭奪市場占有率，以致吸引新顧客所需支付的成本也愈來愈昂貴。根據統計顯示，吸引一位新顧客所需的成本，約為維繫一位現有顧客滿意度成本的五倍。

由此可知，公司若失去一位顧客，不僅是損失一筆交易而已，其可能損失該顧客一生對其產品的總消費額，亦即為損失其顧客的終身價值（customer lifetime value）。因此，公司若能挽留住顧客，對其經濟效益會有很大的貢獻。至於，公司留住顧客的關鍵性做法，就是提供卓越的價值與高度的滿意水準。此即為顧客關係管理的精髓所在。

總之，行銷管理不僅在推銷其產品和服務而已，其乃在安排有效的行銷環境，用以達成消費者能滿足其需求與慾望，並能完成組織的目標。惟這些目標的完成，須做好市場上的需求管理和顧客關係管理，如此才能達成適宜的行銷管理目標。

第三節　行銷管理哲學

行銷管理乃在推動企業機構和其目標市場之間所期望的產品和價值期望之交換，然而行銷人員對其本身機構的利益、顧客的利益和社會的利益，究應如何權衡輕重得失，則有賴於行銷管理哲學的指導。所謂行銷管理哲學（marketing management philosophy），就是企業機構對行銷管理工作所抱持的觀點、態度和看法。此種哲學觀將影響企業對目標市場以及其對產品或服務的做法。因此，行銷管理活動的推展必須有一套哲學之引導。綜觀企業機構從事行銷管理活動，依其過去的發展至少有下列五種概念：

一、生產概念

生產概念（production concept）是企業機構指導行銷工作最古老的一項行銷管理哲學。所謂生產概念，就是企業認為只要有產品的供應，且價格在消費者的能力範圍內，就可使消費者樂於購置和使用該項產品。因此，企業機構的管理階層只需專注於改善其生產和配銷的效率即可。此時，企業管理階層將只致力於降低成本與擴大產品的配銷層面。

在生產概念下，企業機構認為企業的競爭力係來自於低廉的價格，但低廉的價格很難獲致一定的利潤，此時就必須設法降低成本。至於，降低成本的方法就是進行大量生產，而大量生產的必要條件則為將生產標準化和規格化；再者，企業擴大配銷層面，必也增加銷貨成本，因此企業也必須設法提高配銷效率。

此外，生產概念適用於兩種情況：一為當需求大於供給時，管理階層應集中全力來增加生產；另一為產品的成本相當高時，必須不斷地改善生產效率，以求降低成本。此不僅適用於企業機構，而且適用於服務機構。惟此種行銷管理哲學因太過著重生產工作，而為公司帶來了很大的風險；亦即公司只注意過度狹窄的生產作業，而忽略了顧客的慾望與需求，終而招致了缺乏人性，且忽視服務品質的指責。

二、產品概念

產品概念（product concept）為另一項行銷管理哲學。所謂產品概念，就是企業認為只要產品有最佳的品質、性能和特點，消費者就會選擇和接受該產品，並願意為該產品的額外功能支付更多的價錢。因此，企業機構的管理階層只需不斷地致力於追求產品的改善即可，通常不會考慮顧客的意見。

產品概念的行銷管理哲學，只是偏重於本身產品的改良，往往忽略了滿足消費者的慾望和需求。事實上，足以滿足消費者慾望和需求的，尚有其他具有替代性的產品。因此，此種行銷管理哲學實已患了所謂的行銷近視病（marketing myopia）。行銷近視病產生的原因如下：(1)認為成長是必然的事，只要人口增加，且更為富裕，市場必會隨之成長；(2)認為自身產業的主要產品不會有競爭性的替代品；(3)太過於相信大規模生產，以及產量提高時單位成本會快速降低；(4)只全神貫注於自身的產品，並力求不斷地實驗、改善，及降低該產品的製造成本，而忽視了其他情境的變化；(5)只專注產品本身的功能與特點，而忽略了顧客購買產品的真正價值與利益。因此，有許多快速成長的產業，都因患了行銷近視病而走向衰退的命運。

三、銷售概念

銷售概念（selling concept）又是另外一項行銷管理哲學。所謂銷售概念，就是認為只要行銷者極力去推銷或促銷，而顧客一旦被說服去購買某項產品，他們就會喜歡購買該產品。因此，企業機構的管理階層必須設法找出購買者，然後把產品的利益賣給他們。

在銷售概念的引導下，大多數的廠商都很重視銷售技巧，且在產能過剩時，去銷售其所生產的產品，而不是推銷顧客所想要的產品。銷售概念只著重創造銷售交易，並不能滿足消費者的慾望與需求，更無法與顧客建立長久的密切關係。易言之，銷售概念採取強力推銷的方式，利用廣告、拜訪銷售、促銷活動，努力將產品推銷給顧客，只強調產品的優點和利益。此種銷售概念極易使人誤認行銷就是銷售，或是促銷、廣告。此亦常出現在非營利事業機構，如政黨對候選人的強力推銷，即具有此種特性。事實上，銷售概念是極短視的做法，它往往只能得到短期的利益，很難獲致長期的利潤。

四、行銷概念

行銷概念（marketing concept）乃是晚近興起的一項行銷管理哲學。所謂行銷概念，就是認為企業機構要想實現其組織目標，必須認清目標市場的需要和慾望，並能以高於競爭對手的效率和效能，做出整合性的行銷工作，用來達成目標市場所期望的滿足感。因此，企業機構的管理階層必須以顧客的需要和慾望為導向，才能使顧客得到滿足，且使公司獲得利潤。是故，行銷概念具有四大支柱，即目標市場、顧客需要、整合行銷和公司利潤力目標。

行銷概念和銷售概念不同：(1)行銷概念注重買方的需要，而銷售概念重視賣方的需要；(2)行銷概念乃為透過產品的創造、運送到最後消費者手上，以滿足顧客的需要；而銷售概念則著眼於將產品轉換為現金收入，以滿足賣方的需要。易言之，銷售概念採取由內而外（inside-out）的觀點，起始於工廠，注重公司現有的產品，然後設法運用銷售、廣告和促銷的方法，以求達成有利的銷售額。至於，行銷概念則採取由外而內（outside-in）的觀點，起始於清楚地界定目標市場，注重顧客的需要，然後整合和協調所有的行銷活動，建立長期的顧客關係，並經由顧客的滿足而獲得利潤。銷售和行銷概念比較如**表1-1**所示。因此，行銷概念是一種

表1-1　銷售概念與行銷概念比較

項目 類別	起點	焦點	方法	目標	方向
銷售	工廠	產品	銷售推廣	經由銷售量而獲得利潤	由內而外
行銷	目標市場	顧客需要	整合行銷	經由顧客滿足而獲得利潤	由外而內

以顧客需要為導向的經營哲學，且以整合的行銷為手段來創造顧客的滿足，並以此來達成組織獲得利潤的目標。

五、社會行銷概念

社會行銷概念（societal marketing concept）是最先進的一種行銷管理哲學。所謂社會行銷概念，就是認為一家企業機構必須確認目標市場的需要、慾望和利益，且以其較高於競爭對手的效率和效能，來提供給顧客所期望的滿足；同時能兼顧消費者福利與整個社會的福祉。因此，企業機構的管理階層必須要在公司利潤、顧客滿足和社會福祉三者之間取得平衡，其如**圖1-1**所示。

社會行銷概念與銷售概念、行銷概念的差別，乃在銷售概念只重視企業利潤，即公司目標；行銷概念則兼顧公司利潤與顧客需要，期望企業

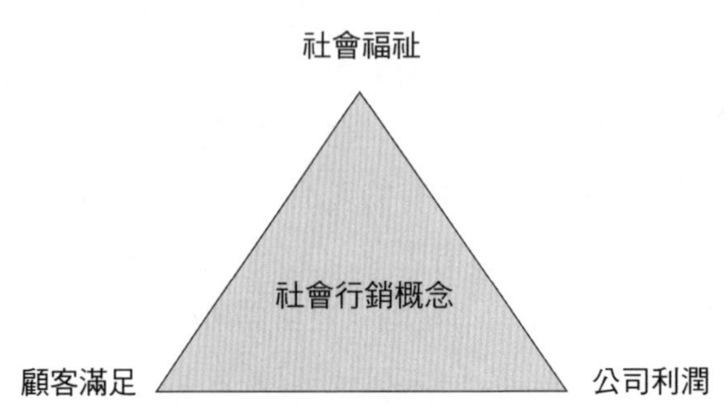

圖1-1　社會行銷概念的平衡

目標與顧客需要能同時達成；社會行銷概念則強調除了要兼顧公司利潤與顧客滿足之外，也要能符合社會福祉。

今日社會由於環境的惡化、資源的短缺、人口壓力日增、通貨膨脹的威脅，以及社會服務的被漠視，以致純粹行銷概念的哲學觀也受到質疑，於是乃有社會行銷概念的出現。社會行銷概念認為公司利潤和顧客滿足與社會福祉並不相互衝突，而且是相輔相成、相得益彰的。因此，行銷者不僅應致力於公司利潤的成長，而且也要開發消費者所能感到滿足的產品，更應兼顧社會福祉與倫理道德的考量。

在社會行銷概念下，今日的行銷管理哲學已衍生出所謂的生態行銷（ecological marketing）、綠色行銷（green marketing）、人性行銷（humanistic marketing）等概念。

總之，行銷管理哲學乃是行銷工作和活動的指導方針。然而，隨著各個時代社會環境的變遷，行銷管理哲學觀點也不斷地跟著變化。行銷人員必須把握行銷管理哲學的精髓，才能為企業創造利潤，並共謀人類社會的福祉。

 第四節　行銷管理的目的

誠如前述，企業行銷的目的不外乎為企業開創利潤，並為社會負起道德的責任。然而，有關負面的批評也很多，諸如行銷創造太多沒有必要的慾望、行銷破壞了人類的生存環境、教壞了年輕的一代等等。不過，站在整個社會的立場，吾人仍以正面的觀點，認為行銷管理至少可實現下列目標：

一、滿足消費慾望

今日企業行銷的重點，不再是為企業生產足以銷售給目標市場的產

品，而是用以能滿足消費者慾望的產品。因此，行銷管理的目的乃在滿足消費者的需要與慾望。行銷管理的主要任務，不但在刺激消費者對產品的慾望，尤其要做好需求管理，提升消費需求的水準，幫助組織成長與社會繁榮。固然，對產品需求愈多，不見得就會帶來幸福；然而國民的購買力和消費力愈高，則社會愈為富足，經濟更為繁榮，國民生活也愈能滿足。是故，行銷管理就是在協助滿足消費需求。

二、建構顧客忠誠

今日行銷哲學既在提升消費者的滿足感，則可建構顧客忠誠度，此乃為就企業本身的觀點所得到的結論。蓋一家企業若能以消費者的需求和滿足為重心，則消費者再度或重複購買的可能性就會大增。如此自可增進企業的獲利力。因此，行銷之所以要管理，就是在建構顧客的忠誠度。一家企業一旦以自身為本位，甚或經常欺騙消費者，是無法建構出顧客忠誠的。

三、擴增商品選擇

行銷管理的另一項目的，就是在擴增消費者更多選擇商品的機會。就企業行銷本身而言，企業管理階層為使消費者有更多選擇商品的機會，他們就必須隨時開發新產品，並改善原有產品的品質、性能和缺失，如此才能吸引消費者注意或持續使用。另外，就消費者方面而言，部分消費者都有喜新厭舊的人類本性，且其慾望會不斷地提升，再加上好奇心的驅使，使許多消費者更樂於新產品的追求。這些都必須經由行銷管理的過程而達成。當然，擴增商品選擇的代價，就是生產成本不斷地增加，消費者選擇產品更加費時費力。對部分消費者而言，擴增產品選擇也會造成消費的挫折與混亂。

四、提升生活品質

行銷管理的目的之一，就是希望能提升消費者的生活品質。這些品質包括：產品和服務的品質、使用的便利性、供應的快捷，與實質環境的品質，以及文化的品質。蓋行銷活動不僅與其所產生的消費者直接滿足程度的高低有關，且與其對實質環境及文化環境所產生的衝擊也有密切關係。因此，生活品質的提升確為行銷管理的目的之一。當然，所謂生活品質很難加以測度，且「生活品質」一詞的解讀，也是人人各異的。不過，生活品質和行銷管理文化與環境是環節相扣的。

五、瞭解消費動機

消費者的購買動機，正是消費行為的原動力，也是促進行銷的根源。因此，要做好行銷管理工作，就必須瞭解消費者的動機。惟消費動機是相當複雜的，消費動機除了可能來自於消費者本身的需求之外，尚可能源自於內、外在環境的刺激。這些動機可包括生理性的、心理性的和社會性的，以致形成購買動機，包括：產品動機和惠顧動機。此等動機都是行銷管理所必須探討的內容。甚而個人可能因購買動機，而有了理性的購買和情緒性的購買。是故，瞭解消費者的動機，亦為行銷管理的目的之一。

六、提升人性需求

行銷管理的直接目的，固在瞭解消費者的購買動機與行為；但亦可因此而提升消費者的消費習性，滿足其人性需求。所謂人性需求，是指人類在生存過程中所有的一切需要而言。就社會責任與倫理而言，廠商和行銷人員有義務提供足以滿足人性需求的一切產品，至少亦應提高產品品質和提供合理的價格，即合乎人性需求的原則。另就行銷活動而論，產品的消費也是為了滿足人類的慾望而來。凡此都是行銷管理所必須注意的課題。

七、有效區隔市場

行銷管理的目的之一，乃在協助行銷者深入瞭解消費者，以便能作有效的市場區隔。在消費行為上，購買者的動機、偏好、知覺、態度、性格、群體互動、社會階層、所得水準與文化因素等，是不相同的。因此，為了順應消費者的不同需求，必須將消費者的屬性與特性加以分類，據以訂定行銷策略和方針，此即為市場區隔（market segment）。當然，由於人類的基本需要是一致的，廠商也可以將整個市場消費者的慾望，來訂定市場政策，此即為市場總和（market aggregate）。然而，廠商無法確知哪些產品是消費者最喜歡的，哪些是他們不喜歡的；此時只有研究產品屬性、消費者的偏好以及其生活背景、社會屬性與行為特質等，來區隔市場，行銷管理必須探討這些特性。是故，有效地區隔市場，乃是行銷管理的主要目標之一。

八、提高行銷效能

行銷管理的目的之一，乃為希望提高行銷與服務效能。蓋產品行銷量的大小，往往取決於產品銷售與服務效能的高低。企業唯有提升行銷與服務效能，才能受到消費者的喜愛，從而達成大量行銷的目的。因此，廠商提供快速而周到的商品行銷服務，是促進大量行銷的最佳方法。此外，商店位置的選擇、展覽會的舉辦、商品的陳列與布置、人事與組織的發展、連鎖商店的建立等，都與行銷效率有關；而這些都有賴行銷管理的安排，據以達成促銷的任務。

九、促進行銷活動

行銷管理的目的之一，乃在促進當前的行銷活動，打開促銷的通路，開發新的行銷機會。行銷管理的研究，可提供廠商作為行銷原則，並據以

擬定行銷策略與方針。如商業廣告如何引發消費者的注意與興趣，如何瞭解消費者的個人偏好，參考群體、社會階層與文化因素如何影響消費者，如何安排行銷環境以刺激消費者的衝動性購買，如何發現新的消費群體，如何開發新產品與新市場，以及如何滿足消費者尚未滿足的需求與慾望等，都可自行銷管理研究中歸納出原理原則，並善加運用。

十、開發行銷技巧

行銷管理不僅在提高行銷效能與促進行銷活動，更在發展行銷技巧。行銷技巧如消費者的溝通、引發消費者的注意與興趣等，都必須透過商業訓練才能達成；而此等行銷技巧的訓練，都有賴對行銷管理學理的深入研究與探討。其目標乃在提高行銷人員對人際關係和社會關係的敏銳性和敏感度，行銷人員唯有從中得到啟示，用以瞭解人性行為，才能有助於行銷工作的完成。行銷技巧的有效運用，正可促進行銷活動，提高行銷效能，用以達成行銷目標。

十一、發展行銷學術

行銷管理的另一項目標，就是在協助發展行銷學術，用以指導行銷技巧。行銷學術的發展，乃在發掘行銷上的各項問題，從而尋求解決問題的方法，用來協助解決行銷上的實際問題。行銷問題唯有賴學術研究，才能尋求順利解決問題之道，並隨著環境的變遷而採取因應之道。例如，過去以「生產者導向」之轉化為今日以「消費者導向」的概念，即為社會環境變遷之故，而此則為透過行銷研究所發現的結論。同時，行銷管理的學術，亦為廣泛地運用科際整合的知識，如經濟學、心理學、管理學等原理，而發展出本身的研究範圍。是故，行銷管理亦可提升其學術水準。

十二、創造企業利潤

行銷管理的重要目標之一，乃在指導如何激發或改變消費者的需求與習慣，從而能達到促銷的目的，以提高企業利潤。企業經營的目標，主要即在創造最大利潤；而利潤目標的達成，必須使產品有寬廣的行銷通路，且廣受消費大眾的歡迎。至於行銷通路的擴展與消費者的偏好等，都有賴行銷管理上作更進一步的研究。因此，行銷管理即在協助企業創造利潤。

十三、增進社會福祉

行銷管理不僅在協助企業開創利潤，更在促使企業提供高品質的產品和服務，用以滿足消費者的需求。因此，商業行銷固應為企業賺取利潤，更重要的乃在增進消費大眾的福利。唯有消費者對產品或服務感受到利益，他們才願意繼續消費，甚而產生消費忠誠。是故，廠商不但要瞭解消費者的需求，而且要預測與刺激消費者的需求，方能使不同類型的消費者，購買到其所需要的產品。這些都要透過消費者分析與需求刺激的研究來達成。

總之，行銷管理的目標是多元的，它不僅在協助工商企業解決行銷上的問題，而且也在尋求滿足消費者的各項需求。它的重大貢獻，包括滿足消費者慾望、建構顧客的忠誠度、擴增商品選擇的機會、提升大眾生活品質、瞭解消費者的動機、提升人性需求、有效地區隔市場、提高行銷效能、促進行銷活動、開發行銷技巧、發展行銷學術，最終目的則在開創企業利潤與增進社會福祉。然而，行銷管理及其研究，很難達到盡善盡美的境地；此乃因其牽涉到行銷的內、外在環境因素，這些都是難以預測、解釋和控制的。

 第五節　本書的範圍

行銷活動是隨處存在的。行銷活動不僅適用於企業機構，也同樣適用於非營利機構，如政府機關、各種社團、醫院、民間團體、大學，以及類似的同類型組織。甚而，行銷活動不只存在於機關組織，而且也存在於個人。因此，行銷活動的範圍甚為寬廣。本書討論行銷管理乃將之歸納為下列幾大範圍：

第一篇「導論」，分為四章。第一章「概論」，乃在說明行銷的基本概念，並解釋行銷管理的意義、哲學觀、目的，以及行銷管理所指涉的範圍，以作為本書論述的基礎。第二章「行銷策略」，乃在闡述策略的意義與層次性，說明策略規劃的重要性、步驟，以及如何製作行銷策略說明書，和作詳細的行銷企劃書。第三章「行銷管理程序」，乃在論述行銷管理的過程，包括：規劃、組織、決策、執行與控制等程序。第四章「行銷環境」，乃在分析行銷活動所處的環境內涵及其變動，管理者應懂得作環境掃瞄，並審視行銷的內、外在環境與微觀、宏觀環境等，以幫助作成最適宜的行銷決策，完成行銷的目標。

第二篇「分析行銷機會」，可分為四章。第五章「行銷研究與目標市場」，乃在說明行銷研究的內涵、步驟與方法，以及目標市場的選擇，應採取的差異化行銷策略與市場定位策略。第六章「消費者市場」，乃在分析消費者行為的意義，影響消費者行為的因素，以及消費者的類型、決策過程，和涉入程度與消費決策的關係，並瞭解消費創新者的特質。第七章「組織市場」，乃在闡明組織的意義與類別，組織市場的特性，影響組織購買行為的因素，以及組織的購買過程、類型與角色。第八章「市場區隔」，乃在分析市場區隔的意義、基礎、準則、利益，以及其行銷策略。

第三篇「行銷組合」，分為八章。第九章「產品創新與擴散」，乃在界定產品和新產品的意義，說明新產品的發展過程，產品生命週期、

創新，以及新產品的擴散。第十章「產品與服務決策」，乃在解說產品的分類、產品組合的決策、產品線決策、品牌決策和包裝決策，並探討顧客服務決策。第十一章「產品價格」，乃在研析影響產品價格的因素、產品訂價方式、新產品的訂價策略、產品組合的訂價策略，以及價格調整策略。第十二章「行銷通路」，乃在分析行銷通路的性質、可能的衝突和組織系統的建立，行銷通路的設計、管理和實體流通的本質、目標、功能等主題。第十三章「零售與批發」，乃在說明零售與批發的重要性、零售商的主要類型及其行銷決策、批發商的主要類型及其行銷決策。第十四章「整合性推廣」，首先說明推廣組合工具及其特性；其次解說行銷溝通的過程，以及有效溝通的步驟；然後論述推廣組合預算，以及推廣組合的設計。第十五章「廣告、促銷與公共關係」，乃在分別解說廣告的功能與類型、廣告決策設計、促銷工具與策略、公共關係工具與策略。第十六章「人員推銷與直效行銷」，乃在闡釋人員推銷的本質、類型與任務、組織、推銷過程，及人員推銷的管理，並兼論直效行銷的意義、利益、類型等。

第四篇「行銷的延伸」，共分為五章。第十七章「服務業的行銷」，說明服務業的意義、特性、類型、行銷組合，以及全面性服務品質管理的觀念。第十八章「網路行銷」，說明網路行銷的興起與意義、特色與功能，以及其目標市場的設定，和行銷組合策略，並討論它所面臨的困境。第十九章「顧客關係管理」，乃在敘述顧客關係的意義、理論基礎、建構過程、維繫和開發途徑。第二十章「國際性行銷」，乃在說明國際行銷的意義、環境、決策、組合，及管理等課題。第二十一章「行銷與社會責任」，乃在敘明社會責任的意義，社會對行銷的各種可能批評及管制，企業機構應負起的行銷責任與企業行銷倫理的建構。

總之，本書討論行銷管理，力求其內容能兼顧有關主題；且在適用對象上不僅能及於製造業，更求適用於服務業；不僅適用於各類機構，更期能適用於個人。其最終目標就是在滿足消費者的需求與慾望，建構顧客的忠誠度，並提升生活品質，創造社會的最大福利。

Chapter 2

行銷策略

第一節　策略的意義與層次
第二節　策略規劃的重要性
第三節　策略規劃的步驟
第四節　行銷策略說明
第五節　行銷企劃書

所有的組織機構，尤其是企業組織存在於社會中，為了面對顧客、競爭者的壓力，以因應宏觀的環境，並維持其生存與永續發展，就必須重視其經營策略。在今日以市場為導向的環境裡，每家企業機構都必須摸索出自己的經營策略，以因應自身特有的情況、目標和資源，並找尋自己的機會。此時，企業機構必須對其策略進行規劃。在策略規劃的任務中，行銷主管所扮演的角色極為重要。因此，本章首先將探討策略的意義與層次，其次研討有關策略的規劃及其步驟，然後據以訂定行銷策略說明，最後則分析如何撰寫行銷企劃書。

第一節　策略的意義與層次

任何組織為求生存與發展，都必須有其策略。而所有的策略通常都要涉及所要達成的目標、所要投入的產業、所要生產的產品、所要投入的市場、所需各種資源，以及如何面對競爭對手，以爭取競爭優勢，而能達成組織的目標。因此，策略是組織是否能存續的主要關鍵，也是組織在適應變遷的環境中是否成功的所在。策略的功用，至少有以下三點：(1)可提供組織內部成員一種方向感；(2)可促使管理階層對組織作系統性的展望；(3)可督促組織內各部門的協調合作。

然而，何謂策略？所謂策略（strategy），就是建構和達成組織主要目標的型式。易言之，策略乃係依據組織目標而產生的基本政策或計畫，藉以界定組織目前或未來的方向。它是為達成某種特定目標所採用的手段，其表現為對重要資源的調配方式。例如，公司為求達到快速成長的目標，而選擇併購其他公司的方式，即為一種策略。策略是計畫中的骨幹，而界於目標和具體行動之間。有效的策略必須不斷地反應環境的變化，故是最具動態性的計畫。此外，策略和政策有時也很難明確劃分，有些策略具有政策性質，有些則只是實施和手續性質而已。

具體言之，一個良好策略必須包括五大要素：(1)具有明確範圍，能指陳組織的使命所在；(2)具有明確的目標，能標示所要達成的績效水準；(3)擁有足夠的資源可資運用，包括所有人力資源和物質資源須作統合的分配；(4)能確認永續的競爭優勢，以爭取最佳的市場機會；(5)能發揮最大的綜效（synergy），以擴展公司的總績效。

策略固有其建構的要素存在，而其本身體系又可分為企業整體策略（corporate strategy）、事業層次策略（business strategy）和職能層次策略（functional strategy）等三個層次，茲分述如下：

一、企業整體策略

企業整體策略乃為組織高級管理階層所要作的策略。此種策略是屬於全面性的，其主要在決定組織的活動範圍和所要完成的使命，以及各事業單位之間的資源分配。為凝聚組織內各個部門的共識，組織的使命應清楚地界定策略範圍。這些應明確說明的策略範圍，包括：我們的事業是什麼？我們的顧客是哪些人？我們能提供什麼利益或價值給我們的顧客？未來我們事業的方向為何？整體企業與環境的關係為何？等問題。

至於企業整體策略所涉及的重要決策問題，包括：我們應從事哪個或哪些事業？我們應如何將組織的各項資源合理地分配給各個事業單位，俾求能有效地達成組織的整體目標或目的？組織的成長策略或發展策略為何？企業的對外角色為何？此外，企業為建立和維持組織的整體策略，必須創造優越的財務能力，並開發、發掘、培育和維護可用的人力資源，且尋求各個事業之間的綜效。

二、事業層次策略

事業層次策略最主要為決定一個事業單位如何在其所處產業中取得競爭優勢的策略。事業層次策略乃用來探討其適當的事業領域，也就是要決定進入多少個市場和進入哪些區隔市場，以取得這些區隔的市場。此外，該層次策略尚須融合在事業內各項產品與市場之間，以及各個職能部門之間的綜效。

企業組織之所以有事業層次策略，乃是因為它為大型公司之故。此種大型公司通常經營許多不同的事業，以致必須成立策略事業單位（Strategic Business Units, SBU），用以擬定事業層次策略。此種策略一般都以產品來界定事業，以致患了所謂的「行銷近視病」。事實上，公司應以市場或顧客需要的觀點，來訂定事業層次策略；而不應以產品的觀點，來界定其事業。因為產品壽命是比較短暫的，而顧客的需要才是長久的。**表2-1**即在比較產品導向與市場導向的事業意義。

表2-1　產品導向與市場導向的事業定義之比較

公司性質	產品導向	市場導向
鐵路公司	鐵路營運	交通運輸
影印機製造公司	製造影印機	改善辦公室辦公能力
石油公司	產銷汽油	供應能源
電影公司	製作電影	提供娛樂
冷氣機製造公司	製造空調設備	提供室溫控制
出版公司	產銷圖書	傳播知識

此外，為擬訂事業層次策略的策略事業單位，具有下列三項特徵：

1.策略事業單位是一個單獨事業或相關事業的集合體，可與公司其他事業單位分開規劃。

2.策略事業單位有自己的競爭對手。

3.策略事業單位有一位專責的經理，負責策略的規劃與利潤績效，並能獨立掌控影響績效的大多數因素。

三、職能層次策略

職能層次策略是屬於企業組織內各個職能部門的策略，如生產部門的生產策略、行銷部門的行銷策略、財務部門的財務策略、人力資源管理部門的人力資源管理策略、研究發展部門的研究發展策略、資訊管理部門的資訊管理策略等均是。當然，這些職能層次策略彼此之間必須加以協調，且能與企業整體策略和事業層次策略形成一條鞭的聯貫，才能發揮統合的功效。

就行銷策略而言，其目標乃在決定某項產品和市場內有效地分配各種行銷資源，和協調各項與行銷有關的所有活動。行銷決策的內容，包括界定某特定產品或產品線的目標市場，並針對目標市場中的顧客需要與慾望來發展整合性的行銷組合，用以產生整體行銷綜效，而獲得競爭優勢。

總之，行銷策略在縱切面上必須配合企業整體策略與事業層次策略；在橫切面上必須與生產、財務、人力資源、研究發展、資訊管理等策略相互連貫，如此才能依據企業宗旨和目標，而完成組織使命，並滿足顧客的需要和慾望。且所有企業組織的行銷策略規劃必須以企業整體策略為基準，以下將繼續討論行銷策略規劃的重要性。

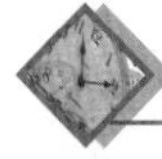

第二節　策略規劃的重要性

策略規劃（strategic planning）是一種經營管理的過程。在此過程中，策略規劃者必須從企業目標和不斷地演變的市場機會之間，創造出平衡點，並且能持續維持下去。其最後目標乃在追求長期性的獲利能力和成長。因此，策略規劃必須有資源上的長期承諾與支援。

然而，有許多公司並無正式規劃系統。就新成立的公司而言，管理者經常忙於應付眼前的問題，所以無暇從事規劃工作。許多小公司的管理者也常誤認只有大型公司才需要作正式的策略規劃。甚至於成立已久的大公司管理者也認為規劃並不重要，因為過去的行事並無規劃，仍能將事情處理妥當，以致堅決反對浪費時間在書面規劃上。

事實上，策略規劃是相當重要的，它至少具有下列利益：

1.可消除或降低企業所面臨的不確定性和變化，並對突發狀況可作迅速或較佳的反應。
2.可集中心力貫注於企業目標的達成，若有需做修正時，可做更有效的協調。
3.可揭櫫整體企業組織的全盤性目標，以作為各部門或單位共同努力的標的，並提振團隊精神。
4.可提供作為整個公司營運作業評估和控制的標準。
5.可促使管理者預做有系統的思考，以增進主管之間的互動。
6.可引導管理階層隨時評估或檢核在所規劃目標上的進程。

由此可知，一項良好的策略規劃可讓公司資源免於浪費，而錯誤的策略規劃將威脅到公司的生存。因此，公司必須清楚地瞭解到所要採取的規劃之方式與性質。所有策略的規劃基礎，都在於設計明確的行動路線，以陳述策略目標，進而能掌握機會，並避免風險。如果策略規劃想要成功，就必須在營運作業之前適當地安排規劃工作。成功規劃的前提至少要做到：

1.確定未來的展望，以決定職能性、專業性的觀點，以及組織需求對規劃工作的影響。
2.管理階層應能投入策略規劃上，並評估哪些人應投入？以及投入程度宜多大？
3.規劃工作必須有關人員共同努力來達成，且能有效地協調合作。
4.企業必須提供誘因，使得規劃工作能夠受到重視，並注意酬賞的問題。
5.規劃工作除了應協調相關人員之外，最重要的必須被有效地運用於實作單位或部門之中。

此外，策略規劃常受到管理階層哲學觀點的影響。管理階層的規

劃哲學包括三種模式，即滿意型模式（satisfying model）、極佳型模式（optimizing model）、調適型模式（adaptivizing model）。所謂滿意型模式，就是以滿意度作為規劃的基礎，規劃的重點在於可輕鬆地達成目標，據此設定所要規劃的工作。此種規劃所設定的目標，是滿意就好而不是最佳要求。因此，滿意型的規劃者以可行且可接受的方式來規劃目標，不一定採取最佳的方式來達成目標。

極佳型規劃的哲學基礎，乃係來自營運作業上的研究。極佳型規劃者會塑造企業組織的各種不同面向，且將之界定為目標功能。其後，將目標功能加以最大化（或最小化），規劃方向的調整則是管理階層所設定的限制或環境因素。例如，公司所規劃的目標，是獲致最大的市場占有率；此時，規劃工作必須找出影響市場占有率的所有變數，包括：彈性價格、工廠產能、競爭行為、產品在生命週期中的位置等。工作人員必須設法將這些變數對市場占有率的限制降至最低，後續的分析則必須估算出可能的最大占有率，以作為規劃的目標。

極佳型規劃模式與滿意型規劃模式最大的不同點，是極佳型模式常運用數學模型來尋求最佳方式，以達成其目標；而滿意型模式則不一定要運用數學模型，且不在追求最佳或最大。極佳型規劃的成效，胥依所採用的數學模型是否能夠準確而完整地描述出相關的情境，以及規劃者是否能從所採用的數學模型中找出問題的解決方法。

最後，調適型模式是一種創新的規劃方法。所謂調適型規劃模式，就是企業的策略規劃必須隨時因應內、外在環境的變化。此種規劃模式只是一種概念，在實務中比較難以實現。因為策略規劃乃在預先規劃未來的走向，而此種走向的不確定性是極高的。

總之，策略規劃是相當重要的，它對企業組織來說是有許多利益的。惟成功的策略規劃，不僅要確切地注意其規劃的前提，且要配合管理階層的哲學觀，採用合宜的規劃模式。此外，策略規劃有其步驟，此將在下節賡續研討之。

 第三節　策略規劃的步驟

策略是用來確定方向的，良好的行銷策略將可發揮改變市場發展的優勢。此種策略會明確地界定企業行銷目標，並發展出合理的計畫以供執行。因此，策略必須加以規劃，而有效的策略規劃應遵循下列步驟：

一、釐訂企業宗旨

行銷策略規劃的首要步驟，就是要訂定企業經營的宗旨。所謂企業宗旨，是指企業所要實現的目的或使命。管理階層必須隨時檢討：我們的事業是什麼事業？我們的顧客是誰？我們的顧客在哪裡？顧客的價值是什麼？我們的事業將演變為什麼事業？一家企業之所以能成功，就是經常自問這些問題，且能提出審慎而完全的答案之故。

在傳統上，許多企業機構所策訂的宗旨，每以產品或科技為基礎；然而產品或科技時有演進，甚或過時。因此，策略規劃所擬訂的企業宗旨，應以目標市場為基礎較佳。具體言之，訂定一項以市場為導向的宗旨，就是意味著企業乃是為了顧客群或顧客需要而服務的。唯有如此，企業才能永續經營。此外，企業宗旨必須明確而具體，但不可失之過狹或過廣，如此才具有真正的指導作用。

二、訂定企業目標

行銷策略規劃的第二項步驟，就是要明確瞭解企業的目標。企業目標是依企業宗旨而來，其可轉化為具體行動，而成為各個階層管理者努力的依據。在企業組織中的每位管理者，都必須有目標，且必須負責達成其目標，此乃構成所謂的「目標管理」（management by objection）。這些目標包括：利潤的增加、銷貨的增加，以及成本的降低等均屬之。

茲以銷貨的增加而言，其目標仍可細分為：一方面提高在國內的市場占有率，另一方面又可進入國際新市場。對於前者，又可採行增加產品供應及促銷的策略；對於後者，則可採用參訪國外市場或削價競爭等策略。當然，這些策略仍可再詳盡規劃。例如，為提升產品促銷，可增設較多的推銷員或增加廣告。具體言之，企業在推出其經營宗旨之後，就必須立即訂定一系列的經營目標，此種目標愈具體愈好，如將市場占有率提高15%的目標，就是一種具體目標。

三、設計事業搭配

企業機構的管理階層在公司宗旨和事實目標的指導下，緊接著就必須設計事業搭配（business portfolio），這是行銷策略規劃的第三項步驟。所謂事業搭配，係指構成一家公司的各項不同事業和產品的總合。由企業機構的事業搭配，最能看出該公司的實力和弱點，對環境中各項機會的適應能力。因此，研議事業搭配，首先必須檢討現有的事業搭配。

策略規劃最主要的工具之一，就是事業搭配分析。進行事業搭配分析，可使管理階層得以評估構成其企業機構的各項事業。對於獲利較豐的某些事業，可投入較多的資源；而對於實力較弱的事業，則不妨放手或拋棄。此即為企業「利基」（niche）的開發問題。唯有如此，企業才能不斷地加強或闢增成長中的事業，而減輕或撤退已屆衰退的事業，以保持事業搭配的日益精進。

惟事業搭配的首要工作，就是認明構成企業公司的各項主要事業。此種主要事業就是所謂的「策略事業單位」。策略事業單位乃為構成企業公司的單元之一，該單位有其本身的宗旨和目標，可自行規劃其策略，其可負責公司旗下的某一個事業部，或某一事業部之下的某一產品線，或公司某項產品或品牌。

其次，管理階層必須分別評估各個策略事業單位的貢獻，且考量需給予多大的支持。策略規劃的目的，就是在為企業機構尋求最能發揮實力的單位，以呈現其在環境中的市場機會。一般而言，最標準的事業搭配分析法，是分別由兩個層次來分析策略事業單位：一是策略事業單位的市場吸引力程度，一為策略事業單位為本公司在市場所占位置的強度。依此，吾人可依市場成長率和占有率，繪成矩陣，而產生四種不同類型的事業，如**圖2-1**所示。

(一)明星事業

凡是具有市場高度成長率以及高度相對市場占有率的事業或產品，即稱之為明星事業（stars）。明星事業通常擁有大量利潤，但也需要投入大量的資金，以因應市場的快速成長和應付競爭對手的強力競爭。該事業可能藉由再投資於產品改善、更好的通路、更多的促銷以及更有效率的生產上，用以繼續維持市場占有率和成長率。但在若干時日之後，該事業的成長率終將因市場的飽和而趨緩，並轉變為金牛事業。

(二)金牛事業

所謂金牛事業（cash cows），是指具有市場低度成長率及高度相對市場占有率的事業或產品。金牛事業已是成熟的產業，且經營甚為成

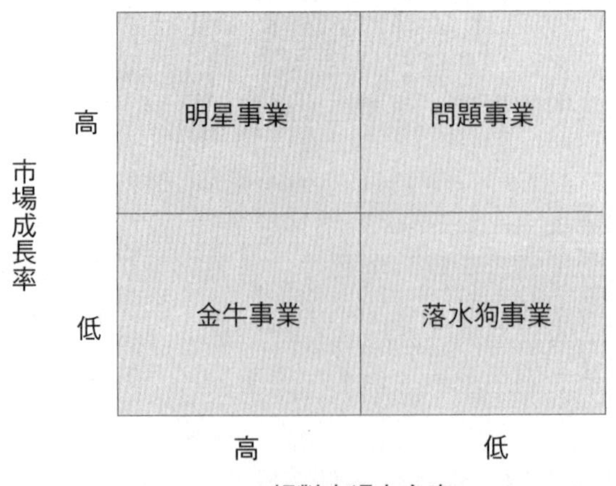

圖2-1　市場成長率與相對市場占有率矩陣

功；無須投入太多資金，即可維持既有的市場占有率，享有相當規模的經濟與較高的毛利潤。因此，金牛事業每能為企業機構賺取資金，以提供作為其他用途。其基本策略可藉由產品的技術改良與價格領導，來站穩市場的領導地位。

(三)問題事業

問題事業（question marks）或稱為問題兒童事業（problem children），係指具有相對市場占有率較低，而市場成長率較高的事業或產品。問題事業常常需要大量資金，才足以維持其既有的市場占有率；亦即它需要不斷地增加設備與人事方面的投資，才跟得上迅速成長的市場，如此則其所花費的資金將更為可觀。因此，問題企業經常面臨了正反抉擇，一旦企業決定對它投入更大資金，用以再定位其產品，則可提升為明星事業，否則將淪為落水狗事業，而招致淘汰。

(四)落水狗事業

落水狗事業（dogs）或稱為沒落事業，係指市場成長率和相對市場占有率都低的事業或產品。此種事業的利潤通常較低，甚或虧損。雖然有時也能自行產生足夠的資金，以應付本身的需要；但卻很難期盼它能為企業機構帶來可靠的資金來源。因此，企業機構應減少對其投資，甚至可考慮撤資。

企業機構在將所屬各個事業單位分別確定其類型之後，須更進一步研議各事業單位在未來所應扮演的角色。一般而言，企業機構對每種事業單位所可採取的策略有四種：

1.建構策略（to build）：建構策略乃在期望投入更多資源，以期增加市場占有率，必要時甚至可放棄短期利益，以達成此目標。此種策略最適用於問題事業，以期望其能成為明星事業，而提高其市場占有率。其次，該策略也適用於明星事業，以期維持其持續成長。
2.堅守策略（to hold）：此項策略乃為對事業單位維持適量的投資，

以堅守現有市場占有率為度。該項策略適用於強勢的金牛事業，以維持其相對市場占有率。

3.收穫策略（to harvest）：此項策略只求收取短程的現金，而不問其長期效果。此項策略乃採取持續刪減經費和資金的做法，期求能收回現金。其適用於弱勢的金牛事業，以及問題事業和落水狗事業。

4.撤退策略（to divest）：此項策略是準備將事業單位脫手或出售，而將所得資金移作他用。此項策略適用於落水狗事業和問題事業，以免其拖累整個公司的營運與利潤。

事實上，每個事業單位都有其一定的壽命，其間的差別只在壽命的長短而已。大體來說，所有的事業單位開始時，都是屬於問題事業，然後進入明星事業，再變成金牛事業，最後才走向落水狗事業，而結束其生命週期。因此，公司不僅須檢視各個事業單位目前在市場成長率與占有率矩陣中的位置，並且注意其位置的變動，而做好策略事業搭配。

四、研訂成長策略

企業機構在研議目前事業搭配之後，須進一步研訂適當的成長策略。其可行途徑就是利用「產品與市場擴張矩陣」（如**圖2-2**），憑以認

	現有產品	新產品
現有市場	市場滲透	產品開發
新市場	市場開發	多角化

圖2-2　產品與市場擴張矩陣

定未來的成長機會，並引導企業組織整體的未來發展。該矩陣依現有產品和新產品，以及現有市場和新市場關係，而形成四種不同策略如下：

(一)市場滲透策略

市場滲透策略（market penetration strategy），是指在現有產品和現有市場中，以更積極的行銷活動，來增加現有產品的銷售量或市場占有率。此時，公司可運用削價、廣告、促銷、更廣的通路和更佳的服務，以鼓勵現有顧客增加購買次數和購買數量，甚或將現有市場上競爭者的顧客爭取過來，或對未曾使用者吸引其購買該產品。

(二)市場開發策略

市場開發策略（market development strategy），是指將現有產品銷售到新的區隔市場，如人口市場、組織市場、地區市場等，以增加產品的銷售量。此可透過地區性、全國性或國際性的擴張行動，以推展到新的地區市場；也可開發新的配銷通路，或透過媒體廣告，而開啟新的市場。

(三)產品開發策略

產品開發策略（product development strategy），是指在現有市場中，研究和開發新產品，或改善原有產品；其內容包括：改變產品品質、大小、式樣、內容、包裝等，以擴展現有市場的銷售量和銷售額。此外，尚可推出新產品品牌或新產品線，以增加銷售量。此時，公司可透過對現有顧客的瞭解，或充分利用已建立的行銷通路，來擴展該項策略。

(四)多角化策略

多角化策略（diversification strategy），就是開創新產品和新市場的策略，也就是另起爐灶、創設或收購與現有產品和現有市場完全不同的新事業。通常多角化成長策略都因為缺乏繼續成長或獲利，或是有更佳行銷機會時，加以採用之。然而，選擇多角化策略時，必須考慮組織本身的因素。就多角化策略而言，它即有三種不同的型態：

1.垂直整合策略：垂直整合策略（vertical integrative strategy），就是將本事業或產品與上、下游事業或產品加以整合之謂。其又可分為向前整合（forward integration）和向後整合（backward integration）兩種類型。向前整合又稱向下整合（downward integration），就是公司產品流動向下游去整合，如製造商取得或增加對中間商的所有權和控制權即屬之。向後整合又稱為向上整合（upward integration），就是製造商取得或增加對供應商的所有權或控制權之謂。

2.集中多角化策略：集中多角化策略（concentric diversification strategy），是指公司內部自行開發或向外購得新產品，這些新產品是原來所沒有的，但可以和已有的產品線產生生產技術和行銷上的綜合績效。同時，這些新產品常可用來爭取新的顧客群。由於集中多角化試圖進入相關的事業，故又可稱為關聯多角化（related diversification）。

3.綜合多角化策略：綜合多角化策略（conglomerate diversification strategy），就是公司投入不相關的事業或產品，這些新產品與公司現有的生產技術、產品或顧客並無關聯，故又稱為非關聯多角化（unrelated diversification）。綜合多角化亦必須爭取新的顧客群，才能為公司帶來更多的利潤。當公司現有相當比例的事業，已因需求減弱、競爭過於激烈、呈季節性或循環性變動，或產品已過時而呈衰退現象時，適合採取綜合多角化策略。不過，就公司的財務觀點而言，綜合多角化策略是風險很大的成長策略。

總之，成長策略是多面向的，其宜因現有或新市場與現有或新產品的情況而採用不同的策略。此外，成長策略並不局限於上述各個策略，其尚可採用多變化性的策略。例如，生產公司可在生產技術和行銷上透過與其他公司進行多角化策略，如公司只進行少數核心專長的業務，而將組織

網絡或關係經由其他廠商進行合作，而達成多角化經營的目標。

五、訂定行銷策略

策略規劃的最後步驟，就是在訂定各項職能的策略。這些職能包括：生產、行銷、財務、人力資源、會計、採購等。就整個策略規劃的層次言，企業機構首先策訂公司宗旨，接著訂定公司目標和目的，然後尋求事業搭配，繼之進入各事業單元的層次，最後乃為訂定產品和市場層次。在這些過程當中，每個環節乃是一脈相承的，且最後各項職能不僅承襲公司的宗旨和目標，而其間雖然職能有所差異，但也要分工合作，始能實現整體策略目標。

在整個策略規劃過程中，每一個職能部門都必須肩負其重要任務。首先，每一個部門應為策略規劃提供必要的資訊。其次，各個事業單元的管理階層須釐訂一定的計畫，以分別明訂各個部門所應扮演的角色；從而據以分工協調，共同推動策略目標的實現。例如，行銷部門最主要職能在消費者市場，財務部門在資金取得與供需，人力資源部門在於取得人工，採購部門在取得材料等等，都各有其專責；但共同的目標則在實現整體利潤的追求與營運的順暢。

就行銷部門而言，行銷策略與企業機構的全面策略之間，互有重大重疊之處。然而，行銷策略的主要觀點，乃在消費者的需要，和企業機構滿足其消費者需要的能力，而這些又是企業機構的宗旨和目標所在。因此，許多公司的策略規劃，實為有關各項行銷變數的處理，包括：市場占有率、市場開發、市場成長和產品開發等問題。是故，策略規劃和行銷規劃很難加以明確劃分。

就事實而論，在企業機構的策略規劃中，行銷策略亦居於極具關鍵性的地位。首先，行銷為企業機構的經營策略提供了一項指導性的哲學思想，亦即以因應消費群的需要為重心。其次，行銷為企業機構的策略規劃提供了各項投入要素，指陳了有利的市場機會之所在，進而評估利用此一機會的潛力。因此，行銷部門的任務，即在傾其全力以維持策略規劃所訂定的行銷水準；其所應重視的乃為外界消費者和內部產品、價格、促銷和配銷等行銷組合的策略，此即為行銷策略說明的內涵。

第四節　行銷策略說明

行銷策略訂定的結果，可撰成書面文件，稱之為行銷策略說明書。行銷策略說明（marketing strategy specialization）所涵蓋的內容，包括：目標市場的選定和說明，以及發展和維繫與目標市場達成滿意交易的行銷組合。茲分述如下：

一、目標市場策略

行銷策略首先要探尋的，乃是目標市場（target market）。只有瞭解目標市場在哪裡，和目標市場的大小，才能掌握行銷的方向。所謂目標市場，就是行銷的對象，亦為日標消費群體。因此，針對日標市場，首先就是要作市場區隔（market segmentation），以提供最佳的服務，並開創市場利基（market niche）。

市場區隔就是將整個市場依據某些基準，區隔為許多較小的同質性市場，在這些市場上擁有一些同質性的一群人或組織，他們對產品的需求相近似。目標市場策略就是要確認哪個或哪些區隔市場，是應予專注的，這是要進行市場機會分析（market opportunity analysis）。所謂市場機會分析，就是針對區隔市場說明和評估其中的銷售潛力，並衡量同在該區隔市場中的主要競爭對手。在完成區隔市場說明後，企業機構即可瞄準一個或多個目標市場。

一般而言，企業機構在選定目標市場上可採用三種策略方式：其一是以單一行銷組合來吸引所有的市場；其二是只著重在單一的區隔市場上；其三是使用多重行銷組合來吸引多重差異的區隔市場。

此外，目標市場策略對每個被瞄準的區隔市場，都要進行詳盡的評述。舉凡影響區隔市場的要素，如人口統計、心理層面、購買行為、種族差異、文化價值、地區特徵，以及經濟、技術和政治結構因素等，都必須進行評估，這些都將在本書第八章及其後各篇章中繼續討論之。

二、行銷組合策略

行銷組合（marketing mix），包括：產品（product）、配銷（distribution）、促銷（promotion），和價格（pricing）等的組合，其目的是為了和目標市場完成彼此滿意的交易。其中，配銷通路也稱為地點（place），而將行銷組合稱為4P，即product、place、promotion和price。行銷管理者必須將此四項要素的策略加以整合，以求能達到最好的效果。亦即成功的行銷組合必須經過精心設計，才能滿足目標市場的需求，且能獲致競爭優勢。茲將各項要素分述如下：

(一)產品策略

產品策略是行銷組合中的重要核心，也是行銷活動的開端。假如沒有所要行銷的產品，就很難設計出配銷策略、促銷活動或訂定價格。當然，所謂產品並不單指物質上的單位而已，它也包括：款式、設計、特性、包裝、保證、品質、售後服務、品牌名稱、公司形象、認知價值以及其他許多要素。此外，產品可能是實體物質，也可能只是一項概念，或可能是一項服務。只是這些都必須能提供給顧客一定的認知價值，亦即所謂的顧客價值，凡此都是產品策略所要考量的因素。

(二)配銷策略

配銷或通路策略所要考慮的是，如何讓顧客在想要擁有某項產品的時候，隨時隨地就可購買得到。因此，所謂的配銷就是「地點」。事實上，配銷不只包含實質意義上的地點，也涵蓋了所有商業活動，如倉儲、運輸。配銷的目的就是要確定在有需要時，能將商品於一定期限內送抵預定的地點。是故，配銷策略包括：運銷通路、實體配銷、倉儲、運送、地點、零售、批發，以及其他物流等問題。

(三)促銷策略

促銷策略包括：人員推銷、廣告、促銷活動、公共關係和直效行銷等。在行銷組合之中的推廣角色，就是在告知、教導、說服，和提醒目標市場中的消費者或消費群體，有關某家企業機構或某項產品的用處與特色，以吸引他們的注意，並促成彼此滿意的交易行為。一項良好的推廣策略，可大大地提高銷售量，且能打開廣大的行銷市場。當然，推廣策略中的每項活動，都必須相互協調合作，才能創造出良好的推廣組合。

(四)價格策略

價格是購買者為了取得某項商品，而又必須放棄某些東西的玩意。它是四項行銷組合要素中最具有彈性的，因為它可在最短時間內被改變。行銷人員提高或降低商品的售價，遠比改變其他行銷組合變數要來得容易而快速。因此，價格是個非常重要的競爭利器。許多企業機構為了與其他機構競爭，常採取削價競爭或薄利多銷的策略，以力圖生存；然而這仍需依靠其他條件的配合而定。例如，財力雄厚的大公司就比小公司更有這方面的競爭實力。價格策略的內涵至少可包括訂價、折扣、折讓、付款期限以及信用條件等。

總之，一項行銷策略說明書最具體的內容，至少必須包括目標市場策略和行銷組合策略，用以指明行銷部門的目標，並指導其行動。有了行銷策略，行銷部門始能更進一步作行銷企劃，並進行其管理活動。

第五節　行銷企劃書

行銷策略必須製成一份行銷企劃書，用以明確表達公司的行銷策略。所謂行銷企劃書，就是企業機構為了達成企業行銷的未來目標，而對行銷活動加以設計、執行、控制的書面文件。行銷企劃書可在明訂的目標和所需行動之間，用來比較實際成果和預期表現之間的差距。行銷活動可能是最昂貴且是最繁複的商業組成因素之一，但也是最重要的商業活動之一。書面的行銷企劃書正可對各項行銷活動作清楚的交待，以幫助員工瞭解行銷活動，期以共同攜手而朝向企業目標而邁進。因此，一份完整的行銷企劃書應包括下列要素：

一、明訂經營宗旨

行銷規劃的首要任務，就是要確立企業經營宗旨。此種宗旨依企業整體策略而來，依此而明瞭自己的事業是什麼？未來該朝哪個方向前進？經營宗旨的定義會影響到長期性的資源分配、獲利能力和最後的生活。宗旨說明就是在分析現有和潛在顧客所尋求的利益點，再加上對環境狀況的現有和預期分析，所得到的結論。行銷企劃根據這些長期眼光，再加上宗旨說明，就可為後續的決策、目標和策略等，訂定出明確的界限範圍。

然而，宗旨說明所應著重的是，市場導向和該企業所要投入的市場，而不是產品與勞務而已。因為產品會因技術的出現或轉變而過時。為了避免「行銷近視病」，經營宗旨宜界定在顧客所尋求的利益點上。唯有滿足顧客的需求與慾望，才談得上行銷。此外，經營宗旨也可透過策略事業單位來界定，如此才能有更明確的宗旨、目標市場和企劃內容，以求能掌控自己的資源與競爭對手。

二、設定行銷目標

行銷目標是行銷部門所要強調或積極去實現的特定標的。在發展行銷企劃的活動細節之前，就必須先設定企業目標和方針。若沒有目標，就沒有標準可資衡量行銷企劃的活動。為了發揮行銷目標的效益，目標的設定必須符合幾項標準。首先，目標必須是實際、可測量的，並且要確定期限。例如，一個行銷目標應明確地規定，在十二個月內在市場上應取得10%以上的市場占有率，就是明確的目標。

其次，各個目標之間必須有一致性，並且能呼應企業組織的優先順序。例如，事業單位本期的主要目標，是提高投資報酬率；而投資報酬率的提高，可經由提高利潤水準來達成。利潤水準的提高，又可藉由增加收入來完成；而收入增加，又可經由提高市場占有率來達成。如此各個目標有主要和次要之分，且能依序達成。

再者，目標應是一種誘因，可刺激相關人員努力打拚的方向；它不僅是可以達成的，且應具有挑戰性。唯有兼具可達成性和挑戰性，才能鼓舞員工全力以赴，發揮團隊精神，共赴事功。

此外，目標必須能傳達行銷管理哲學，並為基層的行銷經理提供明確的方向。如此，所有的行銷努力才得以整合，保持一致的方向。

最後，目標並不是一成不變的，其可作為掌控事件的依據。當組織主客觀條件或外部環境發生重大變化，或發現原訂目標不切實際時，應適時檢討所訂目標，將之做必要的修正或調整。

三、進行情勢分析

在訂定明確的行銷活動之前，還需要瞭解產品在進入市場時的目前環境和潛在環境因子。首先，對環境的評估需作SWOT分析。所謂SWOT分析，就是對企業機構的內部優勢（strengths）和劣勢（weaknesses），以及外部機會（opportunities）和威脅（threats）進行分析。

在評估內部優勢和劣勢時，行銷經理應專注於企業資源上，諸如生產成本、行銷手法、員工能力、財務資源、公司和品牌形象、技術資源、研究發展能力、產品特色，以及組織文化和組織使命等。當然，在評估自身的優劣勢之後，並不一定要去改善所有的劣勢，因為有些劣勢是無關緊要的；但也不能因擁有許多優勢而自滿。行銷部門所面臨的最大問題，並不在於將自己限定於目前所擁有的優勢行銷機會上，而是要爭取或發展某些優勢的更佳行銷機會。

至於，在外在環境的評估方面，行銷經理所要做的就是環境掃瞄（environmental scanning）。所謂環境掃瞄，就是指對外在環境的影響力、事件和關係狀態等，進行資料上的蒐集和詮釋，這些都可能影響到公司未來行銷企劃的執行。環境掃瞄有助於市場機會點和威脅點的確定，並可為行銷企劃提供指導方向。通常影響企業行銷的外部環境因素，包括：社會、政治、經濟、法律、文化、科技、人口和競爭對手等的影響力。這些影響力幾乎都是行銷部門所無法控制的，但對其營運則有重大的影響。譬如，油價的上漲並非廠商所能控制，但會增加其產銷成本，如未作妥善因應，將形成一大威脅。至於，消費者意識的高漲，對那些重視消費意識的廠商而言，卻是一項重大的機會。

就事實而論，對情勢分析有效與否的最主要因素，乃為企業文化（corporate culture）。企業文化是企業能接受某項基本假設的模式，在此模式下決定了公司如何處理其內部環境和不變遷中的外部環境。就內部而言，企業文化關心的是員工的忠誠度、決策的制定應採集權或分權的方式、促銷活動的準則，以及解決問題的技巧等。就外部環境而言，企業文化所透露的是公司面對威脅和機會時的反應方式。因此，進行情勢分析也不能忽略了企業文化。

四、發展行銷方案

為了尋求市場機會和解除威脅，且發揮公司優勢與去除劣勢，行銷部門接著要發展可行的行銷方案。這些方案乃是依據行銷策略而來，有關行銷策略已如前述，在此不再贅述。惟行銷部門須對行銷組合的要素：產品、推廣、通路和價格等，擬具具體可行的方案，才能實現行銷策略，達成企業目標。

五、行銷企劃執行

行銷人員在擬訂行銷方案之後，接著就是要切實執行行銷方案。所謂執行（implementation）是將行銷企劃轉化為行動任務的過程。執行活動包括：詳細的工作指派、活動說明、時間流程、預算、無數的溝通協調。此外，為了有效執行行銷策略和方案，必須有良好的組織安排，並不斷地加強員工訓練，凝聚員工共識，增進員工的能力。如此，才能有效地執行行銷企劃所擬訂的策略和方案。

六、行銷回饋控制

行銷企劃必須有評估和控制的最後過程，才是完整的。任何行銷企劃在執行後，就應該接受評估。評估（evaluation）可精確地衡量出某個特定期間內，所達成行銷目標的範圍之程度。一般而言，行銷目標之無法被達成，最主要有四項原因：不切實際的行銷目標；企劃不當的行銷策略；執行不當；以及在目標訂定和策略執行後，環境產生了重大變化。行銷的控制就是在尋找這些偏誤，以便做出調整或修正。

在行銷控制中，行銷稽核（marketing audit）是一種完整、徹底而有系統的行銷定期評估方式，其可針對行銷組織的目標、策略、架構，和實際表現等，作有效的檢核。因為行銷稽核可涵蓋企業體所面臨的所有行銷議題，是全面綜合性的（comprehensive）。其次，行銷稽核可以有系統條理的方式來進行，涵蓋著企業的行銷環境、內部行銷制度，以及特定行銷活動等，綜合了長短程的做法，其目的是改善整體行銷效能，故是系統性的（systematic）。此外，行銷稽核可由內部或外部的獨立團體行之，其客觀性足以得到高層管理階層的信賴，故是獨立性的（independent）。最後，行銷稽核必須定期行之，而不能只在危機出現時才實現，故應是定期性的（periodic）。

總之，行銷稽核的主要目的，就是在完整地剖析企業機構在行銷領域上的努力，並為行銷企劃做修正和發展，以提供作為一項行銷意識的依據或基礎。

行銷管理程序

行銷策略是行銷管理活動的指導，而行銷管理程序是行銷管理活動的過程。行銷管理活動除了須依據行銷管理哲學之外，尚必須依循行銷管理的步驟才容易成功。因此，本章乃於前章探討過行銷策略之餘，繼續研析行銷管理程序。本章所擬討論的內容包括：行銷規劃、行銷組織、行銷決策、行銷執行與行銷控制，據以規範整個行銷活動，完成行銷的目標。

第一節　行銷規劃

誠如前章所言，策略規劃乃為企業機構界定其經營宗旨和目標；然而企業的各個策略事業單位，就必須另訂各項職能計畫，行銷計畫即為其中之一。至於，行銷計畫常因企業機構內含有多產品線、品牌、市場，而需要研議行銷的個別職能計畫，以致行銷計畫中仍得包括：產品計畫、品牌計畫、事業計畫等。惟不管行銷計畫為何，它們都是行銷規劃的結果和產物。因此，站在行銷的立場而言，行銷規劃乃是行銷管理的先鋒，沒有了規劃，則其後的管理活動必付之闕如。

然則，何謂行銷規劃？所謂行銷規劃，就是在行銷上設計來處理未來的事務而言。它是企業機構於事先決定應做何事，以及如何去做的過程。行銷規劃乃包括：決定未來的行銷目標，以及為了達成這些目標所應使用的適當方法、手段和工具等活動。行銷規劃的結果就是一項行銷計畫，惟規劃與計畫並不完全相同，規劃乃為設計一些目標和活動；而計畫則為達成目標以及採取行動過程的書面文件。

一般而言，規劃的核心觀念乃在於「選擇」，「選擇」又屬於「決策」，以致規劃和決策兩種觀念甚為接近。實則，規劃乃包含了決策的步驟，但決策的範圍並不限於規劃。蓋管理階層從事其他管理活動時，也面臨了決策的問題，亦即決策不限於未來的目標和行動計畫，有時所選擇者可能只是某些觀念，顯然此種決策與規劃無關。

綜觀前述，行銷規劃乃包含四項要素：行銷目標、行銷活動、相關資源以及行銷執行。所謂行銷目標（marketing objectives），是指行銷管理階層所期望能達成的某些未來情況。此種未來情況乃是任何規劃首先要訂定的。例如，企業機構訂定產銷計畫時，其目標為在今年內能產銷一萬件產品，即為一項產銷目標，這是需要經過規劃的。其次，所謂行銷活動（marketing actions），乃是達成行銷目標的手段、方法或特定活動。不管是建立行銷目標或選擇活動過程，都需要對未來做預測。管理階層若未能考慮到未來的情況，以及可能的影響因素，將無從做規劃的工作。

至於資源（resources），是指協助達成行銷目標和支持或限制行銷活動的變數。它包括人力資源（human resources）和物質資源（material resources）等。凡是一項計畫必定會指定所需的資源之種類和數量，以及潛在資源和這些資源的分配。最後，行銷規劃尚必須考量執行及其評估。行銷執行乃是所有行動的方式和手段，它包括了實現計畫的人員之指派和指導。評估或控制乃在檢視行銷計畫的執行是否妥當，並作修正或調整之過程。

由上可知，行銷規劃乃係針對未來行銷事務的行動方案作設計，其必須包括：行銷目標、行銷活動、相關資源和行銷執行等事項。雖然這四項要素是分開的，但基本上是相互關聯的。蓋行銷目標的擬訂，乃取決於擬定目標的可能性，對未來的預測，以及對資源的預算等；而資源的有效性則有賴於管理行動和執行效率的影響。因此，行銷規劃總是包括：行銷目標、行銷活動、相關資源以及行銷執行與檢核，而指向改善未來的行銷績效。

然而，行銷規劃既可用來決定企業機構的行銷目標，為期達成此一目標，則行銷規劃必須訂定出行銷計畫書，用以規範所需資源的取得、運用和處置，這些計畫書可依各種不同性質，而作如下的分類：

一、依時間長短的劃分

行銷計畫依其時間長短，可分為長期計畫、中期計畫和短期計畫。所謂長期計畫，又可稱之為長程計畫或策略計畫，通常多為十年或十年以上的計畫，其目的乃在決定企業機構的基本目標，及其基本政策、策略，以及對資源的取得、運用和處置之準則。企業的其他計畫類多以此種計畫為依歸。亦即長期計畫乃是重點式和目標性的規劃。此有賴企業機構的高層管理階層來規劃和擬訂。

中期計畫之所以稱為「中期」，乃為其期間通常在超過一年以上，而多數以五年為期之故。當然，所謂中期，每因行業和行銷物品之性質而有所不同。例如，時裝五年可能已是長期，此乃因其款式變化甚速之故。不過，中期計畫係衍生自策略計畫，殆無疑義。中期計畫的內容需比長期計畫略為詳盡，且具有協調性的作用。此種計畫多依企業職能而做較嚴密的規劃，且需與各計畫相互協調配合。這是企業機構中級主管所需擬訂的計畫。

短期計畫多以一年為期，年度預算即可視為短期計畫。此類計畫依中期計畫而來，而在時間、預算、程序上做更進一步的設計，故短期計畫純屬於一種作業規劃（operational planning）。它除了利潤、銷售、生產等目標之外，尚可能包括更具體的績效性目標，如每月的產銷數量即是。一般而言，年度預算即為短期計畫最主要的一部分。這是企業機構最基層管理階層所需花費大部分時間來執行的計畫。

二、依行銷職能的劃分

行銷計畫若依其職能來劃分，可分為產品計畫、銷售計畫、推廣計畫、價格計畫等。產品計畫乃是與生產部門共擬所需銷售之產品，並開發新產品，以滿足顧客的需要和慾望，且符合企業行銷的目標。產品計畫可由行銷部門初訂，再交由生產部門研擬，這樣做的原因乃是行銷部門直接接觸到客戶，可真正瞭解顧客的需求，和大環境的變化。此外，所有的產品都有一定的壽命週期，故宜重視產品規劃（product planning）的工作。

銷售計畫乃在推銷現有產品，找尋目標市場、開發銷售通路、實物配送、選擇行銷通路等，用以暢通行銷管道，增進企業追求利潤的目標。此外，有關推銷人力和資源的配置、訓練，銷售目標和策略的訂定，批發商、零售商和連鎖店的選擇，銷售服務的設置，銷售人員的督導、考核等銷售管理，都是銷售計畫所要重視的課題。

推廣計畫乃在擬訂促銷活動，運用各種促銷方法，包括廣告、人員促銷、公共關係，以吸引消費者的注意，促發他們的興趣與慾望，從而願意採取購買行動，滿足其慾望，構成所謂的AIDAS理論，即注意（attention）、興趣（interest）、慾望（desire）、行動（action）和滿足（satisfaction）。近來的促銷手法常以聳動的方式，如季節降價、超便宜的低價促銷、透過明星推銷，或以電子媒體等方式或手法，而達成促銷的目的。

價格計畫乃為依據產銷成本、運輸成本等內部成本，再參酌社會經濟情況、國民所得水準、國民生活水準、市場需求程度、市場競爭態勢、產品市場占有率、國家開發程度等各項條件，而訂定產品價格。產品價格在行銷組合之中可說是最具有彈性的計畫，因為影響價格的因素甚多，且各項變數是動態化的。是故，價格計畫的訂定宜較具彈性。

三、依涵蓋範圍的劃分

行銷計畫若依其所涵蓋的範圍來劃分，可分為綜合計畫、細部計畫、輔助計畫和專案計畫等。所謂綜合計畫又可稱為行銷總計畫、經營計畫或主計畫，其乃係針對整體行銷活動而設計的計畫。它必須綜合整個組織內各個部門對行銷的統合，使各個部門和上下單位間的行銷目標能相互關聯。基本上，綜合計畫乃是一種概括性的計畫。

細部計畫或稱之為詳細計畫，乃係針對行銷部門業務活動而設計的計畫，故又可稱為部門計畫。此種計畫亦即就綜合計畫中的一部分內容而設計的，有時細部計畫的內容，仍無法令人瞭解時，所設計的補充說明，即可稱之為輔助計畫。

最後，所謂專案計畫，乃係針對行銷上某種特定問題或事項而設定的計畫。通常，此種計畫乃是一種完整的計畫，它只是針對一種特殊的行銷專案而已，故常包含總計畫、細部計畫以及輔助計畫。

總之，行銷規劃乃是行銷管理的首要程序，缺乏了規劃，則行銷管理很難步上正軌，至少行銷工作也不容易成功。因此，行銷規劃乃是行銷工作的必要工作。然而，只有規劃活動，而沒有計畫書，行銷活動亦將失去準據。是故，行銷計畫書為行銷管理活動的依據。此則有賴行銷組織的推動，此將於下節繼續討論之。

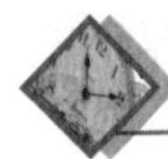

第二節　行銷組織

組織乃在建構內部結構，使得工作、人員和權責之間，能發生適度的分工與合作關係，據以有效地分擔和進行各項業務，卒能達成管理的工作。行銷組織（marketing organization）亦然。行銷組織的主要用途，就是在於管理企業機構和市場之間的關係，以便維持企業機構的長期性獲利。因此，行銷組織是行銷管理中的一項工具，憑以推動無法由個人獨力完成的行銷策略和目標。此外，行銷組織作業的程序，在將有關行銷目標的各項作業，予以歸併成許多不同的群組（groups），分別為各群組指派一位負責人，以督導該群組行銷人員實施作業的職權。

當然，行銷組織作業常界定了各個行銷領域的界限，以致形成行銷組織的正式結構。然而，行銷組織內部成員的互動，也可能形成非正式關係，此為意識性的交流，亦為行銷部門主管所應重視的。由此觀之，行銷組織乃在致力於達成行銷任務結構的設計，以及各種職權關係的協調性。一般而言，為了因應市場的競爭，並為顧客提供更快速、更優良的服務，組織設計必須是一個不斷變動、不斷改進的過程。現代化的行銷組織可歸納為下列各種類型：

一、職能別組織結構

職能別行銷組織結構（functional marketing organization structure），就是在行銷部門內依各項行銷職能劃分為許多不同單位的組織型式。例如，在行銷部門之下，可劃分為新產品、市場開發、廣告、促銷、價格、銷售、行銷研究、市場設計、顧客服務等單位，如圖3-1所示。

職能別組織結構的優點，是專業化；凡是同一職能工作的規劃、執行、考核，均屬於同一職能範圍，較能統一處理，能產生功能上的綜效，切磋彼此的工作品質。其次，在同一單位內運作，可達到降低成本、行事經濟的效果。再次，行銷人員滿足於自己的專業領域內，可產生對工作的滿足感和成就感。凡是企業只有單一產品或產品線，且只有一個目標市場時，適合採用此種組織結構。

然而，職能別組織結構也有一些缺點。首先，過度專業化可能無法瞭解其他領域的作業，而形成協調上的困難，以致有「隧道視線」（tunnel vision）現象的產生。此外，過度專業化不免產生本位主義，造成對資源取得的過度競爭。再者，職能別會使得績效評估偏向於職能性績效為主，而不以市場績效為主。還有，職能別導向會使行銷人員不適

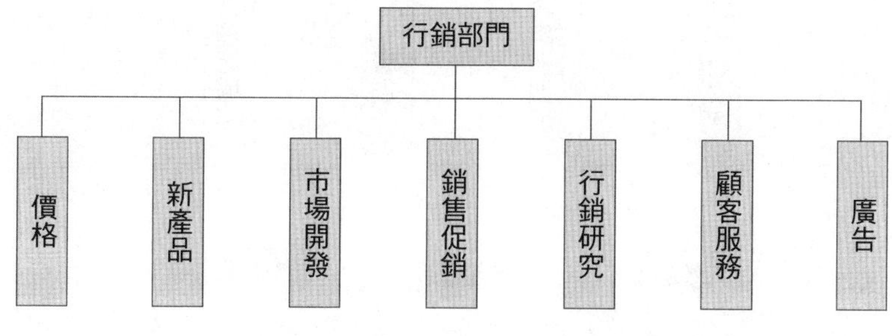

圖3-1　職能別行銷組織結構

應多產品線或多個目標市場的情況，並忽略了他們不感興趣的產品線和市場。最後，在職能別組織結構下，無人可對市場或產品的成敗，全權負責。

二、產品別組織結構

產品別行銷組織結構（product marketing organization structure），是以所要行銷的多種產品為劃分單位的依據，其所形成的組織結構，如**圖3-2**所示。此種組織結構多適用於產品或品牌較多、差異性較大，或須特別重視新產品發展的企業機構。產品別組織結構是以產品市場結構（product market structure）為導向的，產品經理必須負責某些特定任務，如下列所示：

1.為產品發展長期而具有競爭性的策略。
2.蒐集和集中所有有關產品的資訊。
3.為某項產品準備年度行銷計畫與銷售預測。
4.界定達成產品計畫目標的各種方法。
5.確保產品的獲利性，並監控產品的生命週期。

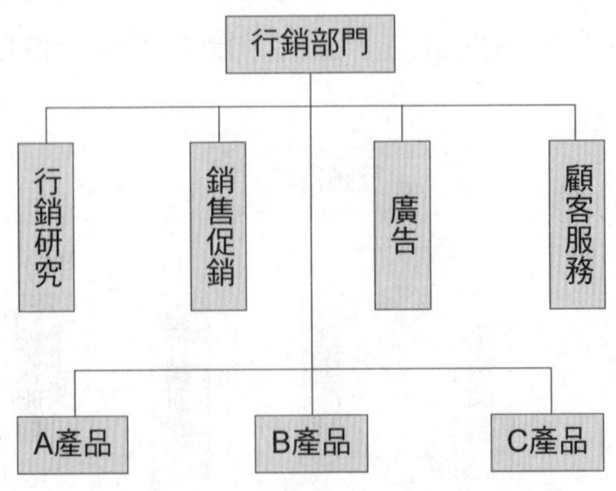

圖3-2　產品別行銷組織結構

6.負責與廣告、商品代理商一起發展文案、方案和廣告活動。

7.激發銷售人員與配銷商對產品的支持。

8.在監控產品銷售之前，檢視所擬定的計畫是否如期完成。

9.推動產品的改良，以滿足變動中的市場需要。

10.提出改善或開創有關產品的各項建議。

產品別組織結構的優點，是同樣產品內容較易進行協調，產品經理易於測度績效與進行統一的管制，此對於產品經理是一項絕佳的訓練機會。產品別結構無異於一個獨立的公司，可使產品經理歷練各項職能，包括：行銷研究、銷售、廣告、顧客服務等能力，以作為未來升遷的準備。此外，專人負責產品績效，其成敗責任明確。

然而，產品別組織結構的缺點，為產品經理可能過度專注產品而忽略市場；有時會過度重視短期財務績效而忽略長期考量；產品經理對其他行銷職能領域缺乏權力，協調費時費事；最後，產品別組織結構設計無法兼顧其他行銷領域的技術發展。

三、地區別組織結構

地區別行銷組織結構（territorial marketing organization structure），乃為依地理區域而來組編銷售或行銷人員的組織方式，此種組織結構適用於市場遍及全國或全世界各地的銷售網之企業，其如**圖3-3**所示。此種行銷組織可設置北、中、南三個地區經理，負責各該地區的銷售和行銷工作。

地區別行銷組織結構的主要優點，乃在於便於當地的營運，由於對所在地區有較充分的瞭解，更能順應當地市場與顧客要求。其次，公司及其銷售人員對當地情況較熟悉，可因應競爭環境的變化，而採取迅速的反應。再者，由於地區經理熟悉地區的條件，故可迅速做決策。又地區別組織結構可針對地區發展獨特行銷方案，增強各地區的市場競爭力，並取得優勢。最後，地區別經理在處理行銷業務時，有獨當一面，取得充分自我

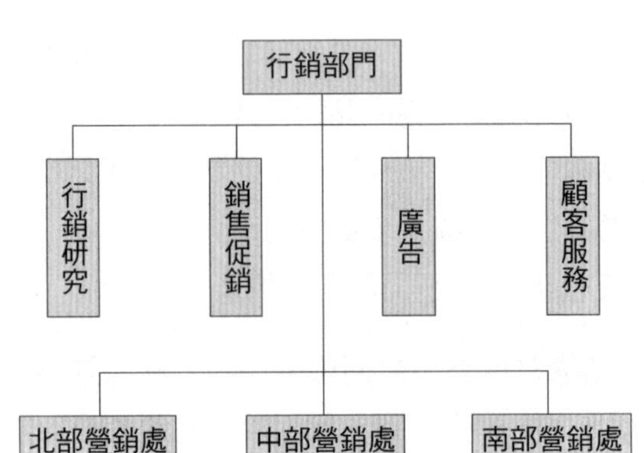

圖3-3　地區別行銷組織結構

訓練的機會。

至於，地區別組織結構的缺點，則為常以自身目標為重，不免流為本位主義，而忽略其他方面的協調。其次，各地區若過於分散，地區經理過於自主，往往使得公司管理階層不易控制。又多處地區辦公室的設置，難免造成服務與行政人員的重複，而形成人力、物力資源上的浪費現象。因此，當產品線變多時，地區別組織結構就變得不夠靈活了。

四、顧客別組織結構

顧客別行銷組織結構（customer marketing organization structure），是以所要服務或行銷的顧客，或所接觸到的對象為設計標準的組織型態。此種行銷組織結構乃將市場劃分幾個彼此不同的市場，而各個市場的同質性較低，為便於作業方便，乃設計出此種組織結構。此可依產業別、顧客別、產品應用別或其他方式來劃分。不過，其基本目的乃在專注於顧客的需要。**圖3-4**、**圖3-5**即為顧客別組織結構的兩個實例。

顧客別行銷組織結構的優點，是行銷人員比較熟悉個別顧客的需要、態度與偏好，能夠針對不同顧客的需求，作有計畫而周全的服務。其次，行銷人員因直接接觸顧客，可獲得第一手資料，而可從事專業化

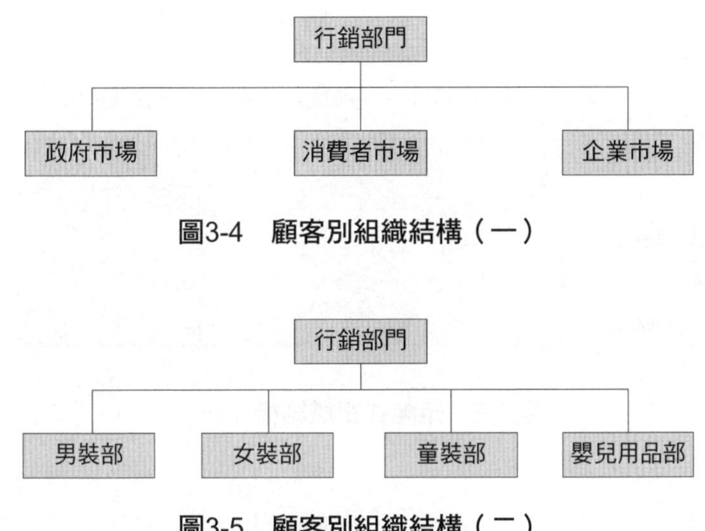

圖3-4　顧客別組織結構（一）

圖3-5　顧客別組織結構（二）

行銷。同時，在專業領域內行銷，其作業較為簡單，易於協調。惟顧客別行銷若劃分過細，對整個企業機構來說，常會增加許多成本的負擔。因此，顧客別組織結構適用於目標市場很多、目標市場顧客要求差異性大、顧客購買量或金額很大等情況。

五、矩陣式組織結構

矩陣式行銷組織結構（matrix marketing organization structure），乃是結合上述任何兩種型態或將職能別與專案結構相聯結所形成的混合式組織結構，如**圖3-6**、**圖3-7**所示。此種組織結構甚具彈性，兼具水平和垂直結構，適用於規模較大的零售組織。

在矩陣式組織結構下，一方為行銷專案經理，另一方為行銷職能經理，彼此必須對各自業務和利潤負責，且須尋求彼此合作。事實上，行銷專案經理並未擁有完全職權，僅具有專案職權；他必須保持與行銷職能經理的密切關係，並說服行銷職能經理支持他的專案。因此，他必須保持良好的橫向關係，俾能與行銷職能經理協調。行銷專案經理的重要領導條

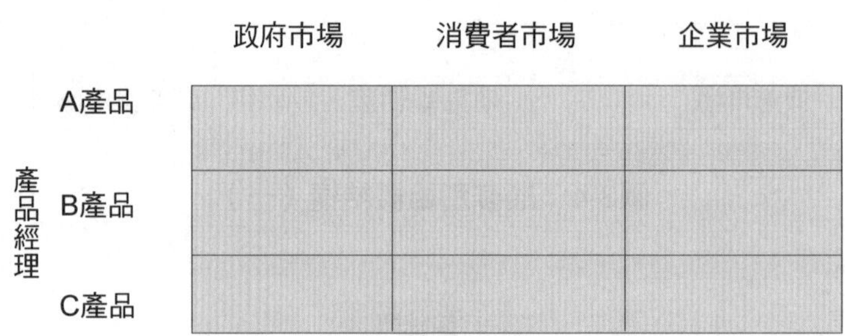

圖3-6　矩陣式組織結構（一）

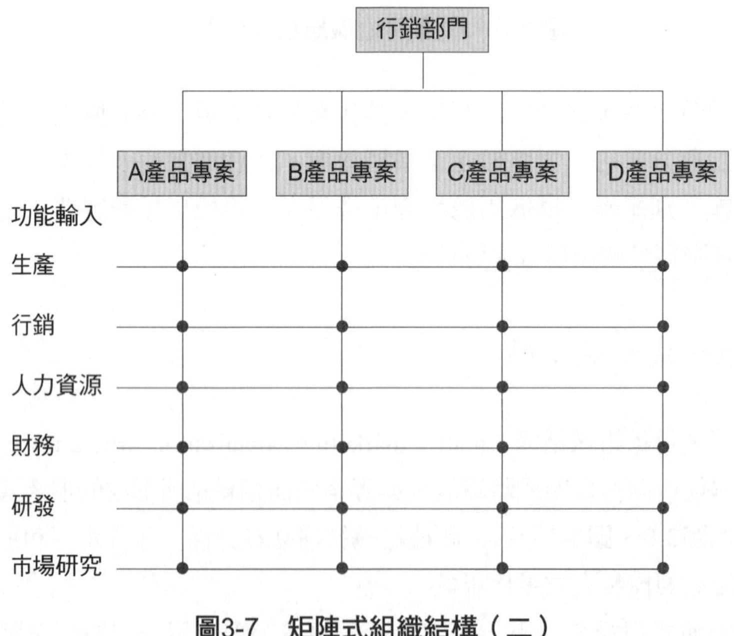

圖3-7　矩陣式組織結構（二）

件，就是專案知能、談判能力、才幹，以及對他人的回報。易言之，行銷專案經理最主要必須運用人際關係技巧來推動業務，而不是依賴正式職權來推動。

矩陣式組織結構的最大優點，乃在便利管理階層對市場和技術的變化，作最快速的因應。但它也有不少缺點：(1)由於行銷職能經理與行銷專案經理的雙頭指揮，極容易引起其間的權力爭奪；(2)有關行銷事項均須經過一連串會議的討論，頗浪費時間；(3)若產品銷售種類和數量甚多，則可能形成許多疊床架屋的矩陣；(4)多一層組織結構較耗費成本，造成管理成本的增加。由此觀之，並非每個行銷組織都適宜採用矩陣式組織結構，若其實施代價太高，則不宜推行矩陣式組織結構。

總之，行銷組織結構的設計，宜因其行銷職能、產品、地理分布、產銷對象等的不同，而有不同的組織設計，其目的不僅在便於行銷，最重要的乃在滿足顧客的需要。今日行銷組織的設計，更應有權變理論（contingency theory）的觀念，而不宜墨守成規，其常為因應市場、政治、法律、競爭等因素，而有所謂的專案組織結構（project organization structure）、有機性組織結構（organic organization structure），或自由形式組織結構（free-form organization structure）等名詞的出現。這些都在因應市場環境的變化，而產生的組織概念。

第三節　行銷決策

在行銷管理程序中，行銷決策（marketing decision-making）是一項很重要的程序與工具，但它往往為人所忽略。事實上，在整個行銷管理過程中的每項步驟，均無法缺乏決策。所謂決策，或稱之為「做決定」，基本上常為「就數項方案中選擇其一」。決策的涵義不僅限於做決定而已，其常涉及對行銷方案的選擇。依此，行銷決策乃包含所有選擇行銷方案的過程，是所有企業組織各階層人員的共同職責，只是高層人員所負責任的比重較大而已。

決策理論學家賽蒙（Herbert A. Simon）將決策程序分為三大步驟：(1)在環境中發現有待解決的問題；(2)思考可行的行動方案，並加以推演和分析；(3)就各項行動方案中選擇一種可解決問題的方案。這三項步驟的第一步就是智力活動，第二步為設計活動，第三步為選擇活動。這些活動乃構成了完整的決策過程。

以行銷決策而言，過去乃在發現行銷問題和認定行銷上所產生的問題；現在則在列舉和選擇可解決行銷問題的方案；未來乃在期其檢討行銷方案解決問題的程度和實施結果。就整個具體的過程而言，行銷決策實包括了下列步驟：

一、發現待決問題

就理論上而言，行銷之所以要決策，就是因為產生了問題而來。因此，行銷決策的第一步驟，就是在發掘和確認行銷問題的存在。所謂行銷問題，是指任何在行銷過程上對目標產生了障礙而言。凡是對行銷作業的干擾，或行銷人員的不滿足……在在都屬於行銷問題之列。但是行銷問題之所以為問題，有時是需要加以發掘和認定的，而有時則否。又有些問題可能不需要解決，就會自然消失；但有些問題則必須加以解決，才不致阻礙行銷目標。因此，只有需要加以認定和解決的行銷問題，才需要做行銷決策。

二、搜尋相關資料

當行銷問題發生時，就必須對可能阻礙行銷目標的問題情況加以診斷，從而找出各種可能的解決方案。這些方案的找尋，必須從和行銷問題有關的資料下手，這些資料可包括直接與間接資料，然後才能找出各種可行解決方案的資料，考量各個方案可能的決策效果，以及各項須與之配合的所有條件。

三、分析解決方案

當所有的資料都已蒐集齊全之後，接著要提出和分析各種可能的解決方案。各項方案的分析，意在探討其可能的後果，並加以比較。在一般情況下，各項解決方案究竟會產生何種結果，是相當不確定的，故而有詳加分析和比較的必要。

四、選擇解決方案

在對各項解決方案做過分析和比較之後，乃為選擇最佳的可行方案，然後付諸實施。此時所選取的行銷方案，乃在期其能解決所發生的行銷問題。蓋任何問題發生後，必有多種不同的解決對策，此時必須從各項對策中決定最佳方案，此為行銷決策過程中真正屬於決策的部分。

五、評估實施結果

一般決策過程可能到決定解決方案為止，然而行銷決策實施的結果是有必要加以檢討的。因此，實施結果的評估是不宜忽略的。倘若行銷決策不能完全解決該項行銷問題，甚或產生偏差，此時就必須重新選擇解決方案。不過，若發生此種情況，對企業機構而言，誠屬一種成本的浪費。

總之，行銷決策是行銷管理程序與活動中很重要的一環。幾乎所有的行銷管理活動，都不可缺乏行銷決策。只有決策才能推動管理活動。因此，有人把決策視為「管理」的同義詞，固然管理不應僅限於決策而已，但由此可看出「決策」運用之廣。易言之，所有的行銷規劃、組織、執行，甚至於行銷控制，都需要做決策。下節仍將繼續研討行銷執行。

第四節　行銷執行

行銷執行（marketing implementation）是行銷管理程序中將行銷作業付諸執行的階段。在行銷管理程序中，行銷策略和行銷組合方案必須交由行銷部門及其人員來執行。惟行銷方案是否能發揮預期的成效，除了取決於行銷人員的執行能力與自身條件之外，更重要的尚涉及行銷策略、目標和規劃上的配合問題。在實際執行過程中，行銷策略、目標、規劃和實際執行狀況若能一脈相承，當不致發生太大的問題。惟若整個管理程序有任何出入，將使行銷執行失效。本節首先將研討影響行銷執行成敗的變數，其次再討論行銷執行失敗的原因。

一、影響行銷執行的變數

一般而言，影響行銷執行工作是否順利的變數，並不只來自於行銷部門，而且源自於整個企業機構及其管理措施。其中最重要的變數可討論如下：

(一)行銷方案

行銷執行要成功，必須企業機構內每個部門或單位都要有行銷方案。行銷部門的行銷專家必須不斷試驗新產品，探尋可能的新市場。行銷管理人員必須不斷決定其對象區隔、產品包裝、定價、促銷和銷售管道；並不斷地增補人員，加以訓練、指導和激勵。此外，行銷主管還必須設法說服其他管理階層，以爭取支持。他們需與工程部門討論產品設計，與生產部門討論生產和存量，與財務部門討論資金取得和現金流量，和法務部門討論專利權與產品安全課題，和人事部門研商人員補充和訓練等課題。再者，行銷管理階層還必須爭取外界人士的支持，他們接觸代理商、廣告媒體、零售商等，以爭取推銷的努力、較佳的貨架位置，和有力的廣告、海報等。

準此，一項行銷方案就是在結合行銷內外的所有力量，其不僅指明所有人士應決定何項決策，和應展開何種行動；而且也指陳了所有人士決策和行動的責任，甚而要指示一項時間進度表，以明定各項決策和行動的時機。是故，行銷方案旨在說明做何事、何人做，以及應如何做，以協調最佳的全部行銷決策和行動，終而能實現企業機構的行銷目標。

(二)組織結構

企業機構的組織結構，在行銷策略的執行過程中扮演著極為重要的角色。所謂組織結構，就是將整個組織內的工作，組合成各項明確的職位，分別指定適當的人員和部門來承擔，並以分工專業的方式作有系統的推動；同時明確規定彼此的相互關係，用以確定明確的職權和溝通路線，終而能完成共同的任務和達成共同的目標。依此，行銷執行即依此種結構而推展。

然而，企業機構性質不同，其行銷策略也不同，而其組織結構更有所差異。例如，在快速變化的行業中，小型公司為求快速推出各項新產品，必須仰賴彈性化的策略，以致鼓勵內部人員採取快速因應行動，此時的組織結構便傾向分權化的結構，亦即以非正式溝通的組織結構為主。相反地，在比較穩定的市場中，一家已具相當規模的公司，所仰賴的是統整式的行銷策略，此時其組織結構必傾向於集權化的結構，以明訂其職位職權和職責，並產生一定的溝通路線。

(三)激勵制度

企業機構的激勵制度，也是影響行銷執行成敗的關鍵因素之一。蓋激勵制度左右人們的行為，終而影響到執行成效。通常激勵行銷執行的方式很多，有物質性的激勵，也有精神性的激勵。考核和報酬制度就是一種常用的激勵工具。考核與報酬制度如果著重短期的績效，將會引導行銷人員傾向於短期目標的表現，如追求短期的銷售成長和市場占有率；相反地，若考核和報酬制度著重長遠績效，如顧客滿意度和品牌的建立，則將使行銷人員努力去追求長期利益。因此，激勵制度實是影響行銷執行的成效之一。

一般而言，為使行銷執行較能維持長期效果，一家公司應儘可能在考核和報酬制度上尋求長期與短期績效的平衡。同時，管理階層可利用銷售競賽、公開表揚和提供獎金等方式，在客觀而公平的情況下，鼓勵行銷人員努力去行銷其產品。此外，很多行銷績效都是群體發揮團隊精神的結果。因此，設定群體績效獎金也是一種良好的激勵制度。

(四)人力資源

人力資源是行銷執行中最重要的變數之一，尤其是人力素質往往為決定行銷成敗的關鍵性因素。企業機構的每個階層都必須具備應有的人力，他們必須有適當的技能和性格。此時，企業機構必須用心地致力於人才的羅致、派職、訓練、激勵、溝通和維護。尤其是高層和各階層管理人才的選用和培養，更是行銷執行所不可忽略的課題。

對行銷執行而言，不同的行銷策略需有不同的管理人員。例如，一項具有開創新事業的策略，必須任用具有開創能力的管理人員；而一項固守原有事業的策略，則需有組織能力和守成能力的管理人員；一項具有深耕事業的策略，則需有降低成本能力的管理人員。是故，任何企業機構為了配合其策略的執行，都必須延用不同的管理人員。

(五)行銷溝通

意見溝通也是影響行銷執行成效的一項重要因素，快速、正確、便捷和多向的溝通是有效行銷執行的要素。在執行行銷策略與方案的過程中，需要有許多垂直和平行的溝通。行銷人員可透過各種正式會議、內部刊物、非正式溝通、電子布告欄（BBS）、電腦化資訊，以及決策支援系統等各項溝通工具和管道，以確保各種溝通的暢行無阻，才能有效地落實各項行銷策略與行動方案。

(六)組織文化

組織文化對行銷執行的成效，具有很大的影響。所謂組織文化（organizational culture），是指企業機構內所有員工所具有的一種共同價值和信仰系統而言。此種共同價值和信仰系統，將塑造員工共同的行為規範，並採取相同的行動。當行銷執行切合組織文化，較能順利推行；否則若違反組織文化，必窒礙難行。當然，行銷執行過程亦會受到其他因素的影響，尤其是組織外在環境，更是不可忽視的。

再者，與組織文化有密切關係的，當推管理氣候（managerial climate），不同的管理氣候，各適用於不同的行銷策略。例如，有些管理人員動輒採取命令行事，很少對部屬授權，且常保持嚴密控制；有些管理人員則喜歡授權，常鼓勵部屬採取主動的行動，且重視非正式溝通。顯然地，此兩種不同的管理作風，各有其考量的情況。換言之，管理階層究應採用何種管理作風，常因企業機構的組織結構、工作任務、員工情況，以及內外在環境等的差異而有所不同。

總之，行銷執行的成效常受到許多因素的影響。企業機構的管理階層除了必須小心訂定各項策略和目標之外，尚需注意執行過程中的各項細節，才能完成行銷管理的目標。

二、行銷執行失敗的原因

行銷執行除了必須明確掌握影響執行成敗的變數，尚須探討執行不易成功的原因。這些因素至少包括下列各項：

(一)規劃作業脫離現況

企業機構的策略與目標之規劃，通常由高層人員來訂定，若缺乏行銷主管的參與，將不免失之迂闊，而與現實脫節，以致窒礙難行。同時，若行銷人員未參與規劃作業，則對計畫情況將不易瞭解，如此所訂計畫將有閉門造車之嫌。因此，為使企業策略或行銷策略規劃能順利進行，應由行銷管理人員參與高層次企劃工作，才能研議出確實可行的行銷策略。

(二)長程短程目標失衡

有些行銷策略或目標之所以窒礙難行，乃是因為長期目標與短期目標難以權衡之故。許多企業機構的長期目標多以三至五年為度，其重點乃強調充分供應產品，以及對顧客的服務。然而，行銷人員所從事的多為以一年為期的短期目標，其所重視的是銷貨成長、獲利力、降低存量等。此兩種目標常陷於長程策略與短期績效之間取捨的困難。因此，企業機構為解決此種失衡狀況，必須在長程和短程目標之間達成巧妙的平衡。

企業機構為了調和行銷長期目標與短期目標的平衡，可選擇下列任一種措施：其一就是將短期績效設定在長期目標的框架之下；另一則可在長期目標的基本架構中，依短期績效的進展情況而持續不斷地修正其長期目標。此外，企業機構對各階層管理人員的考核，不僅應著重短期績效，也應兼顧長期績效；在獎賞和教育訓練上，不僅提醒其重視短程目標，並應隨時注意長程目標的成果。

(三)新訂模式引發抗拒

行銷規劃執行失敗的原因之一，有時是新訂的行銷模式引發行銷人員的抗拒。一般而言，企業機構營運之執行，都以既定策略和計畫為本；然一旦有了新策略，將產生新的行為模式，以致與原有習慣相扞格，此時必招致抗拒。因此，一般企業機構若所訂新策略迥異於原有策略，通常須交付新行銷部門執行，以期能順利推行。例如，一家公司決定為新市場開闢一條新產品線，即可另外成立一個新的行銷單位，並將新計畫交付執行，以免遭到原有單位或人員的抗拒。

(四)執行方案研訂失當

有時行銷執行不易成功的原因之一，乃為執行方案本身未能作適當研訂之故。倘若行銷執行方案不夠具體，而失之粗枝大葉，將使執行人員無法確實執行。因此，管理階層必須訂定詳盡而確實可行的執行方案，說明每一步驟的細節，才能使執行人員知所遵從。同時，行銷執行方案必須明訂一份確切的執行時間表和進度，並明訂每位管理人和執行人所負的責任和任務。

綜上言之，行銷策略即使是盡善盡美，也不能保證行銷的成功。倘若企業機構不能妥善予以執行，則任何一項良好的行銷策略，均只是一種空談。因此，企業機構行銷系統中每個層次的成員，都必須為行銷計畫和策略的執行而共同努力。

第五節　行銷控制

行銷控制（marketing control）是行銷管理程序中的最後步驟。當然，行銷控制所獲得的結果，仍可作為重新規劃的依據。行銷控制的目的，一方面在評估行銷策略和行銷方案執行的績效，以作為修正執行偏差和改善執行作業的依據；另一方面則在掌握外在環境、競爭情勢和本身資源的變動，據以作為適時調整企業的使命與目標，以及行銷策略和方案。因此，行銷控制並不是在執行完畢之後才予以推行，而必須在作行銷規劃之時，即予以進行全程的控制。是故，行銷控制可分為策略性行銷稽核、年度計畫控制，以及利潤力控制等，每種類型都有其特定目的和方法，其如**表3-1**所示。

一、策略控制

企業機構應有建立「策略控制」（strategic control）的必要，俾便於適時地對整個行銷效能作全面性的徹底檢討，如此企業機構才能確立一項檢視全面行銷業務的方式。策略控制的檢視工具，即為行銷稽核。所謂行

表3-1　行銷控制類型比較

控制類別	負責階層	控制目的	控制方法
策略控制	• 高層管理人員	• 檢視公司是否善於利用行銷機會，及其利用效率	• 行銷稽核
年度計畫控制	• 高層管理人員 • 中層管理人員	• 檢視計畫成果是否達成	• 銷售分析 • 市場占有率分析 • 行銷費用對銷貨比率分析 • 顧客態度調查及滿意度分析
獲利力控制	• 行銷主管 • 財務主管	• 檢視公司盈虧	• 產品別分析 • 地區別分析 • 市場區隔別分析 • 行銷通路分析 • 訂貨量分析

銷稽核，就是在針對企業機構的環境、目標、策略，以及業務等，進行一項綜合性、系統性、獨立性和定期性的查核，以指明該企業機構所面對的問題與機會所在，從而據以建立必要的行動計畫，俾改善其行銷績效。

行銷稽核所涵蓋的範圍極廣，舉凡一家事業機構有關全部行銷事項，都在稽核的範圍之內。這些範圍可歸納為事業宗旨和目標、行銷組織和制度、行銷策略、行銷方案、行銷執行與管理等。由於企業機構的性質不同，其行銷稽核亦有所差異。不過，行銷稽核近似於行銷情勢分析，但涵蓋面遠較情勢分析為廣。

一般而言，企業機構對於行銷稽核，每多委請外界獨立專業機構或人員為之，俾保持其客觀性。行銷稽核宜定期實施，以免過時而無可再用之日。最後，行銷稽核人員應有自由訪問公司內外管理人、客戶、代銷商、推銷員，以及其他相關人員的權力，如此才能獲致正確的結論，以提供確實的建議事項；俾供給各階層管理人員採擇與推動其業務。

二、年度計畫控制

年度計畫控制是行銷控制的一環，其目的乃在確保年度行銷計畫所訂定的銷貨目標、成長目標、利潤目標和其他目標。年度計畫控制的程序，可分為訂定目標、衡量績效、比較績效與目標的差異、診斷形成差異的原因，以及採取修正行動等步驟。第一步驟，就是管理階層在其年度行銷計畫中，訂定月目標或季目標，這些目標可包括銷貨目標、費用比率目標、市場占有率目標，以及顧客滿意度目標。第二步驟，就是管理階層必須測度和衡量實際的績效。第三步驟是，管理階層必須評估出實際績效和預定目標之間的差距。第四步驟是，管理階層必須找出實際績效和計畫目標之間發生差異的原因。最後步驟則為管理階層採取修正行動，以縮短或消弭其間的差距，甚或修改原定目標。

至於，年度計畫控制的方法，主要有：銷貨分析、市場占有率分析、行銷費用比率分析，和顧客態度調查等。行銷管理人員必須善用這些控制工具，才能確保年度行銷目標的達成。所謂銷貨分析，是指實際銷貨與銷貨目標的關係之測度與評估，其目的乃在找出實際銷貨額與預期銷貨額發生差異的原因。一旦找出原因，即予以修正。但年度計畫控制只對銷貨分析是不夠的，管理階層仍須作市場占有率進行分析。

市場占有率分析的目的，乃在比較銷售者產品和競爭者產品在市場上的競爭能力，用以瞭解本公司產品在市場地位上的消長情形。不過，有時本公司銷貨增加，可能是經濟情況轉佳，而致同業均蒙其利，並非公司績效進步之故。因此，管理階層必須做市場占有率分析，才能瞭解銷貨增加或減少的原因。倘若本公司產品的市場占有率已有提高，則表示公司產品占有競爭優勢；相反地，若出現下降，則表示公司產品的競爭處於劣勢。

此外，年度計畫控制尚須作行銷費用比率分析。當公司即使已達成銷貨目標，但其行銷費用遠超出其銷貨成本的預算時，則其銷貨將無毛利率可言。因此，就行銷控制的觀點而言，管理階層尚須另行作行銷費用對銷貨比率分析的必要。由此當可確保行銷費用之適當和合理性。

最後，為了確保行銷目標，年度計畫控制尚須對顧客作滿意度調查。顧客態度調查乃為針對公司的產品、品牌、商店和服務品質等，對顧客進行調查，用以瞭解顧客態度的變化，這也是一種常用的控制工具。其方法包括：定期的顧客調查、顧客座談，以及抱怨和建議的處理等。一旦發現有了不利的反應，就應及早採取必要的修正行動。

三、獲利力控制

獲利力控制（profitability control）是行銷者用來查核各項盈虧來源，相對於獲利能力的一種行銷控制利器。財務報表正可提供事業整體盈虧的資訊，但只是提供事業整體盈虧的數字仍是不夠的。因此，行銷管理階層還希望能夠瞭解各種不同的產品線、銷售地區、各顧客群、各行銷通路，以及各個訂貨量的盈利能力。行銷者定期地測定不同的產品線、銷售地區、顧客類別、行銷通路、訂單大小等作為基礎的實質獲利能力，即是所謂的「獲利力控制」。

至於進行獲利力控制的步驟有三，即：銷售貢獻分析、行銷成本分析和利潤力分析。銷售貢獻分析，就是根據產品線別、銷售地區別、顧客別、通路別、訂購量別等基礎做分析，以瞭解這些對總銷售收入的貢獻。行銷成本分析，就是對以上各基礎所花費的成本進行分析，利潤力分析，則為對前述各基礎所得的利潤進行分析。倘若在分析結果中，發現某項獲利欠佳，而所花費成本太高，或貢獻度不大，則公司必須採取改善措施。

總之，行銷控制乃在檢視行銷策略、規劃、執行和獲利力，期使企業機構能夠順利地達成其目標。這些控制包括：策略行銷控制、年度計畫控制，以及獲利力控制。唯有完成這些控制，並與行銷規劃、行銷組織、行銷決策和行銷執行等相互配合，才算是完整的行銷管理程序。

Chapter 4

行銷環境

所有的企業機構都是存在一定的環境之中，而受到環境的影響，同時也影響著環境。企業行銷工作亦然。因此，吾人在探討行銷管理之時，也不能忽略了環境因素對行銷管理的影響。本章首先將研討行銷環境的內涵及其變遷；其次將研析行銷環境掃瞄，以分析和診斷環境因素。再次，行銷組織的內在因素必左右行銷工作及其作為。最後，行銷外在環境更是行銷的對象之所在，其可分為微觀環境和宏觀環境。行銷人員必須瞭解所有的行銷環境情況及其要素，才能做好行銷工作。

第一節　行銷環境的內涵與變遷

行銷環境足以造成企業行銷的市場機會和危機，也左右了行銷組織的資源和能力整合。因此，行銷人員必須對行銷環境作分析和診斷，俾能掌握行銷的情境，作出最佳的行銷決策，並採取適當的措施，表現合理的作為。

然則，何謂行銷環境（marketing conditions）？所謂行銷環境，就是舉凡涉及行銷有關事項的各種情境和狀況而言。一般所謂環境或情境，包括：一切自然和人文的情境；有時可分為物質的、精神的，以及社會人為的所有狀態。就企業機構而言，行銷環境可包括：內在環境和外在環境。內在環境又可包括：行銷的經營策略、組織文化、管理作風、產能技術、財務實力、人力才幹等。外在環境則可包括社會文化、經濟狀況、科技發展、政治力量、生態狀況、競爭態勢、法律規則，以及和銷售促銷有關的中間商、批發商、零售商與消費大眾等。這些都與行銷策略和行動息息相關。

由上可知，企業機構的行銷環境是相當複雜的，凡是一切足以直接或間接影響到該機構的所有因素均屬之。環境因素對企業機構的影響，可就兩個方向去觀察：一為輸入（input），一為輸出（output）。就輸入而言，外在環境的因素，如有限的自然資源、科技等輸入企業機構內，而

對企業機構造成影響。就輸出而言，企業機構生產產品和服務行銷於市場上，而對輸出的消費、使用和評估，又影響了企業機構。因此，企業機構和其環境是無法分開的，彼此又相互影響。

然而，世事都是在變動之中的，今日的情況尤為劇烈。此種變動包括：社會、經濟和科技等的變動，實已大大地左右了人們的生活方式，連帶也影響企業機構的變動。今日的行銷管理階層和行銷人員已體驗到環境的急遽變化，此種變動充滿了不確定性、動盪性。行銷管理階層為了因應這些變動，必須隨時對其產品、通路、推廣和價格等審慎地訂定決策。

總之，行銷環境是動態性、多面向、多元化和不確定，而錯綜複雜的。行銷人員處於現今的行銷環境中，必須具有彈性策略的觀念，隨時審視各項環境因素的變化，才能認清行銷情勢的演變，做出最適宜的行銷方案，以採取合宜的因應措施與銷售行動。

第二節　環境掃描、分析與診斷

行銷人員要瞭解行銷環境，就必須對環境進行掃描。所謂環境掃描（environmental scanning），就是在檢視有關行銷環境的機會和危機的來源，並持續不斷地蒐集企業機構內、外在環境的資訊，以分辨及解釋潛在趨勢的過程。易言之，環境掃描實包括環境分析與診斷。所謂環境分析（environmental analysis），就是對內、外在環境力量的檢視，其目的在掌握企業機構可能的機會或威脅之源頭。所謂環境診斷（environmental clinique），就是運用環境分析所獲得的數據，評估企業行銷的機會或威脅，以訂定行銷決策的程序。因此，環境掃描的目的，乃在確立企業機構的生存與發展。

一般而言，企業機構的生存係源自於環境，故企業機構必須有系統地監視環境的變化。因為企業機構不斷地掃描環境，才能隨時檢視自我的行銷策略，將環境對自我組織的影響加以思考。企業除了須將本身的產品和流程加以調整，也必須對競爭對手作分析，以求能得到競爭優勢。易言之，企業機構須取得新科技，訓練人員運用這些科技，並擴大投資，以發展行銷策略，而確保競爭優勢。這些都是必須對環境掃瞄才能獲致的。準此，環境掃瞄的最主要目的，就是在因應快速變動的環境，其功用如下：

1.儘早取得先機，以超越競爭對手。
2.儘早發現問題，以提早處理，可避免問題擴大。
3.可提早瞭解和掌握到顧客千萬變化的需求與慾望。
4.可為策略發展提供客觀而具有品質的環境資訊。
5.可為決策人員提供所需的情報資訊。
6.可藉對環境的敏感度與反應能力，凸顯公司在消費大眾心目中的形象。
7.可提醒公司所有成員對企業環境的重視。
8.可提高管理階層對環境變化的敏感度，以因應未來可能的變化。
9.可充分瞭解來自內、外在環境的任何行銷機會或潛在的威脅。
10.可因應環境變化而策訂更具體可行的決策。

至於，環境掃描可自多方面去從事。首先要確定所要掃描的環境因素，如社會、經濟、科技、政治、法律、文化等對行銷的影響。其次，要決定所要進行掃描工作的層次，如企業整體、策略事業單位、產品／市場等是。其關係如**圖4-1**所示。有關各項環境因素，容於後節討論。

就掃描層面來說，環境掃描可從企業整體層面、策略事業單位（SBU）和產品／市場等三個層面來進行。企業整體層面的掃描乃在廣泛地檢視各種環境中所發生的事項，其重點在尋找對整體企業具有啟示性的趨勢。就策略事業單位層面來說，其重點乃在於探尋環境的改變對於事業未來方向的影響。在產品／市場的層面上，環境掃描則在日常事務上。例如，在企業整體層面上，公司的掃描會針對長期服務的趨勢；而在策略事業單位層面上，則研究產品的普及率、技術發展等；在產品／市場層面

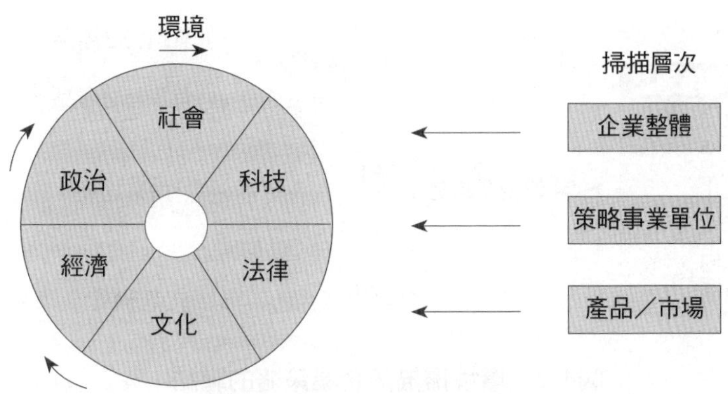

圖4-1　環境因素與掃描層次

上，可能檢視削價競爭的影響等即是。

事實上，環境掃描具有早期預警系統的功能，其可預測未來影響公司產品與市場的環境因素。環境掃描是一種相當新穎的分析與評估工具。在傳統上，公司的自我評估多半是依據財務上的表現，只有在預測經濟表現時才會考慮問題。今日許多大型公司都已注意到環境掃描的系統性研究了。

有關環境掃描的內容，大致可包括：(1)市場訊息，如市場潛力、市場結構變化、競爭對手、定價、銷售談判、顧客等；(2)科技訊息，如新產品、新流程、新科技、產品相關技術、成本、證照與專利等；(3)廣泛議題訊息，如政治、人口、社會、政策、法規等有關的條件；(4)其他訊息，如供應商、原料、可用資源等是。這些都可透過正式與非正式的搜尋，有目的的或無方向的檢視，並動用內部與外部資源，而將環境掃描行動系統化。

至於，在環境掃描的過程中，行銷研究部門必須隨時掌握環境中所出現的各種趨勢，並詳加研究。其次，要判斷與公司具有關聯性的環境趨勢，排除那些不相關的因素。接著就是要研究特定環境趨勢，對公司產品／市場的特定影響；然後預測環境趨勢的未來發展方向，並分析公司面對環境趨勢所應具備的動力。在這些過程都已確立之後，行銷研究部門接續

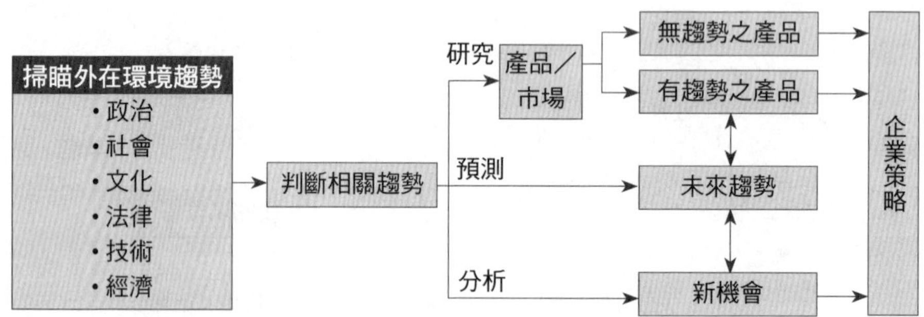

圖4-2　環境掃描與企業策略的聯結

要研究環境趨勢所可能為公司帶來的新契機。最後，公司須將環境趨勢所得結論與企業策略相聯結。其步驟如**圖4-2**所示。

在環境掃描的工作安排上，企業機構可有三種方法：(1)各經理人在既有工作之外，額外從事於環境掃描；(2)策略規劃人員本身工作即包含環境掃描；(3)建置獨立的環境掃描部門。由於各個企業機構的性質不同，此種環境掃描的範圍、所負掃描工作責任的階層和人員、掃描時間的長短等，也都大異其趣。至少，以今日的眼光來看，行銷環境掃描已受到相當重視，是一件極為重要的事。不過，行銷環境有內、外在環境之分。下節即將討論行銷的內在環境。

第三節　行銷的內在環境

行銷內在環境顯然和行銷策略、方案與行動等，是相互作用、交互影響的。所有的行銷工作不能只重視外在環境的影響，而且也要注意內在環境因素。所謂內在環境，就是指包含在企業組織內部足以影響行銷運作的各項環境因素而言，這些因素可包括：經營策略、組織文化、生產技術、管理作風、財務實力、人力才幹、員工異動、設施規劃、安全措施、人際關係、福利制度、人員互動、教育訓練等，真可謂錯綜複雜，不一而足。當然，這些都只是環境因素之一，其與外在環境的關聯性是相當密切的。惟為研討方便起見，今先討論內在環境如下。

一、經營策略

所謂經營策略，亦即為企業機構的競爭策略，其乃為企業機構內一連串有系統和相互關聯的決策或行動，務使其在與其他企業機構競爭時，能得到某種競爭優勢（competitive advantage）。通常，競爭策略是一種較長期性和方向性的決策，是由高層管理人員所制定的，其將影響行銷管理策略的訂定，並受到行銷管理措施的影響。該兩項策略在行銷管理措施上，都可能塑造和影響行銷人員的思想、信念和行動。亦即企業經營策略決定了行銷策略，並影響其員工的特質。例如，行銷人員的知識和能力等，都與經營策略中的科技、組織概念和規模等都有很大的相關。因此，一旦經營策略已確定，則必影響行銷管理作業。

二、組織文化

組織文化乃代表企業機構的價值系統，為組織成員行事的依據和規範。它是企業機構所有成員行為的社會化過程，說明了企業的傳統、價值、風俗、習慣。每個企業機構都有自己的文化，此種文化氣氛對內部成員來說，可能感受不出而習以為常；但對組織外界人士而言，則很容易察覺到。因此，行銷管理策略常具有組織文化的特性，且發展出一套適切的管理模式。此種模式通常在高層管理人員的強力運作下，而決定了內部成員對組織的價值觀念，以及組織對員工態度的假設，卒而形成組織文化，並決定了行銷管理策略。當然，組織文化可能影響組織形成特有的行銷管理策略，而行銷管理策略也可能塑造組織文化。

三、生產技術

企業機構的生產技術或服務功能，會影響到行銷管理策略的釐訂。由於近年來科技日新月異，電腦的應用十分廣泛，生產技術和服務功能也漸漸趨向於自動化。因此，有關行銷技巧、工作要求、行銷內容和工作滿足感等，都不斷地在變化之中，此對於企業機構的員工訓練和招聘工作也產生了一些影響。例如，辦公室自動化減少了體力活動，而增加了智力的運作；且自動化使得員工需要瞭解和掌握全套的操作系統，減少了自主性，增加無奈感和工作壓力。行銷管理策略不能忽略了生產技術所帶來的有利或不利的影響。

四、管理作風

企業機構的管理風格對企業行銷策略和活動，具有相當的影響力。甚至於，一切的行銷規劃、執行與控制，處處反映出管理的風格。例如，在民主式領導風格下，行銷人員較具有充分自主性，勇於承擔行事的後果；相反地，在獨裁專制式的領導氣氛下，行銷人員必感受到事事受箝制，而無法充分發揮任事的勇氣。因此，管理風格很顯然會反映在行銷策略與方案之中，而左右行銷人員的作為。

五、財務實力

企業機構的財務實力，是構成行銷管理策略的限制之一。蓋財務規制了企業機構在行銷管理和開發的能力。顯然地，企業機構對行銷人員的招聘能力、行銷管道、產品開發、產品價格的訂定、促銷手法、競爭態勢的評估等，都受到公司財務實力的影響。當企業競爭激烈或經濟不景氣，而導致公司財務出現了困難時，許多行銷活動必受到局限。由此可知，企業財務實力的變化，也會影響到行銷策略與活動。

六、人力才幹

人力才幹亦為行銷組織的內在環境之一。行銷人員的素質與工作能力，與行銷績效之間的關係，是相當密切的。有關人力才幹，包括：現有人力數量、素質、工作能力，以及未來發展的可能性與潛力。此種人力才幹的發展，一方面可自外界吸收，另一方面則自教育訓練著手。就行銷領域而言，企業機構一方面可釐訂人力需求發展計畫，另一方面需提供人員進修計畫，以研析個人未來發展意願，提升人力素質和工作意願。

七、設施規劃

所謂設施規劃，是指提供行銷活動便利性的一切設施而言。此種設施可小至行銷人員個人的辦公設備、行銷輔助工具；大至行銷管道所需使用的設備。凡是企業機構能提供愈充分的設施，就愈便利於行銷的活動；相反地，若企業機構未能提供行銷便利的設施規劃，就愈無法發揮行銷的功績。易言之，設施規劃的提供，正如公司財務實力一樣，其對產銷活動具有決定性的影響力。

八、福利制度

員工福利服務，對企業機構內部成員的影響，是無庸置疑的。就行銷管理而言，行銷人員從事行銷活動亦受到公司福利制度的影響。狹義的員工福利，僅限於福利設施，更擴大一些解釋尚可包括：保險、退休、撫卹、養老、資遣等項目。廣義的福利則包括：整個改善生活、保障安全的一切措施。凡是行銷組織內部的福利制度愈健全，則愈足以鼓勵員工士氣；反之，則否。因此，福利服務制度亦為企業機構內部的環境因素之一。

九、人員互動

人員互動是指企業機構內成員之間的各種相互關係，包括：交往的狀態、溝通及回應等。企業機構內部成員互動關係的好壞，將影響其和諧合作精神，進而左右行銷活動的順暢與否。因此，人員互動殆為行銷的內在環境因素之一。其乃為具有動態性質的環境因素，而對行銷活動的影響即使是間接的，但其可能牽動組織文化和管理氣候的形塑，故亦是不可忽略的企業內部環境因素。

總之，行銷的內在環境可包括物質的和非物質的一切因素，這些因素存在企業機構內部，而對行銷管理的運作造成影響。當然，許多行銷的內在環境因素，與其外在環境因素是相互作用、交互影響的。例如，公司內部人力才幹常與外界環境中的教育訓練、社會與經濟發展情況相關。易言之，企業機構內部環境仍脫不出外在環境的範圍。以下兩節將進行這方面的討論。

第四節　行銷的微觀環境

雖然企業機構的內在環境會影響企業行銷的運作，但外在環境是企業機構於進行行銷活動時所真正需要去面對的對象。企業機構必須能瞭解行銷環境，才能做出有效的回應。一般外在的行銷環境可分為微觀環境與宏觀環境，本節先行討論行銷微觀環境。所謂行銷微觀環境（marketing microenvironment），又可稱為「行銷個體環境」，是由公司本身、供應商、中間商、顧客、競爭者、工會、股東和公共大眾等所構成。這些環境因素通常會直接影響公司經營，故又可稱為直接環境。又這些因素乃為同一產業內所會面臨的相似環境，故又稱為產業環境或市場環境。大部分的行銷活動都是在微觀環境中進行的，且行銷決策大部分都在處理微觀環境中的問題。事實上，所有的環境因素對企業機構的行銷決策和效能都有立即或長遠的影響，行銷人員必須隨時注意其發展與可能的影響。茲分述如下：

一、公司本身

誠如前節所述，企業機構內部的環境因素即與其行銷策略、方案和行動等發生交互影響的關係。因此，企業機構本身即為影響行銷的微觀因素之一。此時，行銷部門在擬訂其行銷計畫時，就必須和公司頂層管理階層、財務部門、研發發展部門、採購部門、生產部門，以及會計部門等共同研議。凡此各個部門，即為該公司的個體環境。

行銷部門的頂層管理階層，包括：總經理、執行委員會、公司總裁、董事長及董事會等，其乃在為公司策劃及訂定宗旨、目標、基本策略及政策方向等。行銷部門所制定的計畫，均須以頂層管理階層所研訂的宗旨和策略為範圍；且其所訂定的行銷計畫，都必須經由頂層管理階層的核可，始能付之執行。

此外，行銷管理部門尚必須與其他各部門保持密切的合作。財務部門可提供有關融資事項，及運用所得資金於行銷計畫的推動上。研究發展部門可提供安全設計，和如何吸引顧客的問題。採購部門負責如何取得所需的原物料。製造部門則負責按時產製一定數量的產品。會計部門隨時注意各項收支和成本，俾供行銷管理部門得以瞭解行銷計畫的推進能否達成其目標。因此，公司內部的所有部門，對行銷的計畫和執行都具有一定的影響。

二、供應商

供應商是指提供企業機構從事生產產品與服務所需資源的廠商或個人。事實上，所有的組織包括：企業組織與非營利性組織等，都需要供應商提供原料、文具、設備、零組件、燃料、電力、電腦、人力等。這些供應商和企業機構的行銷功能有直接的關聯。例如，供應商若未能及時提供企業機構生產所需的原料，則可能影響企業機構的製程，此不僅延誤生產而造成經濟損失，甚且可能引發顧客的不滿或不便，而形成商譽損害。因此，企業機構在平時就必須注意供應商的信譽與績效。

當然，企業機構除了應注意和評估現有供應商的績效之外，對其他可能的供應商也要加以注意。蓋供應商一旦發生變化，對公司行銷必有重大影響。不僅如此，行銷管理人員亦應注意對各項重要投入項目的變動趨向。例如，供應成本增高，必使產品價格隨之上升，而影響公司的銷貨。行銷管理人員還必須注意各項供應能否維持源源不斷。一旦發生供應短缺、工人罷工或其他事件時，就必須設法補救或尋覓新的供應商，以避免銷貨和商譽的損失。

三、中間商

中間商是指協助企業機構將產品和服務分配、促銷、推銷及送達最終顧客的個人、群體或廠商。對大多數行銷者來說，中間商是非常重要的，因為只有藉助中間商提供的服務，才可能將其產品和服務銷售或送達最終消費者手中。中間商或中間機構包括：經銷代理業、實體流通業、行銷服務機構，以及金融服務機構等。茲再分述如下：

(一)經銷代理業

經銷代理業乃在協助公司尋找顧客，或代向顧客銷售；亦即直接負責將產品和服務分配或銷售給顧客者。凡是經營批發及零售的業者，都屬於此類，又可稱為轉售業（resellers）。企業行銷之所以仰賴經銷代理業，乃因自行執行所需成本較昂貴。此外，經銷代理商較接近顧客；顧客每有需要，即可展示產品，立可發貨。再者，經銷代理業者可為公司代為廣告，並與顧客協調銷售條件。因此，今日的經銷代理業者，多已演變為規模甚大的中間企業機構，如大型連鎖業者、批發業者、零售業者以及加盟商店業者等是。

(二)實體流通業

實體流通業乃在協助公司將產品儲存，並由原產地運送至目的地。此又可分為倉儲業和運輸業：倉儲業者為公司辦理產品的倉儲與維護；運輸業者或物流業者則負責鐵路運輸、卡車運輸、空運、水運等，而將產品由某地轉運至另一地。企業機構必須依據其相關成本、交貨、速度及安全等因素的考量，而審慎地決定其產品的最佳儲運途徑。

(三)行銷服務機構

行銷服務機構包括：行銷研究機構、產品研發或設計公司、廣告代理商、媒介機構及行銷顧客公司等，都在協助公司研議其產品的對象市場，及處理其促銷業務。由於行銷服務機構的情況並不一致，其服務品質、效率和收費等常有很大差異，企業機構必須慎選最適切的服務機構，並檢視其服務績效，必要時可更換之。

(四)金融服務機構

金融服務機構包括：銀行、信貸公司、租賃公司、保險公司，以及其他協助融資、受理產品買賣交易等財務或有關保險事項的機構均屬之。今日企業機構及其客戶，大部分都有賴於金融服務機構的融資。企業機構倘因信用成本升高或信用受限，則必影響其行銷績效。正因為如此，今日的企業機構必須重視金融服務機構，並與之建立起良好的關係，以求能有助於公司的順利營運。

今日由於資訊科技的發展與進步，新型的中間機構仍不斷地推陳出新，且其營運方式也大大地有所進展。今日網際網路（internet）的出現和快速發展，已大大地改變了顧客的購買方式，透過網際網路所提供的服務，顧客已可以更快速、更便宜地取得更多有關產品和服務的資訊，且在網路上下單，可快速地完成遠距採購。

四、顧客

行銷的主要標的乃在目標市場，其銷售點則為顧客需要。因此，行銷者在規劃行銷活動時，必須先瞭解顧客的需要，對其購買動機和行動都能做深入的探討，才能訂定有效的行銷策略和方案。換言之，顧客乃是企業機構的衣食父母。顧客是否喜歡公司的產品、表現忠誠，以及是否滿意，都會直接影響公司的經營成效。至於顧客市場可分別為五類，即消費者市場、產業市場、轉售業者市場、政府市場和國際市場。

消費者市場，係指購買商品和服務，以供作個人消費之用者而言。產業市場，係指購買商品或服務，乃為供作再加工，或供作生產程序之用的企業機構而言。轉售業者市場，係指購買商品或服務，以供作轉售而博取其利潤的企業機構而言。政府市場，係指購買商品或服務，以供作生產公共服務，或轉送於需要該商品或服務的政府機關而言。國際市場，係指外國的買主，包括：外國消費者、生產者、轉售者與政府機關等而言。由於顧客市場各有其不同的特性，以致企業行銷機構必須做更詳細的研究和分析。

五、競爭者

凡是企業機構都必然會有競爭對手。依行銷管理哲學概念而言，只有最能滿足消費者需要與慾望的企業機構，經營始能成功，且能居於競爭優勢。為了能滿足消費者的需要，行銷管理人員必須擬訂各種適應競爭對手的策略。但是競爭策略種類多端，每種策略均各自適用於各自的情況。同時，每家企業機構均必須斟酌自身規模的大小，以及其在業界中所處的相對地位，妥為規劃其競爭策略。

一般而言，如果規模龐大的公司在業界中獨占鰲頭，且對價格有很大的控制力，對產品、通路和推廣活動也有很強的影響力，此時可能採行某些特殊的獨占策略。然而，企業機構僅以其規模較大，並不一定能占盡優勢，這是企業經營者所必須深思熟慮的。此外，大企業往往有大企業適用的策略，如果改用其他策略，則難免失敗。同樣地，小企業也有小企業所適用的策略，其可能不是大企業所能運用的。易言之，企業機構無論其規模的大小，都必須自行審視本身情況，針對其在市場中所面對的競爭對手，以釐定最適當的行銷策略。

六、工會

工會一般可分為職業工會和產業工會，職業工會是由不同產業內相同職業的員工所組成的，而產業工會則由相同產業內不同職位的員工所組成的。一般而言，同一家公司的員工所組成的工會，即屬於產業工會，此處所指的工會即為此種工會。換言之，工會是由公司員工所組成的，其目的乃在透過集體力量來和資方協商或交涉，以爭取和保障勞工的權益。當勞資雙方的關係是和諧合作的，將有助於公司的營運；惟若雙方的關係是衝突或破裂的，將阻礙公司的運作。由此可知，工會不僅是企業機構的個體環境之一，且是最直接影響公司營運的因素。

依據行銷環境的觀點而言，工會力量的運作不僅影響公司的營運，且將塑造企業機構的整體形象。因此，企業機構的經營者或管理者都必須重視工會，並將之視為企業經營的重要環境之一。顯然地，工會是企業經營和行銷策略的微觀環境中相當重要之一環。

七、股東

股東也是企業機構的微觀環境之一，它往往會決定公司營運的成敗。就公司治理而言，公司和股東的關係也是很重要的議題。此乃因在資本主義社會中，股東或投資者常能提供公司經營所需的資金。一家治理得很好的公司，將能吸引股東的垂青，而勇於買進其股票，公司將因此而獲得大量的資金，從事更進一步的經營。相反地，一家不善於公司治理的企業，則很少能獲得股東的青睞，以致集資不易，少有資金的奧援。因此，企業經營必須重視「股東」這個環境因素。

八、公共大眾

企業機構的行銷環境中，有一項微觀因素就是公共大眾。所謂公共大眾就是指某些群體而言；這些群體的實質利益或潛在利益，對一家企業機構達成其目標的能力，具有某些實際的影響力。因此，一家企業機構於釐定其行銷計畫時，除了必須顧及顧客市場之外，尚必須兼顧公共大眾的利益。企業機構所釐定的行銷計畫必須能獲得公共大眾良好的反應，諸如商譽、口碑和對社會的貢獻等。

一般而言，所謂公共大眾，可分別為七類，即金融公眾、媒體公眾、政府公眾、國民公眾、地方公眾、一般公眾及內部公眾等是。金融公眾是以影響企業機構取得資金的能力，如銀行、投資公司、股份持有人等均屬之。媒體公眾係指凡為傳播各項新聞與輿論的媒體，如報紙、雜誌、電台、電視等均屬之。政府公眾是指各級政府機關及國會、議會等是。國民公眾係指國民全體，其可包括：消費者團體、環境保護團體、少數民族團體，以及其他民間團體等均屬之。地方公眾乃為當地民眾、社區組織等是。一般公眾是指不具特殊關係的一般大眾，其對產品、服務和公司形象的態度，常影響其購買與否。內部公眾是指企業機構本身的人員，如勞工、職員、管理階層、董事等，這些內部公眾對公司的印象，常會影響其外界公眾。

第五節　行銷的宏觀環境

企業機構的外在環境，除了前節所述的微觀因素之外，尚有宏觀因素。所謂行銷的宏觀環境（marketing macroscopic environment），又可稱為「行銷總體環境」或「行銷鉅觀環境」，此乃為這些因素都屬於總體性之故。它至少可包括：人口環境、社會環境、經濟環境、科技環境、政治環境、法律環境、文化環境、生態環境等。這些環境因素常會間接影響到企業的經營，故又可稱為間接環境。總體環境對企業行銷而言，既是機會也是威脅。這些環境因素的變化，通常較為緩慢，影響層面卻是大而廣泛的；同時也都是企業機構所無法控制，但卻是必須密切加以注意的。茲分述如下：

一、人口環境

人口環境是行銷總體環境中很重要的因素，此乃因人口是市場的主體。所謂人口環境（demographic environment），係指人口數量的成長、密度分布、年齡結構、性別角色、職業、教育程度、人口壽命、婚姻狀態，以及其他有關人口統計的事項。就人口成長而言，由於市場是由人口所構成的，人口成長再加上購買力的增加，將為企業機構帶來市場機會。惟為了抑制人口成長，反而增加個人購買需求，有時也是一種市場機會。這得視其他情況的變化，才能看出是行銷機會，還是危機。

此外，人口密度分布的不同，也會影響行銷機會。凡是人口稠密的地區，其市場潛力較大，市場機會也較多。再者，不同的年齡層次之人口，其需求和購買力也不相同，以致人口年齡結構的變動將影響企業機構的行銷決策。又如人口遷徙由農村移至都會，或由城市移至郊區等，都會影響到行銷策略。其他如教育水準、性別差異，都會影響購買動機和決策，最後將左右了企業機構的行銷決策。

二、社會環境

社會環境（societal environment）是指社會組織、家庭、社區、群體和社會階層等所構成的環境而言。社會環境對行銷產生重大影響的因素，以家庭、社會階層為重心。家庭是個人所屬最基本的團體，在家庭中夫妻的購買角色、家庭生命週期、家庭所得與消費形態等，往往是行銷工作所必須深入研究的課題。其次，社會階層、職業、國民休閒與娛樂狀態、生活形態、身分、地位、社會治安等亦常影響人們的購買方式與行為。這些都是影響企業行銷的社會環境之一。

三、經濟環境

所謂經濟環境（economic environment），是指足以影響消費者的購買力，以及金錢支付習慣的各項因素。這些因素都可能影響行銷決策與作業，其最主要可包括：消費者所得水準、所得分配、經濟循環、消費支出形態、產業結構、經濟政策和經濟發展水準等是。

就消費者所得水準而言，若總所得（gross income）、可支用所得（disposable income）和可任意支用所得（discretionary income）較高時，其正可反映消費者的購買力（buying power）愈強；相反地，這些所得較低時，則消費者的購買力愈弱。其次，一個社會中若高所得者較多，其行銷機會也較大；反之，則較小。

再就景氣循環而言，凡是處於繁榮期（prosperity）和復甦期（recovery），其行銷機會也較大；若處於衰退期（recession）或蕭條期（depression），則企業行銷機會就小。再者，如以消費支出形態來看，消費產品和服務的種類，常因家庭或國家經濟情況而有所不同；同時，消費者的消費方式，如現金和信用卡使用常因個人儲蓄、債務和信用狀況等而有所不同。

此外，一個社會或國家產業結構的變化，可能為行銷帶來機會或威

脅。產業結構可包括：農業、工業、商業和服務業等在一國內經濟結構中所占的比重。例如，農業比重的下降可能造成原料的短缺，服務業比重的上升可為服務業者帶來較大的市場機會。

再就經濟政策來說，政府採取保護管制政策或自由開放政策，也會為市場帶來機會或威脅，因此行銷者應密切注意經濟政策的變動趨向。最後，國家經濟發展水準是潛在市場中的一項重要環境指標。國民生產毛額（GNP）是最常用來衡量一個國家經濟發展水準的統計指標之一，它是指在某一段期間內所生產的所有產品與服務之市場價值，將GNP除以一國的總人口數，即得每人國民生產毛額（per capita GNP），這個數字對行銷更具意義。

四、科技環境

科技的進步常造就許多新產品和新技術，此一方面創造了新市場和新機會，但另一方面卻毀壞舊市場和形成新威脅與危機。例如，電視機的發明造成電影的沒落，汽車的發明導致火車的沒落，電話的發明造成郵遞的沒落等是。因此，科技環境（technological environment）也是行銷環境所應重視的環境因素之一。

此外，科技的進步與發明也改變人類的日常生活，這也是行銷者所應注意的課題。例如，電燈、電視機、洗碗機、空調設備、照相機、錄音機、避孕藥等的發明，今日家用電腦、傳訊設備、網際網路、奈米科技等相關產品的出現，對人們的溝通和生活方式帶來了相當大的衝擊。今日企業機構面對這些科技的發展，若缺乏創新的能力，必將喪失許多市場機會和市場競爭力。

五、政治環境

政治環境（political environment），是指政府施政、立法機關和民間壓力團體等對政治權力的運作而言。就政府施政而言，政府對企業機構的補助、合約、推廣和研究等之支援，常造就許多市場機會和商機；相反地，政府對企業機構進行管制、調查、直接干預等，將影響企業行銷的推展。因此，行銷人員不能忽略政府施政措施的影響。除了政府本身施政會影響行銷機會和危機之外，立法機關和民間力量的運作，同樣會創造或限制市場機會。尤其是許多民間利益團體，如安全保護、環境保護、人權保護、婦女和兒童保護等，常對政府施政造成重大壓力。企業機構的行銷人員，絕不可忽視各種壓力團體的力量。

六、法律環境

法律環境（legal environment），是與政府施政有關，經由立法機關所制定的法案，而對企業行銷環境發生影響的因素。這些包括：維護大眾權益的立法、維護公平競爭、保護生態環境、保護消費者權益和保護智慧財產權等法案，對行銷決策都會發生重大影響。企業機構的行銷人員在釐定行銷策略與方案，並採取行銷作業和行動時，必須詳審相關法律，才有利於自身的行銷環境。

七、文化環境

文化環境（cultural environment），是指足以影響社會基本價值、認知、偏好及行為的力量而言。此種文化價值常有核心價值（core values）和次級價值（secondary values）之分。核心價值是代代相傳，根深柢固，而不容易改變的；而次級價值比較容易改變。例如，結婚是一種核心價值和信念，至於早婚或晚婚則是一種次級價值和信念。這些將影響個人的消費行動。因此，行銷人員必須認識此種文化價值對行銷的影響。當然，核心價值並不是不會改變的，只是其改變的過程較為緩慢而已。這也是行銷人員所必須注意的課題。

其次，文化環境中的另一項要素，即為次文化（sub-culture）的問題。所謂次文化，是指同一社會中某些群體基於共同的生活經驗或情況，而產生共同的價值系統而言。例如，年齡相若、信仰相同、理念相當等群體，均各基於共同信念、偏好、行為，而形成次文化群體，各有其一定的需要、慾望和購買力，故行銷人員在進行行銷規劃時，可自不同的次文化群體中選定其對象市場。

八、生態環境

生態環境（ecological environment），或可稱之為自然環境（natural environment），其乃為人類所處的一切自然環境，包括：自然資源的取得、應用和維護等事項。此種生態環境也受到社會團體和政府機構的重視。企業機構的行銷管理人員必須將企業營運對自然環境中的水、空氣、動物、植物等之負面衝擊降至最低；而將企業機構的廢棄物、短缺物和對自然環境的其他反應等，轉化為生產產品及服務時的副產品，以利於自然生態的維護。因此，有關對企業機構所處的生態環境作適宜的規劃，亦為行銷管理人員的一大任務。

總之，企業機構是生存在一定的環境之中的，它不僅要注意內外環境的因素，也要重視影響其產銷的所有微觀和宏觀因素，才能訂定正確的行銷目標與策略，並能順利地完成其行銷作業和行動。尤其是外在宏觀環境並非為行銷管理階層所能完全掌握，此時只有更加審視其變化，以作出因應的行銷措施，方能確切地達成行銷目標。

Part 2

分析行銷機會

任何產品或服務的行銷，均有其對象，此即為目標市場。易言之，目標市場實界定了產品或服務的行銷範圍，以致行銷者必須瞭解和掌握目標市場，才談得上行銷。此時，行銷者必須進行行銷機會的分析，行銷研究正可對各項行銷資訊作分析，以確實掌握目標市場，並作行銷定位策略。此外，產品和服務的最終目標為消費者和消費群體，故而對消費者特性的研究，也是分析行銷機會的課題之一。除了個別的消費者和消費群體之外，組織市場也是行銷者所必須重視的市場。當吾人對於這些消費群和組織市場有了深入的瞭解之後，尚須作市場區隔，以確切掌控市場的行銷機會。因此，本篇「分析行銷機會」，乃將之劃分為行銷研究與目標市場、消費者市場、組織市場以及市場區隔等四個單元進行討論。

Chapter 5

行銷研究與目標市場

一家企業機構要想瞭解其產品與服務的市場機會，就必須做行銷研究。行銷研究最主要的功能，就是在協助管理階層做正確的行銷決策。當然，行銷研究的結果是否有助於行銷決策，主要仍取決於管理階層的判斷力。企業機構的管理階層必須懂得蒐集和善用行銷資訊，才能正確地選擇目標市場，採用定位策略。本章首先將探討行銷研究的內容及其研究步驟，然後據以研析如何選擇更精確的目標市場，並訂定適合自身的行銷差異化策略與市場定位策略。

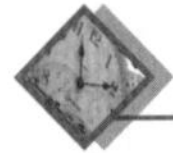

第一節　行銷研究的內涵

一家企業機構若欲推展其行銷工作，就必須從事於行銷研究。行銷研究一方面乃在評估現有市場規模，另一方面則在研究未來潛在的市場。只有瞭解現有與未來的市場，才能談得上行銷；而行銷研究就是瞭解市場最有效的利器。所謂行銷研究（marketing research），就是企業機構對和行銷有關的所有資訊，做客觀而有系統的設計、蒐集、記錄與分析，而做出結論與報告，以提供行銷管理決策之參考。

美國行銷協會（American Marketing Association, AMA）的定義：「行銷研究就是針對有關貨品和服務的行銷之問題，做有系統的資料蒐集、記錄與分析之謂。」行銷學者柯特勒（Philip Kötler）認為：「行銷研究係對有關公司所面臨的特定行銷情況之資料與結論，做有系統的設計、蒐集、分析與報告之謂。」

由上可知，行銷研究是針對市場情況和競爭態勢，而以市場資訊的蒐集、分析與判斷，來解決行銷問題和發展行銷策略。因此，行銷研究是一種行銷管理工具與市場分析技術，其目的乃在增進行銷與商品分配的效率。由於行銷研究係依附行銷管理而生，故研究設計必須配合行銷管理問題的需要，其研究成果端視其能協助解決行銷管理問題之程度而定。

此外，行銷研究的功能之一，乃在於它能提供給行銷管理人員有關消費者和市場行銷上更精確的知識。一般而言，行銷管理人員在作成行銷決策時，除了可依憑自我知識和直覺判斷之外，尚須根據已確立的行銷研究結論，而進行研判。唯有如此，行銷決策才能更為精確。是故，行銷研究實包含兩大過程。首先為運用充分的行銷資訊；其次是作成結論，以提供行銷決策之參考。然而，為使行銷研究更符合科學原則，必須慎選研究方法，此將於下節繼續討論之。

至於，行銷研究所牽涉的領域甚廣，舉凡與行銷有關的任何主題，都可為行銷研究的範疇。然而，在行銷導向（marketing orientation）的時代裡，行銷研究的重點必須放在市場占有率、市場發展潛力和市場競爭態勢等方面的探討，以謀求更佳或最佳的行銷機會。

首先，市場占有率為評估行銷效果最重要和最敏感的指標。凡是企業的行銷活動在投入銷售人員、廣告、促銷活動，以及公共關係等資源之後，所最關心的行銷成果不外乎是市場占有率與行銷業績。任何企業機構的市場占有率高，則其行銷業績必高；而行銷業績高，即代表市場占有率也高。因此，市場占有率是行銷研究所必須探討的範疇。

其次，市場發展潛力即代表未來的行銷機會。一家企業機構的產品或服務，若能在未來市場占一席之地，則企業才能有生存的機會；否則企業機構即無利潤可言，自無法繼續存續下去。因此，行銷研究的重點之一，就是要對未來市場發展進行探討，以追求永續經營的目標。

最後，行銷研究的重點之一，就是要探討市場競爭態勢（market competitive situation）。所謂市場競爭態勢，就是企業機構的產品在目標市場中的優勢、劣勢、機會和威脅等的綜合狀態。行銷研究必須對企業機構本身的產品，做各種競爭情況分析，才能訂定最佳或較佳的行銷競爭策略。

總之，行銷研究就是在利用各種行銷資訊，加以蒐集、整理、分析，而作出一定的結論，以提供行銷管理決策參考之過程。舉凡研究方法愈科學、客觀而有系統，則愈有助於行銷管理決策。至於，行銷研究的領域常因企業行銷的需求而有所不同。然而，在基本上，行銷研究必須把重點放在市場占有率、發展潛力和競爭態勢之上，因為這些正是企業機構生存的命脈。

第二節　行銷研究的步驟與方法

行銷研究既為探求市場態勢的重要利器，則行銷管理人員就必須重視行銷研究工作。行銷管理人員不能只守株待兔，而必須主動去發掘行銷上的問題，善用資訊主動地去展開正式的研究，以搜取應有的資訊。因此，行銷研究至少應包括一些步驟與方法，如**圖5-1**所示，並分述如下：

一、認清問題存在

行銷管理人員之所以要做研究，首先必須能瞭解和界定確實有一些問題存在，且這些問題必須設法去尋求解決。所謂問題，是指任何對行銷

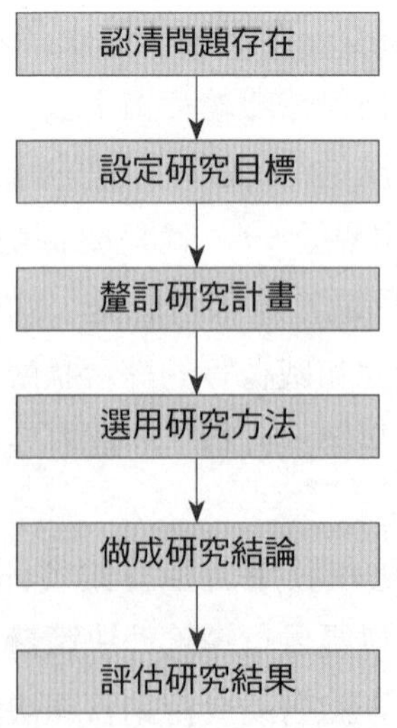

圖5-1　行銷研究的步驟

目標產生了障礙而言。凡是對行銷作業的干擾，或行銷業績的下降，或行銷成本的上升，在在都顯示出已發生了問題。但是問題之所以為問題，必須經過發掘與認定；凡是未經過認定的問題，就不是問題。例如，行銷成本的上升若能產生更大的業績，就不會是問題，它是需要經過認定的。因此，只有需要認定和解決的問題，才需要做研究。是故，行銷研究的第一項步驟，就是要認清問題的存在。

二、設定研究目標

問題一經過認定，行銷管理人員就必須研議和設定研究目標。一般而言，行銷研究專案不外有三種不同的目標，即探測性目標、描述性目標和因果性目標。所謂探測性目標（exploratory objectives），是指蒐集初步的資訊，期以確定問題存在的原因，或發掘問題的癥結所在，這個問題乃是過去未曾發生的。描述性目標（descriptive objectives），就是在正確地描述或衡量問題存在的輕重或方向，亦即在闡明已存在的事實資料；如說明某項產品的市場潛力，或說明消費者的人口特性和態度等均屬之。因果性目標（causal objectives），是在說明市場上任何問題所發生的因果關係，而不僅止於兩個變數之間的關係而已；如敘明某項產品降價與該產品銷售業績的因果關係即是。就目標設定的順序而言，行銷管理人員必須以探測性研究為起點，接著作描述性研究，最後作因果性研究。

三、釐訂研究計畫

行銷管理人員在設定研究目標之後，接著就是要釐訂研究計畫。研究計畫的內容至少要包括：研究目標與宗旨、資訊蒐集和方法、問題內容分析、研究結論與建議等項。此外，研究計畫還必須說明研究所需成本。研究目標與宗旨，乃在說明該研究所欲達成的目的、動機和所需解決的問題。資訊蒐集和方法，乃在敘明所需蒐集的初級資訊與次級資訊，及其蒐集方法。初級資訊（primary information），是指專為該項研究目的所蒐集而得的原始資訊；次級資訊（secondary information），係屬於相關主題而有助於該項研究目的的現成資訊。問題內容分析，則為所要研究的問題本質、現象，以及所需謀求的對策與解決方法。研究結論與建議，就是研究所得的心得、結果以及用以解決與改善問題的具體方法和內容等。最後，所有的研究計畫尚涉及所需經費，故宜另擬具經費預算，以供作研究成本與效益之比較。

四、選用研究方法

行銷管理人員在擬妥研究計畫之後，就要慎選研究方法。有關行銷研究的方法甚多，最主要有：

(一)觀察法

觀察法（observational research）是研究行銷問題運用最為廣泛的方法。行銷人員透過觀察法可瞭解各種行銷關係。觀察法又可稱之為自然觀察法，此乃因觀察法係順乎自然所作的研究方法之故。一般而言，人類行為大多發乎自然，而在自然的情況下，較能做客觀而有系統的觀察。因此，觀察法不失為蒐集資料的最佳方法之一。惟觀察法又可分為現場觀察法和參與觀察法，前者的研究者只是一位旁觀者，並未親自直接參與為研究對象；而後者研究者則成為親自參與所研究的對象，以掩飾其身分，如此所得資料較為可靠而有效。

通常觀察法可蒐集到他人所不願提供或無法提供的資訊。不過，觀察法很難蒐集到個人內在的感受、態度、動機及極具私密的行為；且有些行為是具有長期性的，絕非短暫觀察所可獲知的。因此，無論採用何種觀察法，研究者本身必須接受相當的觀察訓練，其所得資料始不致失之偏頗；且研究者本身必須培養理性客觀的態度，而在做研究時也儘量採用科學數據的統計，或運用測量儀器。由於觀察法很少運用科學儀器，故常受人為主觀因素的影響，故觀察法的運用必須審慎為之，或輔以其他方法。

(二)調查法

所謂調查法（survey approach），乃是由研究者就某項行銷主題設計一些問題，要被調查者加以回答，然後由研究者加以統計，以求得結果的方法。此種方法可包括：個人訪談調查（personal interview surveys）、電話調查（telephone surveys）、郵寄問卷調查（mail surveys）和線上調查（on-line surveys）等。這些方法都可用來調查消費者個人的購買偏好，以及消費者對商品的意見、態度及須改善之處。這些方法都各有其優缺點，如**表5-1**所示。有些方法既可節省人力物力，且調查範圍可加以擴大；有些則否。有些則回收率低，且填答者或受訪者的態度不夠認真，或不願接受訪問，以致失去真實性。就科學方法論的觀點而言，這些方法並不是很嚴謹的研究法，只是較為便利或提供參考而已。

表5-1　各種調查法的比較

調查類型 比較項目	個人訪談	電話調查	郵寄問卷	線上調查
成本	高	適中	低	低
周延性	低	適中	高	適中
回收率	高	適中	低	自選
速率	慢	立即性	慢	快
受訪偏差	高	適中	無法確知	無法確知
地理限制	受限	不受限	不受限	不受限
真實性	較高	適中	低	低
反應品質	佳	有限	有限	好

(三)實驗法

實驗法（experimental methods）是在進行科學研究時，設計一種控制情境，以研究事物與事物之間因果關係的方法。行銷研究藉由實驗法，可測試各種行銷變數，如包裝設計、價格、促銷或廣告主題等，對銷售業績的相對影響。通常，實驗法的研究者必須操控一個或多個變數，這些變數是屬於獨變數（independent variables）。所謂獨變數，就是指影響實驗結果的變數，此種變數是實驗者可以作有系統的控制的。另外，有一種變數稱為依變數（dependent variables），就是隨著獨變數而變動，且可加以觀察或測量的變數。例如，研究廣告對行銷業績的影響，則廣告是獨變數，而行銷業績是依變數。

實驗法的第三種變數是控制變數（control variables）。此種變數是必須加以設法排除，或保持恆定的。例如，研究廣告對行銷業績的影響時，其他條件如產品品質、價格、促銷優惠、行銷地點和通路等，皆屬於控制變數。在實驗過程中，由於控制變數亦可能影響獨變數與依變數之間的關係，故宜加以排除或保持恆定，亦即須予以控制。

行銷研究有很多是可採用實驗法來進行的。惟行銷研究往往也受到人類行為多重因素的影響，有時很難像自然科學那麼容易控制。尤其是影響行銷的因素甚多，包括：行銷者本身的因素、社會文化情境的各種因素；且上述各種情境因素是錯綜複雜的，吾人在採用實驗法進行研究時，必須考慮周詳，始能得到正確的結論。

五、做成研究結論

行銷研究者在擬定具體行銷研究計畫和選定研究方法之後，就必須善用所蒐集到的各項資訊，包括：初級與次級資訊，然後加以分析整理，以建構一定的研究結構。在分析過程中，研究者必須對各項資訊加以編碼，並轉換為數量化的可用數據，再將這些數據資訊製成表格；並運用分析程式，檢視各項變數之間的關係，並將之予以歸類。同時，研究者必須根據學理做出判斷，形成結論，並提出可行的各項建議。

依此，行銷研究者就是在完成整篇研究報告，且將之訴諸於書面文字。所有的研究報告內容，都應有研究結果的簡單摘要。內文應包括：前言、研究動機與目的、方法、過程、結果，和結論與建議。在報告中，一旦有定量研究，就必須能呈現與研究結果有關的表格與圖例。若有使用問卷時，尚須附列附錄，使相關人士可據以研判研究結果的客觀性。

六、評估研究結果

行銷研究的目的，乃在協助瞭解行銷上的任何問題，並能謀求一些解決方案。是故，評估研究結果乃是行銷研究很重要的最後步驟。此時，行銷研究者必須對整個研究案進行更詳細的檢視，以瞭解研究事項是否有遺漏、分析是否正確、結論和建議是否確實可行。同時，行銷研究必須能符合行銷上的實際需要，且能協助解決問題，才符合研究的目的。甚且研究結果尚可提供新研究的參考，才更具價值。

總之，行銷研究不管其主題為何，都有一定的研究過程與方法。行銷研究者必須遵循一定的原則與程序，庶不致有所偏頗；且能提供給行銷人員或管理者一些指引的方向。

第三節　選擇目標市場

行銷研究可用的主題與範圍極廣，但行銷的最主要目標乃在開拓市場。因此，目標市場的選擇乃為行銷研究最為重要的主題之一。亦即行銷管理人員可運用行銷研究，來選擇目標市場。所謂目標市場，就是行銷的對象，其可包括：消費者、消費大眾和組織市場。行銷部門或人員可針對自身的產品或服務，行銷於其最適宜的對象，故宜對對象加以選擇，以期其能達到行銷的目標，並獲致最大的利潤。至於，行銷者究應選取哪一種目標市場，就應考慮本身的資源、產品或市場的差異性、產品的生命週期，以及競爭者的行銷策略等因素。

首先，就本身的資源而言，行銷者所具有的資源包括：公司財力、人力、設備、規模等，常影響其在市場上的影響力和地位。當公司的資源有限時，可選擇單一市場或在多目標市場中選用單一行銷策略，甚或採取集中或利基行銷策略，如此可集中有限的力量以經營自我專業化的產品或服務，從而能取得市場上的競爭優勢。如果本身的資源充裕，則可視資源的多寡與自身產品的性質和種類，而採用差異化行銷策略，或針對兩個或兩個以上的目標市場提供不同的產品與服務之行銷方案。

其次，就產品或市場的差異性而言，若行銷者所銷售的產品具有標準化的特質，較適合採用無差異行銷。至於設計變化性較大的產品，則可採用差異化行銷、集中化行銷或利基性行銷；這些乃在因應不同的目標市場或消費對象之故。又如果產品本身具有適合一般消費者的共同特性，則可選擇無差異行銷策略；否則只有考慮或選擇其他的目標市場策略。

在選擇目標市場時，產品的生命週期也是應予以考慮的因素。當行銷者所推出的係一項新產品，由於產品在市場上係屬於產品生命週期（product life cycle）的導入期，其所面對的是產品的新需求，而非產品差異的選擇性需求，故可選擇無差異行銷、集中行銷或產品專業化行銷。但若產品已屬於產品生命週期的成熟期，則只有採用差異化行銷策略了。

最後，選擇目標市場時也要考慮競爭者的行銷策略。當競爭對手採取差異化行銷或集中行銷時，銷售者必須推出更具競爭性的差異化行銷或集中化行銷的策略，否則若仍採用無差異化行銷策略，將易招致失敗。相反地，若競爭對手採用無差異行銷策略，則行銷者仍宜採用差異化或集中化的區隔化行銷策略，比較能得到競爭優勢。

在行銷者已選定目標市場策略之後，接著仍要進一步選定一個或多個特定的區隔市場或利基市場，以作為全力要爭取的目標市場，如此才能更進一步地擴大其市場利基。惟在選擇特定目標市場時，行銷者應考慮企業機構的長期目標和策略、市場的整體吸引力、整個競爭情勢，以及企業機構的核心專長與資源等。

就企業機構的長期目標和策略而言，行銷者若要爭取某一個區隔市場或利基市場，就要考慮該市場是否和企業機構的長期目標和策略等相契合。如果所要爭取的區隔市場或利基市場，符合企業機構的長期目標和策略，則比較有成功的機會；否則即使該市場很有吸引力，但與企業機構的長期目標和策略不相符合，則只有放棄一途，以免徒勞無功。

另外，市場的整體吸引力也是選擇特定目標市場所要考慮的因素。所謂市場整體吸引力，是指市場規模、成長率、獲利潛力、風險程度等。一個具有整體吸引力的市場，是值得選作目標市場的。相反地，一個不具吸引力的市場，當然不值得選作目標市場。

再者，整個競爭情勢也是選擇作為特定目標市場的指標之一。當行銷者要進入一個特定的區隔市場或利基市場時，應考慮到整個市場的競爭情勢。一個已經有很多競爭者的市場，除非行銷者具有絕對的競爭優勢，否則不宜選為目標市場。

在選擇特定目標市場時，行銷者亦應考慮自身的核心專長與各種資源。當行銷者要進入某一特定目標市場時，若該市場能發揮企業機構本身的核心專長，或企業機構擁有足以投入該市場的豐富資源，則行銷者可選擇進入該特定目標市場；否則就不宜投入該市場。

總之，目標市場的選擇是一項策略性的決策，其可透過行銷研究來達成。企業機構若選對了目標市場，將使企業機構得以持續成長與發展；相反地，若選錯了目標市場，將使企業走向衰敗之途。因此，企業機構的行銷者必須審選目標市場。當然，目標市場的選擇並非是一成不變的，其可隨著外在環境、競爭情勢和本身策略與資源的變化而改變。若原有的目標顧客群體已不再是合適的目標市場時，企業行銷人員就必須重新評估並調整其策略，並作適時的改變。

第四節　行銷差異化策略

行銷人員在選擇了目標市場之後，須對本公司的產品、服務、人員、通路、形象等與市場上相關的因素，採取和競爭者有所區別的策略，此稱之為差異化策略。如此才能使自我公司選擇自我的定位，俾能有別於其他公司，而取得市場競爭的優勢地位。由於沒有任何一家公司可在產品、種類、品質、服務、創新、成本、顧客關係等各方面都能取得優勢，以致必須就某些方面運用其有限資源，而選定某個或少數幾個變項加以定位，並和其他競爭者有所區別。唯有如此，才能集中全力去建立本身的特色和核心專長，做好行銷工作。為了瞭解差異化策略的本質，本節僅就產品、服務、人員、通路和形象等層面來探討之。

一、產品差異化

所有的產品都有各種程度的差異，即使已經標準化的產品，其品牌和等級亦有所差異。因此，除非這些產品已有了高度的標準化，否則就必須進行產品差異化。此處所謂的產品差異化，是指本公司對所生產的產品力圖與其他公司所生產者加以區別而言。一般產品的差異化可表現在形狀、特色、性能、規格、耐用性、可靠性、維修程度、款式和產品設計等變數之上。茲簡單分述如下：

(一)形狀

所謂形狀，是指產品的外形、大小或實體結構而言。許多相類似的產品常以形狀而予以差異化。例如，牙膏基本上是一種同質性的產品，但卻以不同的容量、外形等，來達成差異化的效果，此即為產品差異化之一例。

(二)特色

所謂特色，是指能提供補助產品基本功能的一些特性而言。行銷者欲表現特色的差異性，可自原有的產品另外增加一些吸引人的特性，予以差異化。例如，手機除了原有的傳訊功能之外，尚可改造其形狀、顯示影像、錄影、增加閃亮的燈光、鈴聲等額外的特色，以供消費者作選擇，而

引發新消費者的興趣和購買。

(三)性能

所謂性能，是指產品的品質及在操作時所顯現的功能而言。有些相同的產品常以不同的性能而予以差異化。例如，有些汽車製造商會以超級馬力、飛快的速度等來強調其差異性，以吸引消費者的購買。當然，產品的不同性能常有不同的價格，惟只要多出的價格不超過對價值的認知，就能吸引消費者的購買興趣。

(四)規格

所謂規格，係指產品格式、厚薄、寬窄與大小的一致性程度而言。有些產品常以規格來建立其與其他產品的差異性。此種規格的差異性，正足以顯示自我產品的特性，以供消費者做選擇。

(五)耐用性

耐用性是指產品所預期使用的壽命長短之程度。一般消費者類皆喜歡所使用的產品較具耐用性。惟耐用性產品在價格上較高。只要額外的價格不致過高，或該產品不因流行或技術進步而快速過時，通常耐用性產品仍為大多數消費者所喜歡購買。

(六)可靠性

所謂可靠性，是指產品在一定時期內不會失效或故障的可能機率。有些產品常以可靠性來做產品差異化。而一般消費者也都寧可花費較高的價格，以購買具有可靠性的產品，而避免經常損壞或故障，以致浪費許多維修的高成本。

(七)維修程度

所謂維修程度，是指產品一旦故障或失效時可能維護的容易程度而言。有些產品會以極易維修來建立其與其他產品的差異性。最佳的維修程度，是可由使用者自行更換零件，並輕易而快速地使用。今日許多產品已具有診斷功能，可由服務人員透過電話、傳真或電子郵件來指導使用者修護。

(八)款式

所謂款式，是指產品的外觀和消費者對該產品外觀的知覺程度而言。有些產品常以奇特的款式，來做產品的差異性，用以吸引消費者的注意力；而消費者也願意支付較高的價值，來購買較奇特款式的產品。

(九)產品設計

產品設計是由消費者的觀點和需要而來，凡是足以影響產品外觀和功能的所有特色之整體表現，均為產品設計的來源。在競爭激烈的市場中，有些廠商常以產品設計來區分本產品和其他產品的差異性，藉以吸引消費者的目光，並引發其購買興趣。

二、服務差異化

行銷人員在施行差異化策略時，除了可採用產品差異化之外，尚需注意服務差異化。通常服務差異化，乃強調良好的服務品質、快捷而有效的服務等，依此乃能吸引消費者的購買。就行銷者而言，若一旦實體產品不容易做到產品差異化，就應提供更多具有附加價值的服務，或改善服務品質，如此才能取得競爭市場上的優勢地位。至於，服務差異化的變數至少可包括：訂貨容易、交貨便利、安裝服務、熱忱維修、顧客諮詢，以及其他服務等。茲分述如下：

(一)訂貨容易

訂貨容易是指顧客下訂單的容易程度。行銷者有時以容易訂貨來吸引顧客，使之與其他企業機構在服務上產生差異化。顧客一般也傾向於向訂貨容易的行銷者採購產品。易言之，行銷者常以提供訂貨便利的相關資訊，使客戶容易取得訂貨。

(二)交貨便利

所謂交貨便利，是指行銷者將產品或服務交給顧客的便利性而言。此種交貨便利性，包括：交貨的速度準確性，和運送過程的謹慎態度等。通常行銷者可提供比其他廠商更為便利的交貨，以爭取更多顧客向其購買商品和服務。

(三)安裝服務

安裝服務是指行銷者將產品安置於預定的位置上，使購買者能操作所需執行的工作而言。例如，冷氣機的購買者希望廠商能提供良好的安裝服務，並教導其操作方式；而廠商也以良好的安裝服務來達成服務差異化的效果，以吸引顧客的購買意願。

(四)熱忱維修

熱忱維修就是行銷者為購買者提供周全維修產品的程度。凡是能為顧客提供良好維修服務方案，以維持良好使用狀況的廠商，愈能贏取顧客的信任，且喜歡使用其產品。

(五)顧客諮詢

顧客諮詢就是行銷者隨時提供給購買者有關產品或服務的相關資訊之服務。有些廠商即使其產品和其他廠商無異，但經常提供相關資訊，而有了服務差異化的效果，終而提高了其獲利力。

(六)其他服務

行銷者尚可提供其他服務，如顧客訓練、訂定維修契約、品質保證服務、提供獎賞、購買點數優惠等方式，將顧客服務差異化，以求能達到服務差異化的目的。

三、人員差異化

企業機構在實施差異化策略時，尚可實施人員差異化。所謂人員差異化，就是企業機構對有關行銷人員進行訓練，以提升對顧客的服務態度和品質，而有別於其他企業機構之謂。例如，有些航空公司訓練其服務人員優雅的服務態度；有些超商員工禮貌的態度；百貨公司電梯服務小姐和藹的服務等等，都是實施人員差異化的結果。這些人員差異化策略的實施，也有助於服務差異化的提升，從而提高顧客的滿足度，並為公司贏得市場競爭力和利潤。

四、通路差異化

通路差異化就是廠商運用行銷通路來達成差異化的目的，此種通路差異化涵蓋著地區通路、專業通路和績效通路等。有些公司會透過某些地區來行銷，以顯現和其他公司的差異；有些公司會找尋專業中間商，而顯現通路差異化；有些公司會透過高品質的直效行銷通路，而有傑出的表現；更有些公司比其他競爭者擁有更多的經銷商，且分布廣、訓練精良、可靠又有效率。凡此都是行銷者運用通路而達成差異化目標的例子。

五、形象差異化

所謂形象差異化，就是廠商希望建立起自我的良好形象，而與其他廠商有所區分而言。通常有些廠商自覺本身產品和競爭對手的產品或服務有些類似，則只有建立自己的品牌形象，以爭取顧客的好感；並藉著自

我的獨特個性，以吸引顧客的認同。此種形象差異化的主要變數有象徵（symbol）、媒介（media）、氣氛（atmosphere）和事件（events）等。

(一)象徵

象徵是指外在形象所顯示出的內在特性。通常企業機構都會選擇一種象徵，以表達內在主觀的意識。它們會以顏色、音樂來表達一種特定的形象，或以實物作為公司形象的代表。例如，以綠色表示安全、自然、環保等形象，以藍色代表平和、謐靜的形象；以激昂的歌曲來表示雄壯或激進的形象，以平和的樂曲來表示安定或和樂的形象；以獅子表示勇猛，以牛羊表示勤儉等，都各是一種形象差異化的象徵。

(二)媒介

所謂媒介，就是用來傳達企業機構或行銷者意念的中介或工具而言。企業機構透過媒介的傳遞，即可顯現出其形象。此種媒介包括：公司的刊物、年報、宣傳冊子、各項記錄、文件、廣告等等，都可傳遞公司的形象。行銷者透過媒介可以顯示出與其他公司的形象差異化。

(三)氣氛

氣氛或稱為氣候、氛圍，是指企業機構所營造出環境與空間的狀況而言。行銷者對其產品或服務所塑造的實質空間，即為企業的形象之一。例如，銀行選擇一些建物設計、內部陳設、顏色、材料和家具，即在營造安全、親切和舒適的服務形象，用以達成和其他銀行的差異化目標，藉此吸引存款客戶。

(四)事件

事件是指企業機構藉著贊助某些活動而建立起自我的形象而言。例如，許多公司常贊助藝文活動、濟貧活動、運動會、補助社區等事件，藉以提高其形象。

總之，足以供作行銷差異化的變數甚多，絕非本節所能完全探討的。然而，行銷人員用以作為差異化的變數至少應符合一些條件：即具有獨特性、高價值、優越性、無可輕易仿效、可創造利潤、看得出成效，並能為企業能力所負擔。凡是不能符合上述準則的變數，就不宜用來作為差異化的要素，否則必無法產生預期的效果。

第五節　市場定位策略

行銷人員在選定目標市場之餘，不可能從事於每個差異化及其變數，只能選擇一個或少數幾個最具吸引力或競爭力的變數，集中全力地去發展其領導地位，此時就必須做市場定位的策略與工作。所謂定位（positioning），就是行銷者的產品、服務或其他提供物在顧客心目中的位置。定位的目的就是在使行銷者的產品或提供物等，建立起其在顧客心目中的地位。此種地位應是獨特的，才能對目標市場具有吸引力，且能產生競爭力。至於定位的方法甚多，行銷者必須依據提供物的特色、本身資源、目標市場的反應和競爭者的定位等因素，選擇有效的定位構面，來為其產品或品牌做定位。其定位構面如下：

一、產品屬性

行銷者可以自身產品的屬性來定位，此種產品屬性或特色是自身所擁有，而且是競爭對手所沒有的。由於自身產品具有一些其他競爭者所沒有的屬性與特色，所以其產品才能吸引顧客的注意與興趣，從而建立起在顧客心目中的優越地位。

二、顧客利益

行銷者有時可找尋對顧客有特別利益的產品屬性來定位。例如，有些速食定位在可立即食用、不含防腐劑；有些牙膏以防止蛀牙為訴求，有些以口氣清新為訴求；這些都是利益定位的例子。此外，低廉價格也是利益定位的一種訴求。例如，本田喜美（Honda civic）以低價作訴求，即為一種利益定位。

三、目標市場

有些行銷者會以目標市場來定位。例如，克萊斯勒（Chrysler）在一九九二年推出的鷹眼汽車（Eagle Vision），定位在「不是為一般人設計的汽車」上；百事可樂（Pepsi Cola）定位為「新生代的選擇」；這些都是以使用者為定位的例子。

四、產品用途

有些行銷者會以產品用途或使用場合來定位。例如，萬事達卡（Master Card）自己定位為日常交易中最有用的信用卡；有些食品公司將其食品定位為休閒零食；這些都是產品用途定位的例子。

五、競爭對手

有些行銷者會鎖定知名的競爭者，強調自身產品比競爭者為好，使其產品能進入潛在顧客心中，而建立起顧客心目中良好的地位。這是以超越競爭對手為定位的手法。例如，一九八三年普騰（Proton）電視機在台上市時，即設定新力公司為競爭對手，並以“Sorry Sony”的廣告，來強調自身高品味、高格調的定位即是。

六、產品類別

有些行銷者會將其產品定位為另一種產品類別，其可用來幫助顧客解決某些問題，而這些顧客卻只習慣於使用原有產品。例如，最近手機的發明，不再只限於原有的傳訊功能，其可能具有下載聽音樂、計算、照相、聽取廣播、查詢股票、下載玩遊戲或觀賞各種節目等功能，而取代為另一種產品。

七、產品結合

有些行銷者會將自己的產品和其他實體相結合，而期望實體的一些正面形象會轉移到產品上。此即為運用有效的其他構面為其產品、品牌和商店定位。例如，有些產品、品牌或商店會以知名企業的名稱冠名，即為以結合來為其產品定位。

總之，企業機構的行銷人員為求達成其行銷目標，必須為其產品或服務作定位。當然，在定位一旦確定之後，也非一成不變的。因為企業行銷隨時會面對環境的變遷與其他競爭對手的不斷挑戰和顧客偏好的變化，行銷者必須定期檢討其品牌、商店或組織本身的定位，及時進行重定位（repositioning），以重新調整或改變品牌、商店或企業機構在顧客心目中的形象或定位，藉以增加銷量和擴展潛在市場，終而達成行銷目標。

Chapter 6

消費者市場

消費者是目標市場或對象市場的主體，沒有消費者就沒有市場可言。因此，消費者市場是吾人所必須探討的主題。且行銷人員要達成其行銷目標，就必須瞭解消費者的心理與行為。本章首先將探討消費者行為的意義。其次，研析影響消費者行為的因素，進而分析消費者的決策過程，惟新消費者與原有消費者的決策過程是大不相同的，但其本質則相當一致。再次，本章將討論消費者決策的類型及消費者對消費行動的涉入程度與其消費決策的關係。最後，在消費者中有些先鋒消費者常具有帶頭作用，行銷人員實應瞭解其特質，才能掌握行銷的精髓。

第一節　消費者行為的意義

行銷市場的對象就是消費者，行銷人員要做好行銷工作，首先就必須要瞭解消費者的心理與行為。事實上，就消費實體而言，消費者可分為個人消費者（personal consumer）與組織消費者（organizational consumer）。組織消費者包括政府機關、營利和非營利事業單位等機構，這些組織購買產品、設備或服務，有些是用來生產或提供新的產品或服務，有些則只用來維持其正常營運與運作；此將於下章探討之。至於，個人消費者是指個別的自然人，其選購產品或服務係為了自己的需求、家庭需要，或作為贈品。在這些情況下，個人選購產品或服務，基本上是供作個人使用，故又可稱為最終消費者（ultimate consumer），本章所要討論的即指此而言。

然而，無論是個人消費者或組織消費者對行銷工作都同樣重要。不過，個人消費者是所有消費行為類型中最普及的，其所涉及的範圍包括所有的個體，此種不同個體固有其一致的相同特性，但也存在著許許多多的差異，如年齡、動機、知覺、過去經驗、學習、態度、情緒、性格、價值觀，以及人際互動形態、群體關係和其他各種背景，以致產生不同的購買決策、消費形態和購後行為。因此，個人消費者所表現的行為，乃為本章所欲探討的重心所在。

依此，消費者行為的研究重點，乃在瞭解個體如何進行決策，以運用各種可能的資源，來從事於各項消費活動。今日消費行為研究者必須致力於以消費者的需要為前提，以消費者的滿足為依歸。換言之，消費者行為研究的基本原則，就是在強調「消費者至上」。因此，消費者行為研究應把重點放在消費者與消費環境的互動行為上。

所謂行為，係指個體所表現的一切活動而言。這些活動可以是內隱的，也可以是外顯的，前者稱為內隱行為（implicit behavior），後者稱為外顯行為（explicit behavior）。內隱行為是個體表現在內心的行為，它為隱藏在內心的思想、意念、態度等，如想要購買某種東西即是。外顯行為是個體表現在外，且能為他人所察覺或看見的行為，如某人正在讀書或走路即是。內隱行為可能是個體所知道或無法知覺得到的，其尚可包括意識（consciousness）、潛意識（unconsciousness）和下意識（subconsciousness）；如內在的動機是意識，不可知的恐懼是潛意識，偶爾的失態是下意識，這些都會影響到個人行為。外顯行為則不僅個人知覺得到，也是別人所看得到的，如一個人正在選購腳踏車即是。

綜上言之，消費者行為乃是消費者在搜尋、取得和處置產品與服務時，所表現的內在或外在行動。這些行動常受到個體因素，如動機、知覺、需求、慾望、性格和過去經驗，以及人際互動、群體關係、組織、社會、文化與物理環境等因素的影響。因此，消費者行為研究乃在探討個人如何依據上述各種因素，而做購買決策，從而採取購買行動的過程。企業行銷人員正可運用此種瞭解，用以促進行銷活動，終而達成行銷的目的。

第二節　影響消費者行為的因素

行銷人員想要瞭解消費者的行為，首先必須探討影響消費者行為的因素。蓋消費者不會憑空作消費決策，他們的消費決策會受到文化、社會、個人、心理以及情境因素的影響，此如**表6-1**所示。其中大部分因素都是行銷者所無法控制，而又必須密切加以注意的。

表6-1　影響消費者行為的主要因素

文化	社會	個人	心理	情境
文化 次文化	家庭 社會階層 參考群體 地位 角色	年齡 職業 所得 教育程度 生活方式	動機 知覺 學習 態度 人格 價格觀與信念	商品特性 購買情境 時間壓力 採購任務

一、文化因素

文化因素對消費者行為的影響甚為廣泛。個人是生活在文化中的，他的每項購買行為都在文化的規範底下，而無法脫離文化的本質。因此，消費者行為是會受到文化的洗禮的。個人的思想、信念、價值都含有文化的氣息，他所購買的產品和服務都代表著文化的涵義，此可分為文化整體和次文化群體兩部分。茲再分述如下：

(一)文化

文化是經由社會化過程而代代相傳所形成社會成員共同的價值、規範、風俗習慣、信念、態度與行為形態的綜合體。文化決定了社會成員的基本慾望和行為，並形成一定的核心價值，進而影響其消費型態和行為。人類的行為就是透過社會化而學習得來的，因此文化的價值和信念是相當穩定的。但是隨著社會環境的變遷，不同的世代也會有不同的文化型態，以致每個世代也有不同的消費態度和信念。是故，行銷人員必須注意文化對消費者購買行為的變化，並衡量各種不同文化間的差異，將行銷策略做必要的調整，以產生最佳的行銷效果。

(二)次文化

在所有的文化中，都會包容著許多更小的文化，稱之為次文化。所謂次文化，就是在同一個群體內，基於共同的生活經驗與情勢，而形成其內部成員共有的一套價值系統，此種系統與其他群體是不相同的。此種次文化群體常以宗教、種族、政治、生態、年齡、性別、語言、社會階層、地理區域等作為基礎，而有了不同的消費習性和風俗。但在次文化群體內部，其成員的嗜好、興趣、習慣、生活方式、態度和禁忌等則相當一致。這些不同次文化的特性，正可提供作為市場區隔的基礎。 惟行銷人員除了應瞭解不同次文化群體的特性之外，尚需注意各種次文化群體之間的互動關係。蓋任何消費者都可能兼具多種次文化群體的成員。因此，行銷策略不能只局限於單一次文化群體的成員，而應同時兼顧整個市場的各個層面，以求能真正達成產品行銷的目標。

二、社會因素

個人是生活在社會群體之中的，因此社會各項因素都會影響個別消費者的行為。這些因素包括：社會階層（social stratification）、家庭（family）、參考群體（referent groups）和地位（status）與角色（role）等。茲僅就前三者分述如下：

(一)社會階層

社會階層會引導消費者去購買符合其階層的產品和服務，此乃為每個人都有他的階層意識之故。例如，高階層的人不會去購買平價的房子和衣飾，而低階層的人很難購買高級別墅和穿著高貴的服飾。因此，社會階層的高低確會影響個人的消費行為。

所謂社會階層，就是將一個社會中的所有人，依據某個或多個標準，如財富、所得、教育程度、職業或聲望等，而區分為許多不同的等級而言。每一個等級就是一個社會階層。行銷研究慣常以社會地位來衡量社會階層，社會地位即為每個社會階層中成員的相對排序。社會地位有時也以人口統計變數或社會經濟變數，如家庭所得、職業地位、教育成就等，來加以界定。這些都足以傳達某些社會地位的訊息，行銷人員不僅可用以作為衡量社會階層的基礎，且可作為市場區隔的標準。

就行銷人員來說，社會階層的區隔是相當重要的。消費者可能因某些產品很受上流社會階層人士所喜好，而隨之購買；他也可能體會到某些產品為下層社會人士所使用，而不去購買或避免購買。因此，不同階層人士常代表著不同的價值、偏好、興趣與行為，而使用和購買不同的產品和服務，此正可提供作為市場區隔的自然基礎。是故，行銷研究者常致力於社會階層與產品使用和服務消費之間的相關性研究。

(二)家庭

家庭是所有社會的最基本單位，也是消費市場最重要的單位。個人的價值觀、消費理念、習慣、動機和購買何種產品等，都是由家庭中養成的。因此，家庭在消費行為中的地位相當重要。人們的大部分購買行為都是由家庭中放射出來的。舉凡人類日常生活中的消費，包括：食、衣、住、行和育樂等產品和服務，都是任何家庭所需要的。是故，家庭的購買決策實掌握了消費市場上的大宗。

就消費社會化而言，兒童在家庭中，由父母教導如何運用現有的經費去消費、應做何種消費，以及如何去購買符合自己所需要的產品。對大多數的兒童來說，他們常以父母和兄姊為角色模範或學習的對象，經由對他人消費行為的觀察，而學習到消費行為的規範，及至青少年階段，才改向同儕學習，並模仿其行為。

至於，家庭中具有購買決策權力者和使用者，有時是同一人，但大部分則分屬於不同的人。通常在購買行為上，母親常為兒童的守門人，或妻子為丈夫的守門人。母親或妻子不僅是兒童或丈夫的購買代理人，而且可能把自己的偏好投入購買決策中，而決定或否決了兒童或丈夫對品牌的偏好。然而，有時家庭成員的性別角色不同，其所具有購買決策的權力也

各有差異。在購買時，男性較強調產品的效用與物理屬性，受理性的支配較大；而女性較強調產品的美感，在購買歷程中較具情感性的行為。

此外，家庭購買決策可區分為丈夫主導型、妻子主導型、共同決策型和獨立自主型。通常夫妻在消費決策上的相對影響力，乃取決於產品或服務的類別而定。例如，車輛的購置多由丈夫主導，而食物和家庭理財偏向妻子主導。不過，此種情勢已逐漸在轉變中。今日很多消費決策都已為夫妻共同決策或各自的獨立自主決策了。

(三)參考群體

所謂參考群體，是指個人用來評價自己價值觀、態度與行為的群體，亦即為對個人的價值觀與行為會產生影響力的群體。它可能是個人所屬的群體；也可能是個人心嚮往之，但未正式加入或參與的群體。前者稱為成員群體（membership groups），後者稱為心儀群體（aspirational groups）。通常此兩種群體都會對個人的消費行為有不同程度的影響。一般而言，消費者會觀察各種不同的參考群體之消費行為，且加以學習，而形成自己的消費決策。

參考群體在消費行為上最主要乃在決定產品所代表的意涵，它可能影響消費者對品牌的選擇，以及對產品的購買。此外，參考群體亦可分析人際間的溝通系統，據以擴展產品擴散和口頭廣告之間的關係。例如，群體領袖喜歡某種產品品牌，則其他群體分子也有偏好此種品牌的傾向。又如消費者常透過與鄰居、同事、朋友等參考群體的意見交流，而決定了購買決策與行為，即為參考群體對消費行為的影響之一例。

三、個人因素

消費者個人的狀況與條件，也會影響其消費行為，這些因素包括：年齡、職業、所得、教育程度，以及生活方式與形態等。茲分述如下：

(一)年齡

個人對產品和服務的消費，在一生當中經常在改變。就食物方面而言，個人在嬰兒時代食用嬰兒奶粉和其他嬰兒食品；其後在成長時期到成熟時期，食用一生當中絕大部分的食物；一直到老年期，食用一些特別規定的飲食。至於其他物品的消費，如衣服、家具、娛樂用品、家電產品等的需要與偏好，也隨著年齡的變化而改變。

(二)職業

消費者的不同職業，有不同的消費習慣與需求，以致於對產品和服務的消費也有所差異。藍領階級傾向於購買工作服、工作鞋、餐盒和即時性的娛樂；白領階級多偏好昂貴服飾、國外旅遊、俱樂部會員和高昂住宅等。同時，不同職業也有不同的消費嗜好。因此，行銷人員宜認清目標市場中的不同職業群體，掌握其對產品和服務的興趣重點，以發展不同的行銷計畫。

(三)所得

由於個人所得的狀況不同，以致影響其消費能力和對產品或服務的選擇。高所得的消費者喜歡到精品店、高級百貨公司、名牌商店、五星級飯店等，去購買高級而精緻的產品，或享受高規格的服務；而中低所得的消費者通常到平價商店或大賣場，去購買平價或較低廉的商品。因此，行銷人員必須密切注意個人所得、儲蓄、利率等的變動，並於衰退期採取適當步驟，將其產品重新設計，或重新定位，或重新訂價。

(四)教育程度

教育程度之所以會影響消費行為，最主要乃為不同教育程度的人，具有不同的思想、信念、價值觀。此種不同的思想和價值觀，會影響其消費理念和行為，且對產品和服務的選擇也大為不同。例如，高等教育程度的人較偏向於精神生活的消費和享受，而中低教育程度的人較傾向於物質生活的滿足。當然，這也隨著社會情境的轉變而有所改變。

(五)生活方式

社會成員即使來自同一個次文化群體、社會階層和同一職業，仍可能會有截然不同的生活方式。所謂生活方式，是指個人在生活上所呈現的各項活動、興趣和觀點的一種模式而言。生活方式就是個人在人生舞台上如何表演，以及如何因應其生活的一項整體模式，其內涵如**表6-2**所示。有些人在生活上選擇努力工作，以追求高成就的生活形態；有些人則選擇遊山玩水，以求過著悠閒自在的生活方式。前者由於努力於工作，較少時間和精力用於消費上；後者較可能騰出多餘的時間，去從事觀光旅遊等活動，而增進了消費。因此，行銷人員可因應不同生活形態與方式的消費者，設計出不同的行銷計畫。

表6-2　生活方式的三個層面

活動	興趣	觀點	人口變數
工作	家庭	自己	年齡
嗜好	家事	社會	教育
社會活動	職務	政治	所得
休假	社會工作	企業	職業
交際	娛樂	經濟	家庭人口
俱樂部會員	時髦	教育	居家環境
社區工作	飲食	產品	地理區域
逛街購物	媒體	未來	城鎮大小
運動	成就	文化	生命週期階段

四、心理因素

消費者個人的心理因素，如動機、知覺、學習、態度、人格和價值觀與信念等，都會影響其消費行為。茲分述如下：

(一)動機

消費動機是消費行為的原動力，消費者若缺乏動機，就無消費行動而言。因此，消費動機是因，消費行為是果。惟有關動機的分類甚多，有些學者將動機採二分法，有些採三分法，也有採五分法者。其中以心理學家馬斯洛（A. H. Maslow）的需求層級論（hierarchy of needs）最為具體。馬氏將人類的動機劃分為五個層級需求，即生理需求（physiological needs）、安全需求（safety needs）、社會需求（social needs）、自我需求（ego needs）和自我實現需求（self-actualization needs）。這些不同的需求有不同的消費狀態。

就消費行為而言，許多心理學家認為人類的基本需求是相同的，但這些需求的先後順序是不相同的。無可否認的，最具有主宰性的需求層級，是指那些未獲得滿足的最低層級需求，這些需求對消費行為正是最具有影響力的。需求層級論對消費者動機來說，是一項很有用的工具，而且可應用於行銷策略中，以滿足各個層級的需求作為產品或服務的訴求。例如，人們購買食物和衣服，是為了滿足生理需求；買保險和選擇金融服務，是為了安全需求；購買個人護衛用具，如化妝品和香水，是為了社會性需求；購買高科技產品和高級轎車，是為了表現自我和白我實現的需求。因此，需求層級論正可提供作行銷上有用而完整的架構，一方面可促使行銷人員將廣告訴求集中在目標消費者所重視的需求上，另一方面則有助於產品的定位與重新定位上。

(二)知覺

知覺也是影響或決定消費者行為的因素之一。固然，動機是購買行為的原動力，但知覺可能助長或削弱個人的消費動機。當個人有了購買動機，且對該項產品或服務感覺不錯，將加強他購買的決心；相反地，若知覺不佳，則可能改變原有購買的構想。因此，吾人不能忽視知覺對消費行為的影響。

個人在大環境中，無時無刻不運用自己的觀點，來賦予環境中所有人、事、物以一定的意義，此種賦予意義、形成看法的過程，即為心理學家所稱的知覺（perception）。消費者對產品和服務的知覺，即依此而形成的。通常消費者會依過去的經驗、注意力、當時的動機與心向、當時的生理與心理狀態，以及當時的物理和社會環境，而產生對產品和服務的知覺，進而影響其購買行為。因此，行銷人員必須瞭解知覺的全貌及其相關概念，並探討人類知覺的生理與心理基礎，才能找出影響消費者購買行為的主要因素。

(三)學習

消費者學習（learning）是消費行為學家所關心的課題。消費者可透過學習的歷程，而瞭解產品的屬性與利益，選擇所要購買的商店與產品，以及處理有關產品與服務的資訊。行銷人員正可利用此種歷程，以養成消費者的偏好，使其與競爭者所提供的產品和服務相區隔。

消費者的學習可運用在對產品與服務的資訊處理、涉入程度和品牌忠實性上。所謂資訊處理（information processing），是指人類自環境中如何知覺、組織、記憶和處理大量的資訊而言。在消費行為上，個人常運用其認知來處理產品屬性、品牌印象、品牌間的比較，或其他更複雜的資訊。所謂涉入（involvement），是指個人對事物參與的程度而言。消費者對購買產品的涉入程度，包括：對該產品所具有的知識、產品本身的相關資訊、對該產品的興趣，以及其他投入該產品有關的購買活動等。至於，品牌忠實性，是指消費者對某項產品品牌一旦形成消費習慣而產生印象時，即不易改變其對產品品牌的消費習慣與態度而言。消費者在開始選購某項產品時，通常是依據學習而來，不是出自於個人的經驗，就是由別人提供訊息而得。一旦消費者持續不斷地購買某項產品，則品牌忠實性自然形成。

(四)態度

態度（attitude）也是決定消費者行為的要素之一。消費者的個別態度，常對產品、服務、廣告、營銷方式等產生影響。因此，凡是從事消費者行為的研究者，都必須充分瞭解消費者的態度。在消費行為上，消費者的購買動機與行為，亦常因新的學習經驗而導致態度的改變，以致產生新的購買習慣。此外，態度研究可協助行銷人員瞭解消費者對產品概念的接受程度，一方面據以設計能滿足消費者需求的產品，另一方面則藉由廣告修正消費者目前的態度，以求刺激產品銷售，並達成行銷上的目的。

(五)人格

人格是形成個人行為的基礎之一，也是行銷上用作市場區隔的標準之一。因此，人格不僅會影響個人行為，而且也是瞭解消費者行為很重要的課題。一般而言，不同的人格特質有不同的消費習慣與興趣，其中尤以自我概念為重心。消費者都有自我形象和自我知覺，這些都和人格有關。消費者在選購產品和服務時，都會選擇和光顧一些和自我形象、自我知覺相符的產品和服務與商店。此外，個人會選購產品和服務，用以延伸自我或改變自我。

就消費行為的立場言，消費者的人格及其所表現的特質，常反映在其所欲購買的產品和品牌上，以致有所謂的「產品人格」和「品牌人格」的出現。所謂產品人格（product personality），就是消費者將其人格特質反映在其所購買的產品種類和特性上；也就是消費者的所有物包括：衣飾、飾品等，都反映出個人的人格之謂。至於品牌人格（brand personality），則為消費者將其人格特質，反射在各種產品的不同品牌上；亦即消費者所購買的產品品牌，正足以反映其人格特性之謂。

準此，產品人格和品牌人格，都代表消費者對產品和品牌的性格。行銷人員為了區隔市場，且在利基市場（niche market）和特定市場中創造利潤，就必須重視產品和品牌人格的問題。行銷人員不僅可以以消費者的人格特質為訴求，以產品和廣告來進行行銷工作；而且對任何產品都必須經過精心策劃，能為因應個別人格而設計。唯有如此，才能達成促銷的目的。

(六)價值觀與信念

價值觀為決定個人是否購買商品的主要因素之一。凡是個人認為有價值的東西，其購買意願較高；反之，則較低。所謂價值觀乃代表個人的基本信念，是個人所偏愛或反對的行為作風或結果的最終狀態。價值帶有較多道德的色彩，較含有社會規範的成分，隱含著「什麼是對的，什麼是錯的」、「什麼是好的，什麼是壞的」或「什麼是值得的，什麼是不值得的」等想法。當個人認為某些商品是好的、值得買的或購買得對，他就比較願意購買；相反地，若認為是壞的、不值得購買或可能買錯了，他就不會去購買該商品。因此，價值觀和信念乃為構成個人消費行為的基礎之一。

五、情境因素

當個人消費者在採取購買行動時，也可能受到當時情境的影響，而決定是否購買該項商品。此種情境因素可概括為商品特性、購買情境、時間壓力、採購任務等。茲分述如下：

(一)商品特性

當消費者在進入商場時，可能受到商品某些特性的影響，而決定購買該商品。因此，商品特性也是影響消費者行為的因素之一。商品特性可包括商品命名、商品設計、商標設計、商品包裝、商品性能、商品價格等。當該等商品特性新穎、逗趣而引人入勝時，往往會勾起消費者的立即性購買。又如商品超低價的促銷，也會造成搶購的熱潮。一項新奇或性能優越的產品，總是能吸引消費者的目光。是故，行銷人員必須不斷地加強商品的特性，用以開創更佳的行銷環境。

(二)購買情境

購買情境也是決定或影響消費者行為的情境因素之一。購買情境又可分為物質或物理情境和社會情境；前者即為實體環境，後者則為人文環境。物質情境包括商店的遠近、商品陳列、商店裝潢、商場空間、櫥窗設計、商店設計、取物便利性以及服務的周到與否等，都足以影響消費者的消費意願與日後的再購買與否。社會或人文情境可包括商店內購買人數、購買者與行銷者的互動情況等。這些因素與消費者的知覺最有直接關係。當消費者對這些情境因素有了良好的知覺，則再度購買的可能性較高；否則將難有重複性的購買行動。

(三)時間壓力

時間壓力和消費者的行為有極為密切的關係。當消費者有了時間壓力時，將很難做周密的思考，而有了不理性的消費行為出現。相反地，消費者處於寬裕的時間狀態下，則會深思熟慮的抉擇，並有了較理性的消費行為。此外，在不同的時段常有不同的顧客層或消費群體，且在不同時段同一個消費者所要購買的物品，也常會有很大的差異。此所顯現的一方面固為消費者在不同時段常有不同的需求，另一方面，則為時間壓力不同所造成的。

(四)採購任務

影響消費者行為的另一項情境因素，是採購任務。當消費者採購的目的，是為了自己的需要時，較少做深入的思考和抉擇；但若是為了送禮給他人，則較會做深入的思考。又消費者在為自己或他人與團體做採購時，顯然所考慮的因素會有很大的不同，這些都會影響到購買決策。

此外，消費者在做購買決策或採取購買行動時，常會受到當時的情緒與情境之影響。例如，消費者在情緒激動時，常不易集中精神和注意力於採購上，此時較易有情緒性的購買。又消費者本身狀況也會影響其購買行動，如身體疲倦時易做出錯誤的購買決策。其他有關消費情境因素，仍有待更進一步的探討。

總之，影響消費者行為的因素甚多，絕非本節所能完整地概述。然而，消費者的消費行為是所有因素交互作用的結果，只是有時有些因素的影響較大，有些因素的影響較小。惟有行銷人員經過精心的瞭解和策劃，才能做出最佳的行銷策略，並產生最佳的行銷效果。

第三節　消費者決策的類型

消費者決策的過程乃是事屬必然的，蓋所有的消費者都要購買到合乎自我需求的產品。惟消費者的決策常因消費者的不同而表現出一些差異，加以不同的學者常用不同的觀點來解釋消費者決策的一般特性。因此，消費者決策至少可有如下類型：

一、經濟型消費者決策

經濟型消費者決策（economic consumer decision making），乃認為消費者應為理性決策者，其企圖以最低的成本購置最佳品質的產品。其行為特徵乃包括：(1)懂得搜尋有關產品的各種可行方案，以供做抉擇；(2)能依據各種可供選擇的方案，正確地評估其優缺點，並做排序；(3)懂得確認最佳的方案，並加以選擇。依據經濟人理論（economic man theory）的觀點而言，此種消費者決策能搜尋完整的決策資訊，並具有高度的涉入程度與動機，擁有豐富的產品知識，以致能釐訂最完美的決策。

惟此種古典經濟模型的觀點，受到許多批評和反駁，而被認為是不切實際的。因為人類行為很難是完全理性的，且個人常受價值觀、個人目標、習慣、本能、能力、知識等的限制，而難以單純地依據經濟條件做出理性而完美的決策。甚且，一般消費者都不會進行繁複的決策，而只希望得到滿意的結果即可，並不一定要追求最佳的消費決策。因此，經濟型消費者決策的論點，實太過於理想化和簡單化。

二、被動型消費者決策

被動型消費者決策（passive consumer decision making），與經濟型消費者決策恰好相反。該型消費決策者不會主動去搜尋有關產品或服務的資訊。由於此類決策者不會主動去搜尋資訊，以致常受到行銷人員努力促銷的影響，且常依據自我的興趣衝動地消費，甚少作理性的思考。依此觀點，被動型消費決策者是屬於一群低度涉入程度的消費者，對產品知識甚為貧乏，只求「聊勝於無」。就某種程度而言，被動型消費決策者相當符合傳統的銷售手法，往往成為可操縱的對象。

不過，被動型消費者決策理論很難解釋消費者在購買情境中所展現的主動行為。因為有時消費者固會表現衝動性購買，但在挑選產品時多少會蒐集資訊，以選購令人滿意的產品。有關消費者的消費動機、選擇性知覺、消費經驗、消費態度與習慣，以及意見領袖的影響等，都不是行銷人員所可操控的。因此，被動型消費者決策的論點也同樣太過於簡化，且過於趨向單一思考。

三、認知型消費者決策

認知型消費者決策（cognitive consumer decision making）認為，消費者具有思考和解決問題的能力，依此他們會主動去搜尋足以滿足其慾望、豐富其生活的產品和服務。根據認知論者的看法，消費者所做的消費決策實為強調搜尋與評估資訊的歷程，亦即依其對產品有關的資訊之看法做消費決策。由此，消費者會主動去進行產品資訊的處理，並形成自己對產品的偏好，且產生購買意願。不過，他們不一定會蒐集所有的資訊，而只選擇和其認知有關的資訊，並求得滿足的結果即可。由此可知，消費者常自行發展出慣用的決策法則，以簡化和加速決策過程，或用以應付過多而龐雜的資訊，從而降低資訊過度負荷（information overload）的現象。

準此，認知型消費者決策模式，實介於經濟型和被動型消費者決策的中間。在認知和問題解決的觀點下，此種消費決策者並沒有有關產品或服務的完整知識，而單憑其主觀的認知，將無法做出完美的決策。不過，此種消費決策者既係出自於自我認知，必將採取主動和積極的精神去蒐集資訊，以試圖做出讓自己感到滿意的決策。

四、情緒型消費者決策

所謂情緒型消費者決策（emotional consumer decision making），是指消費者所做決策常出自於自我情緒的變化而做出衝動式（impulsive）的購買而言。此種類型的消費者在購物時，常不加思索，而完全受到自我情緒的牽動。當消費者受到情緒牽動時，根本就不會去搜尋購物資訊，而完全跟著自己的心情和感覺走。不過，情緒型消費者決策並非完全不理智，因為凡是能滿足自我情緒需求的消費，也是屬於理性消費決策的範圍。例如，購買名牌服飾因出自於衝動性購買，但這正足以表徵其社會地位，因此這算是理性的決策。 此外，消費者的心情（moods）也會影響其決策的結果。所謂心情，就是一種感覺狀態或心智狀態。情緒是對特定情境的反應，而心情則沒有範圍限制，是消費者在接觸產品、銷售環境或產品廣告之前就已存在的心理狀態。心情對消費決策的影響很大，它往往決定購物的時間、地點、路線和對購物時的反應。一般而言，消費者心情較好時，較能回憶有關產品的資訊；但除非他早已有了定見或對產品品牌有了偏好，否則就比較不會做產品品牌的選擇。

總之，消費者決策的類型不同，其所表現的消費行為必有所差異。一個具有經濟型觀點的消費者，必擁有高度涉入動機，儘量蒐集大量產品資訊，期求做最佳的消費決策，謀取最大利益的消費行動。至於，對一個被動型決策的消費者來說，通常只具有低度涉入動機，甚少做理性思考，其消費動機只在求得最基本的滿足而已。認知型消費決策的消費者，則以主觀的思考蒐集有限的產品資訊，以致其消費行動只限於滿足自己的慾望和目標。最後，情緒型消費決策者往往會產生衝動性的購買，較少從事於理性的決策思維。

第四節　消費者的決策過程

消費者在從事於消費行為時，都或多或少地會進行一些消費活動的過程。雖然有些消費者常進行衝動性購買或情緒性購買，但對大多數消費者或新產品的消費者而言，消費決策過程是時常在進行的。這些過程至少包括：需求確認、資訊蒐集、方案評估、購買行動、消費使用、購後評估和用後處置等步驟，如**圖6-1**所示。

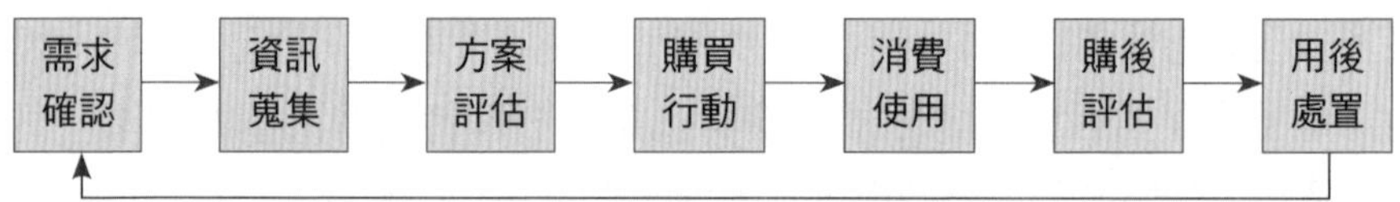

圖6-1　消費者的決策過程

一、需求確認

當消費者感覺到有消費的需求時，將會審視自我的需求狀況，然後確認是否真有消費的必要。對大多數消費者來說，確認消費需求有兩種方式：一為依據實際狀況考量現有產品是否能滿足其需求，另一則為依據期望狀況尋找新產品，以啟動購買決策。在所有的消費決策過程中，需求確認正是決策的第一步。消費者之所以要確認需求，乃是因為他的需求期望和實際環境有了差異之故。當消費者的需求期望和其環境之間有了差距，此時其需求即已發生了，消費者就必須做出是否消費的決策。

二、資訊蒐集

在確認有了消費需求後，消費者就會開始蒐集與產品有關的資訊。

此時消費者會就記憶所及，做內部資訊的蒐集，一旦所得不足以作為選購產品的參考，就會向外搜尋更多的資訊。當然，此種資訊的蒐集也常因個別差異和環境，而有所不同。有些消費者總是小心翼翼地運用詳細的資訊，有些則未做任何比較就下定決策。至於資訊的來源很多，有些是行銷人員所提供，有些是來自廣告、海報等，有些則來自他人的口碑相傳，有些則可自網際網路上搜尋。另外，有些資訊相當主觀，有些則相當客觀。這些都得依靠消費者去判斷和做選擇。

三、方案評估

在消費者蒐集有關產品的完整資訊之後，接著就是將這些資料加以整理，以做成一些可行方案，從而加以評估。消費者在評估各項方案時，將建立一些評估準則，以作為評估方案的依據。評估準則可能以產品的屬性作為基礎，也可能依據消費者個人的期望為標準，而選擇具有實用價值、最低價格、可投機轉換或便宜好用等特質的產品。當然，購前可行方案的評估，亦常受到個別差異和消費環境的影響。評估準則的選用，亦常因個人需求、知識、涉入程度、價值觀和生活形態的不同，而有所差異。

四、購買行動

購買行動大致上有三種類別，即嘗試性購買（trial purchase）、重複性購買、長期性購買（long-term purchase）。嘗試性購買是指消費者第一次購買，且僅做少量購買，以嘗試產品的屬性與適用性。此可使消費者經由直接的試用，以評估產品的功效。當消費者在滿意使用某項產品之後，他就會繼續採購而形成重複性購買，甚至於在產生品牌忠實性之後，將演變為長期性購買。今日由於網際網路的發達，消費者將可自家中的電腦系統，直接由螢幕上評估產品品牌和其售價，以便立即做出抉擇，而產生購買行為。

五、消費使用

消費者在購買產品後，接著就是產品或服務的消費和使用。消費者對產品的使用可能面對三種情況，即立即使用、短期儲存、長期儲存。對於大多數的消費者或產品來說，在消費者購買之後，通常都是立即使用。然而，有些產品因無特定或預期的使用目的，有些可能作為暫存，有些則可能長期儲存以為備用。在消費者使用過這些產品之後，他們會產生滿意與否的感覺，此即為後續的購後評估。

六、購後評估

消費者在使用產品後，會繼續作評估，其結果有下列情況：(1)產品符合期望，並沒有特別的感受；(2)產品超出期望，而產生滿意的結果；(3)產品低於期望，而引發不滿意的感覺。購後評估的主要目的，就是在釐清消費者對選購決策的正確性，藉此可降低購後認知失調（post purchase cognitive dissonance）的現象。然而，消費者進行購後評估的程度，常取決於該決策的重要性，以及使用該項產品所獲得的經驗。一般而言，當產品能完全符合消費者的期望時，他應會再度購買。相反地，當該項產品令人失望或不符合消費者期望時，他必重新尋找新品牌的產品。因此，此消費者的購後評估，實乃在累積購物經驗，以作為未來消費決策的參考。

七、用後處置

消費者在購置某項產品之後，除了會做購後評估之外，尚可能對該項產品加以處置。處置的情況包括：直接處理、加以回收或再行銷售轉賣。直接處理有很多方式，諸如加以使用、用完丟棄、轉送他人、改變其外型和內容。此外，由於環保觀念的驅使，有些消費者乃決定配合政府法令，將產品加以回收，使之由製成品又回到原料或再製造的階段。再

者，有些產品雖已用過，但仍完好如初，此時可以再行銷售轉賣，如跳蚤市場、中古物收購場以及二手貨市場乃成為產品的最後去處。

總之，消費者的消費決策過程是相當複雜的。消費決策過程的發生，實始自於消費者有消費需求，此時消費者必會確認消費需求；其次，他必須搜尋所欲購買的產品之相關資訊，然後加以整理，並評估出可行的採購方案，再行購買。在購買而試用滿意之後，再重複購買或作長期性購買。同時，消費者會作購後評估，以蒐集資訊作未來再行購買時的參考，且對該項已購買的產品做一些處置。這些實為消費者決策的整個過程。

第五節　涉入程度與消費決策

就消費行為而言，消費決策就是對各種消費方案的抉擇而言。通常消費者在購買產品時，常會謹慎地評估產品、品牌和服務的屬性，並理性地選擇合乎成本與自我需求的產品及其品牌和服務。此時，消費決策會牽涉到購買涉入（purchase involvement）與產品涉入（product involvement）的狀況。所謂購買涉入，就是消費者會因其需求而產生對某種特定購買決策的關切和投入的程度。產品涉入則為消費者對某項產品的種類和品牌的關切與投入程度。此兩者都會影響消費者的決策。

不過，消費決策的廣義內容實包含三項內涵：即購買決策、消費決策和處置決策。購買決策包括：是否購買產品、何時購買、購買何種品牌、何處購買、如何購買、以何種方式購買、如何付款、以何種方式付款等。消費決策包括：是否消費、何時消費、如何消費等。至於處置決策則包括：是否使用、如何使用、直接棄置、回收、再銷售等。

就購買過程而言，消費決策是一連串購買步驟的組合。然而，由於消費者涉入程度的差異，以致消費決策過程也有所不同。**圖6-2**即顯示，消費者由低涉入的情境轉入高涉入的情境時，消費決策也由簡單而複雜。當然，消費情境由低涉入到高涉入，乃代表一種持續的過程，並不是

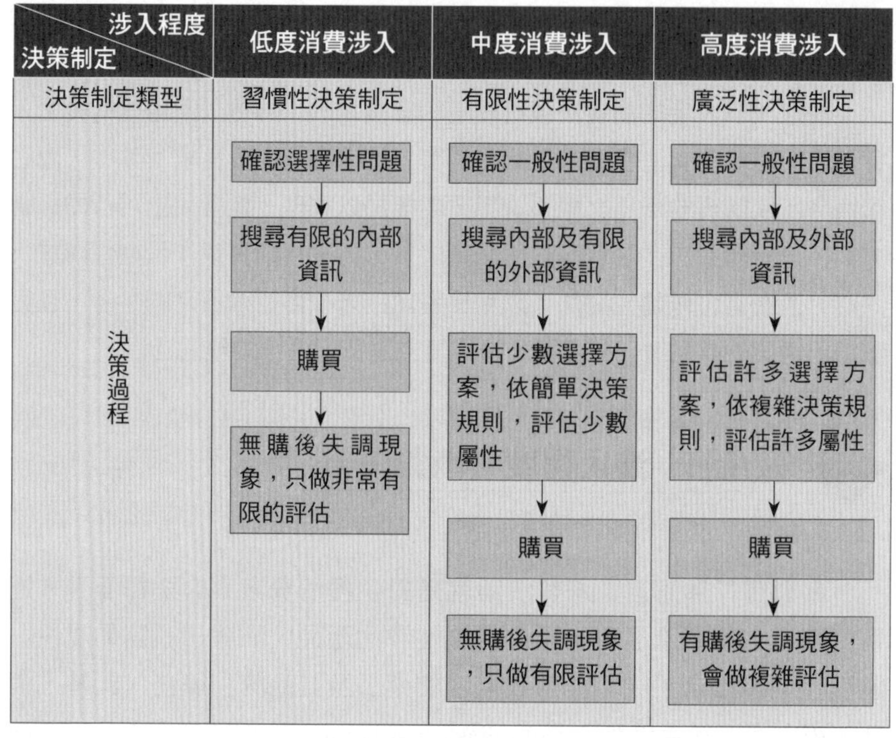

圖6-2　消費涉入與消費決策

截然分開的。不過，由於涉入程度的差異，消費決策的訂定可能會造成下列情況：

一、低度涉入消費決策

低度涉入的消費者喜做習慣性的消費決策，在決策過程中一旦有了需求，通常只確認一般性的問題，習慣於搜尋固定的資訊，且依內部資訊尋求理想的解答。在購買某項產品之後，於發現產品性能不及理想時，才會對產品進行評估。由於消費者的涉入程度較低，以致常有重複性的購買，因此習慣性的消費決策乃為其消費行為的模式。

所謂習慣性消費決策，是指消費者於購買產品時，常固定於一種或少數的選擇，只對單一產品或品牌有清楚的評估準則，幾乎不想蒐集任何外部的資訊，以致只對單一產品或品牌做出例行性的反應。此種消費決策通常只限於兩方面，一為品牌忠實性（brand loyalty），一為重複性購買（repeat purchase）。品牌忠實性決策，就是消費者只固定地消費某種品牌；而重複性購買決策，就是消費者只單一地再選購某項產品。事實上，大部分的消費者都不可能對各項消費決策做詳細而完整的考慮，因此只有選擇習慣性或例行性的消費決策。

二、中度涉入消費決策

中度涉入的消費者所做的決策，多屬於有限性的消費決策。此種決策過程會確認一般性問題，搜尋消費品內部與有限的外部資訊。不過，在決策過程中只做少數選擇方案的評估，並依簡單的決策原則，評估有關產品的少數屬性。在購買時，此種消費者會簡單比較一下產品價格，並於下次購買時選擇最便宜的品牌。

有限性的消費決策基本上只在回應一些情緒上或環境上的需求，例如，消費者對現有品牌感到厭煩，而決定購買新的品牌或產品。此種消費決策就只在評估可供選擇產品的新鮮感或新奇性而已。又消費者可能會依據他人的期望或實際行為來評估購買行動，而很少依自我的涉入程度去購買，這也是一種有限性的消費決策。此種決策乃表示消費者固有評估產品或品牌的基本準則，但並未形成任何明顯的品牌或產品偏好。

三、高度涉入消費決策

高度涉入程度的消費者，會做廣泛性的消費決策。其在消費決策過程中，會確認消費產品的一般性問題，並充分搜尋有關該項產品或品牌的內部或外部資訊；且依複雜的決策規則去評估產品的許多屬性和多種選擇方案。在購買時，此類消費者會比較產品類別或彼此品牌之間的共同性與差異性，並運用大量資訊去建立評估標準。

廣泛性的消費決策，乃表示消費者會採用許多產品的內外在資訊，去搜尋許多可供選擇的方案；且在購買後仍然對該項產品的購買決策做整體評估。此種消費決策固有情緒因素的存在，但大多數含有相當多的知覺因素，且期求產品能合乎自我的需求，在評估消費決策的過程中，廣泛性消費決策者會運用感覺和情緒的評估標準，遠比產品屬性的評估標準為多。

總之，消費者的決策是帶有消費涉入程度的意味。消費涉入程度的深淺，受到消費者過去經驗、個人興趣、風險狀況、消費情境，以及社會外顯性等的影響。不過，基本上消費決策仍為消費者面對消費情境時，必須對所有可能影響消費活動的方案作抉擇的過程。此種過程包含許多細部步驟，都有待消費者做決策，這些都已如前述各節所論。

第六節　消費創新者的特質

在消費者市場上，行銷人員必須瞭解和重視消費創新者，蓋消費創新者敢於嘗試新觀念和新想法，且擁有廣闊而開放的社會關係，故具有帶頭消費的作用，且行銷人員可依此而訂定更適當的行銷策略。本節首先將探討何謂消費創新者？其次，研析消費創新者的特性，俾便有助於行銷人員從事於合宜的促銷活動。

一、消費創新者的定義

一般而言，消費創新者是指最早採用創新產品的消費族群，亦即所謂的先鋒消費者。所謂最早，是一種相對概念，係指產品剛推出的那段時期；然而到底有多久，並未有一定的定論。因此，社會學者乃將消費創新者界定在整體社會消費群的前2.5%內，如圖6-3所示。更有行銷學者認

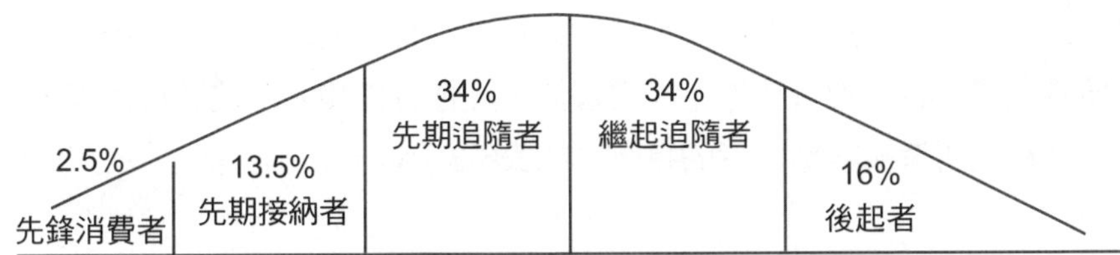

圖6-3 新產品各期採用者的分類

為，消費創新者的定義胥視研究情境而定。有些學者認為，以三個月為期的新產品之購買者為消費創新者；有些則認為能在一堆新產品中選購其中一項以上的產品者為消費創新者；有些更認為在某特定地區內，前10%採用新產品者，為消費創新者。

由此可知，有關消費創新者的定義極為紛雜。其可確定的乃為：

1.消費創新者對新產品極具興趣：他們常透過大眾傳播媒體或各種非正式管道，找尋令其有興趣的產品資訊，且在購買時作深思熟慮的決策。

2.消費創新者是意見領袖：由於消費創新者常提供其他消費者有關新產品的資訊和建議，故常扮演意見領袖的角色。當消費創新者熱衷於某項新產品，並鼓勵他人嘗試時，則產品擴散速度較快，範圍也較寬；反之，若消費創新者不滿意新產品，並告誡他人不要使用時，則此項產品被接受的可能性就降低，甚至很快就消失於市場上。

二、消費創新者的特性

在消費市場中，消費創新者是存在的。通常消費創新者多少都具有某些特質，這可由許多統計資料中獲得。固然，有些統計資料所顯示的結果常有爭議，但根據許多測驗所得的結果而言，消費創新者都具有與其他消費者不同的一些特質。當然，有些研究結果也顯示，創造能力乃是遍布於一般人身上的，只是有些人創造能力較高，有些人較低而已。依此，吾人將就人格特質、消費特性、媒體習慣、社會特性和人口統計特性等，來分析消費創新者與非創新者的特質，如**表6-3**所示。

表6-3　消費創新者與非創新者之比較

特性	消費創新者	非創新者
人格特質：		
教條主義	態度開放	態度封閉
對獨特性的需求	較高	較低
社會性格	內在導向	外在導向
最適刺激水準	較高	較低
尋求多樣化	較高	較低
知覺風險	較低	較高
冒險性	較高	較低
購買和消費特性：		
品牌忠實性	較少	較多
消費傾向	較受優惠影響	較少受優惠影響
使用方法	較多變化	較少變化
媒體習慣：		
接觸各類雜誌	較多	較少
接觸興趣雜誌	較多	較少
電視	較少	較多
社會特性：		
社會融合性	較高	較低
社會活動	較多	較少
群體參與度	較多	較少
人口統計特性：		
年齡	較年輕	較年老
所得	較高	較低
教育程度	較高	較低
職業地位	較高	較低

(一)人格特質

消費創新者一般具有和非創新者不同的人格特質。首先，消費創新者較懷有開放性的態度，比較不獨斷，或不固守傳統習慣，常以大膽的態度去接觸新穎或不熟悉的產品。其次，消費創新者多渴求獨特性，滿足於獨特性需求的新產品。再次，消費創新者在社會性格上是屬於內在導向的，他們在購買新產品時，完全依靠自身的價值觀和標準去判斷。此外，在最適刺激水準方面，消費創新者渴望生活中充滿新奇、複雜和不尋常的經驗，比較願意冒險去嘗試新產品，創新性高，且搜尋和各種購買有關的資訊，並接受新的零售方式。

還有，消費創新者喜歡尋求多樣化的產品，購買創新性產品或服務，具外向性、自由、不懼威權、有能力處理複雜或模糊的事物。但是，消費創新者的知覺風險性較低。所謂知覺風險，是指消費者考慮購買某項新產品時，對結果所感覺到的不確定性或恐懼程度。易言之，消費創新者在試用新產品或服務時很少感到恐懼，因而較可能購買創新性的產品。至於，在冒險性方面，消費創新者較能面對創新性產品，願意承擔風險，比其他消費者更早學得有關創新性產品的資訊。

(二)消費特性

在消費特性方面，消費創新者對品牌忠實性較低，此乃因他們追求新奇而不斷轉換品牌之故。此外，在購買行為上，消費創新者比較可能受促銷優惠的影響。因此，免費試用產品，比廣告、折價券，甚或口耳相傳的方式，更能影響消費創新者對某項品牌的看法。再就對所感興趣的產品來說，消費創新者多半比非創新者購買或消費更多的數量，而成為重度使用者。消費創新者不僅會率先使用新產品，而且使用量也相當可觀。不過，由於消費創新者喜歡轉換品牌，以不同獨特的方式使用新產品，且易受促銷的影響，除非他們沒有找到更新或更好的產品，否則他們不易持續使用同一品牌的產品。

(三)媒體習慣

就接收媒體的習慣而言，消費創新者比較常接觸各類雜誌，特別是感興趣的雜誌。但消費創新者比非創新者較少收看電視。至於其他傳播媒體，如廣播和報紙等的研究結論很難得到一致的看法。

(四)社會特性

消費創新者比非創新者更能為社會所接受，且常參與較多的社會事務。他們很能夠融入社會性的活動，為他人所認同。他常加入各種社會團體和組織，而涉入公共事務。正因為他們的社會接受度和參與度較高，故容易成為意見領袖。

(五)人口統計特性

在人口統計特性方面，消費創新者一般比其他消費者的年齡為輕，尤其是流行產品或便利性商品，更能吸引年輕消費者。此外，在學歷、個人或家庭所得方面，消費創新者比其他消費者一般都較高。又消費創新者多處於上層階層，有承擔誤購商品的條件，且多有較尊貴的職業地位。

總之，消費創新者有不同於非創新者的購買和消費特質，行銷人員必須深入探討他們的人格特質、社會特質以及人口統計特性，用以創造新的市場機會，並使產品能有快速的擴散，期以達到商品促銷的目的。

Chapter 7

組織市場

第一節　組織的意義與類別
第二節　組織市場的特性
第三節　影響組織購買行為的因素
第四節　組織的購買過程
第五節　組織購買的類型與角色

行銷人員在分析市場機會之時，除了應重視個別消費者的市場之外，也要瞭解組織市場。蓋組織常因需要製造產品或提供服務，而產生了購買行為。當然，組織的購買行為是集體性的，是透過組織內部成員或少數負責人交互行為的結果。因此，吾人於討論個別的消費者市場之餘，也不能忽視組織的購買行為。本章首先將研討組織的意義及其類別，其次探討組織市場的特性、影響組織購買行為的因素、組織的購買決策過程，以及組織購買角色與類型。

第一節　組織的意義與類別

組織正如個人一樣，有其產品的期望與衍生性需求，此將影響其購買行為。一般而言，組織所需購買的產品和其購買決策過程，都比個人消費者要複雜得多。因此，吾人要探討組織的購買行為，首先，必須瞭解組織的性質與類別。所謂組織（organizations），是指在建立內部結構，使得人員、工作與權責之間，能得到適切的分工與合作關係，據以有效地分擔和進行各項業務，從而能完成某些目標的組合體；亦即指由個人所組成的群體，在協同一致的努力下，共同致力於整體目標的實現。此種組織可大別為三類：

一、企業組織

企業組織是指購買原物料或半成品或製成品，用以製造或生產產品，以供銷售、轉售、租賃或提供服務的廠商。對企業組織來說，它本身既是某些貨品或服務的生產者或提供者，而且也是其他貨品或服務的消費者。就組織購買者而言，企業組織可分為產業購買者（industrial buyers）和服務購買者（service buyers）。

(一)產業購買者

產業或工業購買者是最大的組織購買者，是指企業組織為了產製自身的產品，而對他人或其他機構的產品加以購買。它所購買的貨品包括：農業、林業、漁業、牧業、礦業、製造業、建築業、公用事業等產品。這些產品的購買者又可分為三大類：

1.原始設備的製造者：此類購買者是將所購得的工業品，裝配或組合在其所製造的產品內，然後將其產品銷售到消費市場或組織市場上。例如，汽車製造廠即為汽車零件供應商的原始設備製造者即是。

2.最終產品的使用者：此類購買者是將所購買的工業品，用來執行業務或生產作業的；而不是將購得的工業品，用來裝配或組合在自己的產品內。例如，汽車製造廠是工具機製造廠的最終產品使用者即屬之。

3.產品的中間使用者：此類購買者是購買原物料、零組件等工業品，以作為生產的投入，然後再生產其他產品。例如，罐頭食品工廠是農、漁、牧產品的中間使用者即是。

(二)服務購買者

服務購買者是指企業組織本身需要他人或其他機構提供服務，而加以購買而言。此種購買又可分為轉售者和服務提供者兩類。

1.轉售者：此類購買者是將所購入的產品再行銷售或租賃，用以獲致利潤的購買者，如批發商或零售商即屬之。這類購買者以創造時間、地點和所有權效用，以扮演採購代理人的角色，為顧客提供服務者。

2.服務提供者：服務提供者並不是轉售產品，而是直接提供顧客所需要的各項服務，如金融業、旅遊服務業等均屬之。在服務過程中，服務提供者須購買某些設備和工具，如旅遊業為顧客購買機票、園遊券等是。

二、政府機關

政府機關也是典型的組織購買者，這些機關包括：中央及地方各級機關，都是產品和服務的重要購買者。政府機關所購買的產品多用來服務民眾，它之所以購買或租賃貨品和服務，乃在遂行政府的各項職能。

三、非營利組織

非營利組織包括：宗教團體、學校、醫院、政黨、公益團體等，此等組織為維繫其運作，常須購買大量的產品和服務。該等組織之所以購買，並非為了營利，而是為了提供服務。

第二節　組織市場的特性

組織正如個人消費者一樣，有其本身的特性。所謂組織市場（organizational market），是由購買產品與服務，用來從事生產其他產品與服務，以提供銷售、轉售、租賃，或供應給其他個人或機構的所有組織而言。此種市場是相當龐大的。組織市場的購買金額與產品的項目和數量，遠超過個別消費者市場。本節將依前述組織類別分述如下。

一、企業市場的特性

企業市場和消費者市場有很多明顯的差異，其特性如下：

(一)購買人數較少

企業市場的購買者比一般消費者市場為少。例如，輪胎公司在企業市場上可能只有幾家汽車製造公司的買主，而在個人消費者市場上就有無數的購買者。

(二)購買規模較大

在企業市場上的購買者固然比一般消費者市場少，但在購買數量和規模上則較大。例如，汽車製造公司購買輪胎的數量，會比個別消費者為多即是。

(三)地理位置集中

企業市場上的購買者較集中在一定的區域，而個別消費者市場上的購買者則分散在各個地區。

(四)提供獨特服務

由於企業市場的顧客對企業營利往往具有決定性的影響，以致企業機構必須提供獨特性的服務；而一般消費者市場較為分散，且個別性的影響較少，故較少有獨特性服務的需求。

(五)需求彈性較小

由於企業市場本身生產產品較為固定，以致其需求彈性較小；而個別消費者的需求差異性較大，以致其需求彈性也較大。

(六)需求波動較大

企業產品或服務的需求波動比消費品的波動為大，且較為快速。當消費者的需求小幅增加時，企業產品的需求就會大幅增加。

(七)購買決策複雜

企業購買決策的參與人數比消費者購買決策為多，且更專業化。通常企業購買多由專業人員負責，且需經過一定程序辦理，以致參與購買決策的人數較多，甚而可組織採購決策小組。

(八)講求購買技術

由於企業購買較為專業化，且涉及較大的購買金額，故較講求購買技巧，且須考慮經濟因素與財務狀況，而負責採購的人員必須具備專業知識。

(九)購買過程正式化

所有的企業購買都有一定的採購程序，要求詳細的產品規格、書面的請購單、嚴謹地徵求供應商和正式的批准，這些程序常詳載於採購手冊和政策上。

(十)買賣關係密切

在企業市場中，由於購買人數較少，購買規模較大，且地理區域集中，能提供獨特或專人服務，以致買賣雙方的關係要比一般消費者市場還密切。

(十一)進行直接購買

企業購買者大多向生產者直接採購，較少透過中間商去購買，尤其是以購買比較昂貴、技術性複雜或需要更多售後服務的工業品為然。

(十二)採行互惠購買

企業市場的購買者常彼此互為購買產品，亦即購買者可能是另一方的供應者，而供應者又可能是另一方的購買者，此種互惠購買可增進彼此之間的良好與合作關係。

二、政府採購的特性

政府採購貨品基本上是用來服務民眾的，其與企業組織大量採購用來重新生產者不同。且政府採購都有一定的法規和程序，尤其是有關大宗貨品的採購須透過招標的程序。當然，政府採購的一些特色仍與企業組織的採購相同，如購買者少、規模大、區位集中、需求彈性小、購買決策複雜等；然而政府採購仍有其基本特性，如下：

(一)須合乎法規

政府採購無論中央或地方都受到較多法規的限制與監督，其採購程序與作業都要按照各種法規，如政府採購法和預算法的規定辦理；且受到立法機關、大眾媒體、專家學者和社會大眾的監督，所需作業比企業採購為多，決策緩慢，產品規格更為詳盡。

(二)須經過審議

政府採購的項目和金額常須列明在預算書中經過立法機關的審議，供應商可從預算書中看出政府採購支出的項目、數額和大致的內容。

(三)採公開招標

在一般情況下，政府採購會訂定貨品的規格和數量、品質等，以採取公開招標的方式選取出標價格最低的廠商。但在特殊情況下，如品質保證、特殊技術要求、時間的急迫性、國防上的需要等考量，有時也可能採取議價的方式辦理。

(四)傾向國內採購

政府機構為照顧本國廠商，常傾向於國內採購，除非本國廠商缺乏相當技術或未能及時供應或無法供應者為例外。

三、非營利組織的特性

非營利組織的購買者有些須購買大宗的產品和服務，有些則否，其乃視組織規模的大小而定。有些非營利組織的購買程序和企業組織或政府採購程序一樣，有些則否，這須依組織的性質而異。例如，醫院、學校等須購買大量的器材設備，而一些宗教團體、利益團體則只須採購一些文具用品，以致其間的採購特性各有差異。

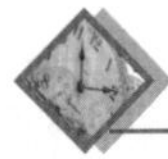

第三節　影響組織購買行為的因素

組織購買者在做購買決策時，可能受到許多因素的影響。有許多行銷者認為最重要的影響力量是經濟因素，即購買者偏好價格低廉、品質良好，或服務佳的供應商；惟事實上，組織購買者除了會考慮經濟因素之外，他們也可能會重視人際與社交關係，避免採購風險等。對大多數的組織購買者來說，他們可能同時兼具理性與情感，對經濟因素與非經濟因素都會有所反應。如果各供應商所提供的條件大致相同，採購人員就可能考慮人情因素，因為不論他選擇哪家供應商都能符合組織目標；相反地，如果不同供應商所提供產品的差異性很大，採購人員就會更加注意經濟因素。**表7-1**即在說明影響組織購買行為的四大因素，包括：環境因素、組織因素、人際因素和個人因素。

表7-1　影響組織購買行為的主要因素

環境因素	組織因素	人際因素	個人因素
經濟情勢 科技發展 政治情勢 法律環境 競爭情勢 文化習俗	目標 政策 作業程序 組織結構 制度	權威 地位 權力關係 群體關係 認同 互動	年齡 所得 教育水準 工作職位 性格 冒險態度

一、環境因素

組織所處環境深深地影響組織的購買，這些因素包括：經濟情勢、科技發展、政治情勢、法律環境、競爭情勢的變化，以及文化習俗等的變動。這些情況的變動帶給組織新的購買機會和挑戰。就經濟情勢來說，未來基本需求水準、經濟展望、資金成本等都會影響組織購買的意願。當經濟環境不確定性提高時，組織購買者將不再做新的投資，並降低庫存，在此種情況下很難再刺激行銷。

此外，組織購買也受到科技變動的影響。例如，高科技的發展將引發購買者購買更精密的儀器與設備，用以提高生產效率。再就政治情勢而言，穩定與清明的政治情勢會激發更多的購買或投資，而不穩定的政局則降低購買或投資的意願。另外，法律規定的變動、競爭的環境以及文化與風俗習慣，常影響組織的購買。因此，企業行銷人員必須隨時注意這些環境力量的變動，對組織購買決策的影響，才能將挑戰化為有利的機會。

二、組織因素

每個採購組織都有其本身的目標、政策、作業程序、組織結構和制度，這些因素對組織的購買決策常會有很大的影響力。因此，企業行銷人員應儘可能去瞭解各個採購組織的特色。企業行銷人員應注意的是，組織購買的政策為何？對負責購買者有何規定或限制？授權程度何在？購買者的管理層級何在？有多少人參與購買決策？他們是哪些人？互動的情況為何？選擇或評估供應商的標準為何？

此外，企業行銷人員要瞭解與評估的，尚包括：採購部門的層級、集中或分散採購、長期契約的要求、網路或人工採購等。目前影響組織採購的組織因素，最重要的是許多組織都採取及時生產制度（Just-In-Time Production, JIT），以致要求在較短時間和較少勞力下生產更多樣化高品質的產品，故而有較嚴格的品管要求、供應商繁複而可靠的送貨、電腦化的採購系統、要求單一供應來源，並將生產時程告知供應商，故供應商須隨時提供貨源，以便做好最佳的行銷工作。

三、人際因素

人際互動與群體關係有時也會影響組織購買，尤其是購買者或購買決策者的地位、權威、受認同的程度，往往決定組織的購買與否。然而，企業行銷人員並無法瞭解購買過程中所牽涉到的人際因素與群體動態關係。有時權力關係是看不見的，採購中心最高職位的參與者不見得擁有最大的影響力。這其中涉及是否擁有獎懲權力、私人情感、專業知識技術、裙帶關係等錯綜複雜的因素。因此，企業行銷人員必須盡力觀察購買的決策過程，瞭解其中的人際因素，並設計有效的因應策略，以爭取最佳的行銷機會。

四、個人因素

個人因素是指購買中心成員的個人特質，如動機、知覺、過去經驗、偏好、性格、態度等。這些特質也受到個人年齡、所得水準、教育程度、專業領域、工作職位等的影響。舉凡上述各項個人因素都可能影響組織的購買決策。當然，每個參與組織決策的個人由於其影響力不同，以致在決策過程中擁有不同的作用。同時，不同的採購人員常因不同的個人特徵，致有不同的採購形態。例如，有些採購人員基於事業，而屬於技術型採購；有些採購人員基於採購習慣，而喜歡殺價；有些教育水準較高的採購人員，喜歡進行分析再行採購；有些採購人員較擅長談判，喜歡獲得最佳的交易型採購。

總之，影響組織購買行為的因素甚多，其有來自於組織因素者，有源自於環境因素者，有基於人際影響者，更有因於個人因素者。企業行銷人員欲做好行銷工作，就必須深入探討各項因素的交互作用與相互影響，如此才能爭取最佳的行銷機會，接受各種挑戰。

第四節　組織的購買過程

組織購買是由許多個人所作成的決策，這些決策即為這些人員交互作用的結果。惟組織購買決策是一連串的過程相互連結的。這些過程包括：問題確認、需求說明、決定產品規格、尋求供應商、徵求報價、選擇供應商、正式訂購以及評估使用結果等，如**圖7-1**所示，茲分述如下：

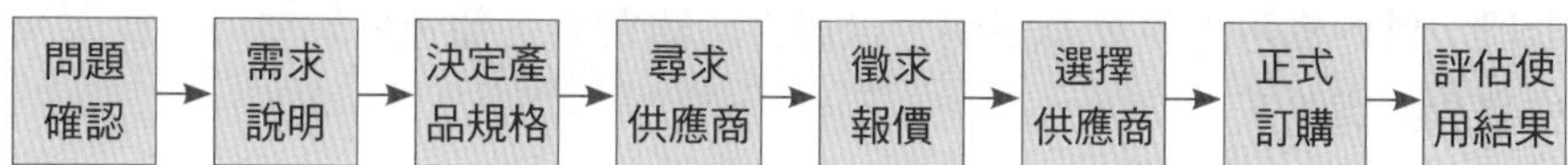

圖7-1　組織的購買過程

一、問題確認

組織購買決策的首要步驟，就是確認組織有購買的需要。當組織內部人員發現購買某種產品或服務，可解決某項問題或滿足某種需求時，就是購買過程的開始。問題的確認（problem recognition）可能來自組織外部的刺激，也可能源自於組織內部的刺激。就內部刺激而言，最可能引發購買問題確認的事項，如組織決定開發一種新產品，就必須採購生產該項產品的新設備與原料；機器故障，就須換新或購買新的零件；對過去採購的物品不滿意，就另覓新的供應商；採購主管隨時在找尋品質更好、價格更低廉的產品來源與機會等均屬之。

就外部刺激來說，引發購買問題確認的事項，如採購人員可能在商展上獲得某些新觀念與構想；或看到廣告、接到行銷人員告知可提供更佳的產品或更低廉的價格等，都會產生問題確認的想法。因此，企業行銷人員不能只是守株待兔、坐等電話，而必須主動出擊，幫助採購人員確認問題，只要有新產品推出，就要舉辦行銷活動，主動拜訪客戶。

二、需求說明

當組織確認有購買的需求時，緊接著就要準備一般需求說明書（general need description），以決定所需產品的一般特性與數量。對標準化的產品而言，這不是大問題。但就複雜化的產品來說，採購人員必須與公司內部其他人員，如工程師、使用者、顧問等共同評估產品的價格、品質、耐久性、可靠性及其他屬性的重要性，以界定產品的一般特性。在此階段，供應商可提供更多協助，以提供給購買者各種考量的準則，從而決定組織的需求。

三、決定產品規格

組織購買者在準備好一般需求說明書之後，接著要決定產品規格（product specification），此項工作通常由產品價值分析工作小組負責。產品價值分析（value analysis）是一種降低成本的分析方法，其乃在透過產品成分的審慎研究，以決定產品的各個組件是否能重新設計、予以標準化，或使用便宜的方式來生產。工程小組將決定適當的產品特性及其規格。嚴謹的產品規格，可幫助採購人員不致買到不合乎標準的產品，而供應商亦可使用產品價值分析來爭取客戶。甚至於新供應商可藉此向買方分析更佳的生產方式，使買方由直接重購變成新購的狀況，終而得到銷售的機會。

四、尋求供應商

組織購買者為尋求供應商（supplier search），可查閱工商名錄、電腦資料，或徵詢其他公司的意見、注意商業廣告、出席商展等。在尋找供應商的過程中，購買者可臚列一張清單，剔除一些無法足量供應、交貨與信譽不佳的供應商，然後保留一些適宜的供應商，對於初審合格的供應商，購買者可能要檢視他們的生產設施，會晤相關人員。至於供應商方面，也應把自己列名在工商名錄上，發展有力的廣告及推廣方案，參與各項商展，並在市場上建立良好的信譽。

五、徵求報價

在徵求報價（proposal solicitation）階段，組織購買者必須找定幾家供應商，要求他們提出報價表。有些供應商可能只寄送目錄，有些可能派代表前來訪問。至於產品較複雜或昂貴時，購買者可能會要求提供詳細的書面報價，由此剔除一些供應商，並保留幾家供應商，要求作簡報，以便進一步評估。因此，企業行銷人員必須精於研究、撰寫及陳述報價，其報價書必須為行銷文件，而非只是技術性文件。口頭簡報應能讓購買者深具信心，使其知道公司具有優於其他競爭者的能力與資源。

六、選擇供應商

在徵求報價過後，接著就是選擇合宜的供應商。在此步驟中，採購中心成員就必須審核報價表，並分析供應商所提供產品的品質、送貨時間與其他服務，逐一列出各項表格，詳列出各供應商的特性及其相對重要性，用來評比各入選的供應商，以找出最具吸引力的供應商。

事實上，選擇最合宜的供應商宜考量下列條件，如產品價格、品質及服務、產品生命週期、準時送貨、信用程度、道德規範、修護及服務能力、技術性支援、地理遠近等。採購中心人員宜針對上述各項加以評等，以選出最適當的供應商。同時，在做最後決定前，宜挑選幾家較合適的供應商，就各項條件加以比較後，再選出最合適的一家；但仍宜保留

一、二家，供作一旦有了問題，可資後補，而避免斷貨之虞。

七、正式訂購

組織購買者在決定供應商後，就必須發出訂購單（order-routine specification）給供應商，說明所需產品的規格、數量、預期交貨時間、退貨條件、產品保證等事項。對於維護、修理和營運項目（Maintenance, Repair and Operating Items, MRO），採購單位寧可採用「統購契約」（blanket contracts）而不用「定期採購訂單」（periodic purchase orders），以避免不斷重新訂購。統購契約是一種組織購買者和供應商之間的長期關係，使得供應商可在一較特定期間內依協議價格和條件長期供應購買者所需貨品。此種契約可減少許多重新談判過程，允許購買者填寫較多訂單；同時可增加購買者向單一供應商購買產品的可能性，且採購項目可增多；除非購買者對供應商所提供的價格或服務不太滿意，否則可穩定供應商和購買者的關係。

八、評估使用結果

組織購買過程的最後階段，是評估使用結果。在此階段，採購單位會評估供應商所提供產品的使用結果。採購單位會與最終使用單位聯繫，並請其做評估。此種評估結果將決定公司是否繼續維持或停止與現有供應商之間的關係。因此，供應商也應注意購買者評估結果的各項變數，以確認購買者是否得到預期的滿足。

總之，組織購買過程大致可分為上述八大階段，惟這是運用於全新採購的情況，至於在直接重購和修正重購的過程中，可能濃縮或刪減某些步驟。不過，此種購買模式也可能因為每個組織的不同，而有其獨特的購買情境與需求。且採購中心的各個參與人都可能牽涉到不同的購買階段，有些階段可能按部就班地進行，有些則不斷地重複。近來由於科技的

精進，愈來愈多的組織購買者已採取電子式的途徑，來購買各式各樣的產品與服務，因此採購的程式化可能形成一種趨勢，其中最大的益處乃為使購買者得以輕易地接觸到新供應商、降低採購成本及加速訂單的處理與交貨時間。在供應商方面也可使行銷人員與顧客在線上聯結，以分享行銷資訊，提供對顧客的服務，並維持其關係。

第五節　組織購買的類型與角色

誠如前述，組織購買者的特性不同於個人消費者，然而組織購買具有哪些形態？其由哪些人扮演購買角色？誰是購買者？誰是購買過程的參與者？這些都是本節所擬討論的課題。依此，今將之分為兩部分來討論：一為組織購買類型，另一為組織購買角色。

一、組織購買的類型

一般而言，組織的購買情境可區分為三種類型，包括：直接重購（straight rebuy）、修正重購（modified rebuy）和全新採購（new task）。

(一)直接重購

直接重購的購買決策係屬於例行性的。所謂直接重購，是指購買者依過去的購買基礎不再做任何修正，而再行採購以前所購買過的產品而言。例如，購買辦公室的文具用品等，通常都依例行方式辦理。當然，此種重購常與使用單位的滿意度有關。原有的供應商為了保住生意，會努力去維持產品與服務的品質，以提供自動重購系統，而節省採購者的時間。至於非原有的供應商為求立足之地，也會想盡辦法提供新穎的產品，或探討購買者對現有供應商不滿的地方，以爭取供銷的機會。此種廠商會設法先取得小訂單，然後再求擴大其占有率。

(二)修正重購

修正重購的購買決策，乃為採購者須對產品的規格、品質、價格、交貨要求和其他交易條件加以修改而言。參與修正重購決策者較多，原有的供應商會更為謹慎，以盡全力去保住客戶；非原有的供應商則視此為爭取生意的絕佳機會，將提供他們認為較佳的商品或服務。

(三)全新採購

全新採購為購買者第一次購買某項商品或服務的情境。在全新採購的情況下，由於其不確定性較高，且買賣金額與風險性較大，參與購買決策的人數愈多，所需的資訊也愈多，決策完成的時間愈長。因此，全新採購情境是行銷人員的最大機會，也是最大的挑戰。行銷人員應儘可能多去接觸那些具有影響購買決策的人，並提供有用的資訊，且加以協助。由於全新採購情境會牽涉到複雜的銷售問題，故宜組成行銷任務小組來處理之。

購買者在直接重購的情境下並沒有做太多的決定，全新採購情境則剛好相反。在全新採購情境下，購買者必須決定產品的規格、供應商、價格範圍、付款條件、購置數量、運送時間、交貨期限以及服務條件等。這些決策的次序常依各種不同情境和不同的參與者而有所不同。此外，許多購買者寧可將採購問題做一次整體性的解決，而不願化整為零地做多次購買，此稱為系統採購（system buying）。它係源自於政府機關對武器通訊系統的採購作業。在此種方式下，政府毋須購買大量零組件來組合，只要和簽約者打交道，由後者負責將整個系統加以組合即可。

二、組織購買的角色

一般而言，組織購買過程絕非少數人所可完全負責，故常組成採購決策單位，即為採購中心（buying center）。它是指參與購買決策過程，

並分享共同目標及分擔決策風險的所有個人和群體。採購中心包括所有在組織的購買過程中扮演下列七種角色的所有組織成員：

(一)發起者

發起者（initiators）是指要求採購某項東西的人，可能是使用人或希望得到便利性與其他相關的人員。

(二)使用者

使用者（users）係指將要使用產品或服務的人。在很多情況下，使用者常是率先提議購買的人，其在產品規格上常具有決定性的影響。

(三)影響者

影響者（influencers）係指影響購買決策的人。他們通常在產品規格及各種不同購買方案上提供許多資訊，組織內的技術人員就是重要的影響者之一。

(四)決策者

決策者（deciders）是指具有正式或非正式權力，以決定產品需求和供應商的人。在例行採購作業中，採購者常是決策者，或至少是同意者。但在大多數情況下，決策者多為負責人或主管。

(五)核准者

核准者（approvers）係指核准決策者或購買者所提建議行動的人。他們多為部門主管或為最高負責人。

(六)採購者

採購者（buyers）係指擁有正式職權去選擇供應商及安排購買條件的人。採購者可能協助修訂產品規格，但他們的主要角色乃在選擇供應商及進行各項協商。在較為龐大而複雜的採購案件中，購買者還可能包括參與協商的高階主管。

(七)把關者

把關者（gatekeepers）係指負責控制採購資訊流程的人。例如，採購代表、接待員、技術員、秘書及電話總機人員等，都可能控制行銷人員和使用者或決策者的接觸即是。

總之，整個採購過程可能包括：發起者、使用者、影響者、決策者、核准者、採購者和把關者，這些人員都可能影響組織購買的決策及其過程。因此，廠商除了須提供合理的價格、品質及信用程度之外，尚須建立與這些人員的密切關係，以爭取更多的行銷機會。

市場區隔

行銷人員在進行市場機會分析之時，除了應對消費者市場和組織市場有所瞭解之外，亦須從事於市場區隔。因為行銷人員很難盡其全力於整個市場上的行銷。又消費者固然會表現許多相同的行為特性，但也會顯現出若干差異性。此時，行銷人員必須針對一些相似性和差異性，分別規劃出不同的行銷策略。本章主要係針對市場的差異性，而討論市場區隔的概念；首先將說明市場區隔的意義及其基礎，然後分析有效區隔的準則與利益，據以研析市場區隔的行銷策略。

第一節　市場區隔的意義

市場區隔與市場總合（market aggregation）是一種相對的概念。市場總合乃為過去銷售者無視於消費者的差異，而將所有消費者當作單一市場，以致採取大量行銷的策略。然而，隨著社會的變遷與經濟的發展，消費者的教育程度和所得不斷提高，購買動機與消費行為日益分歧，市場總合策略已無法順應時代的要求。因此，行銷人員必須正視消費者的差異，採取市場區隔的策略。

所謂市場區隔，是指行銷者將廣大的消費大眾區分為幾個不同的消費群體，而此種消費群體內部較具同質性，群體之間則具有相當的差異性。一般而言，市場是由許許多多的消費者所構成，這些消費者的需求、慾望、年齡、性別、購買能力、生活形態、購買動機、購買行為等都不盡相同，甚而具有很大的差異性。行銷者在選擇目標市場時，必須將市場加以區隔，才能做好較佳的行銷工作。因此，市場區隔化就是行銷人員根據這些變數，把一個高度異質性的大市場，區隔成若干比較同質性的較小市場之過程。

依此，市場區隔亦可分割為更小的區隔，此稱之為次區隔（sub-segment）。此種次區隔依其程度，又可分為利基市場區隔（niche market segment）、地區市場區隔（local market segment）、個人市場區隔

（individual market segment）。一般而言，區隔市場是指區隔後市場內的較大群體，而利基市場是指基於利基而分割成的次區隔市場。區隔市場較大，會有較多的競爭者；而利基市場較小，可能只有一位或少數的競爭者。由於利基市場是基於單一利基的需要而區隔的，以致消費者須付出較高的購價。例如，高級車訂定較高的價格，乃為顧客認為可獲得較高品質的服務以及凸顯自我的地位，此即為行銷者帶來極大的利基。

再者，地區市場區隔乃是針對地區性消費群體的需求與慾望，而設計出不同的行銷策略與活動。例如，有些公司常依據鄰近地區的人口統計特性，提供不同的行銷組合即是。此種市場區隔雖然降低了行銷規模，以致增加製造和行銷成本，但可有效地滿足不同地區消費者的需求。

最後，個人市場區隔乃為針對個別消費者的需求與偏好，而發展出來的行銷策略與方案，此為最小的市場區隔。此種區隔主要是個別性的，亦即為個人量身訂做的，它是屬於顧客化行銷（customized marketing）和一對一行銷（one-to-one marketing）。今日由於科技的發展，市場上乃逐漸重視個性化的商品，如個人電腦、資料庫等產品，已逐步走向個人區隔的趨勢。然而，為了提高獲利，行銷者可發展出大量顧客化（mass customization），一方面可滿足個別消費者，另一方面則可大量提供個別設計的產品。如此，不但可增進個別消費者的價值期望與滿足感，而且可降低成本、提高獲利。

總之，當前市場趨勢已由過去的市場總合走向今日的市場區隔，此乃因社會已走向多元化的境地之故。因此，市場區隔與多元化是相生相成的概念。為滿足消費者的各種差異性，市場區隔乃成為一項具有吸引力、可行性，以及潛在獲利性的行銷策略。惟為了市場區隔策略的有效性，吾人必須重視市場區隔的基礎與要件，這些將在下節賡續討論之。

第二節　市場區隔的基礎

市場區隔既為今日市場行銷的趨勢，則行銷人員應採取市場區隔的行銷策略。至於，行銷人員究應如何區隔其市場，此則有賴於選擇最適當的市場區隔基礎。一般而言，可供作市場區隔基礎的變數甚多，如地理變數、人口統計變數、心理變數、社會文化變數、使用行為變數、使用情境變數、混合變數等，如**表8-1**所示。本節將逐一分述如下：

表8-1　市場區隔的主要變數

區隔變數	相關因素
地理變數	
地區	太平洋地區、大西洋地區、中東地區、中美洲地區、北美地區、非洲地區
區域	東部、西部、北部、南部、中部
城市大小	大都會區、城市、鄉鎮
人口密度	都市、近郊、遠郊、鄉村、山地
氣候	炎熱、溫暖、寒冷、潮溼、乾燥
人口統計變數	
年齡	嬰幼兒、兒童、少年、青少年、青年、成年、中年、老年
性別	男性、女性
婚姻	單身、離婚、單親家庭、雙薪家庭
所得	無所得、低所得、中所得、高所得、超高所得
教育程度	不識字、國小程度、國中、高中、大專、大學畢業、研究所
職業	專業與技術人員、管理者、官員、銷售人員、操作人員、農人、學生、軍人、教師、家庭主婦、其他
心理變數	
動機	生理需求、安全、保障、情感、實現自我價值
知覺	高度敏銳性、中度敏銳性、低度敏銳性
學習	深入、淺出
人格	外向、內向、積極、保守、樂觀、追求新奇
態度	正面態度、負面態度

（續）表8-1　市場區隔的主要變數

區隔變數	相關因素
社會文化變數	
社會階級	低、中、高、藍領階級、白領階級、下下、下中、下上、上下、上中、上上
生活形態	懶散享樂、熱衷工作、踏實、尋求權威、懷疑論者、憂鬱症患者、名士型、時尚型
文化或種族	中國、中東、日本、埃及、墨西哥、美洲……
次文化	種族次文化、年齡次文化、生態次文化
宗教	佛教、基督教、天主教、回教、猶太教……
家庭生命週期	新婚、滿巢期、空巢期
使用行為變數	
使用情況	從未用過、以前用過、初次使用、固定使用、有使用潛力
使用率	很少使用、有時使用、經常使用
購買準備程度	不知、已知、相當清楚、有興趣、熱衷、有購買意圖
對產品態度	狂熱、喜歡、無所謂、不喜歡、輕視
對行銷敏感性	品質、價格、服務、廣告、推廣
忠實性	無、尚可、強烈、絕對
追尋利益	品質、服務、便利性、經濟性、持久性、價值性
使用情境變數	
時間	平時場合、特殊場合、休閒時、工作時、匆忙時、白天、夜晚
目的	自用、送禮、娛樂、成就、炫耀
地點	住家附近、工作地點、大賣場、商店、攤販
人員	本人、家人、朋友、同事、老闆

一、地理變數

地理變數可作為市場區隔的基礎者，至少包括：地理區域、地區、城市大小、人口密度、氣候等因素。此乃為在理論上，住在同一地區或區域的人較可能有相似的需求，這些需求有別於其他地區或區域的人們。例如，某些食物在某些地區賣得比其他地區為好，即屬之。再者，消費者的購物形態，在城市、近郊和鄉村顯然不同。又在人口密集地區比人口疏散地區容易促銷。至於氣候炎熱、溫暖、寒冷或乾燥、潮溼等，都會影響消費行為。因此，行銷人員可依地理變數的各項因素，做不同的市場區隔。

二、人口統計變數

人口統計變數可作為市場區隔的基礎者，包括：年齡、性別、婚姻、家庭人數、所得、教育程度、職業等，這些最常被用來作為市場區隔的基礎。人口統計通常都與人口有關的統計資料，此種資料最容易取得，而且是最具成本效益的方式。人口統計資料包含人口普查資料，可用人口統計形態來表示，甚至於在心理統計和社會文化研究，也必須包含人口統計資料，以輔助對其研究結果的解釋。因此，人口統計變數實是市場區隔的最重要基礎，可協助行銷人員方便地找出目標市場。茲就其各項因素，細述如下：

(一)年齡

年齡是市場區隔很重要的基礎之一，此乃因年齡在人口統計上甚為方便之故。在消費行為上，消費者對商品的需求和興趣常隨著年齡而變化，此即可用作統計和市場區隔的依據。例如，年輕人、中年人和老年人對運動和休閒器材的需求顯然不同，行銷人員必須以此作為市場區隔的標準。再如有些公司提供四種「人生階段」的維他命，分為兒童配方、少年配方、男人配方和女人配方等，即為市場區隔的實例。不過，年齡有時也是個令人捉摸不定的變數。例如，福特（Ford）汽車公司曾推出一種價格不高的跑車，本以年輕人為對象市場，意外地卻也為各種年齡層消費者所購買。因此，市場區隔除了應注意生理年齡之外，尚要注意心理年齡。

(二)性別

以性別來做市場區隔，是早已存在的。此乃為男女在購買動機和行為上往往有很大的差異。例如，服飾、整髮、化妝品和雜誌等，都是以性

別來區隔市場的。其後，有許多別的產品和服務業，也都以性別作為區隔的基礎。近年來，香菸、汽車業者都已分別實施性別市場區隔，藉以配合男女的喜好。惟隨著時代的變遷與社會習俗和風氣的改變，有些產品和服務也走向中性化（sex-neutralize）或兩性化（androgynous）。不過，即使是中性化或兩性化，但也常保有男女兩性的個別特色。例如，有些男性常隨著習尚配帶耳環，但仍以男性象徵的圖騰為主，此與女性象徵的圖樣大為不同。

(三)婚姻、家庭人數

婚姻狀態有時也可作為市場區隔的基礎。不同的婚姻狀況，如單身、離婚、單親家庭，和雙薪家庭、小家庭、大家庭等，對消費者的心理與行動都有很大的差異。例如，單身者可能購買簡單，但品質較高的產品；雙薪家庭因收入豐富，也可能購買較精緻或高級的產品；相反地，人口眾多的傳統家庭較傾向於一般性產品的購買。當然，這仍得依其他條件而定。然而，行銷人員確可據以作為行銷組合的依據。

(四)所得、職業、教育程度

個人或家庭所得水準的高低，也可作為市場區隔的依據和基礎。此乃為所得與購買力有關，且其常和其他人口統計變數結合，而更明確地界定出目標市場。例如，將高所得群體與年齡、職業等結合，可界定出年長富裕（elderly affluent）區隔群和雅痞（Yuppie）區隔群等是。一般而言，教育、職業和所得間常存在著因果關係；亦即高職位者多伴隨著高收入，也具備較高的教育水準。至於，教育程度較低者，較少能勝任高階的職務，其收入也較低。當然，這其中也有不同情況者。

三、心理變數

心理特徵是指個別消費者的內在特質，其可用來進行市場區隔者，常以動機、知覺、學習、人格和態度等作為基礎。就動機而言，具有不同動機的消費者，其消費意願與行為自有不同。例如，有些人滿足於基本的生存動機與需求，而另一些人則可能專注於較高層次的自我統整需求或成就需求，以致表現不同的消費形態。因此，行銷人員可據以作為市場區隔的基礎。

此外，個人對產品與服務價格、品質知覺的不同，也會影響其惠顧動機或購買與否。消費者個人過去使用產品或享受服務的經驗，也將影響其品牌忠實性。又消費者來自於自我經驗或他人傳遞所形成的態度，也將形成不同的消費習性，凡此都可作為市場區隔的依據。最後，就人格特性而言，「獨立、衝動、男性化、應變能力強、自信」等，和「保守、節儉、重視名望、柔弱、平庸」等個性就可以加以區隔。甚至於行銷人員可以產品人格和品牌人格，來凸顯某些消費者的自我概念，以求和其他消費者有所區隔。

四、社會文化變數

社會文化變數（social cultural variables）是指在社會學和文化人類學中所研究的一些主題所構成的變數，這些變數包括：社會階層、生活形態、文化與次文化、家庭生命週期等，都可用來作為市場區隔的基礎。茲分述如下：

(一)社會階層

社會階層有時是許多人口統計變數的加權指標，蓋社會階層常與教育程度、所得和職業等息息相關，這些都可用來做市場區隔的基礎。不同社會階層的消費者，在價值觀、產品偏好、消費形態、消費習慣和購買行為上都有差異。例如，不同的社會階級對汽車、衣著、家庭裝飾、休閒活動、閱讀習慣以及零售的偏好等，顯然有不同的喜好與消費習慣。因此，行銷人員可針對不同階層的消費者，設計出更能吸引個別群體的產品

及服務，以達成促銷的目的。

(二)生活形態

消費者對產品的興趣，常受生活形態的影響。所謂生活形態區隔，就是按照生活形態的不同，而將消費者區分為許多不同形態的消費區隔群體。例如，藥品購買者的生活形態，可分為踏實者、尋求權威者、懷疑論者、憂鬱症患者等四種。對一家藥商來說，產品行銷最能收效的，應以憂鬱症患者為最顯著；而對於懷疑論者，行銷效能最低。又如對服飾業者而言，不同的市場區隔消費群，可分為平實型、名士派、時尚型等，其中又以時尚型最能追求時髦，隨著流行風而運轉。

(三)文化與次文化

文化可作為區隔本土或國際市場的基礎，因為同一文化內的成員分享共同的價值觀、信仰和習俗。因此，行銷人員利用文化為市場區隔時，可強調消費者所認同的文化特殊性，以及共享的文化價值性。此外，在較大的文化體系中，常存有一些獨特的次文化群體；這些次文化群體同樣具有本身的獨特經驗、價值和信仰，這些都可作為市場區隔的基礎。次文化群體的形成，可能與人口統計特性，如種族、年齡、宗教等有關；也可能和生活形態特徵，如運動、休閒、旅遊等各項活動有關。因此，不同的文化區隔群體，都會有不同需求的產品，以致有了不同訴求的促銷重點。

(四)家庭生命週期

在社會文化區隔的領域中，家庭生命週期也可作為市場區隔的基礎。此乃因家庭會歷經一些發展的歷程，包括：形成、成長與解組等階段。在每個階段中，家庭會需要不同的產品和服務。例如，新婚夫妻常需要布置新房和添購各項家具、家電用品和器具等，及至中老年可能更換為較雅緻的家具和用品。不過，家庭生命週期是個複合性的變數，其中可能包含著婚姻狀態、人口數、相對年齡、收入、就業狀態、單親或雙親家庭等因素。因此，傳統家庭生命週期的各個階段，對行銷人員來講，都各自代表著不同的目標區隔。

五、使用行為變數

消費者對產品、服務或品牌的使用特性，如使用狀況、使用率、購買準備程度、對產品的態度、行銷敏感性、忠實性和追尋利益的程度等，都可作為市場區隔的基礎。就使用情況和使用率來說，行銷人員可將重點放在初次使用、固定使用、經常使用和有使用潛力者身上，則其行銷成功的可能性較大。當然，對於從未使用過、以前用過和較少使用者，行銷人員亦可尋找機會以開發市場。

此外，購買準備程度是指消費者對產品的熟悉度、知曉程度、興趣、熱衷程度，以及是否準備好要購買該產品，或是否需要提供產品的相關資訊等而言。行銷人員可透過廣告宣傳或提供產品資訊的方式，以增進消費者對產品的認識與興趣，且讓其習慣於使用該產品，以養成對該產品的正面態度，則消費者對該產品會產生忠實性。

再者，品牌忠實性也可單獨作為市場區隔的基礎之一。所謂品牌忠實性，是指消費者對某項產品品牌一旦加以購買而形成印象時，即不易改變其對該品牌的消費習慣與態度而言。消費者一旦對某項產品產生了購買忠實性，對廠商而言無異是一項利多。因此，行銷人員必須嘗試各種發覺消費者忠實性的特徵，以進行直接的促銷活動。不過，行銷人員仍可鎖定尚未形成品牌忠實性的消費者，採用創新的方式，如給予優惠、提高服務品質、吸收為會員等，用來吸引消費者，以開發一些具有消費潛力的消費群。

最後，利益區隔也可用來作為市場區隔的基礎。行銷人員利用產品或服務的利益，有時亦能吸引消費者。此種利益區隔包括：產品的品質、便利性、經濟性、持久性和價值性等，都會影響到消費者所重視的產

品利益。例如，微波爐對雙薪家庭來說，正可提供便利性。又如食品業者或便利商店提供餐盒，也會讓繁忙的消費者感受到經濟和方便。

六、使用情境變數

消費者使用情境可作為市場區隔的基礎者，包括：使用時間、目的、地點和對象等。行銷人員在區隔消費者的購買時間上，可考慮平時或週末、白天或夜晚；在消費目的上，可考慮自用、送禮、娛樂或炫耀等；消費地點是在住家、工作地點、商店、大賣場或其他場所；消費對象是自己、家人、朋友、同事、上司或下屬等。凡此都可作為市場區隔的參考。不過，有許多產品都以特殊使用情境為訴求，如父親節、母親節、情人節、新年、畢業的賀卡、花卉、糖果、鑽戒、金銀飾物、手錶等，真可謂錯綜複雜，不一而足，但都可提供作為市場區隔的基礎。

總之，市場區隔的基礎甚多，有些變數可單獨提供作為區隔的標準，有些則必須混合多重變數以作為市場區隔的基礎。但在大多數情況下，行銷人員必須結合多種區隔變數來區隔市場，畢竟多數區隔變數都具有互補性，若能搭配加以使用，更能確保其成效。然而，市場區隔的基礎亦非漫無標準，否則將失去其行銷效益。下節將繼續研析有效市場區隔的準則。

第三節　市場區隔的準則

行銷工作之所以要做市場區隔，乃為總合的市場實在太大，將無以滿足所有消費者或消費群體的需求，且無法使行銷者獲致最大的經濟效益。因此，市場區隔在行銷管理上是必要的。然而，市場區隔除了要建立在某些基礎上之外，尚有一些有效的準則必須加以遵守，否則必是無效的。易言之，行銷人員除了必須選擇一個或多個區隔作為目標市場之外，尚須注意有效地選定目標市場，而有效的目標區隔市場必須具備一些條件，這些條件乃為：

一、異質性

所謂異質性（heterogeneity），是指市場區隔所採用的區隔變數所具有的差異程度而言。凡是市場區隔變數的差異程度愈大，則作為市場區隔的有效性就愈高；反之，其有效性就愈低。如果區隔變數不能使行銷者掌握區隔後各個市場之間的異質性，則很難訂定區隔市場的目標行銷，也就是無法設計不同行銷策略，用以應對不同的區隔市場。因此，行銷者若要區隔市場，就必須選擇具有異質性的區隔變數，才能反映出區隔市場的真實情況。例如在旅遊市場中，行銷人員若要做市場區隔，可針對不同的所得、職業或社會地位的人員，設定不同的旅遊景點，因為此種不同旅遊的收費是不相同的。

二、可衡量性

所謂可衡量性（measurability），是指市場區隔的大小及其購買力可測度或衡量的程度。凡是所區隔市場的大小與購買力愈明確，則作為市場區隔的有效性就愈高；否則，就愈難以做區隔。例如，十多歲的青少年抽菸，主要是表示對長輩的一種反抗，此種市場區隔變數就很難加以測度。又人口統計變數如年齡、性別、職業、婚姻、教育程度、所得水準，和地理變數如區域、人口密度、職業等，以及社會文化變數如宗教、種族等固較容易區隔；但其他變數如追尋利益、生活形態、心理變數等，則較難測定。因此，行銷人員要對難以測度的變數特性加以區隔時，就必須對這些變數詳加探討。

三、足量性

所謂足量性（substantiality），是指市場區隔的容量夠大，或獲利性夠高，值得去開發的程度。凡是所區隔的市場夠大、獲利力夠高，則作為市場區隔的有效性就愈高；反之，則愈低。易言之，一個市場區隔必須有足夠的購買人數，以便能設計出良好的行銷方案，否則就是不經濟。蓋市場區隔化，本是一種頗為耗費成本的行銷。例如，一家汽車公司只為身高低於四呎的人特別設計車子，是一件很不划算的事。因此，足量性的市場區隔，不僅可使行銷人員發展出專屬性的產品和促銷方法，以獲取最大利潤；而且可為足夠的消費群提供消費方便性，以滿足其需求與興趣。

四、穩定性

所謂穩定性（fixability），是指所區隔的市場購買人數具有穩定或成長的特性，不致有太大的變動或流失的程度而言。一般而言，行銷人員宜多將目標市場鎖定在人口統計變數、心理需求變數等某些較穩定的區隔群，此乃因這些區隔群較具有穩定和成長性。然而，行銷人員亦應避開難以預測其發展性的區隔。例如，青少年族群的人口數雖多，且容易確認，又具有強大的購買力，和容易接觸等特性；但青少年具有盲從的特性，很容易隨著時尚趨勢而改變其消費行為，以致一旦熱潮減退，其消費行為亦隨即發生變化。因此，有效的市場區隔必須注意區隔市場的穩定性，至少也應掌握住流行的前端。

五、可接觸性

所謂可接觸性（accessibility），是指行銷人員能有效接觸和服務到所區隔的市場之程度而言。凡是區隔市場愈可使行銷人員接觸和服務到消費者，就愈能有效做市場區隔；反之，則愈為無效。當然，可接觸性的目標市場必須使行銷人員能以較經濟的方式，去接觸消費者。行銷人員若無法去接觸或直接服務消費者，則空有市場區隔亦無法發揮行銷的效果。例如，香水製造公司知道過夜生活的單身女郎，是其產品的經常使用者，而這些女郎又沒有一定的購物地點，也沒有特別注意某些媒體，此時將很難接觸到這些消費者。此時，行銷人員應不只在尋找有效益的媒體而已，他們也必須設法去接近消費者。由於現代電子業的發展，行銷人員可透過網際網路，定期發送電子郵件的訊息，以提供一些電腦使用者特別感到興趣的資訊。同時，如果各項條件與經濟情況允許的話，直接行銷是最能顯示可接觸性程度的方式。

六、可行動性

所謂可行動性（actionability），是指可以有效地擬定和執行行銷方案，以吸引並服務市場區隔的程度而言。就行銷方案來說，凡是愈為具體可行的，就愈具效果；否則，其效果必低。例如，一家小型航空公司在找出若干市場區隔之後，因人手不足，而無法將每個區隔市場實施特別的行銷方案，則此種市場區隔必屬枉然。因此，市場區隔的要件，必須為具體可行的，才能發揮它的效果。

總之，市場區隔必須是有效的，才有劃分的價值；否則空有市場區隔，其成本耗費必大。再者，市場區隔得太細或太粗略，都將失去意義。當然，市場區隔必須考量各項變數，才能為消費群體帶來便利性，並能有利於貨品的促銷。因此，廠商必須注意市場區隔的有效條件，從而善加運用。

第四節　市場區隔的利益

傳統市場都採用大量行銷的方式，而不具備市場區隔的概念，以致對每個消費者都提供相同的產品和服務，然而此舉很難普遍滿足消費者的需求。今日行銷概念既以消費者的需求與滿足為前提和要件，以致有了市場區隔的行銷策略與方案。蓋市場區隔不僅為消費者提供一些利益，也為生產者和行銷者帶來某些效益。本節將就行銷者與消費者兩方面，分析市場區隔的效益。

一、行銷者

市場區隔現已為製造商、零售商，以及非營利事業機構採用為一種市場行銷策略，其主要利益為：

(一)發掘消費群體

對生產者或行銷者而言，市場區隔的最大利益就是發掘消費群體。生產者或行銷者可透過市場區隔的研究，瞭解整個目標市場中存在著多少目標群體，以及各個群體的特性、需求、消費習慣與動機等，然後依據這些特質，找出最佳的行銷方案，並訂定最佳的行銷策略。因此，市場區隔有助於行銷者發掘與瞭解消費群體，乃是無可否認的事實。

(二)刺激商品研發

市場區隔有助於行銷者用來研發新產品及提供更佳的服務。行銷者於瞭解市場區隔的趨勢之後，可針對市場區隔的需求開發其利基，而此種利基則須仰賴發展新產品或提供高品質的服務。當消費者知覺到新產品的便利性，或體認到周全的服務，將提高其購買意願，終而形成產品忠實性。當然，生產者或行銷者亦可藉此機會而建構新的區隔市場。由此可知，市場區隔將有助於研發新產品和服務。

(三)開發市場利基

由於對市場區隔的研究，行銷者或生產者將可開發市場的新利基。

生產者或行銷者透過市場區隔，可將產品重新設計和重新定位，用以改善產品的品質，庶能吸引消費者，滿足其需求與慾望。凡此都有助於市場利基的開發。

(四)順應公司規模

市場區隔有時亦可依公司規模而加以規劃，蓋過大或過細的市場區隔若超出或抑制公司的能力負荷，則此種區隔將無以發揮其經濟效益。因此，生產者或行銷者在作市場區隔時，必須考量公司的行銷能力、企業經營能力，以及公司可用人力的多寡。由此可知，公司規模的大小與作市場區隔的能力，是息息相關的。是故，市場區隔亦有助於公司調整其規模。

(五)確認廣告媒體

市場區隔有助於行銷者找尋和確認最合宜的廣告媒體，如此方不致浪費公司的廣告成本，而造成不當的損失。今日由於工商業的發展，各種媒體尤其是電子媒體可謂五花八門，種類繁多，令人目不暇給。行銷人員若能依市場區隔的標準，在眾多的廣告媒體間尋找最適當的媒介，當能發揮最佳的效益，且能依此而將產品訊息傳遞給最適合的消費群體。

(六)便於行銷組合

一般而言，最佳的行銷組合應包括：良好品質的產品、合理的價格、順暢的通路和最佳的行銷場所。然而，這種行銷組合需透過市場區隔的研究，才能做得更好。因此，市場區隔實有助於行銷者作最佳的行銷組合。是故，企業行銷人員必須透過市場區隔，去探討和瞭解最佳的行銷組合。

(七)增進營運利潤

市場區隔的最大目的，就是在開創公司的最佳利潤。當公司懂得運用市場區隔，去發掘消費群體，依此而研發新產品和服務，以開發市場利基時，公司才能獲致最大的營運利潤。因此，為了增進公司營運的利

潤，行銷人員必須正視市場區隔的研究，並善加運用。

總之，市場區隔對行銷者而言，可說具有甚多利益。它可協助行銷者對目標市場的瞭解，用以研發新產品和提供高水準的服務，以開發市場利基。同時，生產或行銷公司可視自己公司規模的大小，從事於最適合公司本身的區隔市場之行銷。此外，行銷者可依公司本身或產品的特質，找尋較適宜的媒體廣告，避免成本無謂的浪費；且在行銷價格和行銷通路上，作最佳的組合。最後，由於合宜的市場區隔，將會為公司帶來最佳的營運利潤。

二、消費者

市場區隔不僅為行銷者帶來甚多的利益，而且也為消費者提供若干益處。由於今日是「消費者導向」（consumer-oriented）的時代，吾人不能不正視之。至於，市場區隔為消費者所帶來的益處，至少有如下諸端：

(一)快速確認產品

市場區隔對消費者最大的益處，就是能快速地提供消費者確知產品的存在。一般而言，很多消費者都有一定的消費習慣，此正是市場區隔的基礎之一。消費者在已經區隔的市場中購物，將很快地獲知新產品的訊息，且從中購買到所需要的產品。因此，迅速確認產品，乃是市場區隔為消費者帶來的直接利益。

(二)提供使用便利

市場區隔對消費者來說，不僅可提供迅速購物的方便，且可提供使用的便利性。此乃為消費者在區隔的市場中較易取得他所需要的貨品之故。因此，提供使用便利性，乃為市場區隔為消費者所帶來的利益之一。行銷人員可依據消費者的屬性，在區隔的市場中供應消費者所想購買的物品。

(三)迎合消費態度

不同的消費者有不同的消費習慣與購物的態度，市場區隔的功能之一乃在迎合此種不同的消費習性與態度。是故，市場區隔可迎合不同消費者的消費態度，乃是不可否認的事實。市場區隔既在依據各種基礎而做區隔，則其產品的重新設計與定位即在迎合消費者的消費態度。唯有如此，才能達成有效的行銷目標。

(四)滿足不同需求

市場區隔既為區隔消費群所作的行銷手法，則不同的區隔市場可滿足不同消費者的需求。消費者可從不同的區隔市場找到他所需要的物品，從中得到消費的滿足感。因此，滿足不同消費者的需求，是市場區隔為消費者所帶來的利益之一。

總之，市場區隔不僅有利於行銷者，且能方便於消費者。它至少可協助消費者快速地確認產品，提供消費者消費的便利性，且能讓消費者有充分選擇產品的餘地，滿足消費者的不同需求。因此，行銷研究實有做市場區隔的必要。下節將分析因應不同市場區隔所運用的不同行銷策略。

第五節　市場區隔的行銷策略

誠如前述，今日社會已由過去的「一元化」走向「多元化」的途徑，而行銷觀念也由「生產者導向」走向「消費者導向」的趨勢。在行銷策略上，由「市場總合」策略導入「市場區隔」策略。在市場區隔化之後，行銷者必須考量本身和競爭者之間的各項條件，用以決定所要採取的目標市場策略，並選擇所要爭取和服務的特定目標市場。就市場區隔而言，行銷者可依區隔本身的程度採取不同的行銷策略，這些策略包括：

一、無差異行銷

所謂無差異行銷（undifferential marketing），就是行銷者將整個市場視為單一同質性的目標市場，提供同樣的產品或服務，忽視不同市場區隔的差異性之行銷方案。此種行銷策略事實上就是「市場總合」的策略。它強調消費者都具有共同性的需要，並無差異性的存在，是屬於未作市場區隔的行銷策略和方案。此時，行銷人員只設計一套行銷方案，依據大量的配銷通路和廣告，期能吸引最大數量的消費者，故又稱為大量化行銷（mass marketing）。

無差異行銷的最大好處，乃在顧及成本的經濟性。就節省成本的立場言，無差異行銷只從事單一產品和服務的行銷，故能降低生產、存貨和運輸等成本；且推出單一的廣告方案，故可降低廣告成本；又不必做市場區隔的行銷研究與規劃，故可降低研究和管理成本。由於成本的降低，可將之轉化為較低的價格，此有助於產品的大量促銷，且可專注於單一產品推廣和通路的安排。

然而，由於不同消費者的需求往往有很大的差異，以致無差異行銷只能滿足一定消費者的需要。此種行銷策略會引發同一目標市場上同樣行銷者的強烈競爭，而喪失了市場區隔行銷的利基。因此，在無區隔市場內的強烈競爭之後，行銷者必須尋求區隔市場的行銷策略，才能開拓其市場，取得競爭的優勢。

二、差異化行銷

所謂差異化行銷（differential marketing）或稱為區隔化行銷（segment marketing），是指行銷者將整個目標市場劃分為數個區隔市場或異質性市場（heterogeneous market），針對不同的消費群體提供不同的產品或服務之行銷策略。此種行銷策略就是一種市場區隔的策略，亦即將整個具有異質性的消費者分隔成為數個較具同質性的不同消費群體而言。此時，行銷者會分別在各個不同的區隔市場中，開發和提供不同的產品和服務，依此而設計不同的行銷方案。此種行銷方案使得每個區隔市場都有它的行銷組合，此有利於自我目標市場的發展。

由於在差異化行銷策略下，具有多樣的產品和服務，可透過多種行銷管道，故可創造出比無差異行銷策略更高的銷售額。然而，此種行銷策略在銷售成本上，如產品修改成本、生產成本、配銷成本、存貨成本、推廣成本、管理成本和區隔成本等，卻相對地提高。

三、集中化行銷

所謂集中化行銷（concentrated marketing），是指在做過市場區隔後，將整個行銷策略集中在某個區隔市場上之謂。亦即行銷者只選定單一特定的區隔市場，並只採取一種行銷組合的行銷策略。一般而言，差異化行銷特別適合財務健全的大規模公司，而集中化行銷則較適宜資源較少的小型公司。唯有如此，才能分別取得競爭的優勢。

集中化行銷策略可使行銷者在區隔市場中取得強力的市場定位，對集中化的區隔市場有更清楚的認識與瞭解，更可依此而建立起自我的聲譽；且由於生產、配銷和推廣的專業化，行銷者可享有營運上的許多便利性與經濟性；只要目標市場選擇適當，就可獲得較高的投資報酬率。同時，集中化行銷只專注特定市場，可滿足市場成員的需要和動機，從而可發展行銷利基。

然而，單一市場往往負擔著較高的風險。行銷者所選定的目標市場可能突然發生變化，或由於新的競爭對手突然加入而瓜分原有的市場，致使獲利大幅衰退。因此，大多數的行銷者寧願採取差異化行銷，同時在數個區隔市場中經營，以分散風險。

四、利基化行銷

所謂利基化行銷（niche marketing），就是行銷者因資源和財力的限制，專門針對某個能創造利基的區隔市場採取營運的行銷策略而言。利基市場是個比區隔市場更小的市場。區隔市場通常具有相當的規模，而利基市場只是區隔市場中的小區隔市場。例如，牙膏市場可分為清潔、抗病和清潔兼抗病等三個區隔市場，而對抗牙齦炎、牙周病和其他牙床疾病的牙膏就可能成為利基市場。

一般而言，利基化行銷是以專業化（specialization）為其重要基礎，此種行銷策略又可分為產品專業化（product specialization）和市場專業化（market specialization）兩種形態：

(一)產品專業化行銷

所謂產品專業化行銷，是指行銷者只專注於某項特定的產品與服務，並供應給若干不同的利基市場而言。例如，抗病性牙膏只專注於醫院、診所和有牙病患者等不同區隔市場。此種行銷策略可在專業的產品和服務領域內建立起良好的聲譽；惟一旦競爭者推出更好的產品或服務等措施，則很容易面臨市場萎縮的風險。

(二)市場專業化行銷

所謂市場專業化行銷，是指行銷者只選擇某個利基市場作為目標市場，並供應不同的產品和服務以滿足目標市場的各種需要而言。例如，保全公司只專注於某地區學校的各種保全服務，如門禁、校園、各教室與實驗室等的安全與物品維護等是。此種行銷策略可以為目標市場提供專業服務而建立其形象與聲譽，但如目標市場預算降低時將有營收下降的風險。

五、個人化行銷

所謂個人化行銷（individual marketing），就是行銷者針對個人設計一套獨特組合的行銷策略而言。此種行銷策略在過去常被認為是不可行的，然而由於今日科技的發展，行銷者常可透過電腦資料庫，掌握單一顧客的需求、偏好、特質、購買習性以及其他購買資料，從而設定「一對一」（one-to-one），並作「量身訂製」的行銷活動。此種行銷又稱為資料庫行銷（database marketing）或一對一行銷（one-to-one marketing），或客製化行銷（customizing marketing）。

個人化行銷策略的優點，就是能貼近單一顧客，提供獨特需求的產品，並能為顧客提供周詳而完整的行銷服務。然而，此種行銷策略的缺點，就是公司必須提供大量的行銷人力，且其成本耗費費龐大，必須在花費和收益之間的報酬率上做詳細的評估。

綜合言之，由於公司本身的經營理念、產品種類與性質、各種行銷環境和消費者各種因素等的差異，行銷者所採取的行銷策略也有很大的不同。惟一旦公司必須重新思考對市場的區隔程度時，就必須重新區隔，改採修正的產品或促銷活動，從而取得最佳的行銷利基。

Part 3

行銷組合

行銷組合是指包括：所要行銷的產品及其價格、通路和推廣等內涵，這些是行銷管理的重心所在。產品乃是行銷之所以為行銷的標的，價格為決定銷售是否能成功的要素，通路為行銷的路徑，而推廣則為吸引消費者注意和購買的手段和方法。因此，產品、價格、通路和推廣乃構成行銷的4P。就產品本身而言，產品有其發展的過程和生命週期，以致行銷者和生產者必須隨時注意產品的創新，並將之推展給消費者；同時，亦應瞭解自我產品的類型，用以和其他產品有所區分，並決定自我產品的特性、品牌、產品線、產品組合與行銷的服務。其次，就產品價格而言，生產或行銷人員應訂立合宜的價格，一方面符合成本，另一方面也能合乎消費者的期望與價值。至於行銷通路和推廣手法，也都是行銷人員所要努力開拓和作最適當安排的。凡此都是本篇所要討論的主題。

Chapter 9

產品創新與擴散

第一節　產品與新產品

第二節　新產品的發展過程

第三節　產品生命週期

第四節　產品的創新

第五節　新產品的擴散

產品係行銷人員據以和消費者交易的標的物。在行銷過程中，若無產品則無行銷之存在。因此，行銷者須時常保有產品，一方面對原有產品做重新改造或設計，另一方面則宜隨時開創新產品。本章首先將闡述產品和新產品的概念，其次研討產品的發展過程和生命週期，進而探討如何開創和擴散新產品。至於產品的類型及其服務決策，將於下章繼續討論之。

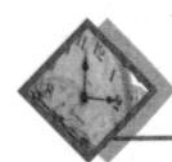

第一節　產品與新產品

產品是消費者所使用的最終標的物。一項產品是否為消費者所購買，乃取決於產品是否為消費者所需要，價格是否合理或夠便宜，品質是否適當或夠良好等。當一項產品為消費者所需要、品質良好或合宜、價格合理或便宜時，則該項產品為消費者所購買的可能性就較高；相反地，若品質不良、價格高昂或不合理，即使消費者有所需求，其購買的可能性也會降低。當然，有時價格高昂，但消費者極其需要，購買的可能性仍高。這得視各種情況而定。

然而，何謂產品？所謂產品，是指凡能夠提供給市場進行交換，而用以滿足某種慾望或需求的所有有價值的東西。因此，產品具有兩項要件：一為要有價值，二為要能在市場上進行交換。此種概念相當廣泛。一顆蘋果、一種食物、一件衣服、一本書、一部汽車、一張保單，甚至於一項概念、一種創意、一套思想或原理等，都各是一種產品。

此外，產品不只限於實體物質，而且也包括任何的理念與服務。一頂帽子、一部電腦、一塊麵包、一棟建築等，固然各是一項產品；一種設計、一齣表演、一場展覽、一項服務和一種理念等，也都各是產品。易言之，產品乃包括：實體物質與非實體物質。至於新產品，則為新近出產的任何東西，這些東西是以前所沒有出現過的。

就實質而論，任何產品都含有五項層次概念，每一個層次都代表它能提供的顧客價值，這些層次就構成了所謂的「顧客價值層級」（customer value hierarchy）。茲分述如下：

一、核心產品

核心產品（core product）乃代表顧客購物的真正用意和利益，也就是消費者購買產品所真正想要的效用，這是產品的最基本層次，也是產品的核心價值（core value）或核心利益（core benefit）。例如，消費者購買一本書的真正效益就是獲得知識，而不是這本書具有何種功能和特色。因此，行銷人員在行銷時要能挖掘消費者的真正需求，且能銷售真正滿足消費者所需求的產品，提供給消費者真正的利益與效用。

二、基本產品

基本產品（basic product）就是產品能散發出真正效益的基本屬性，這是產品的第二個層次。一般而言，產品之所以採用該產品名稱，就是因為它具有構成該產品的基本特性，否則就不稱其為該產品了。例如，洗衣機之所以稱為洗衣機，就是因為它具有洗衣的屬性；電話之所以能稱為電話，就是因為它有傳話的特性。這些都是產品散發了真正效益的基本屬性。因此，行銷和產品規劃人員就必須能把核心產品轉變為基本產品，以及將產品銷售給消費者，才能發揮該產品的真正效益。

三、期望產品

所謂期望產品（expected product），就是消費者在購買產品時預期該產品能散發出超越基本屬性之外的另一組屬性與情況。這是產品的第三個層次。例如，消費者在購買衣服時預期該衣服除了可保暖之外，尚能凸顯其地位，就是一種預期產品。又如消費者在採購某項食品時，除了能滿足基本飢餓的功能之外，尚能享受美味、追求健康，後兩者即為預期產品屬性。因此，一項產品要想達成促銷的目的，除了須發揮其基本產品屬性，尚須能表現預期產品的特性。

四、附贈產品

產品的第四個層次就是附贈產品。所謂附贈產品（augmented product），就是產品能對顧客或消費者產生附加的服務和利益而言。這是超出消費者期望的產品層次。例如，消費者到大飯店或百貨公司消費時，可享受到免費停車的服務，就是一種附贈產品的利益。因此，行銷人員在推銷產品時，必須有整體的行銷系統規劃，才能使消費者在消費產品時，享受到更多的附贈產品利益，以促進消費者的消費意願。

五、潛在產品

產品的第五個層次就是潛在產品利益。所謂潛在產品（potential product）利益，就是產品在未來有可能產生期望和附贈的利益而言。由於產品具有潛在的利益，才能更吸引消費者，以滿足消費者未來不斷產生的新需求。因此，行銷人員和生產人員必須不斷地尋找可用來滿足顧客需求的新方法，以便能產生潛在產品利益，並凸顯自我產品的特色，隨時引發消費者的注意力與購買興趣。

總之，產品不僅限於實體物質，也包含無形的理念與服務，且每項產品都包含著許多層次的概念和利益與效用，一項不具實效或實用的產品，很難構成真正的產品。它至少都必須能實現其基本利益，且有顯現基本利益的各項屬性。當一項產品能發揮其基本效益，而又能使消費者產生期望與附贈效益以及潛在利益時，則該項產品必為消費者所歡迎的產品了。

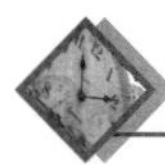

第二節　新產品的發展過程

新產品一旦開發完成，都需經過一段時期的發展過程，才能行銷於市場，且為消費者所接受。在新產品已開發完成之後，行銷人員實扮演了極為重要的角色，他們必須與研發部門通力合作，才能真正瞭解產品的特色與屬性，並通曉其他競爭產品的特性，從而做比較，使消費者充分瞭解自我產品的特色。因此，新產品發展過程乃是行銷人員所必須重視的。所謂新產品的發展過程，是指一項新產品在正式進入市場前所經歷的過程，此種過程至少包括：創意產生、創意篩選、產品概念發展、行銷方案研擬、商業分析、產品開發、試銷和商品化等步驟，其如**圖9-1**所示。這些都是生產者和行銷者所必須共同研究的課題。茲分述如下：

一、創意產生

任何產品的發明，都是來自於新創意的產生。此種新創意的來源愈廣愈好，但必須以有系統的方式去尋求，其可能來自於內部人員，也可能源於外部人員。內部來源主要包括：研發部門、銷售部門、廣告部門、生產部門、工程部門、高階主管人員和業務人員。外部來源則包括：顧客、中間商、學術研究機構、管理顧問公司、大學、專業期刊、展示場、研討會、競爭者、政府機構、廣告代理商、供應商、創意設計公司等。不管創意的來源為何，一項新產品的創意常是靈感、努力與技術的結晶。就企業組織而言，產品固可能來自於個人，但由群體經過腦力激盪（brainstorming）所得的創意，更有助於產品的發展，且能得到全體人員的支援與認同。

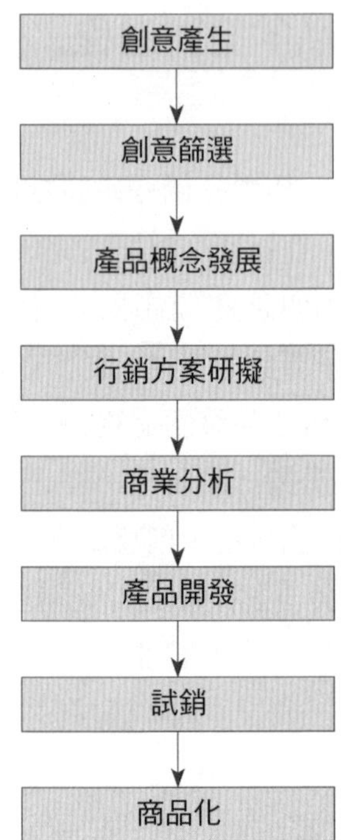

圖9-1　新產品發展過程

二、創意篩選

任何產品都可能出現多種創意，此時就必須經過篩選的過程。誠如前述，創新若經過群體討論，就會更具新意；而多種創意若能透過腦力激盪，當能篩選出最佳的創意。當然，篩選創意亦常經由主管的經驗來判斷；但若透過對調查查核、評估分析、經濟分析或其他較具科學的方法來進行篩選，且考慮潛在市場的大小、競爭環境、技術與生產要求、財務狀況、專利權、著作權、智慧財產權，以及公司現有產銷的配合度等，當能更切合實際，而利於新產品的創新。創意篩選的目的，即在去蕪存菁，淘汰欠佳的創意。

三、產品概念發展

在篩選出新產品的創意之後，接著就是將之化為產品概念。所謂產品概念，就是對新產品的屬性和其所提供的利益，能作整體的描述。產品概念和產品形象（product image）並不相同，產品形象是顧客對實際或潛在產品的感受和看法，而產品概念是實際或潛在產品的整體特性。前者範圍較狹窄，後者範圍較寬廣。在發展產品概念時，須讓消費者能立即而明顯地認出該項產品，才能使消費者對該項產品有立即的印象，並產生吸引力。當然，為了發展產品的概念，可運用文字、圖片和實物向消費者進行展示，並向消費者直接說明該項產品的特性。

四、行銷方案研擬

在發展產品概念的同時，亦應研擬行銷方案。行銷方案乃包括：目標市場的分析、消費群體的確立、產品定位、產品價格、行銷通路、市場占有率、利潤目標、長程銷貨目標，以及行銷組合決策等。在行銷產品時，即使能發展出最佳的實體產品，但若缺乏良好的行銷方案，則新產品的發展也必然失敗。因此，研擬產品的行銷方案乃是發展新產品的重要步驟。此外，產品行銷方案的研擬，必須兼顧組織內外環境的因素，尤其是組織內部各部門的協調必須及早進行，且在後續的各個階段中都必須隨時做修正或調整。

五、商業分析

在擬具產品概念和行銷方案之後，必須進一步評估商業利益，也就是進行商業分析。商業分析乃包括：銷售量的預測、成本的估計以及利潤和損失的預估。行銷人員根據這些預測與評估，即可測出產品的財務吸引力，如認為可達成公司的財務目標，就可列入產品發展項目，否則就無利潤可圖，將不合乎產品發展原則。此外，商業分析必須藉由行銷、生產、財務、會計、研究發展、工程設計等不同部門的專長，通力合作。在做法上，可選擇損益平衡分析、現金流量估計、風險分析等工具和技術，以估算出損益兩平的情況、現金流量狀況、投資損失的風險、投資回收期限，以及樂觀、悲觀和最可能情況等，資供作組織決策之參考。

六、產品開發

如果產品概念能通過商業分析，就可進行產品開發，而將產品概念轉化為實體產品。在轉化過程中，首先須由研究發展部門和工程部門就行銷人員所擬定的產品規格，發展出一種或多種產品概念的實體，即產品原型（prototype）。每種產品原型都應具備目標顧客群體所想要的主要產品屬性。其次，生產部門和設計部門必須設計和製造產品原型，然後加以測試。產品原型的測試可分為功能測試（functional test）和消費者測試（consumer test）。前者係在實驗室或現場進行，以確知產品的性能、安全和效率；後者則由消費者在實驗室進行檢視，或給予消費者產品的樣品，請其試用，然後加以評分，直到獲得滿意結果為止。

七、試銷

當新產品在測試完成而能發揮其屬性與效用後，接著就必須進行試銷。所謂試銷，就是將產品以實際的品牌名稱、包裝和擬具的行銷組合方案，在實際的市場中進行銷售，用以瞭解最終消費者和中間商對產品的反應，並據以估計潛在市場的大小以及預測可能的利潤。不過，並非所有的新產品都要經過試銷。有些產品創新性不高，只是對現有產品稍加改良，就沒有試銷的必要。然而，若新產品的成本很高，而行銷人員對此產品或行銷方案又沒把握時，則試銷可能是很重要的。試銷在實際情況下，有時必須不斷地作產品修正或調整。如此固會增加若干成本，但可降

低產品上市的失敗率。

八、商品化

在產品經過試銷之後，其結果若令人滿意，即可將此項產品正式上市，並擬具各項行銷決策。此為新產品發展的最後階段。此階段必須投入大量資金從事生產，並僱用足夠的生產人力，也須支付相當數額的行銷成本。此外，在新產品生產後，也要考量投入市場上的時機，率先投入市場固可取得先機，贏得領導地位；但也必須付出較高的成本，並負擔風險。因此，商品的行銷必須考慮具吸引力的定點市場，然後再進入其他不同的市場；或可先考量以一個或若干個地區為先鋒市場，然後再進入全國或世界市場。

總之，一種新產品的推出是要經過縝密的歷程的。首先，新產品的產生係出自於一些新的構想和新需求，蓋有了新需求才能產生新的創意。當許多創意出現時，就必須加以篩選，然後產生新產品的概念；接著就必須研擬行銷方案，並做商業分析；緊接著才是設計和發展新產品，以供作供試銷和試用；且在有了滿意的結果時，才正式量產和行銷到目標市場上。一項產品必須正式上市，才算完成了產品發展階段。

第三節　產品生命週期

產品一旦經過開發完成，即進入生命週期。由於產品種類和性質與市場需求的不同，其生命週期也各有差異。此乃為產品在市場上的銷售潛力和所能獲得的利潤不同之故。因此，所謂產品生命週期，是指產品自開發完成到在市場上消失為止，其可經過幾個不同的階段，這些階段都代表著不同的變化，而整個生命歷程大致呈現一條鐘形的曲線，如**圖9-2**

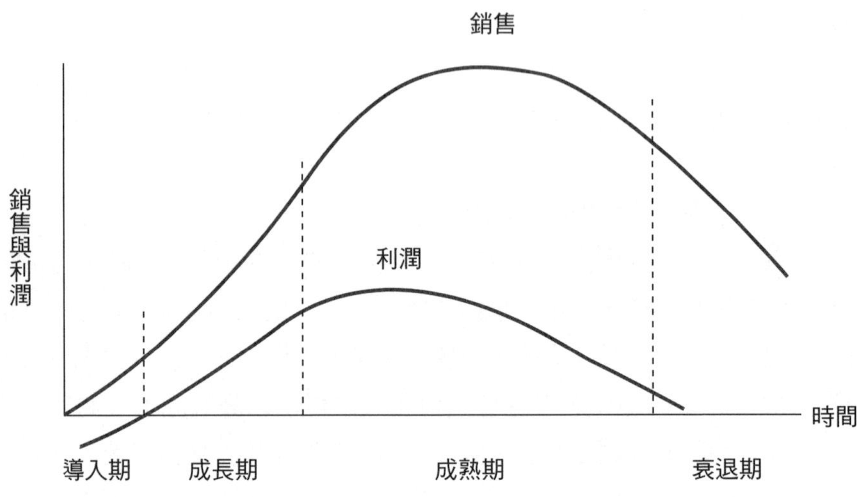

圖9-2　產品生命週期與銷售及利潤的關係

所示。該歷程包括導入期（introduction）、成長期（growth）、成熟期（maturity）和衰退期（decline）。茲分述如下：

一、導入期

當新產品初次上市而供消費者和使用者購買及使用時，就開始進入了導入期。通常產品在進入導入期時，需要一段漫長的時間，且其銷售成長相當緩慢。此乃因產品剛上市時，仍不為人們所知，必須等到消費者逐漸熟悉，才會進入成長階段。又新產品在導入期中，常需要大量的研究發展與行銷費用，以致很難有利潤可言，甚至於會出現虧損的情況。此外，在導入期中的產品之所以緩慢成長的原因，尚包括：消費者很難改變原有的消費習慣、通路商較難立即配合、生產技術尚未純熟、生產量能很難立即擴充、產品價格尚未為消費者所熟悉和接受等。

不過，在導入期中，新產品的競爭對手不多；縱有競爭同業，其產品也多屬於基本的型別；且由於市場尚未成熟，很難容納多樣化的產

品。因此，在導入期中，行銷人員應集中注意力於消費創新者或早期採用者，以及較高所得的消費群。此乃因產品在導入期時，其產量不多、生產較困難，以致其產品價格較高，須做重點式的行銷之故。

此外，新產品在導入期中應使其上市策略和行銷者的產品定位相一致；否則若只求短期利益而忽視長期策略，將造成難以彌補的困擾。因此，在新產品進入導入期，行銷人員須有完善的產品生命週期規劃。再者，新產品在推出時，也需考慮上市時機，亦即考量是否讓新產品作為市場先驅者（market pioneer）或市場領導者（market leader）。市場先驅者或市場領導者的產品，有時固可取得優勢，賺取高額利潤，但也須承擔更高風險。若新產品製造太過粗糙、定位錯誤、上市時機不當、支援的資源不足或仿冒品投入競爭市場等，都可能導致新產品失去優勢，甚至於遭受失敗的命運。因此，新產品在推出時，就必須做好品質，建立良好品牌形象，建構具有吸引力的定位和合理的價格，如此才能在市場上立足，進而得到成長。

二、成長期

若新產品能滿足市場需求，將進入成長期，此時銷售量和銷貨額將快速上升。最早購買人仍將繼續購買，而其他購買者也將跟進購用。新競爭者基於可能的利潤而大量生產，並紛紛投入競爭市場的行列；且引進新的款式和特色，進一步擴展原有的市場。由於新競爭者的加入，使得配銷據點增多，銷售管道也增加，以致銷貨量也大大地增高。

此外，由於市場需求的急遽增加，產品價格或可維持原有水準，或呈現些微的降低。然而，大多數的企業機構仍會致力於促銷，其促銷費用可能維持原狀；也可能因競爭需要或推廣需求，而增加推廣費用。不過，新產品的利潤可能因銷售額大幅上升，以及單位製造成本的降低，而出現大幅的成長。

在成長期內，企業機構可利用許多策略來維持市場的快速成長。例如，改善產品品質、增加新產品的特色與款式、進入新的市場區隔、新闢配銷管道和通路、從事建立產品信心的廣告訴求、降低產品價格，以吸引更多的購買者。惟行銷人員積極地追求擴大市場策略，固可提升其競爭地位，卻也會增加行銷成本。此時，行銷人員將面臨到底要爭取高度市場占有率，或追求眼前利潤為主的兩難問題。倘若將重點放在產品改善、促銷活動或配銷通路等方面，則須付出較高的資金，始能取得優勢的市場地位，但將不能獲致當期的最大利潤，此則只有寄望於維持較長久的市場優勢或尋求在下個階段能有更大的利潤。

三、成熟期

產品在成長到一定時點時，其銷售成長將趨於一定程度而呈現緩慢的現象，產品利潤也在達到最高峰後轉趨下降，則該產品便步入了成熟期。此階段所持續的時間通常較前兩階段為長，且大多數的產品都處於生命週期的成熟期。惟該階段又可分為三個較小的階段：

1.成長成熟期：此階段的銷售成長率開始下降，但有些落後的消費者開始購買新產品，但企業已沒有開闢新的配銷通路。
2.穩定成熟期：此階段因市場已達飽和，以致每人的平均購買量趨於水平，而且大部分的潛在消費者均已試用過產品，故未來的銷售只能取決於人口成長與汰換的變化。
3.衰退成熟期：此階段的銷售量開始下降，消費者已開始改買其他產品和代替品。

由於成熟期的整體銷售成長率日趨緩慢，且整個產業的生產能量出現過剩的現象，以致競爭更形激烈。有些業者一方面削價求售；另一方面增加廣告支出和促銷活動，其結果乃為產品利潤日益微薄，競爭力較弱者逐漸退出市場，只有較具競爭力者能繼續生存。在此種情況下，企業只有將資金投入正在開發中的新產品，著力於變更市場、改良產品和修正行銷

組合上。

在變更市場方面，行銷者可致力於吸引新的使用者、開發新用途、進入新的區隔市場、爭取競爭者的顧客、提高現有顧客的購買量，以及將產品重新定位，以提升現有產品的消費量。在改良產品方面，業者可改進產品品質和特徵或款式、增進產品的特色、擴大產品功能和安全性、增加產品的便利性和耐久性等，用以吸引新的使用者和增加使用量。在修正行銷組合方面，業者則可削減產品價格、增加行銷通路、增列廣告支出、強化促銷活動，以及改進或推出新的服務項目，以求能增進產品的促銷。

四、衰退期

產品生命週期的最後階段，為衰退期。此時產品銷售的速度可能是緩慢的，也可能是快速的。衰退的結果可能是一無所有；也可能降低到一定水準，而持續多年。衰退的原因包括：科技的進展、消費者口味的改變、業者競爭的加劇或替代品出現等，都可能造成生產過剩、削價競爭、銷售下降，以致利潤大受侵蝕。在此種情況下，有些產品的業者會自行退出市場；有些則持續營運，謀求其他方案，以等待重新開闢新市場或重新改善產品設計的機會。

一般而言，產品處於衰退期，將使公司利潤大為降低，故大多數會選擇自市場撤退。此乃因此時產品的成本必高，管理階層隨時要注意價格和存量的調整、廣告和行銷業務，以致常分心而無暇顧及其他產品。其次，衰退中的產品可能損及公司形象，而拖累其他產品的銷售。然而，衰退中的產品也非一無是處，其可能經過改良而起死回生。

在衰退期中的產品，業者可能採取多種措施。首先是檢討公司各項產品的銷貨、市場占有率、成本、利潤等的變動，以寄望其他競爭對手的退出舞台。其次是將產品重新定位，希望其能返老還童，恢復生機。再次為力求降低各項成本，以期望銷貨得以持續一段時間，而爭取收穫。最後則乾脆將該項產品徹底放手，或將品牌及設施等悉數轉讓給其他公司，或索性全部報廢，收回殘值。 總之，所有的產品都要歷經上述四個階段的生命週期，而每個階段都有它的特性與權宜措施，如**表9-1**所示。然而，所有產品的生命階段並不一致，有些產品可能長久地處於成熟階段，有些則否。又有些產品一旦步入衰退期後，即行消失；有些則可能又回頭恢復到成長階段。甚至於有些產品剛進入市場後，立即夭折。因此，行銷人員必須在產品推出前，就做好各項評估工作；且在推出後，須能強力促銷或做好重新定位的工作，如此自可延長產品的生命週期，或避免一上市即行夭折的情況發生。

表9-1　產品生命週期的特性及措施

生命週期 特性及措施	導入期	成長期	成熟期	衰退期
階段特性：				
銷貨	偏低	快速成長	緩慢成長	衰退
利潤	極微	尖峰水準	趨降	偏低或零
現金流量	負值	適度	甚高	偏低
成本	高	中等	低	低
顧客	創新者	大眾市場	大眾市場	後繼人士
競爭對手	甚少	增多	甚多勁敵	漸少
權宜措施：				
策略重點	擴展市場	市場滲透	保護占有率	減少支出
行銷費用	偏高	偏高（稍降）	下降	較低
行銷重點	產品認識	品牌偏好	品牌忠實	選擇行銷
通路	慎選	普遍	普遍	選擇通路
價格	偏高	較低	最低	降價
產品	基本產品	改善產品	多樣化產品	合理化產品
配銷	建立據點	密集式配銷	更密集配銷	淘汰無利可圖的銷售點
促銷	大量促銷鼓勵試用	強化需求	增加促銷	減低促銷
廣告	建立知名度	建立知名度引發購買興趣	強調產品差異和利益	

 第四節　產品的創新

產品既有一定的生命週期，則企業為求生存就必須隨時有創新的觀念，才能持續維持其營運與成長。此種創新活動不只是企業生存所必須，且有效運用創造力常可為組織帶來新的生機。尤其是今日市場上的產品生命週期愈來愈短，若缺乏創新精神，必為社會所淘汰，於是創新愈顯得重要。所謂創新（innovation），就是指產生新奇、開創有用構想的意思。創新也可稱為創造或革新。一項產品若能時時創新，有時可改變它的一部分，有時甚至將之重新設計。本節首先就各個觀點，討論產品創新的各項涵義；其次，再研討產品創新的過程，以提供行銷人員參考。

一、產品創新的意涵

有關產品創新或新產品的概念，並未有一致性的看法。它可包括：新問世的產品、新產品線、現有產品的改良、重新定位的產品、新功能的產品、增加原有產品特性的產品等，這些都帶有新產品的意味，也都具有創新產品的意涵。然而，由於生產者和消費者角度的不同，產品創新的概念多少有些差異。此處擬從公司導向、產品導向、市場導向和消費者導向等方面來進行研討。

(一)公司導向的定義

就公司導向（firm-oriented）的觀點而言，所謂產品創新就是對公司來說，只要產品含有新的意味就可視為創新。這是就生產者和行銷者的角度來看產品創新，也就是說複製或修改的產品，也稱得上為新產品。該定義極適合公司檢驗新產品的概念，但卻不一定適合於消費者是否接受新產品的測定。因為它忽略了市場的觀點，未曾瞭解消費者的接受程度。

(二)產品導向的定義

產品導向（product-oriented）的定義，強調產品本身所具有的特色，以及這些特色對消費者慣用模式的影響。根據產品導向的觀點而言，所謂創新係取決於產品解構以及重塑消費者既有消費行為模式的程度而定，其主要可區分為三種類型：

1.連續型創新（continuous innovation）：此種創新對消費者現有消費行為模式影響最小，通常是指改良品，而且是連續不斷地做小幅度的修正或改良，並非為全新的產品，以致不會重塑消費者既有的購買與使用行為模式。

2.動態連續型創新（dynamically continuous innovation）：此種創新相較於連續型創新，在程度上具有更多的產品解構，但仍不足以改變消費者原有的消費行為模式。此種創新可能包含開發新產品，或者改良現有產品。

3.不連續型創新（discontinuous innovation）：此種創新對消費者原有的消費行為模式影響很大，其常將迫使消費者必須採取新的消費模式，消費全新的產品。因為此產品是消費者先前所未曾使用過的，亦即此種產品是新近發明的。此種創新將刺激許多連續型創新和動態連續型創新，甚至於其他不連續型創新的衍生與發展。

(三)市場導向的定義

市場導向（market-oriented）的創新，乃係依據消費者接觸新產品的情形，用以判定產品創新的程度。此有兩種情況：一為該產品在潛力市場中僅有少數消費者使用，一為該產品僅上市相當短的時間，這些都可視為創新產品。然而，如此常失之主觀。因為吾人甚難判斷新產品在潛力市場中現有的銷售滲透程度，且很難確定新產品到底要上市多久才算是一項創新產品。

(四)消費者導向的定義

根據消費者導向（consumer-oriented）的觀點而言，產品創新胥視消費者的知覺程度而定。亦即消費者對該產品的看法，決定了該產品是否屬於創新性產品；而不是取決於該產品的物理屬性，或市場消費實況。此外，當消費者以一種新奇或例外的方式，賦予既有產品新的使用方式時，亦屬於創新性產品，此即為「使用創新」。例如，有些藥品原為治療某種疾病，但後來發現亦能治癒其他疾病，即為一種使用創新。

總之，產品創新隨著時代的變遷，常使其涵義跟著改變。因此，行銷和生產人員時時要保有創新的觀念，才能使企業產品有更長久的發展。以下將持續研討產品創新的過程。

二、產品創新的過程

產品創新有時是來自於一人或多人的意念，有時則為經過群體腦力激盪的結果。不管產品創意的來源為何，其必經過一些歷程的發展，這些歷程可包括下列階段：（如圖9-3）

(一)預備期

產品創新和其他創新一樣，有時固可能來自於靈感，但卻不是突然

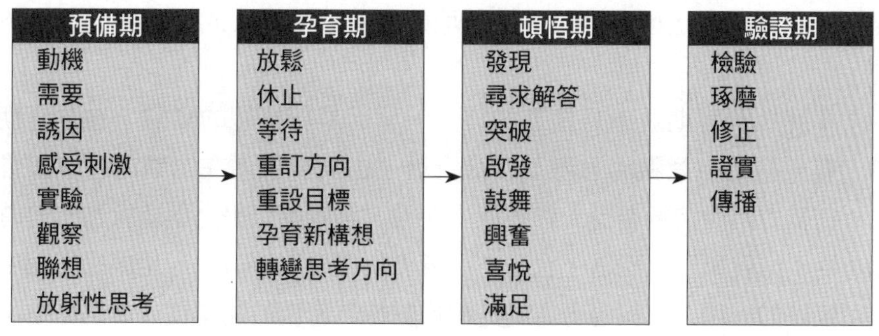

圖9-3　產品創造的過程

發生的。它是要辛苦地經過不斷地淬礪而來的。一個對產品毫無概念的人，是無法激發出任何靈感的，從而很難產生創造行為。因此，創新必須能對一些新資訊加以收受和整理，然後加以組合和聯貫，才會有頓悟的基礎。一般而言，產品資訊的收受可能是被動的，如從觀察和閱讀中獲得；也可能是主動的，即從市場中去發掘。一項創新必須讓見識、感官刺激達於飽和，才有產生的可能。因此，努力去蒐集資訊，正是創新過程的第一步驟。

創新的預備期（preparation）除了需要努力之外，尚須有動機。強烈的動機不僅是創新的動力來源，而且是維繫創造行為持續不斷的因素。創新行為必是創新者為了某種原因，而想去創造某種東西所促成的，此即為創新的誘因。一項產品所產生的需求或動機，即為該項產品創新的起點。因此，對需求的體認，乃是創新的主要誘因。

(二)孕育期

如果說預備期是將各項元素找出來準備做組合的時期，那麼孕育期（incubation）就是屬於組合前一個暫時休止的階段。所謂孕育期，是指在緊密的預備之後，意識上休閒輕鬆的時期。此時，在不斷地閱讀、觀察、研究、試驗、聯想與體驗之後，創造者會把問題暫擱一旁，停止各種可見的努力。此時期到底發生了什麼事，並不得而知，而只有加以等待了。這種等待的原因，可能是精疲力盡，也可能因無法解決問題而遭致挫折所致。經過這種鬆弛正可好好地建立新的準備，或訂定新的努力方向。

準此，孕育期並不是創造的終止，反而是新構想的醞釀。在孕育期中，有一種潛在意識的思考正在進行著。由於此種潛在意識的存在與推力，創造力乃能持續進行。就表面上而言，孕育期似乎是創造行為的暫時休止期；惟就事實上而言，它正在孕育著新構思與新方法，是創造過程中不可或缺的一環。它與思考方向的轉換有極為密切的關聯性，此對創造過程所顯現的產品意義頗為重大。

(三)頓悟期

頓悟期（insight）在創造過程中，乃表示發現到某一種或一些組合，甚至於是全部的一種組合。所謂頓悟，是指第一次瞭解或意識到新穎而有價值的意念或構想之意。預備期和孕育期的目的，就是為了產生頓悟；亦即在尋求解決問題時，經過了頓悟的突破，使得思考進入前所未有的境界。通常，頓悟是創造過程中最充滿興奮的一刻。頓悟常伴隨著自我實現後的滿足、擇善固執的驕傲、緊張的鬆弛、有一種源於成就的飄飄然之感，以及想和別人分享及溝通的喜悅與焦慮感等，這是以前所未曾有過的感覺。

至於產生頓悟的方式，有很多種：它可能是靈光一閃的；也可能經過艱苦不斷地工作或試驗，然後才漸漸覺醒的；也可能完全是意外發現的結果所完成的。頓悟的形式則可能是一個字、許多字、許多符號、圖形、原理、公式、一件事物或一種感受等；且可能在任何時候、任何地方或任何情境特性等狀況下發生。

(四)驗證期

預備期與驗證期（verification）是創造過程中最艱苦的階段。頓悟期所產生的構想，必須依據驗證來修正、琢磨，並檢驗頓悟的精確性與用途，且將之轉換為另一種形式，以便和別人分享。檢驗通常需要和已知的定律做比較，也可能和所訂的標準做比較；可能是實質的驗證，也可能必須經過別人的批判；可能需要經過建構的，也可能是要記一下就可以了。

對許多有才氣的人來說，頓悟之後可能必須馬上驗證，否則創造性的突破會立刻消失。對另外一些人來說，頓悟之後是可以等待的。然而，如果頓悟之後，沒有經過驗證，就沒有創造性可言。驗證正可肯定構想的新穎性與價值，並用來和相關的人溝通。

總之，創新的過程可能要分作數個階段，但各個時期不見得要完全分開，或完全依此種次序發生。如驗證可能產生新的頓悟，驗證也可能須作進一步的預備，孕育可能又收受到新的訊息，而頓悟又產生額外的動機。此外，有些階段可能會同時發生，如孕育可能在驗證時，與驗證同時發生，且產生新穎而較佳的頓悟。頓悟可能發生在預備期或驗證期，使這兩個階段更為有效。雖然如此，吾人仍可對此四個時期分別作討論，以便作更精確的瞭解。

第五節　新產品的擴散

創新性產品並非都能為消費者所接受，有些產品可能在一夕之間就廣為流行，有些則需要一段很長的時間始為消費者所接受，有些則一直難為消費者所廣泛地接受。因此，產品製造者除了要注意開發新產品的一些細節，保持相當的創意之外，尚須能預測消費者對產品的可能反應，以減低行銷時的不確定性，並擬定一套可行的行銷策略，使得產品能擴散而廣為消費者所接受。本節將先行研討影響新產品擴散的產品特性，再探討運用產品擴散的措施與方法。

一、影響擴散的產品特性

所謂產品擴散，就是一項產品一旦開發完成後，能夠在市場上廣為消費大眾所購買和使用之謂。一般而言，一項產品是否能為消費大眾所接受，大部分原因乃取決於該產品本身的特性，這些特性包括：

(一)相對優勢性

相對優勢性（relative advantage），是指潛在消費者認為某項創新性產品優於其他現存替代品的程度。若該項新產品優於其他可替代的產品，則未來被消費者所接受的程度必高；否則被接受的程度必低，甚至

於很快就被淘汰。例如，行動電話很快就取代呼叫器而廣為消費者所接受，就是它具有許多相對優勢，即馬上可通話，並可立即撥號。又如傳真機比快遞具有相對優勢，就是在時效上能立即接受到所要傳遞的訊息。

(二)產品相容性

產品相容性（compatibility），是指潛在消費者認為創新性產品能符合其需求、價值觀和使用習慣的程度而言。當新產品愈能符合未來消費者的需求、價值觀和使用習慣時，則其擴散的可能性愈高。例如，雙面膠帶在某些用途上，比單面捲狀膠帶方便，故能為某些消費者所接受。又如雙面刮鬍刀對某些男士已使用習慣，反而不採用充電式刮鬍刀，或拋棄單刀片刮鬍刀，因後兩者總有刮不乾淨的感覺。再如手機固可製成像鈕釦般的大小，但因消費者不喜歡那種對著空氣講話的感覺，故寧可採用手持式或有對講機式的手機。凡此都是產品相容性影響消費者消費意願的例子。

(三)產品簡易性

產品簡易性（simplification），是指創新性產品是否夠簡易，而能為消費者易於瞭解和使用的程度而言。凡是新產品愈簡易，且能被消費者所瞭解和使用，則該項產品被接受的可能性就愈高；反之，愈複雜則被接受的可能性就愈低。例如，微波爐操作簡易，易為消費者所接受；而錄放影機操作複雜，許多成人都需仰賴青少年始能操作。因此，對高科技產品來說，生產者必須花費相當時間，來增強產品使用的便利性，以克服消費者對技術複雜性的恐懼症。

(四)可嘗試性

可嘗試性（trailability），是指創新性產品能在有限範圍內被試用的程度。凡是愈有機會被試用的新產品，愈能增加消費者評估，甚至於被採用的機會。例如，家庭日用品常可分裝為試用包，而易為消費者所嘗試，以致增加了消費的可能性。至於，電腦程式則不可試用，往往失去行銷的機會。因此，許多電腦軟體公司常提供最新軟體的免費操作模式，鼓勵消費者試用，期其加以購買。由於試用性的日益重要，今日許多超級市場在推出新產品時，常提供免費試用服務，使消費者能獲得直接使用的經驗。

(五)可觀察性

可觀察性（observability），或稱為可溝通性（communicability），是指創新性產品的屬性或優點是否容易為消費者所觀察、想像，或向潛在消費者加以陳述的程度。例如，流行物品由於廣受社會大眾的矚目，故遠比一些私密性的商品更容易擴散。又如有形的商品遠比無形的服務，更容易推廣。這些都是產品可觀察性的影響。當然，在不同文化環境下，可觀察性的創新擴散情況可能會有所差異。例如，在東方文化下，動物內臟常被視為珍品；但在美國文化下，則排斥此種產品。

總之，影響產品擴散的本身特性，常是潛在或大眾消費者接受該產品的決定因素。為了新產品能不斷地擴散，吾人必須力求取得產品的相對優勢、產品能與消費者相容、力求簡易、做到可嘗試和可觀察得到，如此自可提高產品擴散的可能性。至於，其措施和方式則留待持續討論之。

二、產品擴散的措施與方式

創新性產品一旦上市，不見得能立即為消費者所知曉，甚至需經過相當時期的擴散，才能為消費者所接受。此除有賴建立產品本身的各項優良特性之外，尚須能採取適宜的產品擴散措施與方法，茲分述如下：

(一)暢通溝通管道

產品擴散的首要措施和方法，就是在暢通產品行銷的溝通管道。一項產品擴散的速度往往需視行銷人員與消費者之間，或消費者彼此之間溝通的程度而定。易言之，產品擴散愈快乃取決於行銷人員與消費者之間，或消費者彼此之間有良好的行銷溝通管道之故。例如，產品有足夠而豐富的廣告，或足以散播產品訊息的書報雜誌與口語相傳，如此則該項產品愈能為廣大消費者所知悉。是故，生產或行銷人員必須發展行銷溝通管道，用以傳遞創新產品與服務的訊息。

至於，發展行銷溝通管道的方法甚多。首先，行銷人員可建立互動式行銷溝通方式，使消費者變成參與者，而不是被動的接受者。例如，企業可舉辦美容講座，邀請消費者參加，講述美容和健康之道，並傳遞所欲行銷商品的訊息，一方面用以行銷產品，另一方面辦理折扣優惠，以吸引消費者，並達到產品快速擴散的目的。此外，以展示會或展覽會的方式作為溝通管道，亦可加強消費者直接採購與會後諮詢的可能。

(二)善用社會情境

新產品的擴散乃發生於社會環境之中，故而行銷人員必須重視社會環境體系，並善加運用。就消費者行為而言，市場區隔或目標市場正是新產品擴散的社會情境。在此種社會情境之中，行銷人員可用以檢視創新產品的擴散狀況。當然，社會情境可能廣被全國，也可能局限於地區性。然而，最重要的乃是社會情境中能使新產品的消費蔚為風氣。因此，行銷人員必須好好地思考應如何運作，以提高潛在消費者對新產品的接受度。

一般而言，每一個社會情境都有其價值觀或社會規範，此將影響社會成員對新產品的接受或排斥。如果社會情境非常開放、現代化，則對新產品的接受度較高；相反地，當社會情境愈傳統而保守，則較激進或違反既有社會習俗的產品必受排斥。至於，具現代化社會情境的特性如下：

1.對社會變遷常持正面態度。
2.重視教育和科學研究。
3.強調理性和有秩序的社會關係。
4.社會成員的視野開闊，常與外界互動，吸收新觀念。
5.擁有先進技術和純熟技能的勞工。
6.社會成員常扮演不同的角色。

(三)縮短購買時間

新產品快速擴散的另一方法，就是要設法縮短消費者購買新產品的時間。所謂購買時間，是指消費者自知悉某項產品開始，直到他購買該項產品，所經歷的時間而言。當消費者知悉產品及至購買的時間愈短，產品擴散的速度愈快；否則將愈慢。因此，行銷人員必須將之列為產品擴散的重點工作之一。因為行銷人員必須能瞭解個別消費者接受新產品的平均時間，才能預測整個擴散歷程到底需要多久的時間。就單一消費者而言，如果購買時間愈短，即可預期整體擴散的速度應相當快；相反地，如果購買時間愈長，則擴散速度自然較慢。

(四)辨識消費者類別

行銷人員必須清楚消費者類別，才容易進行新產品的擴散規劃。所謂消費者類別，是指利用各個消費者採用新產品時間的先後長短，作為區分不同消費者之依據所進行的劃分。依此而言，消費者可分類為：創新者、早期採用者、早期大眾、晚期大眾和遲滯者，其可描述如**表9-2**。當然，並非所有的產品都能為所有消費者所接受，因此行銷人員必須盡力設法改良產品，辨識不同消費者的特性，以利於促銷工作。

表9-2　消費者類別

消費者類別	特性	占總消費者的百分比
創新者	富冒險性，敢於嘗試新想法，有較開闊的社會關係，喜交流	2.5
早期採用者	尊重他人，能融入群體生活，為他人諮商對象，多為意見領袖，為角色典範	13.5
早期大眾	行事謹慎，比一般人較早接受新想法，很少居領導地位，在接受新產品前會深思熟慮	34.0
晚期大眾	多疑慮，比一般人較晚接受新觀念，接受新產品常基於同儕壓力，不易嘗試新事物	34.0
遲滯者	較崇尚傳統，視野狹小，常回顧往事，對新事物多持懷疑態度，不易接受創新	16.0

(五)規劃採用速度

所謂採用速度，是指一項新產品或服務被社會成員接受所歷經的時間。一般而言，新產品的採用速度愈快，或愈來愈短，此乃受到時尚的影響之故。所謂時尚，正是一種產品的擴散，其與產品的採用速度有關。循環性和週期性的時尚趨勢，使得產品的採用速度加快；而一般性和尋常性的時尚，則可能有較緩慢或較長的循環期，使得產品的採用速度緩慢。

由於今日科技的發展迅速，產品的擴散速度有變快的現象。且今日行銷者在推廣產品時，多希望在極短時間內，就能為市場所接受，期以能滲透到目標市場，且建立市場的領導地位。此時，行銷者多會以較低的價格，企圖和其他行銷者競爭，而加快了產品的採用速度。不過，有些行銷人員反而刻意減緩新產品的採用速度；亦即採取高價格策略，然後逐步降低產品價格，以吸引不同階層的消費者。因此，行銷人員瞭解新產品被市場接受的程度是相當重要的。

(六)探測採用歷程

採用歷程是指個別消費者決定是否要嘗試、繼續使用某項創新產品所經歷的決策階段。一般而言，消費者決定購買或拒買一項新產品時，都會經過五個階段，即知曉、興趣、評估、試用、採用或拒絕。這些階段的前提是，消費者會理性地從事資訊搜尋；惟依據涉入理論的觀點而言，消費者對某些產品資訊的搜尋是有限的。因此，傳統的採用歷程模式雖然簡單明瞭，卻無法完全反映消費者採用歷程的全貌。

就事實而論，消費者在知曉新產品之前，必須存有需求才能引發後續的歷程。此外，消費者可能在每個階段都會對產品進行評估，甚至在試用後拒絕使用該產品。再者，消費者在購買或採用某項產品後所產生的觀感，可能會影響其對該產品的忠實性，也可能會使其停止使用該產品。因此，行銷人員必須深入地探討消費者各個採用歷程，且瞭解新產品或服務對消費者行為的影響。

(七)充分提供資訊

產品擴散的另一途徑，就是要提供消費者充分的資訊。在採用歷程中，消費者所需要的資訊來源可能不同。在初期，早期使用者多半會透過大眾傳播管道，以接收創新產品的資訊，故大眾傳播媒體確可提供作消費者知曉新產品的重要管道。然而，隨著消費決策過程的進行，消費者可能藉由和他人作非正式的討論，以取得有關新產品的重要資訊。是故，行銷人員充分提供創新產品的資訊，對產品擴散是相當重要的一環。

總之，行銷人員要使產品擴散，必須採取一些適當措施，並運用各種可行的方法，諸如暢通各種行銷管道，善用社會情境，並縮短消費者自知悉新產品到購買之間的時間，辨識消費者的類別，規劃能吸引消費者採用新產品的速度，並探測消費者採用新產品的歷程，且能提供足夠的產品資訊給消費者，用以加強新產品的擴散。其中尤以消費創新者的影響為最大，有關消費創新者的特質已於本書第六章第六節中討論過。

Chapter 10

產品與服務決策

行銷人員除了須對產品的創新和擴散有基本的瞭解與認識之外，亦應認清自我產品的類型，以便能作清楚的市場定位。其次，行銷人員對自我產品的設計、品質、特性、品牌、包裝、標籤等應有明確的界定，才能釐清自我產品和其他產品的區別。再次，行銷人員亦應明瞭自我產品的產品線和產品組合的搭配，如此才能做好更佳的服務。本章即將依產品的類別、產品組合決策、產品線決策、品牌決策、包裝決策，以及顧客服務決策等進行討論，以提供作為行銷人員的參考。

第一節　產品的分類

行銷人員欲銷售其產品和服務，首先需瞭解其產品的類別，始能為其產品尋求市場定位。因此，行銷人員為便於研議其產品的行銷策略，每以產品的特性為基礎，將產品劃分為若干不同的類型。茲分別討論如下：

一、依產品耐久性的劃分

產品依據耐久性（durability）和有形性（tangibility），可分為耐久性產品（durable products）、非耐久性產品（nondurable products）和服務（service）等。

(一)耐久性產品

所謂耐久性產品，係指在一般情況下，可多次使用或使用一段時間的有形產品而言。例如，洗衣機、電視機、冰箱、電腦、汽車、工具和衣服等均屬之。此種產品通常都需要較多的售後服務，較重視人員銷售、利潤也較高。例如，冷氣機由於使用時間長，耐久程度較高，顧客對售後服務的需求較高，行銷者可自維修中得到較高的利潤。

(二)非耐久性產品

所謂非耐久性產品，是指在一般情況下，僅供一次使用或少數幾次使用的有形產品而言。例如，啤酒、麵包、肥皂、食鹽、奶粉等均屬之。此種產品因消耗快、購買較頻繁，故宜多設置銷售地點、較低的成本加成，並須運用大量廣告和促銷活動來吸引購買者，且建立品牌偏好。

(三)服務

所謂服務，係指可供銷售的各項活動、利益或需要的滿足感等，此係屬於無形的或非實體性的產品。例如，理髮、保險、汽車修護服務等。此種產品有時是與有形的產品相連結的，有時是單獨存在的。但就服務本身而言，它是無形的、不可分割的、易於變化，且是不能儲存的。因此，服務的供應者必須做好服務的品質管理，並建立起供應者的良好形象與信譽。

二、依消費者產品的劃分

產品若用來滿足個人或家庭的需要者，稱之為消費者產品；亦即此類產品的目的，是為了最終直接消費。此類產品多以消費者購用習慣為基礎，作為分類的標準。其可分為便利性產品（convenience products）、選購性產品（shopping products）、特殊性產品（specialty products）和未搜尋性產品（unsought products）。

(一)便利性產品

所謂便利性產品，或稱普購性產品，是指購買者會經常購買、立即購買，或僅做最低程度的比較與購買程序而購買的消費者產品而言。亦即消費者在購買該產品的時間很短，很少花費心思與精力去進行比較或選擇的產品。例如，香菸、肥皂、報紙、雜誌、口香糖、糖果等均屬之。此類產品又可分為常購性產品、順購性產品和急購性產品。

1.常購性產品：是指消費者經常或定期購買的日常用品，如番茄醬、醬油、食鹽、牙膏、洗衣粉、衛生紙、牛乳等是。

2.順購性產品：是指消費者未作事先規劃而臨時起意衝動性購買的產品，如口香糖、糖果、雜誌等是。由於此種產品非為消費者所規劃購買的，故多陳列於出口櫃台附近，以備購買者順手購買。

3.急購性產品：是指消費者遇有緊急需要時所購買的產品，如雨傘、雨靴、手電筒、退燒藥等即是。此種產品需普設較多的銷售點，以讓消費者便於購買得到。

(二)選購性產品

所謂選購性產品，是指購買者必須歷經選擇歷程，以比較競爭產品的可靠性、品質、價格與樣式等因素而作選購的消費者產品而言。此類產品和普購性產品不同之處，乃為選購性產品單價較為昂貴，且販售商店較少。又消費者會花費較多時間與心力在選購過程中，以滿足其內在需要，並達到最大的利益。例如，家具、服飾、二手汽車、家電用具等均屬之。選購性產品又可分為同質性選購品（homogeneous shopping goods）與異質性選購品（heterogeneous shopping goods）兩類。

1.同質性選購品：是指消費者認為品質均屬類似，但價格卻有差異，值得花些精力去選購的產品。依此，行銷者和消費者之間頗有討價還價的空間。

2.異質性選購品：是指消費者覺得品質不同或未標準化的選購品。依此，消費者在購買服飾、家具或其他異質性的選購品時，產品的特色常比價格來得重要。因此，行銷者在銷售異質性選購品時，要有足夠的產品搭配，以滿足不同消費者的偏好；同時也要僱用訓練有素的銷售人員，以提供給顧客有關的資訊，並為顧客做滿意的諮詢服務。

(三)特殊性產品

所謂特殊性產品，或稱專購性產品，是指具有獨特的特性或品牌形象，而使得某些特定的購買者願意花費更多的精力，去購買這些特殊性的消費者產品而言。例如，某些特殊精品、汽車、音響組合、攝影設備、男裝等特定品牌或樣式等均屬之。通常消費者購買特殊性產品時，都比較不願意接受替代品或品牌；且不吝於投入較長的時間，去找尋專購品的商店。因此，專購品經銷商的設置，不一定要把商店設置在交通便捷的地點，但必須讓潛在購買者知悉其店址所在。

(四)未搜尋性產品

所謂未搜尋性產品，或稱非求購性產品，是指消費者原無所悉，或雖已知悉但無意願購買的消費者產品而言。例如，煙霧探測器、影碟機、果汁機等，於未做廣告之前，消費者原無所悉，就屬於非求購性產品。另外，有些傳統性產品雖已為消費者所知，但仍無意願或無興趣去購買的產品，也屬於非求購性產品，如人壽保險、墓地、百科全書等是。由於非求購性產品較為特殊，因此廠商必須在廣告、人員推銷和其他行銷方面多加努力，以激發消費者的購買意願。

三、依產業產品的劃分

所謂產業產品，亦即為工業品，是指購進後供作再行加工之用，或供作事業經營之用的產品。此類產品的目的，是為了用來生產其他產品或服務，或為了再銷售給其他消費者或組織。它與消費者產品的區別，乃在產品購進後的使用目的不同。例如，割草機若由消費者購來作為家庭庭園之用，即為消費者產品；但若用來經營自有庭園事業者，則為產業產品。產業產品依其進入生產程序和其成本為基礎，可分為材料及零件（materials & parts）、資本品目（capital items）、物料及服務（supplies & services）等三類。

(一)材料及零件

所謂材料及零件，是指在購買後完全用於製造產品的產業產品而言，亦即將成為購買者所要製造產品的一部分物品。它又可分為兩類，一為原料，一為加工後的材料與零件。

1.原料：包括：農產品（如稻米、小麥、棉花、牲口、水果、蔬菜等）；以及天然產品（如魚、木、原油、煤砂、鐵礦等）。此兩類原料的產銷，略有不同。農產品多由小農戶生產，交由中間業者加工、集散、分級、儲運和銷售。農產品行銷通常少有廣告及促銷，但也有例外。例如，青菜、牛乳等，常有農戶發動促銷行動。且農產品也有自創品牌名稱者，如香吉士（Sunkist）柳橙即是。至於天然產品的顯著特徵之一，就是供應量有一定限度；通常單價低、用量大；由生產者到使用者之間，須經由繁複的運輸作業。天然產品的生產者較少，規模較大，通常把產品直接賣給工業用戶。由於天然產品用戶對此類產品依賴甚殷，故雙方多簽訂長期供應合約。天然產品具有同質性，無需太多創造需求的活動，故購買人多以價格和交貨的可靠性為主要的考慮因素。

2.加工後的材料與零件：包括：組件材料（component materials），如鐵製製品、棉紗、水泥、電線等；以及組件零件（component parts），如小馬達、輪胎、鑄品等。其中組件材料於購進後，尚須再行加工，如由生鐵煉成鋼品，棉紗織成布料即是。組件材料相當標準化，故價格和供應者的可靠性為購買的主要考慮因素。至於組件零件通常係直接裝配於最後產品上，毋須經過加工程序，如小馬達裝上真空吸塵器上，輪胎裝配在車輛上即是。通常加工後的材料與零件，大多由生產者直接售給工業客戶，且常在一年或更久之前即下好訂單，故價格和服務是行銷上的主要考慮因素，品牌和廣告的影響較不重要。

(二)資本品目

所謂資本品目，係指產業購買者於購買後可部分進入製成品的產業產品而言，亦即指在幫助開發或管理製成品的耐久性產品。這又可分為設施（installation）和設備（equipment）兩類。

1.設施：包括：建築物（如廠房、辦公室等）；及固定設備（如升降機、電腦、發電機、鑽床等）。此類設施產品通常須經過較長時期的購買決策程序，直接向生產者購買。生產者通常會聘用一流的銷售人員，包括：技術人員和銷售工程師。生產者在銷售之前會代客設計產品，並提供售後服務。有時生產者會用廣告推銷；但相形之下，遠不如人員推銷較具成效。

2.設備：包括：可移動的工廠設備及工具（如手工具、起動機、堆高機等）；及各項辦公事務設備（如打字機、電腦、傳真機、辦公桌椅等）。這些設備不會成為製成品的一部分，但有助於生產程序與作業的推進。它們的壽命比設施短，但比一般物料長。設備通常須透過行銷中間商來銷售，此乃因此種市場地理分布較為廣多，客戶多而訂單小之故。依此，品質、特色、價格和服務是顧客購買與否的主要考量因素。行銷時，人員銷售比廣告重要，但有時也可有效地運用廣告。

(三)物料及服務

所謂物料及服務，係指產業購買者於購入後不致成為其所要生產的製成品之產業產品而言，亦即為幫助開發或管理製成品的非耐久性物品和服務。

1.物料：又稱為供應品，包括：一般作業用物料（operating supplies），如潤滑油、煤、文具、紙張、筆等；以及各項維護修理用品（maintenance & repair items），如油漆、鐵釘、清潔用具等。在產業市場中，物料類產品就如同消費品中的普購性產品或便利性產品，購買者通常作直接再購買，也只花極少的心力去從事採購程序。在行銷上，由於顧客數目多、地區分散，且產品價格低，一般都透過中間商銷售。復因物料相當標準化而類似，且品牌偏好不高，故行銷作業多以價格和服務為主要重點。

2.服務：包括：一般維護修理服務（maintenance & repair services），如擦洗窗戶、打字機維修等；以及商業顧問服務（business advisory services），如法律顧問、管理顧問、廣告代理等。維修服務通常多訂有合約，其業者多為小規模的公司，且多係為原設備的製造者。至於商業顧問服務，通常屬於新購買情境；產業購買者對服務業者的選擇，多係以服務提供者的聲譽，以及服務顧問人員的情況，作為基礎。

綜合本節的討論，可知產品本身各有其特性，而產品特性對產銷業者行銷策略的研議，實具有重大的影響。此外，產銷業者的行銷策略，仍然會受到產品在其壽命週期所處的階段、競爭對手的家數、市場區隔化的寬窄，以及外在經濟情勢等因素的影響。

第二節　產品組合的決策

行銷人員在做行銷工作時，除了須瞭解自我產品的類屬之外，尚須做好自我產品的組合。此時，行銷者必須選擇和決定產品組合。所謂產品組合（product mix），又稱為產品備貨（product assortment），係指企業機構或行銷者所銷售的所有產品線（product line）與產品品目（product item）的集合，此乃為企業機構或行銷者備供購買者所選購的所有產品。例如，一家公司的產品組合，可包含四項產品線，即化妝品、珠寶、時尚品、家庭用品等。其中每一條產品線又可再包含若干次產品線，如化妝品產品線包括：口紅、胭脂、粉餅等項次產品線即是。此外，每一條產品線或次產品線中，均各有若干個別的產品品目。整個的產品組合，即為全部產品線和產品品目的總合。

依此，產品線即為產品組合中一群關係密切的產品，這群產品可能是功能相似，或在相同的價格範圍內，或透過同一銷售通路，或銷售給同一群顧客。至於，產品品目則為一項產品線中的一項特定產品，它可以大小、價格、外觀或其他特徵，而作為與產品線中其他產品的區分。由於今日市場競爭激烈，企業機構類多採用多條產品線和多種產品品目來行銷。

惟一般企業機構的產品組合，計有四種向度，即寬度（width）、長度（length）、深度（depth）和一致性（consistency）。

所謂寬度，係指一家公司所擁有的產品線數目而言。例如，中油公司有燃料、潤滑油脂、溶劑和石油化學品等四條主要產品線，如**表10-1**所示。**表10-1**即顯示，中油公司的產品組合寬度為4。一般而言，有些公司

表10-1　中國石油公司的產品組合寬度和長度

	產品組合寬度			
	燃料	潤滑油脂	溶劑	石油化學品
產品組合長度	天然氣 液化石油氣 車用汽油 無鉛汽油 二行程機車用汽油 航空汽油 航空燃油 煤油 柴油 漁船用燃料油 船用燃油 低硫鍋爐用油 海軍特級燃料油 氣渦輪機燃油 低硫燃油 燃料油	輕質基礎油 中質基礎油 重質基礎油 亮滑基礎油 航空用潤滑油脂 車用潤滑油脂 工業用潤滑油脂 船用潤滑油脂	油漆溶劑 去漬油 特殊溶劑 通用溶劑 橡膠溶劑 正己烷	乙烯 丙烯 丁二烯 苯（硝化級） 甲苯（硝化級、工業級） 二甲苯（硝化級） 對二甲苯 鄰二甲苯 環己烷 丙烷 乙烷 丁烷 氫氣 合成氣 一氧化碳 碳煙進料油

的產品組合很狹窄，只有一條產品線；有的公司的產品組合則很寬廣，有很多條產品線。較寬廣的產品組合，可使行銷者有較強的談判議價能力，對經銷商的控制力也較大，這是產品組合寬度較寬廣所帶來的經營優勢。

所謂長度，係指一家公司所有的全部產品品目的總數而言。例如，由**表10-1**可知，中國石油公司的產品組合長度為46，因為其共擁有46個產品品目。至於，該公司擁有四條主要產品線，則每條產品線的平均長度為46÷4＝11.5。事實上，有些公司尚可能擁有其他產品品目未列入，如中油公司尚有硫磺、柏油、煞車油、石油焦等產品項目。

所謂深度，是指一家公司產品線中各項產品不同型別或式樣的數目而言。此可提供給消費者更多樣的選擇。例如，中國石油公司的航空燃油有JP4、JP8、JETAI等三種規格，即表示其航空燃油的深度為3。在計算出該公司各項產品的不同式樣之數目時，便可算出中油公司產品組合的平均深度。

所謂一致性，是指一家公司各個產品線相互之間的密切關聯程度而言。此種關聯程度常顯現在最終用途、生產需求、配銷通路，或其他層面上。例如，中國石油公司各產品線的基本原料為石油，並可經由高壓、高溫、蒸餾、裂解等過程而分離，以致在生產技術上具有很高的一致性；但是各條產品線的通路不同、功能與用途也不同，以致在分配通路和提供給顧客的功能上，則並不一致或一致性很低。

由前述四種產品組合的向度，可據以作為企業機構研議產品策略的依據。具體而言，企業機構為擴展其業務，可依循四個不同的路線。首先，企業機構可增設新的產品線，亦即增加產品組合的寬度。企業機構採行此一路線，乃在期盼其新設的產品線，可依循公司其他產品線所已建立起來的商譽。其次，企業機構可增長其現有的產品線，使公司成為一家產品線更為完整的業者，此即為增加產品組合的長度。再次，企業機構可對其現有的各項產品，增加不同的型別或式樣，此即為增加產品組合的深度。最後，企業機構尚可增強其產品線的一致性，或降低其產品線的一

致性。增強一致性，乃在強化公司在某一特定領域內的信譽；降低一致性，則在將公司的信譽擴散至多項不同的領域內。這些都需要企業管理階層或產銷主管做決策。

第三節　產品線決策

產品線決策是屬於一組產品或同一系列內多種產品的決策。在產品組合下的每一條產品線，都有其特定的行銷策略，此時就必須作產品線決策。此時，企業機構乃分別指派專人負責管理每條產品線，稱之為產品線經理，以綜理同一產品線上各項產品的行銷。產品線經理必須分析產品線中每項產品品目的銷售額、利潤、市場動態、市場占有率以及競爭狀況，並負責有關產品線長度（product line length）、產品線延伸（product line stretching）和產品線刪減（product line pruning）等決策，茲分述如下。

一、產品線長度決策

在產品線決策上，產品線經理首先要面對的課題，就是決定產品線的長度。產品線長度是指產品線中產品品目的數量多寡。產品線經理在決定產品線長度時，若認為增加一項或多項產品品目，能為公司提高整條產品線的利潤，則表示該產品線的長度過短；但若在原產品線上減少一項或多項產品品目，可提高整條產品線的利潤，則表示該產品線太長。

至於，究應如何決定產品線的長度？最合宜的產品線長度，乃取決於企業機構的經營目標或行銷目標。如果行銷者想要有一條完整的產品線，或想爭取高度的市場成長率和市場占有率，則該公司的產品線長度宜儘量延長；即使有些產品品目未達適當的利潤水平，也在所不惜。然而，如果行銷者比較重視短期獲利率，或以追求單一產品品目的最高盈利能力為目標，或比較不在乎本身在產業中的市場占有率，則將精選其產品品目，並寧可採取較短的產品線。

此外，產品線長度也常因產品生命週期的演變而有所變化。在產品成長階段，由於市場成長快速，且競爭逐漸激烈，此時為求擴大市場占有率，往往就需要增加產品品目，使產品線增長；惟一旦到了成熟期或衰退期後，由於市場已趨飽和，其營運利潤就會降低，產品品目也會逐漸減少，使得產品線也愈來愈短。

二、產品線延伸決策

每家公司的產品線，通常都有一定的範圍，亦即只涵蓋整個產品線的一部分而已。例如，有些汽車公司只生產在中高價的汽車，而定位於較高社會階層消費者的市場上。倘若一家公司增加其產品線長度時，係延伸於其現有範圍之外者，即稱之為產品線延伸（product line stretch）。此乃為將新產品增加到原有的產品線上，以增強其在產業中的競爭力。產品線延伸通常有三個方向，即向下延伸（downward stretch）、向上延伸（upward stretch）和雙向延伸（two-way stretch），如**圖10-1**所示。

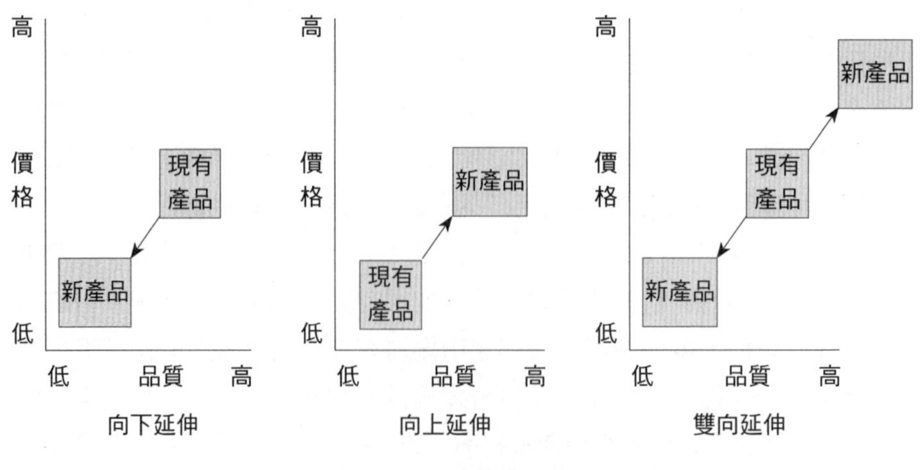

圖10-1 產品線延伸

(一)向下延伸

所謂向下延伸，是指企業機構的產品線起初定位於較高的位勢，如發展較高品級的產品、爭取高價位的市場，然後逐漸增加較低品級的產品，轉而發展較低的位勢，期其在較低價位的市場中能有所斬獲而言。行銷人員決定將產品線向下延伸的原因，有：(1)採取向下延伸，可享有較快速的成長；(2)公司已在較高位勢中建立了品質形象，而確立了向下延伸的基礎；(3)在較低位勢中出現了空隙，進行向下延伸，可阻擋新競爭者進入市場；(4)在高位勢中遭遇到同業的競爭，採向下延伸以擴展地盤。 然而，產品線向下延伸固有其在策略上的考量，但也應注意其可能的負面影響。例如，公司採向下延伸策略，就可能推出較低品級的產品，因而損害到公司原有的高品質形象。其次，公司在採用向下延伸策略之後，可能會刺激較低品級產品的公司或銷售者，也發展較高品級的產品來進行反擊。

(二)向上延伸

所謂向上延伸，就是指企業機構的產品線起初定位於較低的位勢，由發展較低品級的產品，以爭取低價位的市場，轉而逐漸增加較高品級的產品，以發展較高的位勢而言。企業機構產品線採取向上延伸策略的原因，乃為：(1)較高級產品的成長率或邊際利潤較高；(2)公司希望其產品線能涵蓋所有低、中、高品級的產品使成為一家完整產品線的公司；(3)為了提高公司現有產品線的聲響，而將其產品線向上延伸。

然而，產品線向上延伸策略也不免要承擔一些風險。首先，原先位於高位勢的競爭對手，除了會鞏固其原有位勢之外，尚可能轉而進攻較低位勢的市場。其次，公司由低位勢進入較高位勢時，會受到顧客質疑其高品質的產品，乃其生產能力。最後，公司原有的行銷人員和經銷業者，可能缺乏進入較高位勢市場應有的能力和訓練。

(三)雙向延伸

所謂雙向延伸，是指企業機構的產品線由原有中級位勢，生產中級品級的產品，而逐漸同時增加生產低級和高級品級的產品而言。產品線雙向延伸的最大優點，就是可發展完整的產品線；但其缺點，就是必須承擔更大的風險。因此，公司必須有充沛的人力、物力和財力，且最好是一家規模相當龐大的公司。例如，德州儀器公司（Texas Instrument, TI）就曾經在袖珍型電算機市場上，成功地採取了雙向延伸的策略。該公司在進入此一市場前，鮑瑪公司（Bowmar）在低價格、低品質的產品上居於獨霸地位，而惠普公司（Hewlett-Packard, HP）則在高價格、高品質的產品上居首。德州儀器公司則以中價格、中品質進入市場，然後逐漸向上、下兩端延伸。在低位勢方面，德州儀器公司推出了較鮑瑪公司品質更佳，而價格更低的產品，終而將鮑瑪公司完全擊敗。在高位勢方面，德州儀器公司也特別設計了多式樣高品質的產品，以低於惠普公司的價格，而奪走了惠普的市場占有率。德州儀器公司運用這種雙向延伸策略，為該公司贏得了袖珍型電算機市場上的盟主地位。

三、產品線刪減決策

產品線延伸決策是在考量增加產品品目，以加長產品線；而產品線刪減決策則在考慮刪減產品線中的產品品目，以圖縮短產品線。此時，產品線經理必須定期檢視和評估各項產品品目的獲利能力，以作為產品線延伸或刪減決策的依據。

在產品線刪減決策方面，產品線經理必須利用銷售及成本分析，以找出獲利能力不佳，或不如預期的產品品目。對於獲利能力不佳的產品品目，產品線經理必須進一步評估它們的未來展望。如果未來展望也不太理想，則除非公司有特殊性的策略性考量，如公司會推出少有人購買的超高價位之產品品目，以凸顯產品線的尊貴特色等原因，否則產品線經理必須考慮刪減這些獲利不佳的產品品目，以避免其連累整條產品線的利潤。

此外，當生產部門的產能不足以應付市場需求，或競爭者推出了新產品時，除非能夠找到外界供應商；否則產品線經理也應考慮刪減產品線中某些獲利能力較低或不如預期的產品品目，而集中全力於生產和供應能力較高的產品品目。

綜合本節所述，產品線經理在做產品線決策時，除了須考量產品線的長度之外，尚必須依據各項產品品目的獲利能力與市場狀況，做出產品線延伸或刪減決策，或對產品線內的產品品目做調整更新，以求能為公司取得最佳的市場地位，並獲得最高的利潤。

第四節　品牌決策

企業機構或行銷經理在產品決策上，除了要決定產品組合和產品線之外，尚須進行品牌決策。蓋產品品牌不僅代表公司或產品的聲譽與形象，甚且為產品品質、性能等的象徵，這些都是消費者在選購產品時，會加以考慮的因素。因此，今日的行銷者莫不重視產品品牌，以致要慎重地進行品牌決策。時至今日，由於產品品牌的成長驚人，而有了「物極必反」的現象，以致有極少產品也出現了「無品牌」的情況，但這仍須透過品牌決策來決定。本節將分別討論品牌的意義與功能，及其他有關品牌的決策。

一、品牌的意義

品牌是行銷人員用來區分本身產品與競爭者產品的主要工具。根據美國行銷協會（AMA）的定義，品牌（brand）是指一項名稱（name）、名詞（term）、標記（sign）、符號（symbol）、設計（design）和它們的綜合體，其可用來確認一個行銷者的產品或服務，並與競爭者的產品或服務有所區別。同時，消費者也會把品牌視為產品的一部分。因此，品牌命名將會影響產品的價值。

此外，品牌是行銷者持續提供一組特定的產品特色、利益與服務，給消費者或購買者的承諾。品牌可以是一種聲音、商標、專利或抽象的概念。惟品牌也是一種複雜的符號，其可傳送六種層次的意涵：

1.屬性（attributes）：品牌本身可傳送消費者一些屬性。例如，朋馳（Mercedes）就象徵著昂貴、堅固、耐用、快速、設計良好、轉售價值高等屬性。多年來，朋馳就是利用其中一種或多種屬性作為汽車廣告，終而塑造出其汽車的品牌形象。

2.利益（benefits）：品牌有時也可傳送出一些利益，此種利益遠高於屬性，因為顧客所要購買的並不是屬性，而是利益。因此，屬性必須轉換為功能性或情感性的利益。例如，朋馳汽車的「耐用」屬性，可轉換為「我不必每幾年就得換購新車」的功能性利益；「昂貴」的屬性，可轉換為「這部車讓我顯現更重要的地位」的情感性利益等即是。

3.價值（values）：品牌有時也可傳送出產品的價值。例如，朋馳汽車代表高科技、成就、聲望等即是。因此，品牌行銷人員必須設法找出追尋這些價值的汽車購買者。

4.文化（culture）：品牌也代表著某種文化。例如，朋馳汽車即代表德國的文化，其特徵就是有組織、講求效率、高品質等。

5.性格（personality）：品牌也能反映出某些性格或人格。例如，朋馳汽車會讓人聯想到一位嚴肅的老闆、一隻傲視群雄的獅子，或一座森嚴的宮殿。有時品牌常以某位名人來做廣告，以顯現出他的性格。

6.使用者（users）：品牌正可顯現出購買者或使用該產品者的顧客類型。例如，一輛朋馳汽車會讓人聯想到其中必坐著一位高級主管，因為使用該汽車的人必尊重這種高級車的價值、文化和性格的人。

由上可知，品牌實具有一些深入的意義。當顧客看到某種品牌能顯現上述六種層次的意涵，則該品牌是具有深度的（deep）；否則便是膚淺的（shallow）。蓋品牌最持久的意義，乃是它的價值、文化和性格，這些乃界定了品牌的本質，也是品牌策略所要表現的特性。因此，行銷人員絕不能忽略了品牌的意涵。

二、品牌的功能

品牌除了具有它的本質之外，亦能實現其功能。此種功能可就三方面來說：

(一)購買者

對購買者而言，品牌是一項很重要的資訊來源。品牌可讓購買者很快認明產品及其品質；品牌可提升購買者的購買效率；品牌可節省購買者的購物時間；品牌有助於購買者發現新產品的出現；品牌可吸引購買者注意產品所可能帶來的利益。

(二)行銷者

對行銷者而言，產品訂有品牌名稱，比較容易處理訂單及研商相關的作業問題。其次，產品訂有品牌名稱及商標，可享有該產品獨有的法律保險，以免他人仿製。再次，品牌可吸引高度品牌忠誠者的購買，避免誤購其他產品。最後，品牌有助於行銷者認明對象市場，以便做市場區隔，以獲得長期的最佳利潤。

(三)整體社會

產品訂有品牌，可導引更高水準和更趨一致性的產品品質。其次，產品品牌化可提高整個社會的創新風氣，使生產者增加追求產品的新特色。再者，建立品牌可鼓勵生產者尋求獨特產品的功能，以促使產品能多樣化，讓消費者有更多選擇的機會。最後，產品品牌化可使消費者易於瞭解產品，從中得到產品的資訊，並提高其選購效率。

三、品牌名稱、標誌與權益

在品牌決策過程中，常涉及品牌名稱、品牌標誌與品牌權益（brand equity）等名詞。所謂品牌名稱，是指品牌中可以發音的字母、文字和數字而言。品牌標誌，是指品牌中無法發音的部分，其可能是一項符號或一項設計等。例如，麥當勞、可口可樂是一種品牌名稱，而麥當勞的金黃色拱門、可口可樂的特殊設計字形則為品牌標誌。當一項品牌或該品牌的某一部分，經過送請政府主管機關核備者，即成為一項商標，可享有法律保障，而由該產銷業者所專用。

至於品牌權益，是指和一個品牌及其名稱和符號有關的一組品牌資產或負債，其可增加或減少產品或服務的價值而言。品牌權益對顧客而言，可協助其做購買資訊的處理，增進購買決策的信心，並可創造其更大的滿足感。品牌權益對行銷者而言，可幫助其提高行銷效能與效率，建立品牌忠誠性，改善獲利能力，並使之能與競爭者有所區別。

一般而言，品牌權益的基礎有五項，即品牌忠誠性、品牌知曉（brand awareness）、知覺品質（perceived quality）、品牌聯想（brand associations），以及其他專有的品牌資產。品牌忠誠性會使顧客一次又一次地購買該特定品牌的產品，而對其他品牌不感興趣。品牌知曉或稱品牌知名度，可吸引顧客的注意力，追尋購買線索或啟動購買資訊的處理，其可運用品牌認知或記憶來衡量。知覺品質是指顧客對產品或服務所代表的品質抽象符號的知曉程度。品牌聯想是指顧客對某一品牌有關的觀念、價值和其他資訊關聯性的想像程度。其他專有的品牌資產，包括：專利、商標和行銷通路等，可保護品牌名稱的完整，讓競爭者難以侵入市場。凡是上述五項資產愈豐富，則品牌權益愈高；亦即品牌權益是具有市場價值的。

一項高度品牌權益的產品，其至少具有下列競爭優勢，即：(1)高度

品牌權益可增強高度的消費者品牌知曉度和忠誠度，如此可降低公司的行銷成本；(2)由於有高度品牌權益，故產銷者在和配銷商與零售商議價談判時，可掌握有利籌碼；(3)由於高度品牌權益有較高品質知覺，故可訂定比競爭者更高的產品價格；(4)由於高度品牌權益具有高度信賴度，故可從事於品牌延伸（extension）；(5)由於高度品牌權益，可提供產銷者對抗該產品價格競爭的某種防禦。

品牌權益可視為行銷者的一項重要資產，行銷者必須妥善管理品牌名稱，使品牌權益不致於折舊貶值。行銷者必須加強對品牌的投資，持續維持或改進品牌的知曉度和忠誠度，並提升品牌的知覺品質，以建立正面的品牌聯想，且維繫良好的通路關係，藉以維持和增進品牌權益。

四、品牌的分類

品牌常依各種情況和性質來分類，茲分述如下：

(一)依所有權分類

品牌若依所有權可區分為製造商品牌（manufacturer's brand）和一般商店品牌（store brand）。製造商品牌又可稱為「全國性品牌」（national brand），是指屬於製造者所擁有的品牌。例如，台灣的東元、三陽、統一、宏碁，日本的新力、豐田，美國的康寶濃湯（Campbell's）、IBM、波音（Boeing）等等，都屬於製造商品牌。商店品牌又可稱為「私有品牌」（private brand），或中間商品牌（middleman brand）、批發商品牌（dealer brand）、配銷商品牌（distributor brand），是指中間商所擁有的品牌。例如，台灣的寶島鐘錶公司、三商行、麗嬰房都有自己的私有品牌；美國的西爾斯（sears）百貨公司也創設了若干私有品牌，如Kenmore（家庭電器用品）、Weather beater（塗料）、Craftsman（工具）等是。

一般而言，商店品牌比製造商品牌較不易建立。此時，商店業者可付出一筆權利金，便可享用他人所創建而富盛名的某種品牌名稱。此外，商店品牌常可享有較低的進貨價格，使中間商獲得較高的利潤，並擁有該品牌的獨家經銷權。再者，中間商也可依市場所需的規格來訂購產品，不必受制於製造商的產品規格，可更有效地滿足特定區隔市場的需要。

當然，製造商品牌和商店品牌之間，有時也會有相互搶奪市場的競爭情事發生，此稱之為品牌戰爭。在品牌戰爭中，商店品牌也具有許多優勢，如中間商可以決定購進何種產品、決定要把產品放在貨架上的位置、決定要為某種產品作促銷活動等。由於零售商的貨架空間有限，有些零售商會先向製造商收取貨架使用費，包括：陳列和儲存商品的費用；有些零售商還會向製造商收取特別展示空間和店內廣告空間的費用；更有些零售商也會向商店品牌的製造商收取較低的貨架費用，使商店品牌得以較低的價格出售。依此，商店品牌的勢力已不斷地擴大，全國性品牌已日漸敗退，製造商品牌正面臨著商店品牌的嚴重打擊。是故，為了對抗商店品牌的競爭，製造商品牌的廠商必須加強研究發展工作，不斷地推出新的產品特色，改進產品的品質，並加強廣告和促銷活動，才能維持顧客對製造商品牌的忠誠與偏好。

(二)依產品線分類

品牌若依產品線分類可區分為個別式品牌（individual brand）、系列式品牌（series brand）和混合式品牌（mixed brand）。所謂個別式品牌，係以每種產品使用個別名稱。例如，台灣的黑松公司分別以黑松、吉利果、綠洲、天力等品牌名稱，銷售其不同的飲料產品；美國寶鹼公司（P & G）的產品，分別以Tide、Bold、Dash、Cheer、Gain、Solo、Oxydol、Duz等品牌名稱命名。此種個別品牌的最大優點，就是在於每種個別產品都有其品牌，而不致於影響其他產品的成敗。其次，個別產品品牌可使行銷者根據目標市場和產品特性，為每種產品找出最適合而具吸引力的顧客。

系列式品牌又可分為單系列式品牌（simple series brand）和多系列式

品牌（multiple series brand）。單系列式品牌，是指行銷者對其所有產品線上的產品，都使用同樣品牌名稱而言。例如，台灣白蘭公司的產品如洗衣粉、香皂、牙膏等，均以白蘭為品牌名稱；美國吉利公司（Gillette）男用刮鬍產品，均以吉利為品牌名稱；日本本田（Honda）公司的機車、汽車、滑雪車、雪地汽車、割草機等，均以本田為品牌名稱。單系列式品牌的優點，是公司在推出某項產品時，無須為創新該產品的品牌形象，而投入巨幅廣告，故可節省行銷成本。且公司的大眾形象若已確立，則新產品可在極短時間內創造知名度，並取得顧客的認同。

此外，多系列式品牌，是指行銷者擁有多條產品線，以致在不同的產品線上分別採用不同系列的品牌名稱之謂。例如，美國Swift公司的火腿，以Premium為品牌；肥料產品，以Vigoro為品牌。又例如，部分公司的產品即使同屬於一個類群，但其中包括有差異的品質，因而對不同品質的產品也冠以不同的品牌。美國A & P公司共有Ann Page、Sultana和Iona等三種品牌名稱，分別代表該公司第一級、第二級、第三級品質的系列產品。多系列式品牌的優點，和單系列式品牌相當。

至於，混合式品牌乃在製造商品牌名稱之後再加上個別品牌之謂。例如，台灣聲寶公司的聲寶拿破崙彩色電視機、聲寶北歐冷氣機、聲寶愛情洗衣機、聲寶美滿電冰箱；美國桂格公司（Quaker）的Quaker Oats Cap'n Crunch玉米食品即是。混合式品牌的優點是，可使消費者聯想到該公司的聲譽，且使消費者獲知其有別於該公司的其他產品，用以塑造自我公司個別產品的特色與產品性格。

五、品牌品質與延伸

所謂品牌品質（brand quality），是指某項品牌遂行其功能的能力。此為行銷者為其產品定位的最主要工具之一。因此，行銷者在創立一項品牌時，必須決定產品品質水準，用以支持該品牌在對象市場中的位勢。通常，品質的內容應包括：該產品的整體耐久程度、可靠程度、精確程度、操作與維修難易程度，以及其他重要屬性等。在這些屬性當中，部分屬性應能做客觀的評估和測度。從行銷作業的觀點而言，所謂品質，都應由購買者的認知而加以測度的屬性。

就今日的情勢而言，產品的品質已是消費者所最重視的要素之一，也是企業機構所最應重視的要素之一。今日的消費者已可從各種產品，包括：轎車、電子產品、服飾、食品中，體認到產品品質的意義，且常從產品品牌中去認定。倘若消費者特別歡迎服裝的經久耐穿、裁剪合身，而較不重視時尚，或特別歡迎食品的營養、新鮮，而不一味地追求冷飲、甜品等，此時企業機構就必須迎合此一趨勢而建立其品牌。

至於，所謂品牌延伸（brand extension），就是指企業機構將其已建立形象的某項品牌名稱，延伸到其後續所推出的新產品而言。例如，桂格公司的Cap'n Crunch在玉米片早餐食品的行銷方面已有卓著的聲譽之後，其後所開發出的冰淇淋食品、T恤衫，以及其他產品等，均沿用Cap'n Crunch的品牌名稱和相關的卡通人物圖案即是。產銷業者利用品牌延伸的策略之優點，可為公司節省另訂新品牌名稱所需的推廣費用，並使消費者迅速獲知其產品。但是，從另一方面言，若新產品推出失敗，將可能影響消費者對其原有品牌名稱所辛苦建立起來的態度，則為其缺點。

六、品牌名稱的選擇

行銷人員在決定一連串的品牌策略之餘，就必須為產品選擇一個適當的品牌名稱。行銷者可依產品性質，而以人物、地名、品質、生活形態等方式來命名。然而，一個良好的品牌名稱，乃在顯示其特殊性意義，足以代表產品所具有的優點，且能為消費者所迅速地辨認。蓋品牌名稱選擇適當，則整個產品壽命期間將可受益。因此，許多企業機構都很慎重地去開發品牌名稱。一項理想的品牌名稱至少應具備下列特質：

1.品牌名稱應能傳遞產品本身的利益及其所代表的品質。

2.品牌名稱應與企業機構和行銷者的形象一致。

3.品牌名稱應易於發音、辨認、簡短有力，而易於記憶。

4.品牌名稱應能充分顯示產品的獨特性，以求有別於其他產品。

5.品牌名稱應以易於譯為外國語文為佳，但應同時避免譯為外文時有不雅或不好的音義存在。

6.品牌名稱有時必須考慮到目標市場的適切性。

7.品牌名稱應能適切地反映產品用途，並引發正面的聯想。

8.品牌名稱的選擇，還必須注意其是否能獲准註冊，以取得法律的保障；同時避免侵犯到其他註冊商標。

七、品牌槓桿策略

行銷者在將已有品牌名稱和新產品相連接時，為使新產品可立即建立知名度，加速新產品成功上市的機會，必須運用「品牌槓桿策略」（brand leveraging strategy）。此種策略可包括：產品線延伸（product line extension）、品牌垂直延伸（stretching the brand vertically）、品牌延伸、共用品牌（cobranding）和授權（licensing）等方式。其中品牌延伸已討論過，以下將討論其餘各項：

(一)產品線延伸

產品線延伸是指在相同產品線上，將某項核心品牌名稱延用到新產品品目上而言。產品線延伸可包括：新口味、新型式、新顏色和新包裝。例如，BMW就有300、500、700等不同的車型即是。行銷者採用產品線延伸的目的，乃在利用過剩的產能，或為了滿足消費者多樣化的需求，或為了因應競爭者而推出新產品，或為了獲得更多的零售商貨架空間。行銷者採用此項策略，可以特定的品牌項目分別供應給特定的零售商或配銷通路，如相機公司將低價位相機供應給量販店，而將高價位產品項目只供應給相機專賣店。然而，產品線延伸的風險，可能使品牌喪失特定意義，此即為「產品線延伸陷阱」（product line extension trap）。又產品線延伸所可能增加的銷售額，也可能不足以支應其開發與推廣費用。

(二)品牌垂直延伸

品牌垂直延伸，是將企業機構核心產品品牌的價格或品質向上或向下延伸之意。行銷者運用品牌垂直延伸的策略，可推出在價格、品質和特色上的不同副品牌（subbrands）；可延用核心品牌名稱的不同類型產品；也可直接使用不同的品牌名稱。品牌垂直延伸策略的好處，包括：可擴大市場機會、分擔產銷成本和有效利用獨特能力等。但其主要缺點，是可能損害到核心品牌，如品牌向下延伸，亦即推出較低價格或低品質的產品時，可能損害到優良品牌的形象。

(三)共用品牌

共用品牌或稱「雙品牌」（dual branding），是指將兩個知名品牌結合起來，以共同去推廣它們的產品而言。例如，中國石油公司和中國信託銀行合作共同推出白金信用卡，富豪（Volvo）汽車廣告指定使用米其林（Michelin）輪胎，都是共用品牌的例子。共用品牌策略可發揮兩個品牌的綜效，共同分攤廣告費用，也可使新產品更容易被市場所認同和接受。然而，要使兩個獨立品牌能充分協調合作，並非易事，因此選擇兩種合適的合作品牌是相當重要的。

(四)授權

授權是充分運用核心品牌的另一種常見的方法。例如，某公司將其品牌名稱授予另一家公司，作為另一家公司的產品品牌名稱，從中獲得額外的收入，此亦可使某公司的核心品牌名稱獲得免費宣傳。但如果被授權者的產品有瑕疵或使得購買者不滿意，將會損害到授權者的品牌形象。

第五節　包裝決策

一項產品在進入市場之前，必須經過包裝。所謂包裝（packaging），是指有關產品容器或包裹的設計與製造作業而言。其中容物或包裹物，稱為包裝器物（package）。包裝器物可由三層材料構成：第一層為主包裝，係為產品本身的直接容器；第二層為次級包裝，為保護主包裝而設計的包裝；第三層為運輸包裝，是為了提供產品的儲存、識別及運輸用的包裝。此外，還有「標籤」，亦為包裝的一部分，其可能是經過精心設計的圖案，也可能是附在產品上的簡單籤條。

對許多產品而言，包裝常是成功行銷的重要關鍵之一，因此有人會將包裝，視為行銷組合中的第五個P，而與產品、價格、通路及促銷等量齊觀。早期企業機構的產品包裝，多以成本、保護產品和其他生產因素為基礎；今日產品包裝的概念已日益延伸，其已具備若干功能，故而企業行銷亦應注意包裝設計的問題。茲分述如下：

一、包裝的功能

產品包裝以今日的觀點，至少具有下列功能：

1.產品包裝具有保護產品的功能，以避免產品破損或毀壞，從而延伸產品的壽命。

2.產品包裝可增加消費者使用產品的便利性，由包裝而辨識產品的品質和性能。

3.產品包裝便於業者的運輸、儲存和貨架上的存放，有助於降低運送成本，並減少被偷竊的可能。

4.產品包裝具有推廣溝通的作用，包裝若能備有適切的標示，將易於辨識，而有利於產品的推廣與銷售。

5.產品包裝可呈現自助服務的功能，尤其是產品陳列在超級市場和折扣商店（discount house）中，由於其獨特的特色，可由購買者直接找到，不必再勞煩銷售員。

6.產品包裝可反映消費者富裕的形象，使他們願意為包裝所帶來的便利、美好的外觀、可靠性和聲譽，而付出更大的費用。

由此可知，產銷者更應重視產品包裝。在包裝上除了應實現保護功能之外，宜力求醒目大方，引人注意，使消費者很容易在商店中發現此產品。

二、包裝設計的原則與做法

企業機構為了提升對優良包裝的體認，以迅速激發消費者對公司和產品品牌的認知，就必須遵守一些包裝原則如下：

1.企業機構必須建立適切的包裝概念。所謂適切的包裝概念，就是應明確指陳採用何種包裝，包裝應提供何種功能與產品或公司的素質。

2.包裝質材應考慮對環境的影響，以免包裝廢棄物對環境的污染；若可能的話，儘量考慮回收再生的要求，如此可塑造公司和產品的良好形象。

3.企業機構在設計包裝時，宜考量包裝成本，確能適切發揮其功能；亦即能考量包裝確能抵銷成本支出的銷貨，避免過度轉嫁消費者，而降低其消費意願與興趣。

4.包裝設計既經選定和使用，必須隨時注意環境的變遷，以求能探知消費者偏好的改變，和科技環境所造成的影響，從而能作適時的修正。

5.產品包裝應能標示相關資訊，如產品的內容、數量或重量，一方面求其合乎政府法令的要求，另一方面可提供給消費者明確的訊息，並保障其安全。

6.產品包裝應追隨社會對包裝概念的發展，從而能決定最能符合社會利益，又能兼顧公司和消費者要求的最佳決策。

總之，產品包裝是產品的一部分，產銷人員必須重視產品包裝的問題。此外，標籤又是產品包裝的一部分，其亦具有若干功能，如標籤可辨識產品或品牌；標籤可將產品劃分為若干等級；標籤可用來提示產品的一些訊息，如產品的製造者、生產地、製造日期、有效期限、製造成分、使用方法等；最後，標籤也可經由吸引人的圖案，來達成產品促銷的效果。因此，吾人在探討產品包裝之餘，也不能忽視標籤的作用。

第六節　顧客服務決策

顧客服務是行銷者產品策略之一環。企業機構在推出產品之後，必須附帶推出相關的服務，才能達成完整的行銷目標。當然，服務可能是一項附屬性的項目，也可能是一項獨立性的項目。亦即服務有時是附屬於產品的，如安裝、維修等是；有時服務本身即是一項產品，如飯店服務、保險的服務等是。本節所稱服務，係指附屬性的服務，即將服務視為銷售產品的一部分。行銷人員在售出產品後，首先必須調查和瞭解其顧客，以提供應有的服務；此種服務至少必須經得起與競爭對手作比較，才能提供令顧客滿意的服務，從而得到行銷的效果。因此，行銷者必須瞭解服務的特性、提供服務的方式，並作完整的服務管理。

一、服務的特性

企業機構在設計產品行銷方案時，必須考量服務的特性，其至少包括無形性、無法分割性、無法一致性和不可儲存性。這些特性與顧客的滿意度以及行銷效果，都有極密切的關係。此將留待於第十七章第一節討論之，此處先不贅述。

二、服務的方式

顧客不僅在要求提供完整項目的服務，而且也會要求一定的程度和素質之服務。因此，企業機構務必要檢討本身的服務水準，並觀察競爭對手的服務水準，以求符合顧客的期望。此時，企業機構的行銷者必須研究各項服務項目的服務方式。有關服務方式的決策，首先應予考慮的問題，乃為服務成本。有關服務成本，有三項選擇，其一乃為提供一年免費服務，此乃屬於產品保證的範圍；其二乃為與顧客簽訂一項修理服務契約；其三則為在產品出售後，不提供修理。這些都必須在契約或標示時明確說明。

其次，應考慮的是應以何種方式提供服務項目，其亦有三種不同的選擇方式：其一乃由公司於各地方分設修理服務站，並提供修理人員；其二由公司委由代理商和經銷商提供修理服務；其三由公司另行委託獨立經營的修理服務公司，代辦各項修理服務。

然而，由於服務項目的不同，服務的方式也可能有所差異。企業機構在決定其服務方式時，須依顧客的需要，和其他競爭同業的策略，為考慮的因素。

三、全面品質管理服務

企業機構在提供顧客服務時，應提供給顧客高品質或令人滿意的服務，亦即應採行以顧客導向的服務品質管理，而非行銷者導向的服務品質管理。此則涉及全面品質管理的理念。所謂全面品質管理，又稱為全方位品質管理，是指由規劃開始一直到執行完成的全程服務品質的衡量，此種服務品質係以事實作為改善服務的依據，品質標準由使用者和提供者共同認定，且以使用者的滿意度來決定。

全面品質管理服務必須以顧客為本位，不斷地改善服務品質和水準，以持續維持使用者的滿意度。就產品提供者而言，每位員工都應成為

品質管理團隊的一員，並賦予令員工滿意的工作環境與條件，且能積極主動地參與各項服務品質的改善工作，以建立卓越的服務品質文化。同時，提供服務的高階層主管應賦予各階層員工彈性的決策權力，使員工能針對使用者的特定服務需求作及時的回應，並對提供高品質的服務水準應有所堅持，且能全力支持各項服務品質改善計畫，給予具體的承諾。

然而，決定服務品質的標準為何？良好的服務品質可就五個層面觀察，即可靠性（reliability）、反應性（responsibility）、保證性（assurance）、同理性（empathy）和可觸知性（tangibles）。茲分述如下：

(一)可靠性

可靠性是指服務者能準確而可靠地履行服務承諾的能力而言。凡是行銷服務人員能信守對顧客服務的承諾，就是具有可靠性的。因此，行銷人員對做不到的服務，就不應輕易承諾，以免招來輕諾寡信的印象，而影響顧客對服務品質的感受。

(二)反應性

反應性是指服務者能協助顧客或對顧客提供快速服務的意願和能力而言。行銷服務人員對顧客的要求、質疑、抱怨和問題等，都要隨時密切注意，以便能快速而立即地去處理。在處理態度上，應以顧客的立場去考量顧客的利益，而非以服務者的立場去處理問題。

(三)保證性

保證性是指服務人員是否具備讓顧客產生信賴和信心的知識、禮貌和能力而言。服務人員必須具備相關業務的足夠知識和處理能力，才能讓顧客產生信心。此對於在顧客面臨高度的知覺風險，或感受評估服務的能力不足時，特別重要。因此，服務人員若具備足夠的知識、技巧和能力，就可增強顧客的信心。

(四)同理性

同理性是指服務者能把顧客當作獨特的個人，給予個人化的服務，使其能感受到被尊重而言。服務人員須有以客為尊的觀念，並以禮相待，且能記住顧客的姓名和特殊需要，傾聽他們的意見，耐心處理他們問題，如此顧客自然能感受到親切的服務。

(五)可觸知性

可觸知性是指服務者能把服務化為有形，而讓顧客能知覺得到而言。通常實體設施、設備、文書和人員的外觀，以及所提供的實體象徵或形象，常使顧客用來評估服務的品質。因此，舉凡服務人員的制服、辦公處所的布置、文宣資料的設計、機具設備的陳列、各項文書和榮譽證件的展示等，都應該用心規劃和布置，用以提升顧客對服務品質的認知和感受。

總之，服務提供者應從上述五個層面去改善對顧客的服務品質。企業機構為改善服務品質，通常需要改變組織結構、增加服務設施的投資，以及加強員工的教育訓練，如此不免增加某些成本支出。但就長期觀點來看，改善服務品質是可以降低成本的。因為服務品質提高後，往往可減少錯誤率和修正的費用、提高員工士氣，和降低員工流動率，如此自可降低成本。此外，服務品質的提高，可提升顧客的滿意度和忠誠性，並吸引新顧客。因此，提升服務品質的最終結果，將能達到增加獲利能力的目標。

產品價格

產品價格是決定購買者是否購買的最重要因素。對行銷者而言，價格也是行銷組合的最主要要素之一，因為價格決定了行銷者的收入和利潤，價格也是行銷者從事市場競爭的主要手段。此外，價格的高低與產品設計、顧客服務、行銷通路、推廣與行銷方式等，都相互影響。因此，任何行銷組合都無法脫離產品價格。本章首先將討論影響價格的因素，其次探討有關產品訂價的方法和產品訂價策略，再次將研討產品組合的訂價策略，以及產品價格的調整策略，期其作出最佳的產品訂價策略。

第一節　影響產品價格的因素

價格的涵義甚廣，此乃因價格常以各種形式呈現出來。諸如人們為了接受教育所付出的學費，是一種價格；承租房子所付出的租金，是一種價格；為取得專業服務所付出的費用，也是一種價格。因此，廣義的價格可能包括其他各種名詞，如利息、票價、通行費、薪資、佣金等，都各自代表一種價格。惟事實上，價格一般都指消費者對其所獲致的產品或服務，而必須付出的報酬，此種報酬具有一定的價值，此即稱之為價格。是故，狹義的價格是指購買產品或服務所支付的金錢代價。廣義的價格則為消費者所願意支付以換取同等價值的產品或服務者均屬之。至於影響價格的因素，可討論如下。

一、內在因素

企業機構訂定產品價格，受到企業機構內、外在環境因素的影響甚深，如**圖11-1**所示。其中內在因素方面，包括：行銷目標、行銷組合策略、成本以及組織因素等項；外在因素方面，則包括市場和需求性質、競爭情況、政治經濟情境、轉售業者等。此處先探討內在環境因素如下：

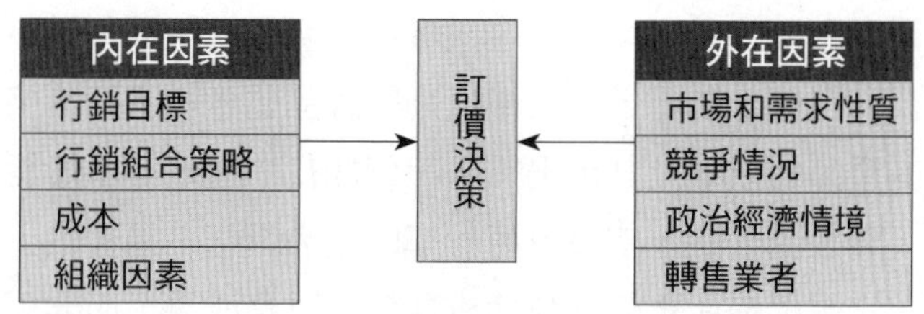

圖11-1　影響產品價格的因素

(一)行銷目標

企業機構在訂定產品價格之前，勢必要先決定該項產品的策略，審慎地選定目標市場，並確定產品的市場定位，然後才談得上行銷組合策略，包括產品的訂價。例如，某家公司決定產製高級豪華家具，即為決定以高所得的顧客群為目標市場，則其產品自然採取高價策略。相反地，該公司決定產製普通家具，即為決定以一般消費大眾為目標市場，則其產品自然採取平價策略。因此，產品訂價策略主要即為企業機構既定市場定位的延伸。

此外，企業機構尚可能有其他訂價目標。凡是目標愈為清楚，則價格的訂定愈為容易。這些目標固可能因公司性質而有所差異，然而其中最為常見的目標，當不外乎是追求事業生存的目標、追求眼前最高利潤的目標、追求最大市場占有率的目標，以及追求領導性產品品質的目標等。茲分述如下：

1.事業生存的目標：企業機構若困於產能過剩、競爭激烈，或消費者需求無法穩定時，都會把生存目標視為訂價的依據。此時，公司為使工廠繼續運轉，增加存貨週轉率，就必須將產品價格壓低，以求能刺激市場需求。因為在此種情況下，追求生存遠比追求利潤重要。只要產品價格足以吸收變動成本，及彌補部分固定成本，企業機構就可維持其生存。然而，生存只是一項短期目標，就長期而言，企業機構若無法提高附加價值，就有倒閉的危機。

2.眼前最高利潤的目標：許多企業機構對產品的訂價，以追求當前最高利潤為目標。為此，企業機構乃對產品的各種不同價格，詳細地評估其產品的成本及其市場需求，俾能從中選定一項最能產生最高利潤、現金流入量，或投資報酬率的產品價格。易言之，在此種目標下，企業機構所重視的是追求當前的財務成果，而非著眼於產品的長期發展目標。

3.最大市場占有率的目標：有些企業機構對產品的訂價，以追求最大市場占有率為目標。此乃因企業機構認為唯有享有最大市場占有率，才是最足以降低其成本，並提升其長期利潤。因此，為了爭取最高市場占有率，就必須將產品價格壓低，並訂定具體的占有率數字，而將市場占有率在一定期限內提升；從而據以研訂適當的價格，和研擬適當的行銷方案。

4.領導性產品品質的目標：有些企業機構的產品訂價，以追求在業界中產品品質的領導地位為目標。企業機構為堅持此項目標，乃採行較高產品價格策略，俾求能吸收高品質研究發展成本。例如，米其林輪胎公司素以產品品質自許，因而不斷地推出標榜輪胎品質的各項新特性。因此，該公司輪胎的價格遠較其他公司為高。

5.其他目標：企業機構的產品訂價，除了可能以上述各項為目標之外，尚可能以其他特殊目標來達成。有些企業機構可能訂定較低的價格，以防止競爭同業投入市場；有些可能訂定與同業相同的價格，以期穩定市場。又有些企業機構可能固定訂定某種價格，以期保有轉售業者的忠誠與支持，或避免政府的干預。有些企業機構可能作短期的降價，以吸引顧客對產品的注意與好奇心，使得更多的顧客走入零售商店，達成促銷的目的。又有些企業機構為其某項產品訂定一定價格，其目的乃在促銷另一項產品。諸如此類，都可使吾人瞭解到：「產品訂價在企業機構達成其目標的過程中，實扮演了極為重要的角色。」

(二)行銷組合策略

企業機構為達成行銷目標，必須運用行銷組合的工具；而產品訂價正是行銷組合的諸項工具之一。企業機構的價格決策，必須協調與配合產品的設計決策、通路決策和促銷決策，以形成一套一致性和有效性的行銷方案。易言之，行銷組合中的各項變數，都是相互影響的。例如，企業機構欲透過中間商轉售，並尋求其支持和推動產品，就必須在訂定價格之際，為中間商預留較大的邊際利潤。此外，企業機構倘欲為其產品訂定較高品質的定位時，就必須在訂定價格之際，設定較高的價位，以吸收其為較高品質產品所付出的成本。

惟有些企業機構常先決定產品價格，而後再以所決定的價格為基礎，決定其他行銷組合決策。此時，價格是一項重要的產品定位要素，它決定了產品的市場、競爭和設計。此外，價格也決定了產品的功能特色與生產成本。許多公司採用一種「目標成本決策」（target cost decision making）技術，首先由行銷部門設定價格目標，再由管理當局決定利潤邊際目標，再由價格決策小組決定所欲達成價格目標的成本。為達成此一目標成本，價格決策小組必須與公司內負責該項產品的所有相關部門，以及製造該產品零件與提供材料的外部供應商，進行一連串的協商。透過這種滿足目標成本的做法，建立起公司對該產品所追求的價格定位。此種目標成本決策方法與傳統的訂價過程恰好相反。

依此，不管產品訂價的過程為何，企業機構在訂定產品價格時，都必須考慮整體行銷組合。倘若某項產品係以非價格因素為定位依據，則該項產品的品質決策、通路決策和促銷決策等，都將影響其價格決策。相反地，倘若某項產品係以價格因素為其主要定位依據，則該項產品的價格將會影響其他行銷組合的決策。就大部分企業機構的實務而言，產品訂價類皆會以行銷組合的整體性來考量，從而據以訂定其行銷方案。

(三)成本

產品成本是產品價格的底線。企業機構為產品所訂定的價格，至少須足以吸收該項產品的製造、配銷、銷售等的全部成本，並另行酌加適當的報酬，以因應企業機構為該項產品所付出的努力及為其承擔的風險。因此，成本往往是企業機構在產品訂價上的最重要因素。

所謂成本，可分為固定成本和變動成本兩部分。固定成本（fixed costs），係指不因產品的產銷數量的變動而變動的成本。例如，不論某公司的產品產量多寡為何，每個月都必須支付的租金、水電費、利息和管理人員的薪資等均屬之。易言之，無論公司對某項產品的生產水準如何，固定成本都是固定不變的。

至於變動成本（variable costs），係指隨著生產量的變動而變動的成本。例如，公司生產一項產品，其所投入的原料成本、包裝成本、運送成本，以及其他各項投入要素的成本。此種成本的高低，每隨著生產量的大小而變動，故稱之為變動成本。

企業機構在計算成本時，必將固定成本加上變動成本，此稱之為總成本或合計成本（total costs）。企業機構的管理階層在訂定產品價格時，至少必須考慮其是否足以吸收生產該項產品的總成本。但是，企業機構也必須密切地注意成本的其他各種情況。倘若發現其產品成本高於競爭對手產銷同樣產品的成本時，就必須瞭解其本身已處於競爭劣勢；此時就必須設法改善自身的產銷成本，否則所訂定的價格高於競爭對手，必不利於競爭的情況。

(四)組織因素

組織因素也是影響價格決策的因素之一。有關組織因素對產品價格的影響，主要乃取決於組織內部係由何人決定產品價格。在規模較小的企業機構裡，產品價格常由最高管理階層來決定。但在大規模企業機構中，通常都由負責的事業部管理者或由產品線的管理人來決定價格。在產業市場中，行銷人員也常享有決定權，以便在一定的範圍內，與顧客進行價格的諮商。但是公司的頂層主管仍掌握產品的價格目標和政策；而較低層級的管理者或行銷人員所建議的價格，仍須報由頂層主管作最後的核定。

此外，在產品訂價乃為公司關鍵經營因素的行業裡，如航空工業、鐵路公司、石油公司等，都必須專設一個產品訂價部門，以專責決定產品價格，或協助有關部門或人員來決定價格。此種專責部門多隸屬於行銷部門或最高管理階層。除此之外，企業機構內部的行銷管理者、生產管理者，以及會計部門等，對產品的訂價多具有一定的影響力。

二、外在因素

所謂外在因素，係指企業機構以外的環境因素，這些因素對產品價格也具有一定的影響者，如市場與需求性質、競爭情況、政治經濟情勢，以及轉售業者等均屬之。茲分述如下：

(一)市場與需求性質

產品成本是設定價格的底線，而市場與需求則為設定價格的頂線。企業機構提供產品或服務，固憑價格而獲致利潤；但同時也受到消費者、購買者和產業購買者平衡其價格的影響。因此，企業機構的行銷者必須瞭解產品價格和市場需求之間的關係。然而，產品價格和需求關係，常受不同市場類型，和購買者對價格認知等的影響。以下將分別探討不同形態市場的訂價、消費者對價格與價值的認知、價格與需求關係，以及需求的價格彈性。

■不同形態市場的訂價

企業機構對產品訂價的設定，常因市場類型的不同，而有所差異，此乃因面對不同類型的市場，產品訂價的問題也有所不同之故。依據經濟學家的看法指出，市場形態可分為下四種：

1.純粹競爭（pure competition）或完全競爭市場：是指市場中買方和賣方均為數甚多，而且共同從事於同質性產品的交易。在此種市場中，所買賣的都是相當普及化的商品，如小麥、米、金融證券等。

其中任何買方或賣方對市場價格均無法產生顯著的影響力。賣方的售價不能比市場現行價格高，因為買方可能在其他市場以市價買到所需的產品數量；同時，賣方也不必以低於市價的價格出售，因為賣方不愁不能將其商品以市價賣出。倘若價格與利潤提高，新的行銷者就會很快地加入市場。在此種完全競爭的市場裡，行銷研究、產品開發、產品訂價、廣告及促銷推廣等，幾乎全無用武之地。因此，在此種市場中的賣方並不需要花費太多時間於行銷策略的研擬與訂定。

2.壟斷性競爭（monopolistic competition）市場：是指市場中買方和賣方均為數甚多，而共同從事於「某一定價格範圍」內的交易，並非「某項單一價格」的交易。此類市場之所以出現，乃因賣方有能力將產品多樣化，包括實體產品本身的多樣化，如品質、性能、特性和型別等；以及附隨於產品的服務多樣化，使得買方願意支付不同的價格來購買。此外，賣方也樂於開發多樣化的產品，以及運用品牌、廣告、人員推銷等，針對不同的區隔市場因應購買者的需要。在此種壟斷性競爭市場中，由於競爭同業甚多，彼此之間行銷策略的影響不如寡占市場來得大。

3.寡占性競爭（oligopolistic competition）市場：係指市場中賣方為數甚少，以致在賣方之間對於產品訂價策略和行銷策略均甚為敏感。在此市場中，所交易的產品可能是同質性的產品，如鋼鐵、鋁錠；也可能是異質性的產品，如汽車、電腦等。在寡占市場中，賣方為數不多的原因，乃是新的業者想加入此市場並不容易。因為每家業者對競爭者的策略和行動，均甚為注意。例如，某家鋼鐵公司將其價格降低10%，則市場中的買方必蜂擁而入，其他公司勢必要立刻降價或加強服務。因此，寡占市場中的賣方很難確定是否能從降價中獲致長期性的利益。相反地，假如某一賣方提高其產品價格，則其他賣方可能不致跟進。此時，漲價的賣方必須回復到原來價格，否則必有流失顧客之虞。

4.純粹獨占（pure monopoly）市場或完全獨占市場：是指市場上只有一家賣方而言。此唯一的賣方可能是國營事業，如台灣電力公司；也可能是民營的獨占事業，如台灣各地的客運公司；或非政府管制的民營獨占事業，如美國剛推出尼龍產品時的杜邦公司即是。此三種獨占事業，各有不同的產品訂價方式。以政府獨占事業而言，其亦有三項訂價方式：首先，對於買方無力負擔成本，但該產品對買方甚為重要，此時不妨將產品價格訂在成本之下；其次，為了運用以價制量的策略，而對某些產品設定高價；最後，可能依成本和相當的利潤而設定適當價格，以增進收益。再者，以民營的獨占事業而言，可由政府訂定法令，規定一定的費率，俾使企業機構能訂定合理報酬的價格；或規定企業機構從獲得的利潤中提撥一定比率收益，作為公共設施之用。至於在非政府管制的民營獨占事業方面，企業機構享有充分自由的決定價格權利；但就一般情況而言，企業機構並不致於完全採取絕對高價，其原因一方面為避免引發政府的干預，另一方面為預防造成其他賣方的加入競爭，同時企業本身亦可以以比較低的價格，迅速拓展市場。

■消費者對價格與價值的認知

消費者在購買產品時，會判斷產品價格是否合理。因此，企業機構在訂定產品價格時，必須考量消費者對價格的認知，以及消費者此項認知對其購買決策的影響。訂價決策與其他行銷組合一樣，是具有消費者導向的。當消費者在購買某項產品時，他必將某種有價值的東西如價格，和另一些有價值的東西如擁有或使用此產品的效用等交換。是故，有效的消費者導向之訂價方式，就是要瞭解消費者賦予此項產品所產生的利益價值，從而訂定恰能配合此項價值的價格。

企業機構為衡量消費者對其產品的評價，是相當困難的。因為消費者所認知的「從產品所獲得的利益或價值，可能包括實際的和認知的利益或價值」。例如，當消費者在一家高雅的餐廳用餐時，要評估餐點內容物的價值，是很容易的；但是要衡量其他因素，如口味、氣氛、布置、輕鬆的心情、聊天便利性和身分地位的合宜性等，卻是困難的。此種價值常因消費者與情境的不同，而有所差異。然而，消費者常會使用這些價值來評估產品價格。如果覺得價格高於這些價值，就不會去購買該項產品；如果覺得售價低於這些價值，就會去購買，但是賣方往往無利潤可言。

準此，企業機構的行銷者必須深入研究消費者購買某項產品的理由，並配合消費者對產品價值的認知，以設定產品價格。惟由於消費者對不同的產品特徵，均有不同的價值認知，故行銷者可對不同的價格區隔分別訂定不同的訂價策略。易言之，對於不同的產品價格，必須提供不同的產品特徵，以為配合。一項正確的訂價策略，應從分析消費者的需要，以及消費者的價格認知為起點；且必須與行銷組合中的其他各項變數密切配合，始能訂定良好的行銷方案。

■價格與需求關係

企業機構在對其產品訂定某一種價格時，常會產生市場對該項產品的某一種需求水準。其所訂定的價格和所產生的需求之間的關係，常以需求曲線（demand curve）來表示（如**圖11-2A**、**圖11-2B**）。由圖可看出，產品在不同的訂價情況，每一定期間內的市場需求量。在一般情況下，需求和價格多呈反比關係。倘若價格愈高，則市場需求量愈少；而價格愈低，則市場需求量愈大。此乃為消費者的預算是一定的，價格較高時，購買數量就降低了；而價格較低時，購買數量就可提高。因此，大部分產品的需求曲線，皆和**圖11-2A**類似，而呈現直線下降，或曲線下降的情況。亦即當產品價格由P_1提升至P_2時，需求量反而由Q_1降至Q_2。

然而，就虛榮性產品而言，產品需求曲線可能先呈現上升的趨勢，但後來因價格偏高，而使得需求量降低了，其如**圖11-2B**所示。該圖顯示，當價格由P_1提升至P_2時，需求量也由Q_1增加到Q_2；但價格再由P_2提升至P_3時，需求量反而由Q_2降回到Q_1了。發生此種現象的原因，乃為產品價格提高時，常使消費者認為其產品品質較佳，以致更能刺激購買慾；但如

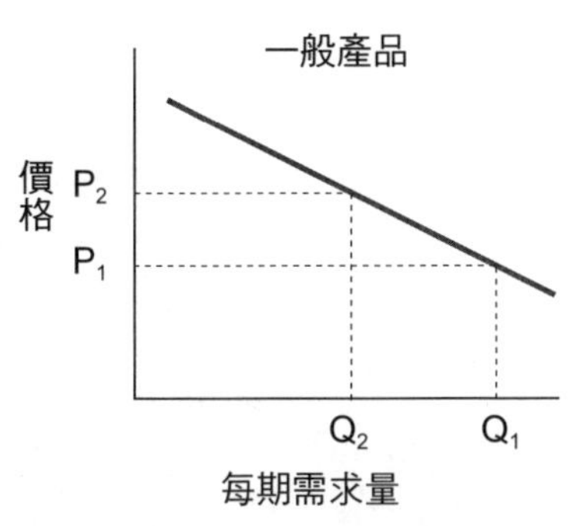

圖11-2A　一般產品需求曲線

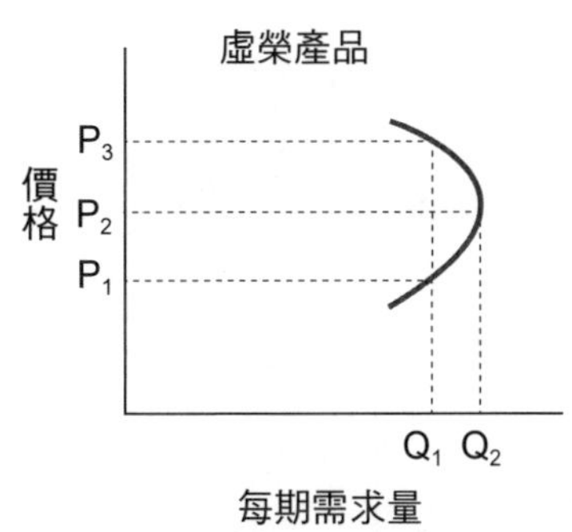

圖11-2B　虛榮產品需求曲線

果價格過於偏高，則購買的人反而減少了。

準此，企業機構大致上應能掌握其產品的需求曲線。但產品的需求曲線常因市場的類型而異。如以獨占市場而言，企業機構的需求曲線即代表市場的總需求量。而在競爭市場之中，一家企業機構的需求曲線，常因其他競爭同業的產品價格是否保持不變，或是否應隨著自己公司價格的變動而變動，而有所差別。在此先討論競爭同業的價格始終保持不變的情況，至於競爭同業的價格也同時變動的情況，將於「需求的價格彈性」中討論之。

企業機構為求瞭解本身產品的需求曲線，必須先假定不同的價格，以分別估計其產品需求。**圖11-3**即為某公司產品的需求曲線圖，由該圖可知，當產品價格由73降低至38時，市場需求明顯上升。但價格再由38降低到32時，需求量反而降低了；其原因乃因消費者認為該產品過於便宜，而懷疑其品質欠佳之故。

此外，市場研究者在研究產品的價格需求關係時，必須讓其他可能影響因素保持不變，否則將無法得到正確的結果。例如，一家公司為了估測產品的需求曲線，一方面增加廣告預算，另一方面又降低產品價格，如此使得市場需求增高，卻使研究者無法分辨需求量的增加，究係因價格降低而產生，抑係為加強廣告的結果。又如一家公司若選定假日降低售價，而假日本是郊遊人數較多，以致購買產品較平日為高，若由此測定產

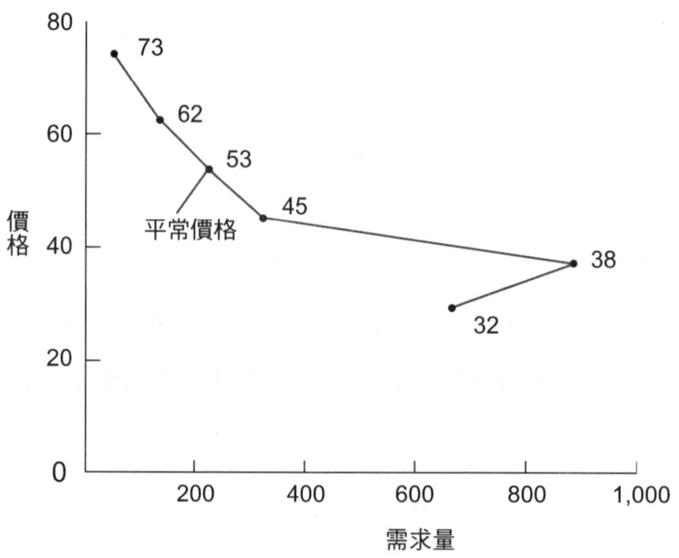

圖11-3　某公司產品的需求曲線

品需求量必也很難獲致可信的結果。

最後，個體經濟學家也指出有關非價格因素對需求曲線的影響。他們認為：「非價格因素的變動，將使企業機構的需求曲線發生『位移』的現象，而非沿著需求曲線而變動。」**圖11-4**即顯示：假設一家公司的原有需求曲線為D_1，該公司所訂產品價格為P時，則需求當為Q_1。然而，該公司的經營突然大為改善，而將其廣告預算增加一倍，以致市場需求大為提升。該項產品的需求曲線即由D_1位移於D_2。易言之，該公司產品價格未變，仍為P；但其產品需求，則已增高到Q_2的位置。

■需求的價格彈性

企業機構行銷人員除了要瞭解價格與需求的關係之外，尚須瞭解產品需求的價格彈性。所謂需求價格彈性（price elasticity），係指當產品價格發生變動時，其市場需求所表現的靈活度而言。今以**圖11-2**表示，在**圖11-2A**中，當產品價格由P_1增加到P_2時，該產品的需求由Q_1降低為Q_2，其

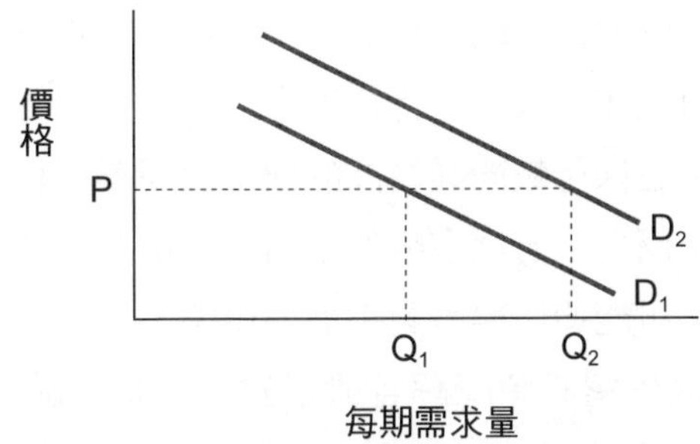

圖11-4　非價格因素對需求曲線的影響

降低幅度甚小；而在**圖11-2B**中，產品價格同樣由P_1增加到P_2時，該產品的需求由Q_1降低為Q_2，其降低幅度則甚大。由此可知，倘若某項產品的價格發生變動，而其需求變動不大時，則該產品的需求價格彈性低；相反地，倘若需求變動甚大時，則其需求價格彈性高。

然而，產品需求的價格彈性是如何形成的呢？一般而言，產品需求價格彈性較低的原因，不外乎：(1)該項產品極少或全無其他替代品，或無其他競爭者；(2)該項產品的購買者認為該項產品信譽良好或相當獨特；(3)該項產品的購買者不易迅速察覺價格的提高；(4)該項產品的購買者不易迅速改變購買習慣；(5)該項產品的購買者很難另覓價格較低的產品或購買處所；(6)該項產品的購買者認為該項產品確已改善品質；(7)該產品的購買者認為購買該項產品的支出費用影響甚微；(8)該項產品的購買者認為已有通貨膨脹，故產品價格調高尚屬合理。

企業機構的行銷者若發現產品需求彈性較高，則宜考慮將產品價格降低；蓋將產品價格降低，當可產生較大的收益。只要產銷增高所需增加的成本支出，低於所產生的收入，則降低產品價格自是有利而無害。

(二)競爭情況

影響產品訂價的另一項外在因素，乃為競爭對手的情況。所謂競爭對手的情況，係指企業機構在決定某項產品的價格之後，競爭對手對該項產品的反應而言。就消費者的立場而言，消費者在購買產品時，常將同類產品的價格和價值互作比較，故行銷者本身在訂定產品價格時，也必須自作比較。倘若行銷者採行較同業為高的價格或高邊際利潤的策略，則難免不敵同業的競爭；反之，若採取較低價格或低邊際利潤的策略，則競爭程度當可降低；甚至可能迫使競爭對手退出市場。

此外，企業機構還必須瞭解各競爭對手的產品品質和產品價格。瞭解競爭對手產品的方式很多，其中之一是行銷者可選派比較購買者，赴各地市場以探知各競爭對手的產品價格。其次，企業行銷者可設法取得競爭對手的產品價目表，以及購進其產品進行分解和觀察。再次，企業行銷者尚可透過一般購買者，調查購買者對各競爭對手產品的價格和品質之意見。

企業機構在獲悉競爭對手的產品價格之後，即可著手為其本身產品訂定適當的價格。當企業機構的產品和主要競爭對手相同時，則可訂定相同或相近的產品價格；若本身產品品質較佳，則可訂定較高價格；若本身產品品質較差，則宜訂定較低價格。易言之，產品價格乃為企業機構為其產品定位的一項工具，依此可確定其產品相對於競爭對手產品的位勢。

(三)其他環境因素

企業機構在訂定產品價格時，還要考慮其他外在環境因素。例如，經濟情勢對企業機構的產品訂價，顯然有重大的影響。舉凡通貨膨脹、經濟景氣，以及金融利率等，都會影響產品的生產成本，以及消費者對產品價格和價值的認知。由此，可知任何經濟情況的變動，都會造成對企業機構產品訂價的重大影響。

此外，企業機構在訂定產品價格時，尚須考慮政府法令、中間業者、政府態度，以及消費大眾的情況。就政府法令而言，產品訂價不能超越法令的限制，如公平交易法即是。就中間業者而言，產品價格必須能順應中間業者的期望和要求，能使之分享合理的利潤，以尋求中間業者對產品的支持。就消費大眾而言，產品訂價要能合乎其期望與價值。因此，企業機構在做長短期銷售、市場占有率以及尋求利潤目標時，都必須把社會因素列入。

 第二節　產品訂價方式

企業機構對產品訂價，最低可能不足以創造利潤，最高可能不足激發需求。然而，產品成本是訂價的下限，消費者的價值認知則為訂價的上限。因此，企業機構必須考慮競爭者的價格以及各項內外在因素，以研訂一項最佳的價格。由此可知，企業機構在訂定產品價格時，主要皆以成本、競爭對手和消費者認知為主要考量因素，其可能就其中某項因素或三項因素作選擇。是故，任何產品訂價方式大致上可分為成本基礎訂價方式（cost-based approach）、競爭基礎訂價方式（competition-based approach）和價值基礎訂價方式（value-based approach）。茲分述如下：

一、成本基礎訂價方式

所謂成本基礎訂價方式，或稱成本導向訂價法（cost-oriented pricing），是指產品訂價主要以成本為考量的基礎而言。此種方式又可分為成本加價訂價法（cost-plus pricing）、成本加成訂價法（markup pricing）和損益平衡訂價法（breakeven pricing）或目標利潤訂價法（target profit pricing）。

(一)成本加價訂價法

成本加價訂價法，是以單位生產成本加上事先已決定的利潤，作為產品價格的方法，這是最簡單的成本導向訂價法。其計算公式如下：

$$價格 = \frac{固定成本 + 變動成本 + 期望利潤}{數量}$$

例如，某公司在某段期間內生產某項產品為1,000個單位，其固定成本為1,500,000元，變動成本為200,000元，希望獲得利潤為300,000元，則其價格為：

$$價格 = \frac{1{,}500{,}000元 + 200{,}000元 + 300{,}000元}{1{,}000個} = 2{,}000元$$

成本加價訂價法的優點是，計算容易，對產銷者和消費者都有保障，不致隨著需求的變動而波動。但其缺點是，利潤和成本相關，非與銷售量相關；其價格也和市場需求無關，以致此種訂價法常因產品的不同，而難以在加價比率上反映單位成本、銷貨、週轉數，以及生產者品牌和私有品牌的特性。蓋產品訂價忽略了市場需求和競爭情況的話，則所訂價格很難視為最佳價格。因此，成本加價訂價法較適用於價格波動對銷售量沒有影響，而且廠商有能力去控制價格的情況。例如，訂做的家具、服飾、重機械等，都可採用成本加價訂價法。

(二)成本加成訂價法

成本加成訂價法，是以單位生產成本或購貨成本加上某種利潤加成，作為產品價格的方法。一般批發商和零售商最常採用此種訂價方法。其計算公式如下：

$$價格 = \frac{單位生產成本或購貨成本}{(100-加成百分比)/100}$$

例如，某商店以平均每個單位10,000元的成本向某製造商購進一批產品，而希望有20%的加成，則該項產品的單位售價為：

$$價格 = \frac{10{,}000元}{(100-20)/100} = 12{,}500元$$

成本加成訂價法，表面上係以單位生產成本或購貨成本加上某種利潤加成而得；但在實務上常以銷售價格來表示，而非以成本來表示。其原因乃為：

1.該種訂價的費用、利潤和降低，均以銷售額的百分比來表示；當加成也以銷售額的百分比來說明時，則有助於利潤的規劃。
2.製造商在向通路中間商說明售價和折扣時，係以從最後標價中減掉多少百分比來表示。
3.生產者要取得競爭者的價格資料比成本資料容易。
4.以價格而非以成本來表示加成，可使獲利力看起來較小，如此可避免高利潤的批評。

成本加成訂價法和成本加價訂價法的劣點，大致相同；但成本加成訂價法仍然廣被廠商所採用，其原因如下：

1.該法計算簡單明瞭，只將價格依單位成本訂定，不必經常隨著需求情況的變動而作調整。
2.若同產業中的所有廠商或大部分廠商都採用此種訂價方法，則價格將因成本和加成的相似，可降低價格競爭至最小程度。
3.成本加成訂價法對消費者和銷售者都較為公平，不致使銷售者利用消費者需求殷切時機而提高價格，而仍得獲得公平的投資報酬。

(三)損益平衡訂價法

損益平衡訂價法，或稱為目標利潤訂價法，也是一種常見的成本基礎訂價法。在此種訂價法之下，企業機構必須先算出產品應在何種價格的情況時，其產品的收支損益才能維持平衡，從而能享有一定的利潤。此種訂價法較適用於資本密集的廠商，較低資本投資的廠商並不適用。此外，公共事業因投資額較大，也多屬於獨占事業，政府管制通常較為嚴格，不容許價格隨意上漲，而以合理報酬率為其訂價基準。其計算公式為：

$$價格=單位成本（標準產量）+\frac{投資成本\times目標報酬率}{標準產量}$$

今以**圖11-5**為例，某公司產銷某項產品預計為800,000件，總固定成本為6,000,000元，目標利潤率為20%；在此情況下，該公司首先必須預估單位變動成本，才能知道總成本；或預估總成本，才能計算出變動成本；此種變動成本係隨著生產量的增加而增加，並以固定比率增加。依圖11-5顯示，若總成本為10,000,000元，則單位變動成本為：

（10,000,000元－6,000,000元）÷800,000（件）＝5元

倘先預估單位變動成本為5元，則總成本為：

6,000,000元＋5元×800,000（件）＝10,000,000元

由此可知，單位成本為：

10,000,000元÷800,000（件）＝12.5元

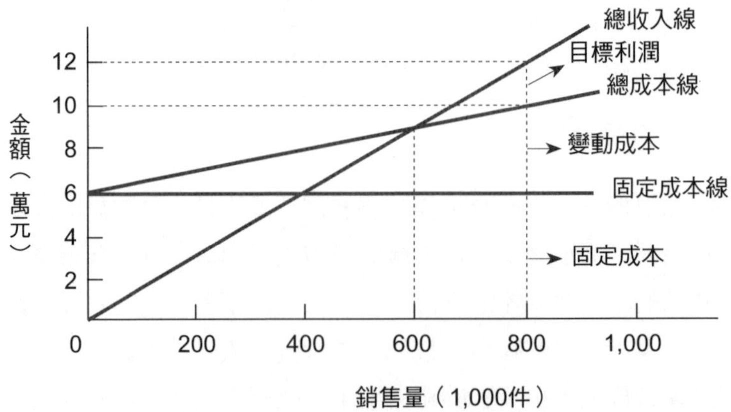

圖11-5　損益平衡圖示例

產品利潤為：

10,000,000元×20%＝2,000,000元

總收入為：

總成本10,000,000元＋利潤2,000,000元＝12,000,000元

則單位價格為：

$$價格＝12.5元＋\frac{10,000,000元×20\%}{800,000（件）}＝15元$$

然而，目標利潤訂價法尚須考慮產品的損益平衡點（breakeven point），依**圖11-5**所示，則此點正落在總收入線和總成本線的交叉處。損益平衡點可用下列公式求得：

$$損益平衡點＝\frac{總固定成本}{單位售價－單位變動成本}$$

依本例，則

$$BEP＝\frac{6,000,000元}{15元－5元}＝600,000（件）$$

準此，則該公司必須產銷600,000件產品，其收益始能維持平衡。

損益平衡訂價法以估計銷售量來求得價格，常有其限制。因為產品價格的高低，也會影響銷售量。此種訂價法常忽略了需求彈性，無法預期不同價格水準的銷售量；其只可提供企業機構在訂價時作參考，依此調整其產品價格。企業機構在判斷某項產品的價格無法達到某種目標時，可設定較低的價格，以調整其銷售數，再計算總成本，俾求能達成目標利潤。

二、競爭基礎訂價方式

所謂競爭基礎訂價方式，或稱競爭導向訂價方式（competition-oriented pricing），是指產品訂價主要以競爭對手的情況作基礎而言。此種方式又可分為現行價格訂價法（going-rate pricing）和投標訂價法（sealed-bid pricing/competitive bidding）兩種。茲分述如下：

(一)現行價格訂價法

現行價格訂價法，或稱為追隨費率訂價法（follow-rating pricing），係指企業機構在訂定其產品價格時，主要以競爭者的價格為基礎，而較不重視本身成本或市場的需求。行銷者採取此種訂價法，可能將價格訂得和主要競爭者相同，也可能將價格訂得比競爭對手為高或低。其完全視本身產品的市場地位與品牌形象而定。

在寡占性市場中，有些商品如鋼鐵、造紙或肥料等，由於其差異性不大，廠商所訂價格幾乎相同或相近。其中規模較小的公司，常採取「追隨策略」，一旦領導廠商的產品價格有了變動，其產品價格也跟隨變動；而不問其產品本身成本的升降，或市場需求的增減。其間為了競爭，有些較小規模公司，或許會採取一定些微的較低價格。例如，一些加油站常採取較大加油站略低的價格，但其差距始終維持不變即是。

現行價格訂價方式是最常見的訂價方式，尤其是在需求彈性難加以測度時，企業機構多認為其他同業皆如此訂價，則屬於合理利潤報酬，而不會輕易調整價格。否則，一旦訂價過高，而其他競爭者並不跟進，必將冒有損失市場占有率的風險；即使其他競爭者跟進，也可能形成惡性競爭，無利可圖。如果訂價太低，也會威脅其他競爭者的生存，而後者更可能以更低價格加入競爭，如此將使雙方皆陷入不利的境地。

(二)投標訂價法

投標訂價法，係採取以底價競標的方式，而取得銷售權之謂。此法亦為以競爭為基礎的訂價方式。凡是企業機構參與投標，其所訂價格皆以「設想競爭對手的可能報價」為基礎，而不是以本身成本或需求為基礎。企業機構參與投標，志在得標，以求能爭取到合約，因此常投出較其他競爭者為低的價格。

然而，企業機構在參與投標時，報價的高低必須詳為斟酌；否則若報價低於邊際成本，即使得標亦無法獲得利潤。投標訂價的基本原則，是標價愈高，得標的利潤愈大，但得標的機率愈低；標價愈低，得標的機率愈高，但得標的利潤愈小。投標訂價的最大困難，乃在於估計各個標價的得標機率，此時競標者除了不洩露本身的意向之外，常以猜測、商業間諜，或依據過去的投標經驗，來判斷得標機率。

三、價值基礎訂價方式

所謂價值基礎訂價方式，或稱為購買者導向訂價方式（buyer-oriented pricing），其係以購買者對產品的認知價值為主要基礎，而不是根據產品成本或競爭者的價格來訂定價格。此又可分為知覺價值訂價法（perceived-value pricing）和超值訂價法（value-added pricing）兩種。

(一)知覺價值訂價法

知覺價值訂價法，是以購買者對產品或服務的知覺價值來訂定價格。當購買者的知覺價值高，就可訂定較高的價格；而購買者的知覺價值低，就必須訂定較低的價格。因此，採行此種訂價法，首先必須認明購買者心中所顯現的認知價值。

惟知覺價值訂價法的關鍵，在於能否準確地衡量或估計顧客對產品或服務的知覺價值。廠商若高估顧客的知覺價值，將導致其價格偏高，而影響銷售量；惟若低估知覺價值，將導致價格偏低，而損失收益。

(二)超值訂價法

超值訂價法是指對高品質的產品採取較低訂價的方法。有些廠商認為採用超值訂價法，可提供給顧客物超所值的利益，用以吸引更多具有價值意識的顧客，以便能增加銷售量，並能擴大市場占有率。寶鹼公司的幫寶適（Pampers）紙尿褲、汰漬（Tide）洗衣精、豐田汽車的凌志（Lexus）等，均採用超值訂價法，而非依知覺價值來訂價。

第三節　新產品訂價策略

訂價決策受到產品的成本結構、市場需求、外在環境和競爭情況等的影響，故是一項非常複雜而動態的決策。且訂價策略必須隨著產品生命週期的演進，而不斷地作調整或改變。尤其是在導入期之前，新產品的訂價更富有挑戰性。本節將之分為具創新性產品的訂價策略，和非具創新性產品的訂價策略來探討之。前者通常為具有專利權保障的新產品，後者則為仿製現有產品的新產品。

一、創新性新產品的訂價策略

企業機構在推出一項真正創新性的新產品時，通常會採取市場掠取訂價法（market-skimming pricing）和市場滲透訂價法（market penetration pricing）兩種策略。茲分述如下：

(一)市場掠取訂價策略

所謂市場掠取訂價策略，是指企業機構在生產一項新產品而推出於市場時，可能訂定高價，俾能在市場上分批擷取最大收益，以儘速收回開發該項新產品的成本之謂。例如，杜邦公司（Dupon）當年在推出玻璃紙、尼龍等新產品時，即看準了這些新產品比當時顧客所購買的其他產品

更具優點，乃訂定了最高價格，進行了一次市場掠取，而後逐漸將產品價格下降，並將不同市場作區隔，再作另一層次的市場掠取，終而獲致最大收益。近來，英代爾（Intel）公司也採取此項策略，在新電腦晶片市場上獲取了最大收益。

然而，市場掠取訂價策略必須在下列情況下，始能應用：(1)產品本身必須具有適當的品質或形象，以足夠支持產品高價；(2)市場上必須有足夠的購買者，樂於接受高價以購買此項產品；(3)產品在少量生產時，生產成本不宜過高，以免抵銷所訂高價的利益；(4)必須是競爭者無法輕易投入市場，或難以較低價格銷售。

(二)市場滲透訂價策略

市場滲透訂價策略恰和市場掠取訂價策略相反。市場滲透訂價策略，是在新產品上市初期訂定低價，以期能快速而深入地滲透市場，俾能贏取較大的市場占有率。早期德州儀器公司在推出一項新產品時，首先都儘可能訂定最低價格，一舉攻占市場；然後再進而降低成本，再進行削價。近來，戴爾（Dell）電腦公司即採用此種策略，經由成本較低的直接通路，以銷售其高品質的個人電腦。

實施市場滲透訂價策略的條件如下：(1)市場必須具有較高的價格敏感度，俾能使低價迅速地帶動巨幅的市場成長；(2)當產量增加時，產品的生產成本和流通成本也應能下降；(3)產品價格較低時，應足以阻遏競爭者進入市場。

二、非創新性新產品的訂價策略

企業機構所推出的新產品，若屬於模仿現有產品而非創新性產品，就應先依據新產品和競爭產品在品質與價格上的比較，來決定新產品的定位，然後再選擇適當的訂價策略。通常，此種訂價有四種策略，如**圖11-6**所示。

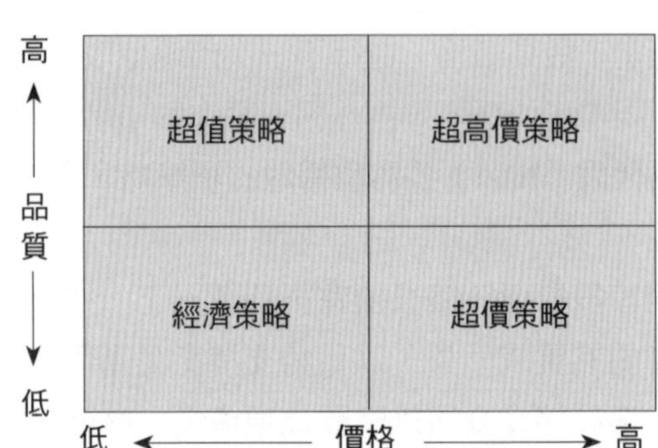

圖11-6　品質與價格行銷組合策略

在**圖11-6**中，超高價策略（premium pricing strategy）是指高品質的產品，其訂價也高，如勞力士錶（Rolex）即是。經濟策略（economy pricing strategy）是指低品質產品，其訂價也低，如天美時錶（Timex）即是。一般而言，在市場上只要有追求高品質或尋求低價的兩種消費群存在，則上述兩種訂價策略就可同時並存。

其次，超值策略（good-value strategy）是一種攻擊超高價的方法。它提供高品質的產品，但價格較低，強調物超所值，藉以吸引注重高品質的消費者。至於，超價策略（overcharging strategy），是指相對於產品品質而言，其價格過高。就長期觀點而言，此種策略會使購買者感受到被欺騙而停止購買，故不宜作為訂價策略。

第四節　產品組合的訂價策略

企業機構在訂定產品價格時，除了宜考慮前述各項策略之外，若某項產品為該企業機構產品組合之中的某項品目，則產品訂價策略應有所改變。此時，企業機構必須設計一組價格，而非一項價格，俾使整個產品組合的利潤得以達到最大的程度。惟此種設計甚為困難，其乃因一方面產品組合中各項產品的需求和成本互有關聯，另一方面則為各項產品所面對的競爭情況各有不同之故。本節僅就四種情況，分別討論之。

一、產品線訂價策略

企業機構甚少僅產製單一產品，而多係擁有產製一系列產品的產品線。此時，管理階層就必須採行產品線訂價（product line pricing）。例如，企業機構可能將產品推出五種不同類型的型別，依其不同價格增加或減少其產品特性或功能，或依其不同特性或功能而依序增加或減低其價格。此時，管理階層最重要的就是必須審慎決定各型產品價格的差距。

在決定價格差距時，一方面應考量型與型之間的成本差別，另一方面還應兼顧顧客對不同型別特性的認知價值，以及競爭對手的產品價格之比較。倘若相近的兩種型別產品的價格差距過小，則購買者可能傾向於購買較佳的型別；而如果兩者的成本差別小於其價格差別，則公司利潤必可增大。相反地，倘若相鄰兩型產品的價格差別甚大，則購買者必然傾向於購買較次型的產品。

依此，許多企業機構對其產品線上的各項產品，均須訂定一定的「價格點」。顧客即依這些價格點，以認定其品質分屬低品質、中品質和高品質。是故，賣方組織在訂定產品線上各項產品價格時，乃在分別建立不同的認知品質差異，俾使其認定產品價格的不同乃是合理的。

二、附屬產品訂價策略

企業機構在推出主要產品之時，有時會同時推出某些附屬產品，或稱為配購產品，以提供給消費選購搭配。此時，管理階層就必須決定為附屬產品訂價（optional-product pricing）。例如，汽車購買者除了選購汽車之外，其尚可能向汽車公司購買電動窗、除霧裝置、音響或選擇自動排檔等。但是附屬產品的訂價常使汽車行銷者為難，他們首先必須決定何項產品應併入汽車售價之中，何項品目應視為配購產品，資供顧客選擇。

依此，企業機構在附屬產品訂價策略上，有兩種方式。其一就是將附屬產品訂價灌入整個產品的價格之中，而以較高價格售予顧客。此種方式的優點，就是有些顧客寧可多花費一些費用，以購買完整配備的產品，俾能求得使用上的便利性。但是其缺點，乃為不能完全滿足所有顧客的需求。另外，有些企業機構將附屬產品另外訂定價格，而分立於主要產品之外，以提供給不同需求的顧客。

三、連帶性產品訂價策略

有些企業機構在產銷產品時，必須另外推出連帶性產品，而採行連帶性產品訂價（captive-product pricing）。例如，剃刀片、照相軟片和電腦軟體，都各是刮鬍刀、照相機、電腦的連帶性產品；許多公司都將主產品的價格訂低，利用連帶性產品的高價來增加利潤。因此，許多企業機構在推出主產品時，通常也會產銷連帶性產品；否則公司必無法持續營運。

此外，在服務業中也常使用兩部訂價方式（two-part pricing），來達成其營運目標。例如，有些公司將服務費分為固定費用（fixed fee）和變動使用費用（variable usage rate）。電話公司每月有基本費用，再加上超過最低通話次數的費用，即為其例。此外，許多遊樂場先索取入場費，再加上其他購物費、遊樂器使用費等，亦為其例。然而，固定費用應該要低於足以吸引顧客，然後再由變動使用費用中獲取利潤。

四、副產品訂價策略

有些企業機構在生產內製品、石油製品、化學製品及其他製品時，常有某些副產品問世。如果副產品毫無價值，且處理成本甚高，將影響主產品的訂價。因此，若採行副產品訂價（by-product pricing）時，製造商

必須設法為其副產品尋求適當的市場，只要副產品價格高於儲存與運輸成本，就可出售。如此自可降低主產品的價格，加強其競爭能力。

就副產品本身而言，有時副產品是有利可圖的。然而，有些公司竟不知評估其價值。企業機構倘能估計副產品的處理成本，當可將副產品當作有用的物質，而為公司帶來額外的利潤。

第五節　價格調整策略

企業機構在訂定了產品的基本價格之餘，尚須考量顧客的差異、成本差異、時間差異以及市場情境的變動，適時地作必要的價格調整或修正。折扣與折讓訂價（discounts & allowances pricing）、區隔訂價（discriminatory pricing）、心理性訂價（psychological pricing）、促銷訂價（promotional pricing）、地理性訂價（geographical pricing）以及國際性訂價（international pricing）等，是較常見的價格調整方式。

一、折扣與折讓訂價

企業機構為了鼓勵顧客提早付款、大量購買產品，或在淡季時購買，常給予顧客價格折扣或折讓，其方式有如下數種：

(一)現金折扣

現金折扣（cash discounts）是對迅速支付帳款的購買者，實施價格折降的優惠。典型的現金折扣是「2／10，30天」，即表示帳款應在30天內付清者，若在10天內付款，則給予2%的折扣。此種折扣在很多產業內盛行，此有助於改善銷售者的現金流動性、降低收帳成本和防止呆帳發生。

(二)數量折扣

數量折扣（quantity discounts）是對購買大量產品的購買者，所作的價格折扣。典型的數量折扣是「購買100單位以下，單價為10元；購買100單位以上，單價為9元。」數量折扣對所有顧客皆須一視同仁，且折扣幅度不可超過因大量銷售所節省的成本。這種大量銷售所節省的成本，包括：推銷成本、存貨成本以及運輸成本。數量折扣可鼓勵客戶向同一銷售者購買，而不要分散向其他來源購買。

(三)功能性折扣

功能性折扣（functional discounts），又稱為中間商折扣（trade discounts），係指行銷者對其行銷通路中成員，為執行某些功能，如銷售、儲存、進出貨登錄等，所給予的折扣。製造商可對不同的行銷通路，因其提供不同的服務，而給予不同的功能性折扣；但對於同一通路內的成員，則應給予相同的功能折扣。

(四)季節性折扣

季節性折扣（seasonal discounts）是對在淡季購買商品或服務的購買者，所給予的價格優惠。一般而言，旅館、汽車旅館、航空公司、服飾業等，都會在銷售淡季時提供季節性折扣。季節性折扣的採行，可協助企業機構維持住全年穩定產銷量。

(五)折讓

折讓（allowances）是企業機構提供其他價格折扣的總稱。其中抵換折讓（trade-in-allowances）和促銷折讓（promotional allowances）即是常見的折讓方式。所謂抵換折讓，是指顧客以舊產品抵換新產品，而由賣方提供價格折扣之優惠而言。抵換折讓在汽車業者最為常見，在其他耐久性產品的交易中也常被使用。至於，促銷折讓是指企業機構為酬謝其代理商或經銷商，因其參與公司的廣告或其他促銷活動，而給予的價格折讓或優

惠之意。

二、區隔訂價

企業機構為適應不同的顧客、產品、地點、時間，有時必須對其產品的基本價格作必要的調整。此時，就有所謂的區隔訂價出現。所謂區隔訂價，就是企業機構對其同一產品或服務，訂出兩種或兩種以上的價格出售，此種價格差異並非以成本差異為基礎。一般而言，最常見的區隔訂價方式，有如下數種：

(一)顧客區隔訂價

顧客區隔訂價（customer-segment pricing），是指對於相同的產品或服務，提供不同的顧客支付不同的價格之謂。顧客區隔訂價的原因，乃是因為顧客需求強度不同之故。對需求度較強的顧客，可能訂定較高價格；而對需求度較弱的顧客，可能訂定較低價格。此外，顧客區隔訂價有時係因應社會習慣或政府政策而採行的，例如，公車車票價格對老人、學生、軍人等所實施的優待價格即是。

(二)產品型別訂價

產品型別訂價（product-form pricing），是指針對同一產品的不同型別採行不同的訂價，此種差別價格並非因為成本的不同，而純係型別的不同。例如，塑鋼洗衣機的售價比普通膠殼洗衣機的售價為高，而此兩型洗衣機除頂部材質不同外，其成本幾乎相同，但其售價卻有明顯差異。

(三)地點區隔訂價

地點區隔訂價（location-segment pricing），是指企業機構在不同的地點，訂定不同的產品價格。此種不同價格與成本無關，且係同一產品。例如，戲院前後座位的票價不同，即屬於地點區隔訂價。

(四)時間區隔訂價

時間區隔訂價（time-segment pricing），是指企業機構對同一產品的售價，常依季節、月份、日期，甚至時辰而訂定不同的價格。例如，電話費率在晚上較為便宜，在白天較貴。又如其他公用事業常因頂峰或離峰時刻，而有不同的訂價即屬之。

不管區隔訂價以何者為基礎，其可行條件如下：(1)產品市場應能做區隔，且各個區隔應有不同的需求強度；(2)在價格較低的市場中，顧客不可能將產品轉售給較高區隔的購買者；(3)競爭對手無法在高價區隔市場中採行低價競銷；(4)行銷者將市場區隔的成本和監督市場的成本，不應高於因區隔訂價所產生的收益；(5)實施區隔訂價應不致引發顧客的不平；(6)採行區隔訂價，必須合法。易言之，區隔訂價必須能真正地反映不同顧客的認知價值。

三、心理性訂價

心理性訂價是指依顧客的價格知覺來訂價，使產品的價格更具有吸引力而言。心理性訂價有多種方式：

(一)習慣訂價

習慣訂價（customary pricing）是指廠商根據傳統習慣的價格來訂價而言。一般日常用品由於沿用已久，常依傳統習俗而訂價，以免顧客感覺到太貴，而損失收益。

(二)聲望訂價

聲望訂價（prestige pricing）是指廠商在建立起產品聲望之後，所採行的一種高價訂價方法。有些產品訂定在高價水準，乃係因為顧客認為高價產品即代表高品質產品之故。當購買者將高品質和高價格聯想在一起時，此種訂價策略最為可行。

(三)價格線訂價

價格線訂價（price line pricing）是指廠商以某些選定的產品線所訂定的價格而言。通常在此產品線上所生產的產品，均為某些顧客認為值得購買的產品，因此廠商乃在同一系列生產多種款式和品牌，以供顧客選購。此種訂價可簡化顧客的購買決策。

(四)合購訂價

合購訂價（bundle pricing）是指廠商將數種產品組合成套，再以較低價格來銷售的方式。例如，兩種產品原有訂價分別以4,000元和5,000元銷售，若合購只要新台幣7,000元即可。

(五)奇數訂價

奇數訂價（odd pricing）是指在產品價格的尾數以奇數訂價，以影響購買者對產品價格的知覺而言。例如，一件產品訂價為999元，比整數價在1,000元，在知覺上感到便宜。因此，許多商家常採用此種訂價方式。然而，有些心理學家認為數字的形狀也具有心理作用，如8的字形圓潤均匀，令人有舒適安逸之感；而7的字形尖角銳利，使人有不調和之感。這也是訂定產品價格時，所必須考慮之處。

四、促銷訂價

促銷訂價是指企業機構暫時性地將產品訂在定價之下，甚至訂在成本之下而言。此種訂價方式有下列形式：

(一)犧牲打訂價

犧牲打訂價，乃為一般超級市場和百貨公司常選出少數產品作為虧損促銷品，藉以吸引顧客前來購買，並期望顧客能購買其他正常價格的產品。

(二)特殊時機訂價

特殊時機訂價，是指企業機構常在特殊假日、季節或活動期間採取減價行動，藉以吸引更多的顧客而言。

(三)現金回扣

現金回扣是指廠商選在一特定期間內提供給消費者某些退款或提供贈品，以鼓勵消費者多購買產品。目前許多耐久性產品及小型家電用品製造商常運用此種促銷方式。

(四)低利融資

低利融資是以低利貸款給消費者，以求達到促銷目的的方法。此種方式不僅不需降價，又可刺激消費者的購買意願。

(五)免費維修

免費維修是指廠商為提高顧客的購買意願，乃提供免費維修或延長保證期間的服務之方式，其亦為促銷推廣的最佳方式。

五、地理性訂價

地理性訂價是指依據顧客所在的地理區域之遠近，所採行的訂價方法。其有下列五種方式：

(一)FOB原廠訂價法

FOB原廠訂價法（Free-on-Board origin pricing）是指依產品自出廠時的價格，再加上載貨運送成本的訂價方法。FOB的涵義乃為承購的產品可免費搬運到載具上，但一經載運，其費用須由承購者負擔之謂。此種訂價法既為出廠時價格，再加上運送費用，則產品價格當隨地理遠近而有所差異。

此種訂價方式，既為由顧客自行負擔運費，對所有消費者而言，尚屬公平。然而，其缺點是對地理距離較遠的顧客而言，不啻為一種高成本的產品；此時，顧客將轉向距離較近的業者承購，此舉對原購廠商將是一種喪失交易的機會。

(二)統一交貨訂價法

統一交貨訂價法（uniform delivered pricing），係指不分顧客所在地理遠近，一律按照產品出廠價格，再加計統一的運送成本之訂價方式。此種訂價方式與FOB原廠訂價法相反。其優點是產品有統一的價格，比較容易管理。但其缺點，則為地理區域較近的購買者，須負擔地理區域較遠購買者的運送成本。

(三)分區價格訂價法

分區價格訂價法（zone pricing），介於前述兩者之間，亦即企業機構劃定兩個或兩個以上的地區，同一地區採用同一價格，不同地區採用不同價格，地區愈遠價格愈貴。此種訂價法的優點，是同地區價格相同；但缺點是相鄰甚近的不同地區，其價格卻有差異。

(四)基準點訂價法

基準點訂價法（basing-point pricing），係指選定某個城市為基礎點，各地顧客均須另外負擔由基準點至顧客所在地的運費。此種訂價法可使賣方多設基準點，且選擇距離顧客最近的基準點作為計算運費的依據。

(五)運費自行吸收訂價法

運費自行吸收訂價法（freight-absorption pricing），是指企業機構為了爭取業務，而將產品的實際運費自行部分吸收或全部吸收。採行此種訂價方式的目的，乃認為因此可帶來更多的收益，未來的平均成本將可下降，如此自可彌補所承擔的額外運費。一般而言，企業機構之所以採用此種訂價，多常見於採行市場滲透策略；或在競爭愈趨劇烈的市場中，想維持高度市場占有率，或擴大市場占有率。

六、國際性訂價

國際性訂價，是指將產品行銷至國際市場時，不同的國家須有不同的訂價。在某些情況下，企業機構可能設定一個全球性的統一價格。然而，在大多數情況下，企業機構都會基於各國的實際情況和成本的考量，而訂定不同的價格。這些情況包括：經濟條件、競爭情勢、法律限制、當地消費者的認知與偏好，以及當地批發商與零售商等行銷通路的發展情況。因此，國際性訂價乃為因應各國的條件與企業機構的產品成本，而訂定不同的價格。

總之，企業機構的產品訂價策略，宜因應各種情況和本身產品成本，隨時作價格調整的策略。有時，企業機構必須主動採取降價策略或升價策略，並審慎思考購買者或競爭對手對價格變動的反應，以作出最佳的因應措施，以求能達成企業目標。

Chapter 12

行銷通路

行銷通路是行銷組合的四大要素之一，行銷通路的長短將影響產品價格的高低、行銷人員的工作內容、廣告預算的多寡，因此行銷通路是吾人必須要重視的課題。本章首先將探討行銷通路的性質，其中包括：行銷通路的涵義、便利性、功能與層級；其次將研析行銷通路上所可能產生的問題與組織的必要性；再次研討有關行銷通路的設計與管理；最後則分析實體流通的性質與意義、目標、功能及其整合。

第一節　行銷通路的性質

一般而言，絕大部分的生產者，都會透過中間商將產品傳銷到消費者手中，此種傳銷過程，乃構成行銷通路。所謂行銷通路（distribution channel），是指產品的製造商將其產品或服務，透過中間業者送達到最後消費者或使用者的整個流程；亦即凡是取得產品所有權或協助所有權轉移的機構和個人，均屬於行銷通路。生產者之所以要開展行銷通路，就是因為生產者可從中得到若干便利性；且行銷通路中的中間商本身，亦具備某些功能存在。本節即將分別探討之，且進而分析行銷通路的層級。

一、行銷通路的便利性

產品生產者之所以開展行銷通路，最主要是生產者可從中獲致某些利益，這些利益如下：

1.絕大部分的生產者都沒有足夠的財力，去執行直接行銷（direct marketing）的方案。即使財力龐大的企業機構如台塑和統一企業等大型企業，也很難籌措足夠的資金，來執行銷售的業務與功能。因此，只有透過中間業者來推行其產品的銷售。

2.生產者若自行直接行銷，縱使可在各地遍設零售商店，然其常不合經濟效益或不切實際。此時，只有透過中間業者形成一條行銷通路，並建立起一定的行銷網路。

3.生產者若能透過行銷通路，以推銷或銷售其產品，當可集中心力於自我產品的生產，以及產品品質的改善，並謀求降低成本；易言之，生產者可致力於專業的生產工作，不必分神於銷售工作。

4.生產者縱然有足夠資金，以自行設置行銷通路，但也必須考慮其機會成本；假如生產者將資金投資於擴展原有的事業，可能將可獲致更大的報酬或利潤。

5.生產者將產品透過中間業者經銷，其效率遠高於自行將產品送達於目標市場。蓋中間商具有較高的市場專業、經驗與接觸面，其所獲得的行銷效益通常大於生產者自行行銷的效果。

6.產品的交易透過中間商，可減少買賣雙方的次數，而達成經濟性的目標。**圖12-1A**即顯示，有三家生產業者自行設置行銷通路，而將產品送達於四家客戶，將有十二條行銷通路；若透過中間商如**圖12-1B**所示，則行銷通路將減為七條，此即可顯示透過中間業者的經濟性。

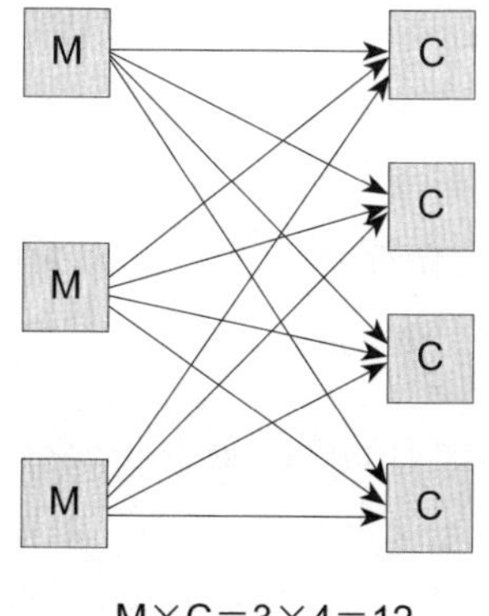

M×C＝3×4＝12

M＝生產業者，C＝客戶，D＝中間業者

圖12-1A　自行設置行銷通路次數

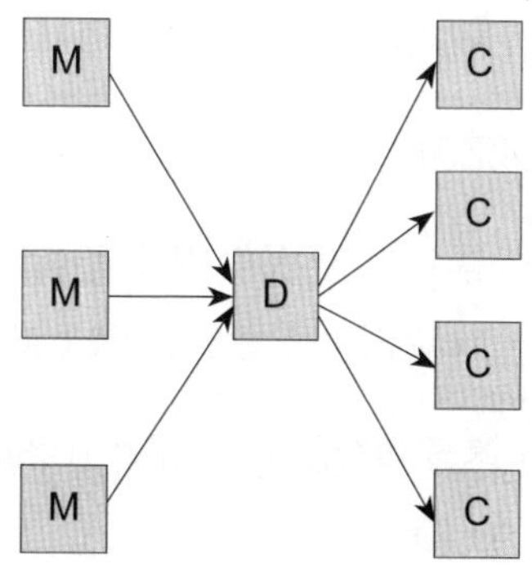

M＋C＝3＋4＝7

M＝生產業者，C＝客戶，D＝中間業者

圖12-1B　經由中間商行銷通路次數

二、行銷通路的功能

行銷通路不僅為生產者帶來許多利益與便利性，而且其本身也可能扮演非常重要的角色，並行使許多重要功能，這些功能如下：

(一)交易功能

行銷通路本身即具有交易的功能，此乃涉及與潛在消費者進行接觸與溝通，使他們知道現有產品，並對其解釋產品的特性、優點和利益。該項功能又可細分為下列功能：

1.採購功能：是指中間商向生產者購買產品，探尋可能的購買者以待轉售。

2.促銷功能：是指中間商開發、傳播和推廣產品給潛在顧客，並爭取訂單。

3.交涉功能：是指中間商能達成有關產品價格與其他條件的協議，俾使產品所有權能順利轉移。

4.風險承擔功能：是指中間商能承擔產品發生變質、損毀或過期的企業風險。

(二)物流功能

行銷通路能提供對生產者的產品所有權做移轉、組合、分裝及實體配銷，以減輕生產者的負擔，此又可細分為下列功能：

1.產品集結功能：是指中間商可將不同地方的產品集中在一處，以便於銷售。

2.儲存功能：是指中間商可維持產品存貨，並保護產品，以隨時順應顧客的需要。

3.集中功能：是指中間商可將相似的不同產品，集中在同一供應品區，以便於購買者購買。

4.搭配功能：是指中間商可把不同來源的產品，搭配在一起，以便於服務顧客。

5.實體分配功能：是指中間商可將產品由製造地點運送到採購或使用地點，其中可能包括：運輸、倉儲、存貨和訂單處理等程序。

6.配合分類功能：是指中間商可處理分級、分裝，以及整理的配合問題。

(三)促成功能

促成功能是指行銷通路具有促成產品做更成功交易的作用而言，此又可細分為：

1.研究功能：是指中間商可蒐集有關市場情況、預期銷售量、消費者趨勢和產品競爭情況等資料，以利於銷售規劃和交易作業的進行。

2.分級功能：是指中間商可檢驗產品類型，並依產品品質分成等級，以便於交易。

3.推廣功能：是指中間商可協助製造商來進行推廣活動，以求更能吸引顧客。

4.融資功能：是指中間商可提供財務上取得和運用所需資金，以便能促成交易。

三、行銷通路的層級

每家生產者將其產品轉移至最終消費者手中，通常會歷經一些層次，此即為行銷通路層級。固然，生產者和最終消費者都屬於通路的一員，但整個行銷通路中的中間層級數，才是行銷通路的長度。以下將分別說明消費品和產業品的通路層級以及其他通路類型。

(一)消費品的通路層級

消費品的通路層級，可分為零層、一層、二層和三層等四種不同長

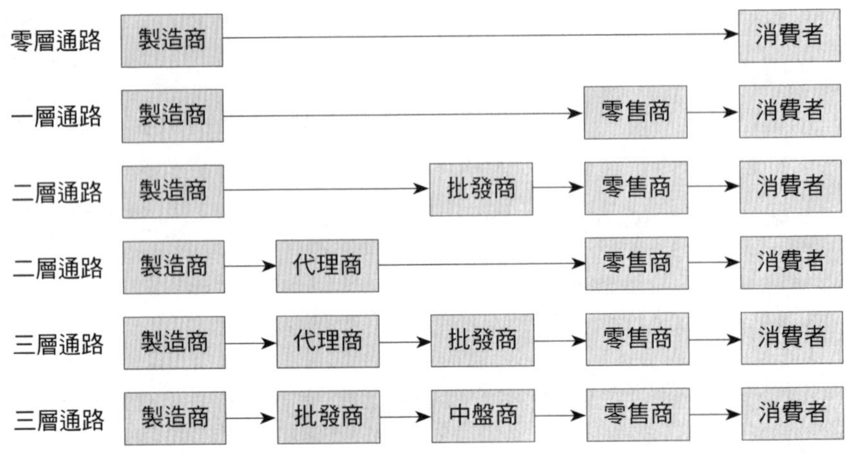

圖12-2　消費品的行銷通路

度的行銷通路，如**圖12-2**所示。

1.零層通路：零層通路又稱為直接或直效行銷通路（direct marketing channel），係指由製造商逕行將產品售與消費者或使用者的通路。此種通路實質上並無任何中間商，而做直接的行銷。一般直接行銷有許多不同的方式，如逐戶銷售（door-to-door selling）、直接郵購、電話行銷（tele-marketing）、電視行銷（television marketing）、網路行銷（internet marketing）、線上採購（online buying）、無店鋪販售，以及製造商的自營商店等均屬之。

2.一層通路：一層通路，係指通路中僅有一個層次的中間商而言。在消費者市場中，一般通稱為零售商。許多大規模的零售商常直接向製造商大量進貨，然後再轉賣給最後消費者。

3.二層通路：二層通路，係指通路中有兩個層次的中間商。在消費市場中，中間商可分為批發商和零售商。消費品的行銷通路是由製造商賣給批發商，再由批發商賣給零售商，最後由零售商賣給消費者。對大多數的消費品而言，這是普及廣大市場的最可行途徑。另外，一種二層通路是製造商透過代理商賣給零售商，再由零售商賣給最終消費者；其中代理商只負責中介買賣，並不擁有產品的所有權，故代理商又稱為中介商。

4.三層通路：三層通路，係指通路中共有三個層次的中間商。其中批發商出現在代理商和零售商之間，或中盤商出現在批發商和零售商之間，在由代理商或批發商進貨之後，再轉售給較小的零售商。由於較小的零售商規模過小，通常不易從較大的批發商取得進貨，只得透過中盤商取貨。

在上述不同層級的通路中，或有高於三個層次以上的通路，如代理商→批發商→中盤商→零售商，但通常較少見到。一般而言，若通路層次過多，管理控制愈為困難。蓋通路中的每個成員都必須處理多種不同的往來流程，如產品的實體流程、產品所有權的流程、款項收付的流程、行銷資訊的流程以及促銷作業的流程等。由於各項流程的種類太多，以致其流通作業愈趨繁複，此尤以工業品的通路為甚，以下將繼續研討工業品的行銷通路層級。

(二)產業品的通路層級

正如消費品的通路層級一樣，產業品的行銷通路亦可分為零層、一層、二層等不同長度的通路，如**圖12-3**所示。

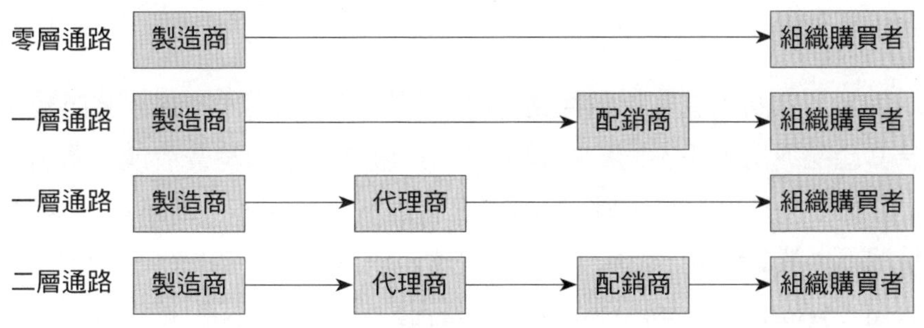

圖12-3　產業品的行銷通路

1.零層通路：在產業市場中，零層通路是最常使用的行銷通路。此乃為製造商將其產品直接銷售給組織購買者的方式。當產業組織規模龐大、銷售時需有廣泛的談判、產品的單價偏高、或產品需有廣泛的服務時，此種直接行銷是最有效的通路。一般而言，今日許多精密而複雜的電腦製造商常採用此種通路，而將產品直接售與組織購買者，並為其提供專業技術人員，做最好的售後服務。

2.一層通路：在產業市場中，一層通路有兩種情況，其中之一就是製造商透過配銷商（distributor），將產品轉賣給組織購買者，而由配銷商提供多樣化的服務，包含推廣方面的服務。配銷商即為組織市場中服務的一種批發中間商。當產品要賣給許多組織購買者，而這些組織購買者又多屬於小量購買時，則此種行銷通路是一種很有效的辦法，例如，建材和電腦套裝軟體的行銷就可採行此種通路。

另外一種一層通路，就是製造商經由代理商，將產品賣給組織消費者。代理商只負責中介買賣，並不擁有產品的所有權。有時，製造商因規模較小或其他原因，而沒有行銷或銷售部門，但又需要取得市場資訊，或想引進新產品或進入新市場，又不使用自己的銷售人員，此時，經由代理商來銷售，不失為一種有效率的做法。

3.二層通路：二層通路是指製造商經由代理商和配銷商，將產品賣給組織購買者。製造商若沒有行銷部門，而組織購買者又屬於小量購買，此時正可利用二層通路作為行銷的途徑。

(三)多重通路

每家製造商固有其行銷通路層級，然為了接觸不同市場，有時也可能為其產品運用若干不同的行銷通路，以服務更多的消費者或工業購買者，並從中得到更大的利潤。此即為多重通路（multiple channel）。在某些情況下，製造商可能利用多重道路來執行其多品牌的策略。例如，惠而浦公司（Whirlpool）利用惠而浦品牌名稱，將家電用品賣給消費者；而用Kenmore品牌名稱，將其家電用品賣給施樂百百貨公司即是。

此外，有些製造商可能運用兩種類型或兩種以上的通路，來經銷相同的基本產品給一個目標市場，此稱之為雙重或多重配銷（dual or multiple distribution）。運用雙重或多重配銷的目的，乃在擴展市場的涵蓋範圍，或增進行銷成本上的效益。例如，統一企業公司一方面透過其7-Eleven超商系統來銷售其產品，另一方面也經由傳統的行銷通路來銷售其產品即是。

(四)逆向通路

在行銷通路上，一般都由製造商或生產者將產品逐層運送到最終消費者手上；但有時產品也會做反方向的行動，由最終消費者移向製造商或生產者，此種通路即稱為逆向通路（reverse channel）。

逆向通路有兩種形態，一是回收再用（recycling），一是召回（recall）。回收再用就是將產品的一部分經由回收公司回收後，再回銷給製造商或生產者而言，此乃基於成本的考量或環保意識的高漲之故，如空瓶和空罐的回收即是。召回是指製造商或生產者因發現其產品的瑕疵，而通知購買者或中間商送回其產品，再由製造商或生產者退款、更換或修理的過程而言。例如，汽車公司或玩具製造商發現其產品的缺陷或不安全的設計，而召回其產品，即是一種逆向通路。

第二節　行銷通路的衝突與組織

行銷通路是由行銷流程中不同的中間商所共同建構而成的。這些中間商彼此之間存有相互依賴關係，共同負責整個通路的成敗，唯有共同努力，協調合作，始能實現整體通路的共同目標。然而，每個中間商仍然各自扮演著一定的角色，行使一定的功能，此時不免會以本身的短期利益為重，各行其是，終而引發衝突。是故，行銷通路系統必須有充分的協調，以調和其間的衝突，因此有另設組織的必要，本節即將分為兩部分探討之。

一、行銷通路上的衝突

在行銷通路上的製造商、批發商、零售商等不免會發生目標、角色、實務作業上的爭議，此即為通路衝突（channel conflict）。一般通路可分為垂直衝突（vertical conflict）與水平衝突（horizontal conflict）。

(一)垂直衝突

垂直衝突，係指行銷通路中不同層級之間的衝突，如製造商與經銷商、批發商與零售商之間的衝突即是。當製造商想推動服務或廣告策略，而經銷商無法配合時，就會發生此種衝突。又如零售商急需貨品，而批發商無法及時供應時，就會發生垂直式衝突，此種衝突較為常見。

(二)水平衝突

水平衝突，係指在行銷通路中同一層級成員之間的衝突，如零售商與零售商之間、批發商與批發商之間的衝突即是。例如，批發商和批發商之間共同搶奪同一零售商，或零售商與零售商之間的削價競爭等，都屬於水平衝突。

當然，有些衝突並非全無是處，有時它亦可形成良性競爭。惟為使整個行銷通路更為流暢，尋求彼此間的協調合作，可能是更佳的方法。因此，企業機構為了確保行銷通路的暢通，以確定各個成員的明確角色，必須做妥適的管理，此時就必須建立一套制度，以求能指派各個成員的角色，並管理其間的衝突，此則有賴組織功能的發揮。

二、行銷通路的組織

在傳統上，行銷通路都是由個別的製造商、批發商和零售商等所構成，由於彼此之間各自獨立，常引發其間的爭執與衝突。今日企業機構為了取得協調合作，乃轉而組成行銷通路組織，此種組織大致上可分為如下類型。

(一)垂直行銷通路系統

所謂垂直行銷系統（vertical marketing system, VMS），是由製造商、批發商和零售商結合為一體，而形成一連串的統一行銷體系。此種統一體系係指通路中某一成員為其他成員的業主，或某一成員對其他成員訂有經營合約，或某一成員對其他成員享有高度權力，足以引發全體成員的合作。其與傳統行銷通路最大的不同處，乃為傳統行銷通路中的成員是各自獨立的，而垂直行銷通路中的成員是結合在一起的，如**圖12-4**所示。垂直行銷系統的支配者，可以是製造商，也可以是批發商或零售商。

垂直行銷系統是一種集中規劃和管理的行銷通路，可用以控制整個行銷通路的統一運作，管理通路中的所有衝突，具有整合投資資源的經濟性，擁有談判和協調的力量，足以消除彼此業務的重複，達成整個通路的最大效率。此種系統又有三種不同的類型，如**圖12-5**所示。

1.管理型系統：管理型系統（administered VMS），是透過一家具有

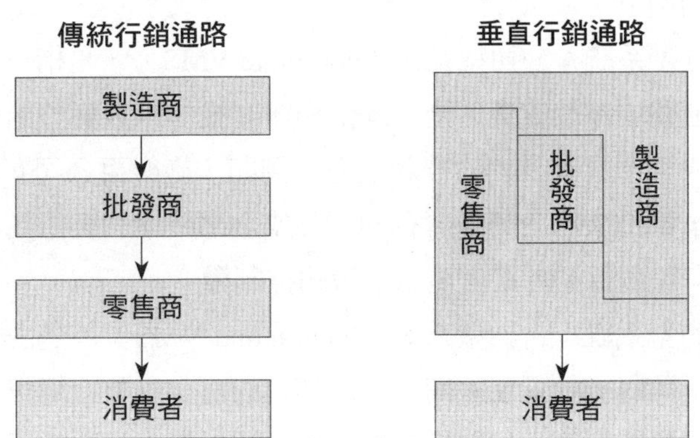

圖12-4　傳統與垂直行銷通路比較

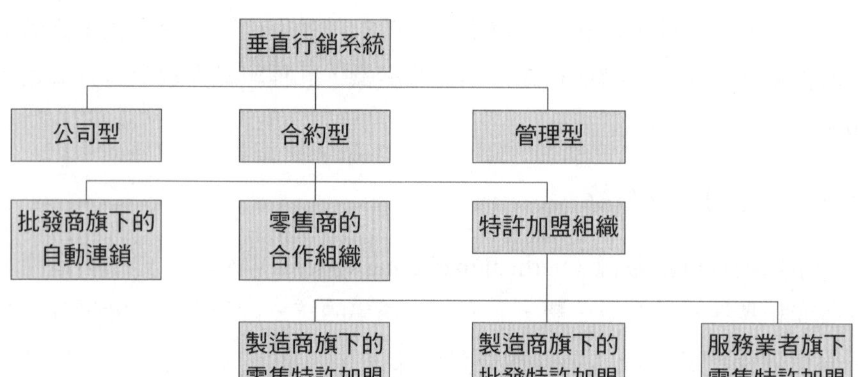

圖12-5　垂直行銷系統的主要類型

優勢力量的通路成員來管理垂直行銷系統，使各個成員在做出產銷決策時，能考慮到整個通路系統中所有成員的利益，使彼此之間能夠相互協調合作。通常，高居業界首位的品牌製造商或零售商，都可能輕易地取得其他通路成員的合作與支持。前者如奇異、寶鹼、康寶湯品公司等大製造商，在產品展示、陳列空間、促銷和價格等方面，都能得到中間商超乎尋常的合作。後者如Wal-Mart和玩具反斗城等大型零售商，則有能力影響供應產品的製造商，這些都是明顯的例子。

2.公司型系統：公司型系統（corporate VMS），是指一家公司由於擁有通路中每個成員的全部或部分所有權，以致對整個行銷通路的產銷決策，具有最大的控制權力。例如，施樂百公司有50%以上的商品，都是來自於其所擁有的部分或全部股權的製造商，故該公司乃具有整個行銷通路上產銷決策的控制權。

3.合約型系統：合約型系統（contractual VMS），是由行銷通路過程中不同層級的獨立廠商，經由契約的訂定以整合產銷決策，以期達成經營的經濟性或銷貨利潤的提高。近年來，此種行銷系統的擴展甚快。其至少有三種主要形態。

首先，第一種形態稱為「批發商旗下的自動連鎖」（wholesaler-sponsored voluntary chain），係指由批發商為協助獨立的零售商，對抗大型連鎖店而成立的連鎖組織。此乃為由批發商訂定一套行銷方案，並將採購、推廣、存貨、訂價等行銷行業標準化，以提供獨立的零售商作為加盟的依據，且加強彼此間的協調，以提升銷售的競爭力。例如，美國獨立雜貨商聯盟（Independent Grocer's Alliance, IGA），即屬於此種自動連鎖。

其次，第二種形態稱為「零售商的合作組織」（retailer cooperative organization），係由多家零售商共組一個新企業體，從事於批發進貨，甚至從事於生產方面的業務。該種組織的成員可經由合作組織集中採購，共同計畫廣告活動，並依採購額比率分享利潤；非成員也可向合作組織購貨，但不能分享利潤。美國的聯合雜貨商（Associated Grocers），即屬於此種類型的組織。

最後，第三種形態稱為特許加盟組織（franchise organization），係由專賣特許人（franchise）授權被特許人（franchisee）使用其商標，或從特許人身上取得行銷、管理和技術上的服務，而必須支付一些費用給特許人的一種行銷通路方式。此種特許加盟是晚近零售商成長最快速的方法。從汽車旅館、速食店，以及各種顧問服務，都有特許加盟組織的出現。其又發展出三種不同的形態。

其一，是製造商旗下的零售商特許系統（manufacturer-sponsored retail franchise system），盛行於汽車業，如福特公司授權經銷商銷售其汽車，而經銷商為獨立的經營者，同意配合福特公司的各項銷售與服務規定。其二是製造商旗下的批發商特許系統（manufacturer-sponsored wholesaler franchise system），常見於飲料業，如可口可樂公司特許各市場的裝瓶工廠（批發商），向其購買濃縮糖漿，再加上碳酸，裝瓶後賣給當地的零售商。其三是服務業者旗下的零售商特許系統（service-firm-sponsored retailer franchise system），係由一家服務公司授權一個零售系統，將其服務有效而完整地提供給消費者，許多汽車租賃業、速食服務業、汽車旅館業均屬之。

(二)水平行銷通路系統

所謂水平行銷系統（horizontal marketing system），是由同屬於一個層級的行銷通路成員結合在一起，以共同開拓新的市場機會。此種行銷通路系統之所以興起，乃係因各個通路成員倘係單獨經營，常缺乏資金、技術、生產和行銷所需的資源，以致無法開展業務，只得加以聯合。其次，聯手合作可共同承擔風險，並獲致更大的利益。水平式聯合可以是暫時性的，也可以是永久性的，甚至可另外創設一家獨立的公司。統一超商7-Eleven和中信銀行或萬通銀行合作，在超商商店中設立自動櫃員機，使得銀行可以低成本取得市場據點，而統一超商可為其顧客提供店內銀行服務，即為一種水平行銷通路聯合。此外，可口可樂公司和雀巢公司的聯合也是一個明顯的例子，可口可樂提供其全球行銷與配銷的經驗，而雀巢則提供兩個知名品牌——Nescafé與PNestea行銷於市場。

(三)多重行銷通路系統

多重行銷系統（multiple marketing system），或稱為混合行銷通路（hybrid marketing channel），是指一家公司建立兩個或兩個以上的行銷通路，以行銷或服務同一個或多個不同的顧客市場。今日已有愈來愈多的公司採行此種行銷通路系統。IBM公司和Dayton-Hudson公司即利用多重行銷通路，分別服務不同的顧客層次，一方面利用各自獨立的經銷商，包括：各百貨公司、平價商店和郵購商店等，另一方面又自行實施郵購型錄、電話行銷，來銷售其產品。

多重行銷通路的優點，是在每條新的通路中，可擴張公司的銷售額和市場占有率，並可依各個專長的通路來滿足多樣化顧客的特定需求，從中獲得有利的機會。然而，此種行銷通路系統較難控制，且因太多的通路在競逐有限的顧客和銷售量，致容易發生彼此間的衝突。

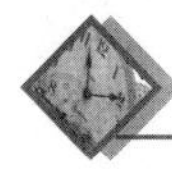

第三節　行銷通路的設計

當企業機構在開始營運時，就必須建構其行銷通路，才能將其產品行銷到市場上。在規模較小的市場裡，企業機構尚可將其產品直接銷售到市場上；但在大規模的市場中，企業機構就必須透過不同的中間商行銷其產品。由此可知，生產者必須建構行銷通路，以適切地反應各種狀況和市場機會。因此，企業機構必須對行銷通路加以評估，並設計出最佳的通路規劃，其步驟至少包括：分析消費者的服務需求、建立通路目標與限制、確認可行的行銷通路，以及評估可行的行銷通路。

一、分析消費者的服務需求

行銷通路的設計，應以分析消費者的服務需求為起點。消費者的服務需求，至少包括消費者會在何處購買？選擇何種商店購買？他們以何種方式購買？他們是否希望立即取貨？消費者究竟偏好多樣化產品的搭配，或喜歡選擇單一產品？消費者是否希望有更多的附加服務，如運送、安裝、修護等服務？凡是通路愈分散，運送愈快速，產品搭配愈廣，且需要更多的附加服務，則在行銷通路上所需提供的服務就愈多。

準此，為適應消費者的服務需求，企業機構在銷售前必須提供產品說明和展示，並詳述長期的品質保證與付款的方式。在銷售之後，提供產品操作訓練、安裝與維修等服務。這些情況都可能影響行銷通路的設計。然而，企業機構所提供服務的水準愈高，行銷通路的成本也愈高，對消費者所訂的價格也愈高。因此，企業機構必須評估消費者服務需求的可行性，並在成本和消費者所偏好的價格等三方面求取平衡。

二、建立通路目標與限制

企業機構為了設計行銷通路，而在分析過消費者的服務需求之後，接著就必須建立起通路目標和掌握其限制條件。所謂通路目標，是指公司對顧客所應達成的水準，以及中間業者所應執行的職能。這些目標的達成不僅取決於生產者本身的特性，而且也決定於顧客、產品、通路成員、競爭對手以及各項外在環境的性質。

首先，就生產者本身的特性而言，生產者本身的特性是決定行銷通路的最主要因素。企業機構規模的大小，必然影響其選定市場的大小，也必然影響其運用經銷商的能力。此外，企業機構的財務資源，必然影響其自行負擔行銷功能行使的範圍，從而影響其是否將行銷功能委由中間商來行使。再者，企業機構所訂定的行銷目標和策略，必然會影響其行銷通路的設計。例如，當一家公司決定了對顧客做迅速交貨的策略時，則該公司應瞭解如何選定其中間商，中間商應行使何項功能，應選定多少零售據點，以及應以何種方式交貨等，都必然受到行銷策略的影響。

其次，就顧客的特性而言，顧客的特性常影響行銷通路的設計。倘若顧客人數多，分布很廣，公司必須建立一套市場區隔策略，設定不同的行銷通路，以求得廣泛地接觸顧客。又如顧客購買量較少，公司必須建立較長的行銷通路，分別處理少量和頻繁的訂貨，此時成本顯然要提高。

就產品本身的特性而言，產品特性顯然會影響整個行銷通路。對於容易腐壞的產品，應採取直銷或最短的行銷通路，以避免因延誤或搬運過程過多，而使產品受損。對於體積龐大、搬運不便的產品，如建築材料、瓶裝飲料等，在設計通路時應減少搬運次數，縮短搬運距離。對於需要較多售後服務的產品，如汽車、電腦等，則宜由公司本身或委由中間商負責銷售與維護。

就通路成員而言，中間商的特性同樣會影響行銷通路的規劃。企業機構選定中間商，必須考量其執行行銷作業的能力和意願。中間商在處理促銷、接觸顧客、產品儲運和銷售信用等各方面，必有所不同。這些都是

在設計行銷通路時所要考慮的因素。

就競爭對手而言，有些企業機構可能選擇與其他競爭對手採行同一行銷通路，有些企業機構則否。這些都得視企業機構的形象與產品品質和價格的綜合結果而定。當公司在形象良好、產品品質較佳、價格較低等相對條件下，採行同一行銷通路可取得較優勢地位；惟在不同行銷通路情況下，同樣能建立起良好的品牌形象。

最後，就各項環境因素而言，所有的環境特性如經濟狀況和法規限制等，亦同樣會影響行銷通路。當經濟蕭條時，生產者會運用最經濟的方式將產品運送到市場上，此時就會縮短通路長度，以求減少非必要的服務，並求節約成本。至於法規規定希望降低競爭，或禁止壟斷的情形下，通常生產者在通路上也會做這樣的安排。

三、確認可行的行銷通路

企業機構在設定行銷通路目標和瞭解其限制之後，就必須確認可行的行銷通路，並加以選擇。一個可行的行銷通路，必須從三方面去著手，即中間商的形態、中間商的家數，以及通路成員間的責任。

(一)中間商的形態

企業機構在確認可行的行銷通路時，首先要確定哪些形態的中間商可用來完成通路工作。例如，某企業機構為其產品可選擇下列通路：

1.利用公司的銷售人力：公司若採用此種通路，就必須擴張公司的銷售人力，並分設銷售據點，釐訂各個責任區，以負責接觸其潛在顧客；或將公司銷售人力按產品類別，分別成立負責的銷售單位。
2.運用製造代理商：在各地區委任製造代理商，代為推銷有關使用該公司新開發產品的試驗設備，或處理有關產品的代銷業務。
3.選用工業產品配銷商：公司若想運用不同地區的工業產品配銷商，

可尋找願意購買並儲存產品的配銷商，明示獨立的通路作業，給予獨家配銷權和適當的利潤；並施以必要的產品訓練與促銷支援。

此外，企業機構除了可利用現有通路之外，尚必須特別重視較富創新性的行銷通路，用以開拓新的市場機會。企業機構在利用原有通路，而一旦遭遇瓶頸時，可另行選定別的通路，有時亦有成功的機會。美國鐘錶公司（U. S. Time Company）即曾想透過珠寶店銷售其廉價的天美時錶，但為大部分珠寶店所拒絕，乃改尋求大眾商品化的行銷通路，結果因量販零售的發展，而使得天美時錶享受了極快速的成長。

(二)中間商的家數

企業機構在確認可行的行銷通路時，尚須確定中間商的家數。一般而言，中間商家數的決策，大致有下列三種選擇：

1.密集性配銷（intensive distribution）：凡屬於普購品、便利性產品或一般原料的生產者，通常都採用密集性配銷，意即指將產品運置於通路據點，如零售商，以備消費者於需要時，即可隨時隨地購買。例如，香菸、糖果和其他類似產品，均有百萬個以上的零售據點，用以開創出最大的品牌展露機會，並提供最大的購買便利性。

2.獨占性配銷（exclusive distribution）：有些生產者刻意限制經銷其產品的中間商家數，以專責代理其所指定地區的產品行銷任務；甚至於規定中間商只能經營該公司的品牌，不得兼營其他同業的品牌，此即為獨占性配銷。採取此種配銷方式的生產者，多為汽車業、重要家電產品及女裝業者。此時，生產者會授予獨家經營者的經銷權，一方面期能獲得中間商較大的經銷支援，另一方面則期望對中間商的價格、促銷、信用、融資和服務等能做有效的控制。此種配銷方式通常可加強產品的形象，並獲得較高的毛利。

3.選擇性配銷（selective distribution）：選擇性配銷介於上述兩者之間，既非僅設置一家中間商，也非普設中間商於各個地區；而是選

擇主要的中間商來銷售其產品。運用此種配銷方式的，多屬於電視機、家具和小家電的產品。企業機構採用此種配銷方式，不會將力量分散到太多銷售據點上，其中當然會排除利潤不佳的據點。選擇性配銷一方面有助於保持良好的工作關係，另一方面也較易產生水準以上的銷售業績。此外，生產者若能善用此種配銷方式，既可擴展產品較佳的市場涵蓋面，又擁有較大的控制力，且可比密集式配銷更能節省成本。

(三)通路成員間的責任

企業機構在確認可行的行銷通路時，尚須確定通路成員間的責任。此時，生產者和所有的中間商必須決定相互的條件與責任，應當達成價格政策、銷售條件、地區配銷權，以及每個成員應履行的具體服務事項。在生產者方面，必須明確訂定產品的價格結構，以及中間商所應享有的折扣。生產者還必須明確訂定每家中間商的責任區範圍，以及訂定如何與在何處設置轉售站。此外，顧客服務的項目和程度，也必須有詳盡而具體的規定，特別是在特許專售和獨家代理的通路上。一般而言，生產者除了對每家授權經營商店訂有明確的要求外，也必須提供促銷支援、會計制度、人員訓練和經營管理上的輔導。相對地，被授權者也必須使其實質設施符合標準，對於新的促銷計畫必須能共同合作，並提供可用的資訊和購買所指定的產品。

四、評估可行的行銷通路

企業機構在確認可行的行銷通路之後，就必須評估最符合自身長程目標的通路，並加以選擇，據以定案。此種評估必須從經濟性、控制性和適應性等三方面著手。

首先，就經濟性而言，企業機構對通路的評估，重點在於比較不同通路的可能獲利能力。獲利能力的評估，包括：各個通路可能產生的銷貨，以及其在不同銷貨量之下所需的成本。其次，就控制性而言，企業機構應能瞭解：「在行銷過程中對各個通路所擁有的控制權，以及某些中間商對其他中間商的控制權。」在其他條件相同下，企業機構仍應保持相當的控制權。再就適應性而言，企業機構必須瞭解：「行銷通路通常都涉及對其他通路成員的長期承諾，有時很難依循行銷環境的變動而調適其通路，但企業機構都希望其通路愈具彈性愈好。」因此，行銷通路若涉及長期承諾，則應該在經濟性與控制性兩個層面上，擁有較佳的條件。

第四節　行銷通路的管理

企業機構在評估過各種可行的通路方案後，應可決定一套最有效的通路設計，然後就要執行和管理所選定的行銷通路。至於管理行銷通路的步驟，不外乎是選擇個別的中間商，並加以激勵，且隨時加以評估。

一、選擇通路成員

生產者吸收中間商作為行銷通路成員，常因本身的情況和能力而有所不同。有些生產者的條件雄厚，對於中間商來說深具吸引力。例如，IBM公司行銷其個人電腦，豐田汽車公司銷售Lexus汽車，都毫不費力。事實上，該兩家公司的困擾，並不在於如何吸收中間商，而在於如何淘汰中間商。此表現在獨家性通路和選擇性通路上，常因產品本身品牌的優越性，而吸引過多中間商的競逐。

但在另一方面，有許多生產者由於本身條件的不足，很難吸引中間商的參與。拍立得（Polaroid）相機在草創時，就沒有幾家攝影器材公司願意銷售其產品，直到利用量販零售店才有了起色。其他生產食品的小工廠，也很難在一般零售雜貨店的陳列架上，占有一席之地。

然而，無論生產者徵求中間商的難易與否，都必須確定一些特質，

以分辨中間商的優劣。舉凡中間商的歷史長短、銷售能力、成長和獲利紀錄、償債能力、合作性與聲譽等，都可供作選擇的標準。如果中間商是銷售代理商，生產者還要瞭解其銷售規模和素質，以及銷售哪些其他產品。如果中間商是一家零售業者，並要求獨家配銷權時，生產者就必須評估其顧客的類別、店址的適當性和未來的成長潛力等。

二、激勵通路成員

企業機構或生產者一旦在選定中間商之後，尚必須竭盡所能地去激勵通路成員，使其能全力去銷售產品。生產者不僅要透過中間商來銷售產品，更要把產品賣給中間商。生產者應採取賞罰分明的措施，一方面運用正面激勵，如高額利潤、特別優惠、獎金、額外贈品、廣告津貼、陳列津貼和促銷競賽等；另一方面則運用負面激勵，如降低利潤分享、延緩送貨或全面終止合約關係等措施。惟生產者之所以採用這些措施，往往是未能真正瞭解各中間商的需求、問題、實力和弱點之故。

準此，許多企業機構都會透過配銷計畫，嘗試與中間商建立長期的合夥關係，包括：建立一套計畫性、專業性經營的垂直行銷系統，以期能符合生產者和中間商雙方的需求。他們可共同計畫交易的目標與策略、銷售訓練、存貨水準、廣告與促銷計畫，確定雙方的角色與責任，以及雙方所獲酬賞的分配等。唯有如此，才有獲致利潤的可能。

三、評估通路成員

企業機構除了選擇和激勵通路成員之外，仍然必須經常評估中間商的實際績效，其中可作為評估的標準，包括：銷售配額的達成度、平均存貨水準、對顧客送貨時間、對破損和遺失產品的處理、對公司促銷與訓練方案的合作程度、對顧客的服務程度等。

生產者應為各個中間商分別訂定銷售配額，並於每個會計期間結束後，編製一份全部中間商的銷售業績表，對業績中等者激發其向上提升，對業績高等者激發其保持成果，而對業績落後者給予協助或替換。此外，對各個中間商尚可將其本期業績和前期比較，並據以算出其平均進步比率，以作為全體通路成員的規範。企業機構唯有隨時對各中間商加以評估，才能增進其業績，並得到其支持。

第五節　實體流通

在今日全球化的市場中，推銷一項產品遠比將該產品運送到顧客手中來得容易。因此，企業機構必須決定儲存、處理和運送其產品的最佳方式，以便能適切地將產品適時適地的供應給顧客。惟實體流通作業的效能，常對顧客的滿意度和公司的成本產生重大的影響。本節即將探討實體流通的性質、目標、實施功能，以及作業的整合。

一、實體流通的性質

所謂實體配銷（physical distribution），又稱為行銷後勤（marketing logistics），吾人可稱之為實體流通或簡稱為物流，係指各項物料和最終製成品，從原產地送達使用地有關的實際流動任務之規劃、執行和控制等作業過程，用以滿足顧客需要，並能產生一定的利潤。易言之，實體流通的主要任務，乃在將合適的產品於適宜的時間，送達適宜的地點和適宜的顧客。

傳統的實體流通思想，是始自於工廠的產品，並設法將產品以最低的成本送達到顧客手中。然而，今日的行銷人員比較傾向於市場導向的做法，即以市場做為起點，然後反向思考到工廠。此種實體流通思考的理念，不僅在廠外將產品從工廠運送到顧客手中而已，而且有關廠內配送產品與物料從供應商到工廠之間的問題亦相當重視。因此，就整個作業而

言，今日實體流通實涵蓋了從供應商到最終使用者之間的供應鏈與附加價值的流程。實體流通經理人的主要任務，在協調整個通路成員的實體流通系統，包括：供應商、採購機構、行銷人員、通路成員和顧客等彼此之間的活動。這些活動包括：預測、資訊系統、採購、生產規劃、訂單處理、存貨、倉儲和運輸規劃等功能。其內容則包括物流、金流、資訊流、協商流、促銷流等。

今日實體流通之所以受到重視，其理由為：第一，許多企業都將顧客服務與滿意度，視為行銷策略的重要里程碑，而配送則為一項顧客服務的要件。因此，有效的實體流通已是贏取和維繫顧客歡心的致勝武器。唯有尋求有效的實體流動之道，才能提供較佳的服務，以吸引更多的顧客。相反地，公司若無法及時提供適當的產品，將可能喪失許多顧客。

第二，對大多數公司而言，實體流通作業是一項主要的成本項目。事實上，今日企業用於包裹、捆貨、裝貨、卸貨、分類及運送貨品等，業已侵蝕大量的行銷成本。倘若還有不良的實體流通作業，將使公司耗費更高的成本。因此，今日公司若能在協調存貨水準、運輸模式、倉儲管理等實體流通作業上提高效率，則對公司和顧客皆可省下一大筆成本費用。

第三，隨著產品多樣化趨勢的提高，實體流通管理的重要性也日益迫切。早期產品品目不多，可完整地記載存貨的銷售情況；今日產品的品目繁多，對於多樣化的產品訂貨、裝運、存貨和控制作業，愈需有實體流通管理措施。

最後，由於今日資訊科技的進步，使得實體流通效率大大地提高。由於電腦、銷售點的終端機、一致性的產品條碼、衛星追蹤、電子資料交換（EDI）及電子基本轉移（EFT）等科技的大量使用，使得公司在訂單處理、存貨控制與管理，以及運輸路線的排程與安排等方面，都能大大地提高效率。

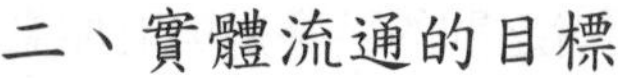

二、實體流通的目標

就理論上來說，實體流通的目標應是以最低的成本，透過適當的時機和地點，將產品送達最後使用者手中。惟在事實上，企業機構在建立一套實體流通系統時，很難同時達成最大的顧客服務和降低成本的雙重目標。因為最大的顧客服務，必須擁有最高的存量、運用最佳的運輸、最快的運送速度和設有足夠的儲存空間；這些往往使得流通成本日益增加。而最低的成本，則有賴運用最廉價的運送方式、降低產品的存量與儲存空間；但是如此又將使顧客服務水準降低。因此，企業機構無法在使實體流通之餘，又能同時降低流通成本。

由此可知，實體流通的目標涉及相當複雜的技術分析，其必須以整體系統為基礎，而在整個流程中審慎規劃其細節。惟在規劃過程中，必須以分析顧客需求，以及掌握競爭對手的情勢為起點。就顧客需求而言，舉凡適時的交貨、足夠的存量、因應緊急需要的能力、謹慎對產品的搬運處理、良好的售貨服務與保證，以及回收與更換不良品的及時處理能力等，都必須詳加評估；且考慮到何者是最應優先處理的，甚或訂定一套服務標準，以求能做快速而合宜的服務，期能滿足顧客，才有利於行銷，是故，滿足顧客需求是實體流通的首要目標。

此外，為節省成本，企業機構在訂定服務標準時，亦應參考競爭對手的情況。即使企業機構志在追求最大利潤，但至少亦應與競爭對手採取相同的服務水準，否則必處於競爭的劣勢地位。企業機構必須能明確地掌握行銷流通目標，才能考慮最低成本的要求，此時只有致力於流通通路的設計了。

三、實體流通的功能

企業機構要想以最低成本實現流通目標的達成，必須著手設計流通系統及其通路，以實現實體流通的功能，這些包括：訂單處理、產品倉

儲、產品存貨以及產品運輸等，茲分述如下：

(一)訂單處理

實體流通系統，始於顧客的訂單。訂單的方式很多，如郵購、電話訂購、透過銷售人員或利用電腦與電子資料交換等均屬之。當公司訂貨處理部門在收到顧客訂單時，首須編製各項發貨憑單，並傳送給相關部門。當倉庫接收到出貨指示時，須立即打包訂單所需的貨品項目。若是缺貨，須以後補方式處理。產品一旦依訂單裝運，必須附上各種裝運單據和貨款帳單，以相同的一式數份，分送其他相關部門。凡是有關處理步驟，若能迅速而正確，當有利於公司本身和訂貨顧客。

依理想狀況而言，公司銷售人員每在取得顧客訂單，應於每天下午即將訂單彙送訂貨處理部門；遇有緊急訂單，則應先行電話通知。訂貨處理部門於收到此項訂單後，應即迅速處理。發貨倉庫應儘快照單發貨，貨款帳單亦應一併快速送出。今日一般企業機構均已可設置電腦系統，以加速訂貨、裝運、收款的處理循環作業。

(二)產品倉儲

每家企業機構在產品生產後，幾乎都必須加以儲存，以備不時之需，此即為產品倉儲。此乃為生產程序與消費程序的週期無法完全一致之故。例如，有些產品常因季節性的關係，而無法及時供應，就得依賴倉儲為之彌補。

企業機構在實施倉儲時，首先必須決定倉儲量的大小和倉庫的形態，並選擇倉儲地點。舉凡設置愈多的倉庫，即意謂著能將產品迅速發貨給顧客；但相形之下，其成本則愈高。因此，企業機構在決定倉庫數目時，就必須審慎考量顧客服務水準和流通成本之間的平衡點。

其次，企業機構對倉庫的設置，有選擇在工廠或鄰近地區者，也有散布於全國各地者。企業機構可自行設置倉庫，也可租用倉庫。倘自行設置倉庫，較利於控制；但較耗費資金，且地點也不容易變更。若租用倉庫則須支付租金，但能取得額外服務，如代做產品檢驗、包裝、裝運、開立帳單等；而且企業機構也能自由選擇最適宜的倉庫類型和地點。

至於，企業機構的倉庫可分為儲存倉庫和流通倉庫兩種類型。儲存倉庫，係指專供產品做較長期間儲存之用。流通倉庫則為轉送產品而設計，並非作為儲存之用；其通常為高度自動化的大型倉庫，目的在不斷地接收由各地工廠或供應商運送而來的貨品，在接下訂單之後，很快地交送給顧客。

近來，倉儲功能和設備技術已有很大進步。較古老的、多層樓式的倉庫，多使用緩慢的昇降機及老式的物料搬運設備，其較缺乏效率。今日倉儲多使用單層式自動式設備，備有最進步的物料搬運系統，且由一具中央電腦控制；僅需極少數人員，就可由電腦直接讀進顧客訂單，指揮裝御叉桿車，命令電動吊車、機器人擔任集貨、搬運貨品，送到裝運地點，且開立貨款帳單。如此自動化倉庫，大大地減少人員的意外傷害，降低人工成本、貨物被竊、產品破損損失，並大大地提升了存貨的控制。

(三)產品存貨

產品存貨水準的高低，會影響到顧客訂貨的滿足。企業機構若將產品存貨提高，固可供應顧客的訂單，卻會提高存貨成本。當企業機構將顧客服務的程度提升到100%時，存貨成本會以加速度的比例大為增高。然而，存貨太少將造成缺貨、緊急運送和生產費用提高，以及顧客的不滿意。因此，企業機構的管理階層必須在太多存貨所造成的高額成本，和太少存貨所導致的銷售損失之間，尋求平衡點。

企業機構在制定存貨決策時，乃涉及何時訂貨以補充存量以及訂貨量的大小兩項問題。在決定何時訂貨的問題時，必須在缺貨風險和存貨成本間求得平衡。在決定訂貨量大小的問題時，必須在訂單處理成本和存貨保持成本之間求得平衡。當每次訂貨數量較多時，因可減少同一期間內訂單處理的次數，因而降低訂單處理成本；但同時也使倉庫保持成本提高。

近來，許多企業機構都逐漸採用存貨剛好及時管理系統，以期降低存貨水準與相關成本。透過此種系統，可讓存貨在需要的時候送達，而非預先將貨品儲存起來以備未來使用。剛好及時存貨管制系統要求準確的預測，且能快速、經常而彈性送貨，使供應品能於需要時間送達。此種管制系統已使存貨維持成本和運送成本，大為降低。

(四)產品運輸

企業機構必須正視產品運輸決策，因為運輸方式與載具的適當與否，將影響產品的價格、發貨性質、到達時效與到貨的堪用狀況，而這些又將影響顧客的滿意度。

企業機構將其產品運送到倉庫、經銷商或顧客手中，其可選擇的運輸方式有五：鐵路運輸、水路運輸、卡車運輸、管路運輸和空中運輸等。這些運輸方式各有其特色，茲討論如下：

1.鐵路運輸：鐵路運輸長期以來，一直是運輸的主要方式。此種運輸的成本效益最高，適於運送大宗產品，如農產品、礦產、砂石、林產、化學品及汽車等的長距離載運。近來，鐵路運輸已大大地增強對顧客的服務，開發各式載運用的特殊搬運設備；備有平台車皮，以專供載運卡車拖車之用；且提供各項特殊服務項目，如轉送鐵路路線之外其他項目的運輸，以及載運途中的產品處理服務，期能提升運輸效率。
2.水路運輸：港埠間航運和內陸水路運輸，在貨運量上也占有很高的位次。對於大宗物資、低價產品和不易腐敗的物品，如砂石、石油、煤、穀物、礦產等，水路運輸的成本最為低廉。但其缺點是，運輸時間較長，且可能受到天候的影響。
3.卡車運輸：在陸路上，卡車運輸貨運量的成長甚為穩定，多運用於都市之間的運輸。卡車運輸的貨品，多為服飾、書籍、電腦、紙製品和食品等。此種運輸的最主要優點是，運輸路程和時程最為靈活，且富彈性；可直接將產品送到顧客所在地，因而節省一再轉運或變更載具所耗費的時間，又可降低貨物毀損或被竊的風險。對較高價值產品的短程運送來說，卡車運輸最具效率。一般而言，卡車運輸的費率不高，其與鐵路運輸相當，但在服務速度方面較鐵路運輸為優。

4.管路運輸：管路運輸是一種較為特殊的運輸方式，其乃在將石油、煤氣和一些化學品，由原產地運送到目標市場。對石油產品而言，管路運輸所需費率雖然比水運高，但低於鐵路運輸。通常，管路運輸多屬於所有者用以輸送自己的產品。

5.空中運輸：空中運輸在貨運量中所占比例不高，但亦為應重視的運輸方式之一。一般來說，空中運輸費率，遠高於鐵路和卡車運輸，但對於特別需要快速處理或長距離產品的運輸，空中運輸不失為最理想的方式。最常使用空中運輸的，有易腐損的產品，如鮮魚、鮮花；以及高價值和低數量的產品，如技術儀器、珠寶。此種運輸的優點，是可降低產品存量、減少倉庫數量，以及節省包裝成本。

總之，企業機構可運用來運輸其產品的方式甚多，但宜合乎自我產品與公司的特性。通常選擇適當運輸方式，可考量的因素包括：運送速度、運送頻率、準時運送的可靠度、通達不同地點的程度，以及運送成本等。若要求運輸時效，當以空運和卡車運輸為宜；若要求成本低廉，則儘可能以水運和管路運輸為主。當然，有時也可考慮運用或兼採兩種或兩種以上的運輸方式。企業機構之所以能選擇多種運輸方式，當歸功於「貨櫃化」（containerization）之興起。所謂貨櫃化，是指將產品以貨櫃裝箱，以便於貨物能在不同的運輸方式間採用接駁運輸之謂。貨櫃化的鐵公路聯運，稱為豬背運輸（piggyback）；水路和公路聯運，稱為魚背運輸（fishyback）；水路和鐵路聯運，稱為車船運輸（trainship）；飛機和公路聯運，稱為空卡運輸（airtruck）或鳥背運輸（birdyback）。每種聯運方式都有其優點，如豬背運輸比單獨使用空卡運輸來得便宜，彈性較

大，且較為方便。

四、實體流通的整合

今日企業機構已逐漸產生整合性物流管理（integrated logistics management）觀念，試圖將實體配銷或實體流通過程中的訂單處理、倉儲、存貨和運輸等加以整合。其所涉及的部門包括：行銷、財務、製造和採購等。因此，企業機構為提供最佳的顧客服務，並降低流通成本，必須採取團隊合作（team work）的方式，將各個不同功能的部門，以及所有行銷通路各個成員之間組合起來，一方面就公司內部加以整合，期其績效最大化；另一方面則將公司內部流通系統和各中間商與顧客整合，以期整個流通系統的績效最大化。

就公司內部而言，各個不同部門固有其功能，但整個流通系統的訂單處理、倉儲、存貨和運輸是相互關聯的。由於整個流通活動與作業之間的互依性很高，因此不同功能部門之間必須發揮跨功能團隊的精神。為此，企業機構常在其內部設置委員會，用以訂定、協調和改善整體流通效率。更有進者，可能設置主持實體流通的助理副總裁，直屬於行銷或製造副總裁之下，或提高其層次，直屬於公司總裁，用以專責物流管理的工作。

至於，在整個行銷通路成員之間，企業機構亦必須與各個通路成員建立起良好合夥關係，此已於本章第二節有過討論。至於通路成員在各個存貨與運輸過程中，可採行的合作方式，如建立跨公司團隊、分享合作計畫、資訊分享、連續存貨補充系統的建立等，都有助於整合行銷通路過程。

由於今日實體流通的重要性已日益提高，因此有所謂「物流管理」（logistics management）的出現。今日許多企業機構常尋求物流管理業者的支援，包括：供應鏈管理、顧客化的資訊科技、存貨控制、倉儲和運輸管理、顧客服務與填單手續，以及貨運稽核與控制，已使得物流形成一項新興的服務業。今日許多企業機構所採行的是反應式的流通系統，而非預期式的流通系統。前者在實體流通的過程中，立即反應產品的流通；後者常依過去的銷售量，來預測未來的銷售量。唯有採行反應式流通系統，才能做到正確的產品流量運送，並降低流通成本。

Chapter 13

零售與批發

零售和批發是行銷通路過程中很重要的業務，許多製造商都透過批發商和零售商，將其產品銷售給最終消費者。因此，批發商和零售商實肩負行銷通路中的相當重要任務，並扮演其銷售角色。本章將研討何謂零售業和批發業，接著分別描述主要零售商和批發商的類型，然後再分別闡釋零售商與批發商所需制定的行銷決策。

第一節　零售與批發概述

在行銷通路過程中，最接近最終消費者的是零售業。所謂零售業（retailing），係泛指將產品或服務直接售予最終消費者，以供個人非營利性用途的一切作業而言。至於，從事於零售業的企業，即為零售商（retailer）。就事實而言，幾乎所有的業者，包括：製造商、批發商和零售商，都有零售的業務。但是只有零售商從事標準的零售業務。當然，在實際執行零售業務時，可透過個人、郵寄、電話、自動販賣機和各種電子儀器、網際網路等來販售；執行的地點可能在商店，可能在市街，也可能在消費者家中。

雖然今日仍有許多零售店都是獨資擁有和經營，但有愈來愈多的零售商店正以各種形式的公司或契約式組合來共同經營。此類巨型零售業者應用了高度進步的技巧和商品化的方法，為消費者提供了價值和服務。然而，有些在路邊街角的小攤販和小商店，也是甚為重要的零售業者，因為這些無所不在的業者也能為消費者提供一些便利和親切感。

行銷通路的另一個成員是批發業。所謂批發業（wholesaling），是指所有將產品或服務出售給轉售或營業用途購買者的一切作業而言。依此，一家西點麵包店將其西點麵包售與消費者自用時，是為零售；但若將其產品售與當地餐廳或旅館，即為批發。凡是主要從事批發業務的個人或公司，即稱為批發商（wholesaler）。

批發商和零售商的最大差異有三：第一，批發商的銷售對象是轉售

業者或產業營業者，而零售商的銷售對象是最終消費者。第二，批發商的業務範圍比零售商為廣，交易量也較大。第三，批發商所面對的各項法令和限制，以及稅捐課題等，和零售商大有區別。

由於批發商的進貨多來自於生產者；而銷售對象係為零售商、產業購買人或其他批發商，其在行銷通路中實負有下列功能：

1.銷售與促銷功能：批發商能提供銷售人力，並以較低的成本協助製造商去接觸較多的小顧客。此外，批發商有更多而廣的接觸點，比製造商更能取得消費者的信任。

2.採購和產品搭配功能：批發商可因應顧客需求而選擇和搭配各種產品品目，為顧客直接或間接地節省許多採購工作與時間。

3.大批進貨與零星出售功能：批發商可向製造商整批購買，然後做適當批量的零星出售，足以為零售商節省成本。

4.產品倉儲功能：批發商居於供需雙方之間擔任存貨業務，可為雙方降低存貨成本與風險。

5.產品運輸功能：批發商因與購買者較接近，故產品運輸交貨較為迅速。

6.融資功能：批發商可為顧客提供賒貸服務，並以提早訂貨或準時付款方式融資給製造供應商。

7.負擔風險功能：批發商因自製造供應商手中接收產品的所有權，因而負擔了產品失竊、損毀、腐壞和過期的風險。

8.提供市場資訊功能：批發商無論對供應商或顧客，都肩負了提供對手、新產品和價格變動等市場資訊的功能。

9.管理資訊服務功能：批發商可協助零售商訓練銷售人員、商店布置與貨品陳列的服務，以及會計和存貨控制系統的建立。

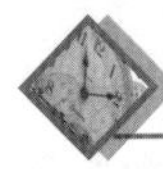

第二節　零售商的主要類型

在行銷通路中，大多數的零售業務都由零售商來做。一般零售可分為商店零售（store retailing）和非商店零售（nonstore retailing）兩大類。

一、商店零售

商店零售或稱店舖零售，是指透過零售商店來從事零售活動。零售的類型眾多，規模不一，且不斷有新的形態出現。今以對顧客的服務程度、產品線的深度和廣度，以及相對價格的高低等特性，可分為如下類型：

(一)依對顧客的服務程度劃分

零售商所經銷的產品不同，對顧客服務的程度也有差別，且顧客所喜愛的服務方式亦異。有些顧客寧可付出較高價格，以換取較高程度的服務；有些顧客則寧願服務較少，而可享受較低的價格。依此，零售商可分為自助服務零售商（self-service retailers）、有限服務零售商（limited-service retailers）和完全服務零售商（full-service retailers）。

1.自助服務零售商：一般廠商為了銷售便利品、全國性品牌和快速流通的選購性商品，常透過自助服務零售商來推銷其產品。今日許多平價商店，就是以自助式為基礎所發展而成的商店形態，如7-ELEVEn統一超商、全家便利商店等均屬之。此種自助服務就是所有折扣經營的基礎。為此，許多顧客為了省錢，所以到此種零售商店進行「尋找——比較——選擇」的購買程序。

2.有限服務零售商：有限服務零售商因經銷較多的選購品，顧客需要獲得較詳細的資料，且盼能得到較多的購買協助。此種零售商必須提供一些自助零售商所沒有的額外服務，以致營運成本較高，故其

產品價格也較高。此種零售店如家具、古董店等是。

3.完全服務零售商：完全服務零售多見於專購性的產品商店，如專賣店（specialty stores）和高級百貨公司（department stores）。商店內設有銷售人員，協助顧客尋找、比較和選擇貨品的全系列購買過程。此類零售商所經銷的商品，多為專購性和流通較緩慢的產品，如照相機、珠寶、時裝、鐘錶等。顧客在購買時，不在乎等待時間，而期望得到完全的服務。此種零售商所提供的服務項目甚多，如訂貨、送貨、退貨、分期付款、信用、修理、免費停車、托兒服務等，並提供餐飲和休息室。由於服務項目繁多，營業成本增高，價格自亦較高。

(二)依產品線的深度和廣度劃分

零售商亦可依所經銷的產品線長度和廣度，來加以分類。其中較重要的類型，包括：專賣店、百貨公司、超級市場（supermarkets）、便利商店（convenience stores）、超級商店（superstores）和服務零售商等。

1.專賣店：專賣店的產品線窄而長，亦即單一產品但品目種類繁多。例如，服飾店、運動器材店、家具店、鮮花店、書店等均屬之。專賣店還可依產品線的寬窄程度，再行分類。例如，同屬於服飾店，可稱為單一產品線商（single-line store）；男性服飾店，可稱為有限產品線商店（limited-line store）；而男性訂製襯衫的商店，可稱為超級專賣店（super specialty store）。由於愈趨精細的市場區隔化、市場對象化和產品專業化的結果，使得專賣店已處處可見。

2.百貨公司：百貨公司所經銷的產品線甚為寬廣，典型的產品線如服飾、家具、家庭用品等。每個不同的產品線，都分設一個單獨部門，由專人負責進貨和商品化作業。今日百貨公司的經營環境已日益惡化，其原因乃為：第一，百貨公司之間的競爭日益激烈，而導致成本的提高。其次，百貨公司受到其他零售業者的競爭，如平價商店、連鎖專賣店等是。第三，由於百貨公司多設於市中心，以致交通擁擠、停車困難，及市中心的沒落等，而對顧客的吸引力日益降低。因此，許多百貨公司乃紛紛設置「特價區」、專櫃，並採取促銷活動，以因應折扣商店或專賣店的競爭。甚至有百貨公司嘗試以郵購、電話和網路訂購方式，並強調其高品質服務，期能維繫或吸引新顧客。

3.超級市場：超級市場是以較大規模、低成本、薄利多銷、高數量、自助服務等方式來經營的零售商店，所經銷產品品目極廣，包括：食品、洗衣用品、家庭用品、書籍、雜誌、玩具、錄音帶等。今日大多數的超級市場都強調低利潤率，增大購買量，期使能符合超級市場的生存條件。

然而，由於今日人口成長趨緩，以及來自便利商店、折扣商店和超級商店的競爭，超級市場的銷售成長已日漸減緩。為了吸引更多的顧客，許多超級市場已不斷地增加產品和服務，改善各項設施，延長營業時間，代客送貨，並加強廣告促銷，提高效率，降低價格，期使能比折扣商店更具競爭力。

4.便利商店：便利商店是指那些規模較小、營業時間長、假日不休息、經銷有限的產品線，並只銷售一些週轉率較高的便利品之商店。例如，7-ELEVEn、全家便利商店等均屬之。此類商店由於營業時間較長，且顧客係臨時有需要時才去購買，可滿足突發性或少量的採購，因此價格相對較高；但由於可滿足顧客的便利需求，故顧客也願意支付較高的價格。便利商店所銷售產品多為便利品，如冷飲、牛奶品、口香糖、肥皂、醬油、書報、雜誌等。

5.超級商店：超級商店比一般超級市場更大，提供有關食品、非食品等各種經常性產品的搭配與服務，所銷售商品的種類項目很多。其特色是強調貨品齊全，包括各式各樣的商品，從食品到服飾都有。由於貨品齊全，其價格略高於超級市場。超級商店有超級中心（super centers）、大型專賣店或稱類別殺手商店（category-killer

stores）和特級市場（hyper markets）等三種形態。超級中心結合食品和折扣商店，經銷多種商品。例如，美國威名超級中心（Wal-Mart super centers）和卡瑪超級中心（Kmart super centers）。

近年來，超級商店逐漸轉型為更龐大的專賣店，稱為類別殺手商店。這類商店都相當龐大，在某種特定產品線販賣極深度的產品搭配，並由具有專業知識的員工提供服務。在商店中極盛行的產品，包括：書籍、嬰兒用品、玩具、電子產品、家庭補修用品、毛巾、運動用品、露營用品，甚至於寵物用品等。這類巨型商店產品項目非常齊全，強調低價，已呈現爆炸性成長。

另外一種超級商店的變型，就是特級市場。它是一種龐大的超級商店，結合了超級市場、折扣商店和倉庫零售等，除了銷售食品之外，也銷售家具、家庭用品、服飾和其他各項產品。特級市場在歐洲與其他全球各地的市場都非常成功，但在美國並不成功，最主要原因為該種市場無論規模大小，多數僅銷售有限的產品類別，且許多消費者都不喜歡涉足太遠。

6.服務零售：依產品線而言，零售不僅限於產品本身，有時亦涉及服務，此即為服務零售。服務零售商即為提供服務的零售商，如旅館、汽車旅館、銀行、航空公司、大學、醫院、電影院、高爾夫球俱樂部、網球俱樂部、保齡球館、遊樂場、理髮店、餐館、洗衣店、美容院、健身院，以及各種修理服務等均屬之。今日各種服務零售商的成長遠比產品零售商為快速，且各種服務業都各有其經營手法。此乃因今日社會特別強調休閒、精神調劑與健康觀念所致。

(三)依產品相對價格的程度劃分

零售商可依據產品相對價格的高低來分類。大部分零售商都以一般價格提供平常品質標準的產品，來提供給顧客；但有些零售商也會提供較高品質的產品和服務給顧客，故其售價自然較高。此外，有些零售商強調以低價為特色，依此則包括：折扣商店（discount store）、廉價零售商

（off-price retailer）和型錄展示店（catalog show room）等。茲分別說明如下：

1.折扣商店：折扣商店是以薄利多銷的方式來銷售標準化的商品，售價較低。美國的威名、卡瑪、Target等都是比較有名的折扣商店。早期的折扣商店服務較少，多備有倉庫，且設於租金較低但交通不便的地段，俾求降低成本。但近年來，由於折扣商店之間和折扣商店與百貨公司之間的強烈競爭，已迫使許多折扣商店走向高級化，不斷改善內部裝潢、增添新產品與服務，並在市郊設立分店，這些都增加了成本，以致提高售價。由於百貨公司常藉降價促銷，以致折扣商店和百貨公司的角色日漸模糊。此外，折扣商店也由一般商店走向專業化商品之路，以致有運動器材折扣商店、電子產品折扣商店等的出現。

2.廉價零售商：在主要折扣商店逐漸高級化之時，新興的廉價零售商便乘機而起，以填補薄利多銷市場的空隙。通常，折扣商店以一般的批發價買進貨品，並以較低的毛利來降低價格；而廉價零售商則以低於一般批發價的價格進貨，並訂定比一般零售價為低的價格。通常廉價零售商傾向於購買較高品質而種類變化多端，但卻是生產過剩或非標準尺寸的產品。此種零售商的領域，從食品、服飾、鞋子、電子產品，到陽春銀行、折扣經紀商等，都可見到。廉價零售商有三種主要類型：

(1)獨立廉價零售商（independent off-price retailers）是由企業家或大型零售公司的某個事業部所擁有與經營。雖然很多廉價零售商店是由較小的獨立廉價零售商所經營，但大部分的大型廉價商店是由較大型的零售連鎖店所投資經營。

(2)工廠直營店（factory outlet）是由製造商所直接擁有和經營。通常製造商會設置工廠直營購物中心（factory outlet malls）或超值零售中心（value-retail centers），直接銷售大量的商品，其定價

比一般零售價低50%左右。這些購物中心的地點通常遠離市區，交通行程較為不便；產品多為生產過剩、不再生產或零碼尺寸的貨品。

(3)倉庫型賣場（warenouse clubs）又稱為批發俱樂部（wholesale clubs）或會員倉庫（membership warehouses），是指以倉庫類型來經營的方式，很少提供購買服務，一般只賣給會員；且顧客必須自行搬運家具、大型家電用品和其他大件物品到結帳櫃檯結帳。此種賣場不提供送貨到家服務，不接受信用卡，但確實提供超低價格的產品。美國威名商場的Sam's俱樂部、好市多（Costco），我國的萬客隆、大潤發、家樂福等，都屬於倉庫型賣場。

3.型錄展示店：型錄展示店是利用展示店中的商品型錄，以折扣價格來出售高利潤、高週轉率和有品牌的產品。這些產品包括：珠寶、動力工具、照相機、旅行箱、小型家電、玩具和運動器材等。型錄展示店藉著降低成本和售價，來吸引大量的消費者，並創造大量的銷售量。顧客可從展示店中的商品型錄來訂貨，然後再到店中的提貨區去提貨。此種展示店都在擴大產品線、更多的廣告、整修店面和加強服務等方面，招攬更多的生意。

二、非商店零售

雖然大部分的產品和服務係經由商店銷售，但也有相當部分的零售交易是不經由商店完成的。此種不經由零售商店完成的零售活動，即為非商店零售，或稱為無店舖零售或無店舖販賣。近來，非商店零售的發展愈為快速，傳統的商店零售正面臨著激烈的競爭。蓋無商店零售正透過型錄、直接郵購、電話、電視展示、電腦連線、家庭與辦公室，以及其他直接零售方式，來銷售其產品。非商店零售有直接銷售（direct selling）、自動販賣（automatic vending）和直效行銷等三種類型。

(一)直接銷售

直接銷售是透過銷售人員挨家挨戶或在辦公室或家庭聚會的銷售方式。此種銷售方式起源甚早，早期的沿街兜售、叫賣即為其例。今日許多公司如雅芳（Avon）、特百惠（Tupperware）和玫琳凱（Mary Kay）等，都訓練其銷售人員展開挨家挨戶的銷售，或利用家人和鄰居、朋友到某個家庭裡進行公司的產品展示和銷售。多層次傳銷（multilevel marketing）即為直接銷售的另一種變形。它乃為一層一層的傳銷方式，並形成一套自己的銷售網。此種銷售方式已在台灣發生過不少交易糾紛。

直接銷售的優點是，消費者可在家裡購物，極為方便；且能吸引顧客注意，銷售者可利用大膽的方式去說服消費者購買其產品；銷售者可將產品直接帶到購買者家中和工作場所展示。但其缺點是，銷售人員的佣金較高，以致產品價格也高；在招募、訓練、激勵和留住銷售人員的困難度很高；直接銷售的不確定很高；有些銷售人員會運用詐騙技倆，將破壞公司形象。因此，直接銷售方式，在未來將被其他銷售方式所取代。

(二)自動販賣

自動販賣也是早已存在的銷售方式，其已被廣泛地用來販賣各式各樣的商品，包括許多便利性和衝動性購買的產品，如飲料、糖果、香菸、報紙、化妝品、襪子、平裝書、CD、錄音帶、T恤、捷運車票、火車票等。在許多國家或地區，自動販賣機到處可見，如工廠、學校、公共機關、辦公室、圖書館、遊樂場、零售商店、飯店大廳、加油站、旅館、車站、機場和其他聚會場所等。自動販賣機可提供二十四小時的銷售服務，且採用自助式銷售可不需人員經手，就可銷售貨品。

然而，自動販賣也是一種昂貴的配銷通路，其所販賣的商品價格比一般零售商店高出許多。自動販賣機所售商品價格之所以較高，乃是因為散布各地的販賣機須隨時補貨，且機器經常故障須整修，再加上各地區貨品易遭偷竊而造成損失。此外，自動販賣機經常故障、缺貨以及商品無

法退換等，也會造成消費者的困擾。最近已有新技術可對自動販賣機做遠距偵測，自可減少缺貨、故障次數和被竊的損失，但相對地也增加了成本。今日自動販賣機正逐漸增加其用途，不但在娛樂性的服務，且也提供銀行顧客兌現、存款、提款及轉帳的服務。

(三)直效行銷

直效行銷或稱直接行銷，是指利用不同的廣告媒體直接與消費者互動，同時要求消費者直接回應。直效行銷所使用的工具或媒體，包括：直接郵寄、廣播、電視、報紙、雜誌、型錄、電話、電腦連線、網際網路等。無論何種工具或媒體，直效行銷的目的，乃在設法使目標市場的消費者，都可以快速回應，直接訂貨。

近來，直效行銷已廣泛運用於各行各業，如製造商、零售商、服務公司、非營利機構等，都已採用直效行銷的方式。由於直效行銷的廣泛使用，使得今日大眾化市場演變為分眾化市場，其可滿足高度個人化需求和慾望，也使得市場區隔愈來愈零碎。透過直效行銷，行銷者可建立持續的顧客關係，並不斷地提供顧客特定需要和興趣的產品。

此外，由於各項環境與科技的發展，亦有助於直效行銷的快速成長。例如，在逐漸複雜、繁忙和交通擁擠的購物環境，使得在家購物愈具吸引力。再者，電腦功能與通訊科技的不斷發展與進步，使得行銷人員更容易追蹤顧客及其需要，且將提供物加以顧客化，並能更有效地與個別顧客溝通。此外，直效行銷在工業市場上也有長足的進展，且能提供更快速、更便宜和更便利的商品與服務。

今日直效行銷已泛指應用一種或多種媒體或工具，直接與消費者互動的行銷方式，這些包括：型錄行銷（catalog marketing）、郵購行銷（mail marketing）、電話行銷、電視行銷、線上行銷（online marketing）等。其中線上行銷係透過交談式的連線電腦系統來進行銷售活動，此種連線系統以電腦來聯結消費者與銷售者。隨著網際網路人口的增加，使得線上行銷愈趨盛行。此將在第十六章做更詳細的說明。

第三節　零售商的行銷決策

零售商在銷售其產品或服務時，必須尋求新的行銷策略，用以吸引和維持顧客。早期零售商用獨特產品，並提供更多、更好的服務，來吸引顧客；今日則普設銷售點，提供產品搭配、折扣、優惠價格，並加強各項促銷手法和服務，用以吸引顧客。就事實而論，零售商所須進行的各項行銷決策，包括：目標市場與定位、產品搭配與服務、價格、促銷以及店址決策等。

一、目標市場與定位決策

零售商的行銷決策，首先必須確定和分析其目標市場，接著決定其在目標市場中的定位。唯有如此，才能進而決定其他的行銷決策，如產品搭配、服務、價格、廣告、店面裝潢，以及其他決定定位的決策，進而達成一致決策的目標。

零售商若欲為其目標市場與定位做好其決策，必須使該決策能具體而明確。當某家女裝店在選定其目標市場為「三十歲到三十五歲的高收入婦女，提供時髦的女性時裝，且店址在三十分鐘的行車範圍內」時，則其目標市場和定位就較明確。然而，有許多零售商常無法做到這一點。有時為了滿足所有顧客，反而無法得到滿足。因此，目標市場和定位決策的重要性，自不可言喻。

惟為了決定目標市場和定位，零售商必須從事於行銷研究，俾能滿足其目標市場的顧客。零售商若欲以較富裕的消費者為目標市場，就必須採行較高級的行銷設計，如布置高雅、服務周到、備貨齊全、較高價格、較佳品質、店員禮貌甚佳等，用以提高形象，達到愉快購物的目的。

二、產品搭配與服務決策

產品搭配與服務決策牽涉三項主要的產品變數，即產品搭配、服務組合和商店氣氛。茲分述如下：

(一)產品搭配

零售商的產品搭配，必須配合目標市場購買者的期望。事實上，零售商之間的競爭，常以產品搭配為主體。零售商必須決定產品搭配的寬度與深度。如以餐飲業為例，業者可提供窄而淺的產品搭配，如小吃攤或簡速午餐店；提供窄而深的產品搭配，如精緻餐廳或熟食店；提供寬而淺的產品搭配，如自助餐館或咖啡餐廳；提供寬而深的產品搭配，如大型餐廳等是。此外，產品搭配尚包括產品的品質。因為消費者不僅會注意可供產品選擇範圍的多寡，而且也會重視產品的品質。

(二)服務組合

零售商在決定服務決策時，必須因應購買者的服務需求，而提供購買前、購買後和一些附屬的服務組合，以滿足顧客的慾望和價值。這些服務的主要類型，如**表13-1**所示。即使早期舊式的雜貨店，也有其一定的服

表13-1　零售商可提供的服務類型

購買前服務	購買後服務	附屬服務
提供購買資訊	送貨到家	免費停車
接受電話訂購	貨物包裝	附設餐飲
接受郵購	禮品包裝	提供休息
廣告宣傳	換貨	照料幼童
店前展示	退貨	接受賒欠
櫥窗展示	量身訂製	支票兌換
試穿試用	代客安裝	提供其他資訊
展示營業時段	貨到付款服務	整修服務
購前丈量	代客維修	提供盥洗
說明產品特性	操作示範	提供紙巾

務組合，如代客送貨、商品包裝、與顧客閒話家常、賒帳等，這些服務組合在今日超級市場中已不多見。惟今日的服務類型繁多，其可用來提高消費者的購買意願。

(三)商店氣氛

商店氣氛是零售商產品策略的另一項利器。每家零售商店的布置不同，給顧客的感覺也有極大差異。有些令人感到方便、氣派、吸引人，有些則否。有些陳列充滿傳統風味、色調溫和，讓顧客感到心情愉快；有些商店具相當精緻的現代建築與圖案，展示全方位的景色與獨特風格，可滿足狂熱的心境。因此，商店應規劃其氣氛，使其適合目標顧客，刺激其購買慾。蓋零售商店不只是販賣各種商品的場所，而且也是滿足顧客慾望的所在，零售商提供特殊的商店氣氛正可作為競爭的利器。

三、價格決策

產品價格正反映產品品質和業者的服務，對零售商而言，產品價格正是主要的競爭工具。然而，產品價格須與目標市場、產品和服務搭配、與競爭者所訂價格相匹配。幾乎所有的零售商都希望價錢賣得高，數量又多，但這兩者是無法並行的。因此，一般零售商多以成本為訂價基礎，其進貨技巧往往是零售成功的要素之一。一般而言，零售商的訂價決策，常有多種不同方式。首先，零售商可能壓低某些商品的價格，用以吸引顧客，順手購買其他產品。其次，零售商可能壓低週轉較慢產品的價格，以加速其流動。

四、促銷決策

零售商通常可運用多種推銷工具，如廣告、人員推銷、銷售推廣和公共關係等，來接觸消費者。在廣告方面，零售商可利用報紙、雜誌、電台和電視來做廣告；有時也可兼用直接信函或傳單等來散發商品訊息。在人員推銷方面，零售商必須謹慎訓練銷售人員，使其瞭解如何接待顧客、滿足顧客的需求，並妥善處理顧客的疑問和抱怨。在銷售推廣方面，零售商可舉辦店內展示活動、特惠券的發行或贈送、贈獎活動、各項競賽，以及名人演講或訪問活動。在公共關係方面，零售商可舉辦招待會、演講、商店開幕典禮、特殊節慶、新聞快訊和公益活動等，以表達所欲表明的意願。

五、店址決策

零售商開設商店的地址，有時是吸引顧客與否的關鍵。此外，店址的建造或租賃所花費的成本，對零售商的利潤也有很大的影響。因此，店址決策是零售商所必須做的重大決策之一。對小型零售商來說，能找到一處地址已屬不易，故難有選擇餘地。但對大規模的零售商而言，通常必須聘請專門人才，運用現代化的分析方法，來選出最佳的店址。

今日許多零售店都會設置在人口快速成長的地區，藉以迎合顧客需求。為了提供顧客一次購足的便利性，大多數零售店都選擇聚集在一起，藉以增強對顧客的吸引力，終而形成了主要的商店聚集區。此種聚集形態可包括中心商業區和購物中心。

一般而言，中心商業區（central business districts）都處於大城鎮的市中心，擁有許多百貨公司、專賣店、銀行和電影院。由於中心商業區交通擁擠、停車不易及犯罪問題，而逐漸喪失優勢。因此，市中心商業區乃逐漸移向郊區，並設立分店。然而，也有許多城市聯合商家在市中心設立購物街、地下停車場，試圖挽回購物榮景。

另外，購物中心（shopping center）則為一群零售商做統一的規劃、發展、持有和管理而形成。其中以地區購物中心（regional shopping center）的規模最大、最有特色。它約有四十到二百家以上的零售商店，可吸引廣大地區的顧客。其次，社區購物中心（community shopping center）包括約十五到四十家零售商店。該中心通常有一家主要商店，多半是百貨公司的分店、超級市場和專賣店，且有一家銀行。至於，鄰里購物中心（neighborhood shopping center）或購物街（strip malls），通常包括五到十五家商店，而以超級市場或折扣商店為主力，再加上一些各種服務的商店，如乾洗店、洗衣店、藥房、影視出租中心、理髮店或美容院、五金行或其他商店。

綜合上述，零售業之所以要重視行銷決策，最主要乃在因應社會環境的激烈變動。由於今日社會新的零售形態不斷地出現，且零售生命週期也愈來愈縮短，因此零售技巧也愈為重要。今日行銷學者有所謂的「零售業輪迴概念」（wheel-of-retailing concept），正足以說明此種情況。所謂零售業輪迴概念，是指新型的零售業在剛開始時，以低利潤、低價格和低姿態的經營方式，來向成立已久的零售商挑戰，而舊有零售商因多年來成本與利潤的不斷增加而形成虛胖的現象，以致無法承受新型零售商的挑戰。然而，這些新型零售商的成功，繼而改善其設施、增加其服務，因而提升了其成本和價格，其結果也步上原先所取代的傳統零售商之後塵。如此一再循環而形成各個生命週期。此種零售業輪迴概念，用來解釋百貨公司、超級市場、折扣商店及最近相當成功的廉價商店那種先盛後衰的景況，可說甚為貼切。

第四節　批發商的主要類型

批發商在行銷通路中也是相當重要的成員。一般批發商可大別為商品批發商（merchant wholesaler）、經紀商和代理商（brokers & agents）、製造商的銷售分處與辦事處（manufacturers' sales branches & offices）。

一、商品批發商

商品批發商係指獨立經營，擁有商品所有權，並承擔因擁有所有權而產生的風險，且將商品賣給其他批發商、工業用戶或零售商的企業。此種批發商在不同的行業中，有許多不同的名稱，如中盤商（jobbers）、配銷商（distributor）、進口商、出口商、工廠供應商（mill supply houses）等是。商品批發商又可分為完全服務批發商（full-service wholesalers）與有限服務批發商（limited-service wholesalers）兩類。

(一)完全服務批發商

完全服務批發商是指能提供一套完整的批發功能之中間機構，其所提供的服務項目，包括：存貨囤積、合適的產品搭配、融資協助、送貨，以及提供技術諮詢和管理服務等。完全服務批發商又可分為純批發商（merchant wholesalers）和產業品配銷商（industrial distributors）兩類。

1.純批發商：純批發商主要為銷貨給零售商，並提供完全的服務。此又可分為一般商品批發商（general merchant wholesalers）、有限產品線批發商（limited-line wholesalers）、專賣產品線批發商（specialty-line wholesalers）和貨架批發商（rack jobbers）等。一般商品批發商擁有許多產品線，如化妝品、洗衣粉、香菸、食品等，但各產品線深度都很有限。小零售商通常可從一般商品批發商獲得所需要的各種產品。有限產品線批發商擁有一條或二條搭配很深的產品線商品。專賣產品線批發商則專精於某一產品線的少數產品項目，如水果批發商、海產批發商、健康食品批發商即是。至於貨架批發商則經銷特殊產品線的商品，在超級市場、雜貨店、折扣商店等擁有陳列貨品、自行負責商品陳列、標價、保存帳單和存貨紀錄，零售商只提供貨架空間。貨架批發商專門經銷高利潤的非食品項目，如美容用品、書本、雜誌、五金和家庭用品等。

2.產業品配銷商：產業品配銷商是指銷貨給製造商而非零售商的批發商。他們提供貨品囤積、信用貸款及送貨等完全服務，也可能經銷廣泛的產品範圍，也可能專營單項的產品線，也可能專營專購性的產品線。此外，以經營品目的類別言，工業品配銷商有經營有關維護、修理和操作零件材料者；有經營某些設備的正廠零件器材者，如馬達；有經營各項產業設備者，如手工具、動力工具、物料搬運車等即是。

(二)有限服務批發商

有限服務批發商係指只提供少數而非全套服務的批發商而言。有限服務批發商又可分為付現交貨批發商（cash-and-carry wholesalers）、卡車送貨批發商（truck wholesalers）、轉手批發商（drop shippers）、郵購批發商（mail-order wholesalers）和生產者合作組織（producer's cooperatives）等。

1.付現交貨批發商：付現交貨批發商只擁有少數幾條週轉快速的產品線，以現金交易的方式銷售給零售商，且不負責運貨。它的顧客通常是小零售商或小工業用戶。例如，魚販每天黎明駕車到魚貨批發商購買幾箱魚，立刻付現，再將魚貨運回銷售即是。

2.卡車送貨批發商：卡車送貨批發商或稱卡車中盤商（truck jobbers），係兼營銷售和送貨的批發商。此種批發商通常將產品以卡車運送到各超級市場、小型雜貨店、工廠自助餐、旅館、餐廳等，以現金交易。其產品線有一定限度，且多為不易久藏的產品，如牛奶、麵包、餐點等。由於只負責銷售、推廣和運送，通常不提供信貸，故歸為有限服務批發商。

3.轉手批發商：轉手批發商或稱承訂批發商，是指不直接經手存貨或處理產品的批發商。他們在接獲顧客訂單時，設法尋覓製造商，由製造商將產品逕送顧客手中，因此轉手批發商僅在接受顧客訂單

後，到產品送達時，取得產品所有權；此時必須承擔相當風險。由於業者不必存貨管理，其成本較低；其所經手產品通常係大宗物品，如煤、木材、重裝備等是。

4.郵購批發商：郵購批發商是利用商品型錄郵寄給各地零售商、產業用戶，以及組織機構顧客，其主要銷售的商品為珠寶、化妝品、特殊食品、運動用品、辦公用品、汽車零件等。郵購批發商的主要顧客，多為偏遠地區的小規模顧客。通常，郵購批發商均未設推銷人員，僅憑收到的郵購訂單發貨。訂貨多用郵寄、卡車或其他運輸方式送貨。

5.生產者合作組織：生產者合作組織通常多由農產品生產者所組成，主要將農產品集中後，再運銷到各地市場。合作社所得利潤通常在年終時分配給社員。合作組織常致力於產品品質的改善，且多設法開發一項品牌名稱，如香吉士柳橙、Diamond胡桃等是。

二、經紀商及代理商

經紀商和代理商不同於商品批發商，其一為經紀商及代理商並不擁有產品所有權，其二為其所行使的路線功能很有限，只在促成和加速產品的銷售。他們因為提供一些服務而賺取佣金，佣金一般是根據產品的售價而來。經紀商是買方或賣方短期僱用的中間商，而代理商則為長期代表買方或賣方的中間商。茲分述如下：

(一)經紀商

經紀商的主要任務，乃在尋找買方和賣方，並協助雙方的接觸與協商談判。經紀商若由買方僱請，則費用由買方支付；若由賣方僱請，則費用由賣方支付。由於經紀商只負責居間促成交易，故本身並不擁有產品存貨，不提供融資，也不承擔買賣風險，其執行功能較少。但他們可提供給顧客專業的商品知識，和現成的接觸網。經紀商包括：食品經紀商、不動產經紀商、保險經紀商、證券經紀商等。

(二)代理商

所謂代理商，若不是買方的代表，就是賣方的代表，其均有相當程度的固定性。一般代理商可分為如下類型：

1.製造廠代理商：製造廠代理商（manufacturer's agents），或稱業者代表，是最常見的代理批發商。製造廠代理商通常是指代理兩家或兩家以上製造商的獨立中間商，能提供給顧客完整的產品線；且在指定的地區內代理不彼此競爭，而能互補的產品。代理商和製造商之間，必須簽訂一項正式協議，包括：產品售價、代理地區、訂單處理、送貨服務與保證，以及佣金費率等。代理商對製造商的產品線，必須有深入的瞭解；且能利用本身廣大的接觸面，去銷售製造商的產品。其所代理的產品，包括：服飾、家具、電器產品、機器設備、汽車用品、鋼鐵，以及某些食品等。

一般而言，大部分的製造廠代理商的規模不大，只有少數幾位訓練有素的銷售人員。顧客多為財力不足以維持自己銷售人力的小型製造商；但有些想開拓新市場，或無力提供專業行銷人員的大型製造廠，也常約僱代理商代理其業務。

2.銷售代理商：銷售代理商（selling agents），或稱業務代理商，係指和生產者簽約，經銷其所生產的全部產品之代理商。生產者或製造廠有時因無意自理銷售業務，有時自認本身銷售能力不足，因而委由銷售代理商代理其全部銷售作業。此種代理商儼然無異於製造廠商的一個行銷部門，其可代為決定產品價格、推廣促銷以及其他銷售條件；且其通常並無銷售地區的限制。此種代理商所可代理的廠商，包括：紡織、機械、煤礦、化學品以及金屬等。

3.採購代理商：採購代理商（purchasing agents），通常與顧客之間存有長期的固定關係，不但代理採購，且常包括：進貨、驗貨、倉

儲、運輸等。此外，他們常提供給顧客有關市場的重要資訊，並幫助顧客爭取最佳的產品和合理價格。例如，成衣市場可設「駐地購買人」，以經常注意當地各小型零售商最暢銷的成衣產品線，以便擁有靈活豐富的市場資訊，故常能取得當地最佳價格的最佳產品即是。

4.佣金中間商：佣金中間商（commission merchants），是另一種代理商的形態，通常負責處理大量商品，安排分級或儲存事宜，並尋找買主，談判銷售，且將產品運送到市場。佣金商與生產者之間，並無長期固定關係，但對價格和銷售條件有很大的權力，可提供銷售規劃上的協助，有時也提供信貸，不過並不提供推廣上的支援。最常見於農產品市場上的行銷。有些農業生產者或因無力自行銷售產品，又不願參加生產者合作組織，於是轉而委由佣金中間商銷售。佣金中間商所經銷的產品，除了農產品之外，也可能協助絲織品、藝術品、家具或海產等的銷售。產品一旦出售，佣金中間商會扣除應得的佣金及各項營業費用，再將所得餘款交給生產者。

三、製造商的銷售分支機構

製造商的銷售分支機構，乃為製造商自己經營批發業，包括：銷售分處（sales branches）和銷售辦事處（sales offices）。

(一)銷售分處

銷售分處或稱分公司或營業所，是製造商自己擁有的中間商，負責辦理存貨控制、產品銷售，並對銷售人力提供支援性服務，且提供信用、送貨、推廣上的協助和其他服務。他們的顧客包括：零售商、工業用戶和其他批發商。在電器用品、配管工程、木材和汽車零件產業中，也頗為常見。

(二)銷售辦事處

銷售辦事處或稱銷售站（selling offices），也是由製造商所擁有，但遠離製造廠，與銷售分處不同的是，銷售辦事處並不持有存貨。其任務和經紀商或代理商類似。

總之，製造商有時會為了更有效地接觸其顧客而設立分支機構，由自己負責執行批發功能。製造商有時因現有中間商無法提供專業的批發服務，而設立自己的分支機構。

第五節　批發商的行銷決策

近來由於競爭壓力的提高，批發商也面臨新競爭對手，需求更多的消費者，新技術的發展，同時產業界和機關組織等大零售業者也改採較直接的購買方式。因此，批發商必須改進其目標市場與定位，以及產品搭配與服務、價格、促銷與通路等行銷組合的策略性決策。

一、目標市場與定位決策

批發商和零售商一樣，必須界定目標市場，而不該試圖去服務所有的市場。他們必須依據零售商的大小，僅選擇大零售商；依零售商的類別，只售與便利性食品店；或以所需要的服務，而只選擇需要融資的零售商。在決定目標市場後，批發商可接著認定其中最能獲利的顧客，從而研議最有力的良好條件，並設法與之建立良好的關係。批發商又為顧客設置自動化訂貨系統，協助建立良好的管理訓練與諮詢服務制度，甚至代為創設一項自動加盟連鎖店的系統。對於想要拒絕利潤不佳的顧客，批發商可提出種種條件，如要求大宗訂貨，或提高額外費用，予以阻絕。

二、產品搭配與服務決策

正如零售商一樣，批發商必須制定一套產品搭配與服務制度。事實上，批發商對其產品搭配與服務本身，即為其產品。一般批發商常感受到重大壓力，以應付零售商的迫切需要，故須有全套的產品搭配；且須有足夠的產品存量，以備隨時充分發貨的需要。然而，如此將增加批發商的儲存成本，降低其經營利潤。因此，批發商必須考慮存貨管制的問題，期以贏取最高利潤為目標。今日批發商都在重新檢討哪些服務對建立良好顧客關係最為重要，而哪些服務應予刪除或另外收費。產品搭配與服務決策的重點，就是要找出能為顧客提供最佳的服務組合。

三、價格決策

價格也是批發商的一項重要決策。批發商通常會依某項標準比例來加成訂價，如在產品各項成本之上外加20%的訂價，使各項營業費用約為毛利的17%，而留下3%的淨利。在雜貨批發業中，其平均成本通常低於2%。今日許多批發商常採行新的價格策略，亦即為了爭取重要的新顧客，常對某些產品線的產品，進行利潤削減；或要求供應商大幅降價，以增加該供應商的銷售額。

四、促銷決策

促銷決策對批發商而言，也相當重要。然而，許多批發商並不注重促銷。他們即使自己做廣告、促銷推廣、宣傳、人員推銷與公共關係，也多隨意為之，未加規劃。在進行人員推銷時，批發商多以推銷員單獨和顧客洽談，而不是藉著團隊合作來開拓和服務大客戶。至於在非人員推銷方面，批發商也必須仿效零售商，運用各種推銷技術，以塑造自我形象。簡言之，批發商必須研訂全面性的促銷策略，儘量配合供應商，使用其所提供的促銷方案與方法，始能為功。

五、通路決策

批發商的行銷組合，也必須慎重地選擇其地點和設施。批發商一般多位於租金低、稅賦低的地區，店內設備與各項系統也很少花錢布置；對於物料搬運和訂單的處理技術，也甚為落後。唯有規模較大、態度較積極的批發商，為了因應日漸增高的成本，對物料搬運程序進行深入的動作與時間研究，著手建立現代化的自動化倉儲設施。此可在接獲顧客訂單後，將資料輸入電腦；再由自動化機器選出貨品，而放在輸送帶上，再送到運輸台上集中裝運。另有部分批發商，採用現代化的電腦制度與文書處理機，來處理會計帳務、存量管制與銷售預測等作業。積極的批發商對於符合目標顧客的需求，也尋求建立一套服務制度，以期降低成本。

總之，今日批發商同樣面臨了許多競爭和挑戰。他們必須慎選供應商和零售商，以因應情勢的變化，滿足供應商和目標顧客的需求。批發商長期生存的唯一理由，就是要增進整個行銷通路的效率。為此，他們必須經常改善服務和降低成本。

Chapter 14

整合性推廣

第一節　推廣組合工具及其特性
第二節　行銷溝通的過程
第三節　有效溝通的步驟
第四節　推廣組合預算
第五節　推廣組合策略的設計

行銷推廣也是行銷組合的四大要素之一。行銷管理不僅要開發新產品、訂定吸引人的價格、選定行銷通路，而且要在製造商、批發商、零售商和最終消費者之間做好溝通的工作，用以促銷和推廣產品，如此才是完整的行銷管理。本章首先將說明推廣組合工具及其特性，其次探討行銷溝通過程，再次則研析有效行銷溝通的步驟，然後探討設定全盤的推廣預算，最後則分析和發展推廣策略的設計。

第一節　推廣組合工具及其特性

推廣組合（promotion mix）或稱促銷組合，係指運用廣告、人員銷售、銷售推廣、公共關係和直效行銷等工具和方式，來進行行銷目標的組合。由於它是製造商、批發商和零售商等，運用來與顧客或彼此之間進行有效產品銷售與溝通的組合，故又稱為行銷溝通組合（marketing communication mix）。在推廣組合中，每項推廣工具都有它獨特的特質，所需成本也不相同。行銷人員在做選擇之前，必須對這些特性能有所瞭解。茲將該五項主要促銷工具的定義和特性，分述如下：

一、廣告

所謂廣告（advertising），是指由任何特定提供者以付費的方式，運用非人員的方式來表達和推廣各種觀念、貨品或服務者均屬之。廣告是一種運用極廣的推廣工具。它可以相對較低的成本，重複呈現同一訊息許多次，並廣泛地接觸到散布於各地的廣大購買者。由於廣告有公開表達的特質，購買者不僅可蒐集和比較各項類似產品的訊息，且可將廣告的產品視為標準化和合法化的產品；同時購買者也可瞭解購買廣告的產品，將可為大眾所瞭解與接受。此外，當廠商推出大規模的廣告時，購買者尚可推知其企業規模、聲望與公司成就。同時，廣告若透過視覺效果、精美的印

刷、音效和色彩等的巧妙運用，就可生動地表現公司產品，一方面據以建立公司長期形象，另一方面則可刺激銷售的速度和效果。

然而，廣告也有一些缺點。首先，廣告無法直接接觸到消費者，只能做單向溝通，以致常形成成本的浪費。其次，廣告既由廣告主付費，有時常失去真實性。再者，廣告雖能快速接觸消費者，但有時很難引發注意，而影響廣告效果；此乃因消費者常做選擇性知覺之故。最後，廣告的單位展露成本雖低，但大幅廣告的總成本仍然很高。

二、人員銷售

人員銷售（personal selling），是指由公司銷售人員和顧客做面對面的互動，期以能進行推銷，並完成交易，且能和顧客建立起關係之謂。人員銷售在購買者購買過程中，是一項極有效的推廣工具；尤其是在建立購買者的偏好、企求狀態和購買時的狀態，更是如此。由於人員銷售涉及兩人或兩人以上的人際互動，故可直接觀察購買者的需求，立即做迅速的反應。此外，人員銷售可建立長期的關係，如誠懇地介紹產品的特性，增進雙方的互信感。在進行人員銷售時，銷售人員不但能夠使購買者注意傾聽產品介紹和展示，也可由購買者口中獲得產品需要改良的訊息。

然而，人員銷售是所有推廣工具中成本最高的，其費用約為廣告成本的二至三倍之多。此外，不同銷售人員的特性與銷售技巧，各有差異。有關優秀銷售人員的招募、訓練和激勵，都是相當費時費錢的。最後，銷售人員一旦被僱用，公司就必須有長期的僱用承諾，不易像廣告一樣可以隨時增刪而調整其成本。

三、銷售推廣

銷售推廣（sales promotion）或稱為促銷，是指用以激勵購買者購買某項商品或服務的短程措施。促銷的工具包括：折價券、獎金、贈品、競賽等。促銷可吸引消費者注意，並為消費者提供資訊，終能帶動消費者的購買行動。促銷可結合一些減價或贈品帶給消費者實質的利益，提供其購買誘因，激發消費者的消費需求和快速購買，達成短期銷售的效果。促銷也可和其他推廣工具，如廣告和人員銷售等結合，以達成銷售目標。

然而，促銷效果是短暫的，對於想要建立長期的品牌偏好，其效果極為有限。有些和減價有關的促銷，若使用不當，反而會傷害到品牌形象。此外，促銷手法很容易被抄襲或模仿，過多的促銷活動可能反而失去消費者的興趣。

四、公共關係

公共關係（public relation），是藉由獲得有效的報導來製造公司、產品和服務的良好形象，用以避開不實的謠言、事故或事件，而與社會大眾建立起良好的關係而言。由於公共關係是透過公共報導、新聞報導和事故陳述的方式來傳遞訊息，故比廣告更真實，且更具可信度。公共關係對公司、產品或服務，常以新聞的形式出現在大眾媒體上，比較能接觸到那些迴避廣告、人員銷售或促銷的潛在顧客，故較能為公司和產品締造戲劇性的效果。在公共關係的運作下，公司常能針對顧客、供應商、股東、政府官員，以及社會大眾，塑造出公司及其產品或品牌的良好形象。

惟一般行銷人員甚少利用公共關係來促銷其產品，或只是列為最後的考慮。事實上，公司若能做好公共關係的規劃，並配合其他推廣組合，將可發揮更大的宣傳效果，且此種宣傳成本最為低廉。

五、直效行銷

直效行銷，是指利用各種非人員的接觸工具，如郵件、電話、傳真、網路、電子郵件等，而直接與特定消費者進行溝通或引發顧客的立即反應而言。直效行銷具有下列特點：

1.非公共性（nonpublic）：即直效行銷的訊息通常只呈現給某些特定的人員。

2.立即性（immediate）：即直效行銷的訊息可快速地蒐集訊息，也可快速地更新訊息。

3.顧客化（customized）：即直效行銷的訊息是為特定顧客量身訂做，並對特定對象提出特定訴求。

4.互動性（interactive）：即直效行銷是行銷人員和顧客間的直接對話，且訊息常依消費者的回應而改變。

由此可知，直效行銷用於高度目標行銷的活動上頗為適合，並可進一步建立起一對一的顧客關係。然而，直效行銷需要完善的資料庫，而資料庫的建立與管理是相當昂貴的。

總之，推廣組合主要有上述五項工具，但也不僅限於此五項工具。蓋產品、價格和通路等，也同樣具有推廣功能，例如，產品的設計和包裝、品牌名稱、價格高低以及經銷商的類型等，也會影響到顧客、中間商和社會大眾的看法。因此，推廣組合固然是廠商的主要促銷活動，但整個行銷組合都必須做整體性的考量，且須相互協調配合，才能獲致最大的效果。

第二節　行銷溝通的過程

行銷推廣必須進行有效的溝通，而有效的溝通必須能瞭解溝通的過程與要素，才能進行溝通，並提高溝通效果。一般溝通過程包括：發訊者（sender）、編碼（encoding）、媒體（media）、訊息（message）、解碼（decoding）、收訊者（receiver）、反應（response）或回饋（feedback）、干擾（noise），以及溝通情境等九個要素，如**圖14-1**所示。

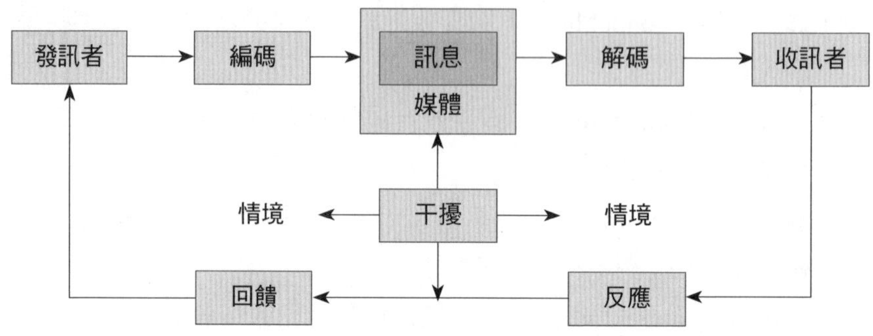

圖14-1　溝通過程的要素

一、發訊者

所謂發訊者或訊息源頭（source），又稱為溝通的發動者，就是發動溝通想表達意識或想法的個人。在行銷過程中，溝通發動者一般即為行銷者，他想把有關產品的訊息傳達給消費者，並希望得到合理的回應，至少希望獲得消費者的瞭解。不過，此種由行銷者所傳達的相關訊息，通常都帶有他個人和產品的基本特性。這些特性包括：行銷者的性別、個性、知識、思想、意識、價值感、信心、溝通能力與技巧，以及產品的屬性、種類、品牌、被顧客接受的程度等。

二、編碼

編碼或稱表示作用，是指行銷者將其理念、想法、情感和相關資訊轉化為一套有系統的行銷符號之過程，此即為行銷者的意思或目標。表示作用的結果就是在形成產品訊息，其目的就是在希望顧客瞭解產品的各項訊息與功能，期其能接受該項產品，並採取購買行動。

三、媒體

媒體就是傳達產品或服務訊息的工具，其可包括：面對面的銷售、電話行銷、網路、廣告以及各種視聽工具等。每種媒體各有優劣點，並各自適用於不同的產品，行銷者必須慎選媒體，以求能適切地將產品資訊傳達給最適宜的目標顧客。

四、訊息

訊息就是行銷溝通的內容，也就是產品或服務的內涵與意義、功能、實際滿足顧客需求的範圍，這些都可透過符號、品牌名稱、內容物與成分比率、用量、使用方法等表達出來。訊息是行銷溝通的實質內涵，其乃為構成購買與否的主要因素之一。

五、收訊者

收訊者或接收者是行銷溝通的對象，是收受產品訊息的人，可稱之為消費者、顧客、客戶等。收訊者可以是個人，也可以是群體，亦即為聽閱大眾。通常收訊者是否接受產品訊息，常取決於他對該項產品的需求、興趣、態度、個人特質和產品諸多特性等的影響。

六、解碼

解碼或稱為譯碼，或收受作用，是指接受者對產品訊息理解和接受的程度或過程。通常接受者會依循過去的經驗或參考架構（frames of reference），去解讀、詮釋或收受產品的訊息。凡是收受的訊息與其意識愈為一致，則其收受訊息的可能性就愈高。

七、回饋或反應

回饋或反應是指訊息收受者將其反應回輸給訊息發動者而言。一項訊息反應若無回輸的過程，則訊息傳達者將無法獲知反應的結果。因此，行銷者必須設法尋求消費者的反應，並取得其反應。此種反應可以是直接的，也可以是間接的。其可面對面回應，亦可以書面、電話、網路和各種視聽媒體做反應。這些反應有時可能成為第二循環訊息的源頭，使得原有的訊息傳達者變成收受者。行銷人員亦可藉此獲知消費者對產品的知覺，並做適時的修正。

八、干擾

干擾或噪音就是指妨礙行銷溝通的各種過程或要素而言，此種干擾可能存在於各個溝通過程中的任一環節或步驟，其中亦包含溝通者和收受者。無論溝通干擾的來源為何，它都可能產生誤解，而阻礙行銷的進行。因此，所有的行銷溝通都必須設法排除可能的障礙，才能使行銷工作順利進行。

九、情境

情境是指行銷者在進行行銷推廣時，所遭遇到會影響行銷溝通的一切情況和環境而言。這些情境包括推廣溝通自然環境、物質環境，以及人文社會環境等。如商場布置、空間大小、櫥窗設計、當天天候、溫度高低、顧客多寡，以及行銷者與顧客之間的互動情況等，都屬於溝通情境，且會影響行銷溝通的進行。

總之，行銷溝通有一定的步驟，行銷者不管在銷售前、銷售中和銷售後，都必須隨時做好與顧客溝通的步驟，下節將進行這方面的討論。

第三節　有效溝通的步驟

行銷人員為使行銷溝通有效，除了必須瞭解行銷溝通的過程之外，仍需規劃有效的溝通步驟。這些步驟包括：確認目標閱聽眾、決定溝通目標、研訂溝通訊息、選擇溝通通路、善用溝通來源，以及評估溝通效果。茲分述如下：

一、確認目標閱聽眾

行銷溝通者想要發展有效的溝通，首先必須確認目標閱聽眾。目標閱聽眾可能是公司產品的潛在購買者或目前使用者，可能是購買的決定者或影響者，可能是個人或群體，也可能是一般大眾或特殊大眾。目標閱聽眾足以影響行銷溝通者決定應說明什麼、應如何說明、應於何時說明、應於何地說明，以及應由何人提出說明。

二、決定溝通目標

行銷溝通者在確認目標閱聽眾之後，接著就要決定溝通目標。決定溝通目標就是在獲得目標閱聽眾的反應。通常閱聽眾的反應，就是採取購買行動。然而，閱聽眾的購買行動是其冗長購買決策過程的最後步驟。行銷溝通者必須瞭解目標閱聽眾目前正處於購買決策的哪個階段，並決定要向前推進到哪個階段。這些階段包括：知曉、瞭解、喜愛、偏好、慾求、購買等。

行銷溝通者對目標閱聽眾的購買評估，首先必須瞭解目標閱聽眾是否知曉公司及其產品。目標閱聽眾可能毫無所悉，也可能僅聞其名，也可能只是略知一二。此時，行銷溝通者的首要任務，就是要使其知曉。當大部分目標閱聽眾對產品均毫無所悉時，就必須使其先知悉，至少也要使其先知道產品名稱；然後再一而再地重複發送產品名稱的簡單訊息。即使如此，此種讓閱聽者知曉的過程仍相當冗長。

其次，行銷溝通者必須設法使閱聽者能瞭解公司及其產品，並調查其瞭解的程度。接著，在目標閱聽者對產品有所瞭解之後，行銷溝通者必須設計一套探知閱聽者的喜愛、偏好和慾求，結合各種促銷組合工具，終而促成其購買行動。

三、研討溝通訊息

在界定所期望的閱聽大眾的反應之後，行銷溝通人員就必須發展或設計有效的溝通訊息。一項理想的訊息應能引起閱聽者的注意（attention）、激發其興趣（interest）、激起其慾望（desire），並能促成其行動（action），此即為所謂的AIDA模式。事實上，幾乎沒有任何訊息足以使消費者從知曉階段而達到購買階段，然而AIDA模式正足以作為衡量訊息的一項參考架構。

舉凡訊息的設計必須考量四項問題：要說些什麼，就是訊息內容（message content）；如何說，就是訊息結構（message structure）；如何以符號表示，就是訊息格式（message format）；以及由誰去說，就是訊息來源（message source）等。

(一)訊息內容

訊息內容是指行銷溝通者必須決定要向目標閱聽眾說些什麼，亦即為要向目標閱聽眾表達什麼主題和訴求，俾使其能產生所期慾的反應。此種訴求有理性訴求（rational appeal）、感性訴求（emotional appeal）和道德訴求（moral appeal）等三種類型。

理性訴求係針對目標閱聽眾自身利益的追求，而設法證明產品所能為他們帶來的利益和好處。例如，在訊息中說明產品的品質、經濟性、價值和功能。此時，消費者在購買產品時，會多方蒐集有關資訊，並加以比較，而對品質、經濟性、價值和功能等理性訴求做出反應。

感性訴求係用來刺激正面或負面的情感，以激發消費者的購買。行銷溝通者可能使用正面的感性訴求，如購買產品會顯現出愛、榮耀、歡樂和幽默，以引發對產品或廣告的喜好和信任。相反地，有些行銷溝通者會使用負面的感性訴求，如以恐懼、內疚和羞恥，來促使人們購買，以免引發不良後遺症。

道德訴求旨在使閱聽眾瞭解什麼是對的或適當的。道德訴求常被用來呼籲人們支持某些社會理念而購買，如愛用國貨、環境保護、種族平等、男女平權和幫助弱勢團體等。

(二)訊息結構

行銷溝通者要做好有效的溝通，必須注意訊息結構。訊息結構涉及三項問題，即：(1)是否應導出明確的結論；(2)是否應提出單面或雙面的論點；(3)最強論證提出的先後順序為何。

行銷溝通者在做訊息溝通時，究應為閱聽眾下結論，或應由閱聽眾自行做結論，是一項值得探討的問題。有些研究結果指出，為閱聽眾下結論會有較大的效果，但也有研究結果顯示，由閱聽眾自己提出結論效果較大。一般言之，當溝通者被認為不值得信任，或議題被認為太簡單，或涉及高度個人隱私時，由溝通者提出結論可能導致負面的反應。

單面或雙面的論點，是指行銷溝通者只單方面提出產品的優點，或雙方面既論及產品的優點又兼及於其缺點。一般而言，推銷產品的訊息以單面論點為有效；但若閱聽眾的教育程度較高，或接觸到反宣傳的機會較多時，則宜進行雙面論點的溝通。

至於，最強論證究應放在最前面或最後面的問題，也是行銷溝通者所應掌握的問題。在單面論點的設計下，將最有力的論點放在前面，有助於引發閱聽眾的注意與興趣。在雙面論點的設計下，則必須考慮到究竟要先表達正面論點或負面論點。如果閱聽眾原本就持反對立場，則溝通者宜先提出負面論點，俾可先解除閱聽眾的武裝，然後再提出強有力的正面論點作為結論。

(三)訊息格式

有效的訊息溝通，尚需注意訊息格式。就印刷廣告而言，溝通者必須注意有關標題、文案、插圖、色彩等要素。訊息溝通者為求掌握閱聽者的注意力，就必須能出奇制勝，創造出新奇和鮮明的對比、引人注目的圖案與標題、獨特的格式、訊息位置、文字大小，以及色彩、造型等變化。訊息若經由廣播傳遞，行銷溝通者就必須謹慎地選擇字彙、語詞、音質和語調等。顯然地，一項推銷二手貨轎車的播音，和推銷高品質家具者，必不相同。

此外，訊息若是經由人員或電視傳遞，則除了需考慮上列因素之外，尚須注意肢體語言，包括：面部表情、姿態、手勢、服飾和髮型等。訊息若經由產品或包裝傳遞，則必須注意顏色、氣味、觸感、尺寸大小和形狀等。其他，如色彩對溝通訊息也常產生影響，尤其是以食品的溝通為甚。

(四)訊息來源

訊息來源是指發出或傳遞訊息的人。訊息來源要考慮到來源的可信度和吸引力。一般而言，愈具有可信度和吸引力的訊息來源，愈能影響或改變閱聽眾的認知、情感、態度和行為。因此，行銷溝通者必須提供真實可靠的訊息，並引用具有良好自我形象的溝通者。

四、選擇溝通通路

有效的行銷溝通，尚需慎選溝通通路。一般溝通通路可大別為人員溝通通路（personal communication channel）和非人員溝通通路（non-personal communication channel）兩大類。

(一)人員溝通通路

人員溝通通路係指兩個或兩個人以上的直接溝通之通路而言。此種溝通包括：面對面、面對閱聽眾、透過電話或以私人信函等方式來進行溝通。人員溝通之所以有效，主要在於它能使人們感受到人情味，並能產生立即回饋之故。

一般而言，人員溝通可能由廠商的行銷人員直接向目標市場的閱聽眾進行溝通，也可能由具有專業知識的專家或知名人士向目標閱聽眾進行展示或說明，也可能經由鄰居、家人、朋友、社團成員等社會管道向目標市場閱聽眾進行遊說或提出建議。透過專家或社會管道的溝通通路就是所謂的口碑影響（word-of-mouth influence），對大多數商品而言，常是最有說服力的。

人員溝通通常對價格高昂或風險性較高的產品，最為有效。另外，當產品可凸顯使用者的地位或品味時，人員溝通也常能發生極大的效果。因此，有些廠商常建立人員溝通通路，如設法找尋坊間的有力人士，或培養意見領袖，或設法加強某些社區成員的聯繫，或透過有力人士增強廣告效能。凡此都是利用人員溝通通路的最佳方式。

(二)非人員溝通通路

非人員溝通通路係指不透過人員直接接觸或回饋來傳達訊息的通路。此種通路包括：大眾與選擇媒體、氣氛以及事件活動等。

媒體包括印刷媒體，如報紙、雜誌、直接信函；廣播媒體，如收音機、電視；電子媒體，如錄音、錄影帶、影碟、CD-R、網頁等；以及展示媒體，如告示牌、招牌、海報等，均屬之。利用大眾媒體，旨在廣泛地接觸一般未經劃分區隔的閱聽大眾；利用選擇媒體，旨在接觸較小規模或經特定選擇的閱聽者。

所謂氣氛，是指經由設計或製造可開創或增強購買者去購買產品傾向的整體環境而言。例如，律師事務所和銀行的裝潢布置，即在建立一定的氣氛，以期散布給顧客對其商品或服務的信心即是。

至於，所謂事件係指為了傳達特定訊息給目標閱聽大眾而設計的活動。許多公共關係部門常以召開記者招待會、大型開幕活動、產品展示和其他特別活動，來達成其特定溝通的效果均屬之。

非人員溝通不僅對購買者會產生直接的影響，也會造成間接的影響。因此，有時可運用兩階段溝通流程（two-step communication flow）來傳達訊息，首先經由大眾傳播媒體傳達給意見領袖，再由意見領袖傳達給一般大眾，依此而擴展訊息傳達的效果。

五、善用溝通來源

溝通訊息的發送，最主要乃在影響接受訊息的閱聽大眾。但是訊息由何人發送，以及閱聽者對該訊息的觀點，將影響閱聽者對訊息的接受程度。易言之，同樣的訊息若經由可信度較高的人發送，則被接受的程度較高；相反地，若由可信度較低的人發送，不僅會形成接收人的不良觀點，而且也使其拒絕接受。因此，許多企業機構的行銷人員，多會重金禮聘知名明星或專業人士傳遞信息。

至於，某項訊息來源的可信度如何，其常取決於三項主要因素：一為發訊者的專業程度，二為發訊者的公信程度，三為發訊者在閱聽者之中的人緣程度。所謂專業程度，係指訊息來源是否具有發布某項訊息所應具有的權威性而言。例如，醫師、科學家、名教授等，各在其本業領域內具有一定的權威性，故所發布的訊息自較易能取得閱聽者的信賴；所謂公信程度，係指訊息來源是否具有充分的客觀性和誠信性而言。是故，產品訊息出自推銷者之口，還不如出自於親朋好友之口，較易獲得消費者的信賴；至於所謂人緣程度，係指訊息來源是否為閱聽者所喜愛而言。凡是訊息來源較為爽朗、開放、自然而幽默者，與封閉、造作而缺乏喜感者比較時，前者更為閱聽者所接受。因此，行銷人員必須慎選溝通訊息的來源，找尋理想的溝通發訊者，以取得閱聽者較高度的信賴。

六、評估溝通效果

行銷溝通的最後步驟，就是在測知和評估溝通的效果。評估事項通常可包括：閱聽者看過或聽過與否和次數、是否記憶、對產品的看法和態度、態度是否改變、對訊息的感覺、回憶程度、購買前後態度與行為的改變等。在評估這些要素之後，行銷溝通者自可瞭解行銷溝通方案的優點和缺點，並可針對其缺失加以改善，而對不足之處予以加強。

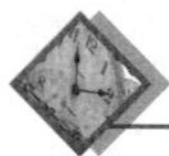

第四節　推廣組合預算

廠商究竟要花費多少經費在行銷推廣上，乃是一項重要的行銷決策。由於各種產業的不同，其在推廣業務上的支出也有很大的差異。例如，飲料業和化妝品業的推廣費用比例，通常比機械業的推廣費用比例為高。此乃因前者更需要在廣告宣傳上花費更多的心力之故。即使在同一產業內，不同廠商的推廣費用比例也常有所不同。一般編列推廣預算的方法有：銷售百分比法（percentage-of-sales method）、能力足堪負荷法（affordable method）、因應競爭法（competitive-parity method）和目標任務法（objective-and-task method）。

一、銷售百分比法

銷售百分比法，是以目前或預測銷售額的一定比率，或依售價的一定比率，作為編列推廣預算的方法。此種方法的優點，是易於運用，且能促使管理階層思考推廣成本、售價和單位利潤之間的關係。然而，此法在邏輯上有令人質疑之處。亦即推廣與銷售之間的關係很難明確。因為銷售有可能是推廣的「果」，而不是「因」。此外，此種方法未能考量產品生命週期、市場情況和產品特性等因素。因此，此法除了可依據同業間的默契與過去的經驗之外，很難提供決定特定百分比的合理基礎。

二、能力足堪負荷法

能力足堪負荷法，是以公司有多少財力就支付多少來作為依據，所設定的推廣預算之方法。此種方法使用簡單，完全依照公司的財務支付能力作為編列推廣預算的依據。然而，此種方法忽略了推廣對銷售的影響；且此種方法常使每年的推廣預算多寡不定，將不利於公司的長期市場規劃。此外，此法可能使推廣預算排列在所有支出項目之後，而影響推廣工作及其效果。

三、因應競爭法

因應競爭法，是指公司在編列推廣預算時，悉採取與競爭者同步的預算方法。當競爭對手提高推廣費用，公司亦隨即提高；而在對手降低推廣費用時，亦跟隨降低。此法完全依據競爭對手的推廣活動而設定，其有不可取之處。蓋各家廠商的資源、機會、威脅、行銷目標等各有不同，以競爭者的推廣預算，來設定本身的推廣支出，似有不妥之處。然而，也有人認為採用此法可避免引起促銷戰，且能促使公司隨時保持競爭對手的注意力。惟在實際上，相同的推廣預算並不能保證不會發生推廣促銷戰。

四、目標任務法

目標任務法，是根據企業行銷所要達成的特定目標，來編列推廣預算的方法。惟採用此法必須：(1)儘可能明確地訂出推廣目標；(2)確定達成這些目標所應執行的任務；(3)估計執行這些任務所需的成本。依據這些成本的總和，即為所擬編列的推廣預算。此種方法的優點是，可促使行銷人員更加注意推廣目標的達成，且能說明推廣費用和推廣結果之間的

關係。但此法很難估算廣告訊息和媒體安排在達成目標過程中的真正費用；且推廣目標和其他目標並列，亦難窺知其優先順序。

總之，推廣預算的方法各有其優劣利弊，廠商必須審視自身條件和產品特性，做較合宜的推廣組合，並選擇最佳的推廣預算方法，以求能做整合性的推廣工作，達成促銷的目標。

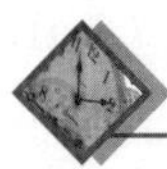

第五節　推廣組合策略的設計

行銷人員為了達成有效的推廣策略，就必須將全盤的推廣預算分配到各項推廣工具上，且要謹慎地調和這些推廣工具。準此，行銷人員就必須設計出一套完整的推廣組合策略。然而，在研議推廣組合策略時，又必須考量多項因素的影響。茲就其中較重要者分述如下：

一、產品或市場類型

由於產品或市場類型的不同，企業機構可運用的各項推廣工具之重點也有所差異。顯然地，在消費者市場和產業市場上，推廣工具的運用就不相同。在消費市場中，通常以廣告為重點，其次才是促銷、人力銷售及公共關係與宣傳。相對地，在產業市場中，則最為重視人力推銷，其次為促銷、廣告和宣傳。一般來說，凡是賣方的企業機構家數較少而規模較大者，以及產品較為昂貴及較具風險性者，多較傾向於運用人力推銷。

此外，在產業市場中，雖然廣告運用較少，遠不如人力推銷之受重視，但仍然扮演著相當重要的角色。至少，在產業市場中，倘能善用廣告，亦可提高顧客的知悉和瞭解程度，從而能開拓銷售的機會，並增強購買者的信心。同樣地，在消費者市場中，人力推銷的份量雖然較輕；但是其對消費者產品的行銷作用，也具有極為可觀的力量。須知在消費者市場中，所謂的行銷絕不是僅靠人力推銷或廣告將產品布置於貨架上，而須依靠優秀的推銷人員爭取多家經銷商的經銷意願，並爭取更佳的貨架位置和致力於更佳的展示與促銷。

二、外推或內拉策略

影響推廣組合設計的第二項因素，就是企業機構將產品送達消費者的策略，此可分為外推策略（push strategy）和內拉策略（pull strategy）。所謂外推策略，是指企業機構運用人力銷售和促銷的工具，將產品向外推進到行銷通路中。亦即生產者將其產品主動推廣，送達於批發商；而批發商也主動將產品推廣，送達於零售商；再由零售商主動將產品推廣，而送達於消費者手中。

所謂內拉策略，係指企業機構將其預算重點置於廣告和消費者的促銷上，以期建立消費者對產品的需求。此項策略乃表示消費者自行接觸零售商，要求購買產品；而零售商自行接觸批發商，要求獲取產品，而批發商也自行接觸生產者，要求獲致產品。

一般而言，部分規模較小的生產企業機構，以採取外推策略居多；而部分直接行銷的企業機構則以運用內拉策略居多。至於，規模較大的企業機構，通常兼採外推和內拉兩種策略。如此一方面可運用其強大的大眾媒體廣告，將產品需求從其行銷通路上向內拉進；另一方面則可運用其人數龐大的銷售部門和商業推廣，將其產品外推到行銷通路上。

三、購買者準備購買狀態

影響推廣組合設計的第三項因素，乃為購買者準備購買的狀態。由於消費者準備購買的階段不同，企業機構所宜採用的推廣工具自亦不同。舉凡對於已知悉和瞭解產品的購買者，當以廣告和宣傳最為有效；而不宜貿然採行人力銷售，或進行逐戶推銷。對於喜愛、偏好和慾求狀態的購買者，則企業機構宜考慮做人力推銷，並伴以廣告宣傳。在此情況下，企業機構唯有賴親自訪問或促銷，始能一舉成交，而達成銷售的目標。由此可知，對於購買準備已趨於成熟的市場，採取人力銷售或推銷最為允當。

四、產品生命週期階段

產品生命週期階段，對推廣工具組合亦有影響。對於尚處於推介階段的產品，當以運用廣告和宣傳為佳；蓋廣告和宣傳較易促使購買者知曉。但此階段亦宜併用促銷的工具和方法，俾能鼓舞購買者的提前試購、試用。至於，人力銷售的運用則以轉售業者為主要對象，如此可促使行銷通路成員樂於儲貨。

當產品處於成長階段時，廣告和宣傳仍是不可忽視的推廣工具；但由於市場上已無太大的購買誘因，故可降低促銷活動。在成熟階段，促銷活動有其必要性；此時購買者對產品多有深入瞭解，故可略減廣告，僅以提醒購買者為主要目標。最後，在產品處於衰退階段，則廣告宜繼續保持，用以提醒購買者；而在宣傳方面不妨酌減；在人力推銷方面，也僅做足以維持引起購買者的注意為準，但在促銷方面仍有加強的必要。

總之，推廣組合策略的設計，必須考量各項因素的影響，並參酌社會環境的變遷，而採取整合性的推廣組合策略。同時，行銷人員在做推廣工作時，亦應兼顧社會大眾需求和承擔社會責任，如此自可有益於行銷工作。

Chapter 15

廣告、促銷與公共關係

任何企業機構，均不能僅製造優良產品，尚必須善用各項推廣工具，將產品的特性、功能、優點等傳達給消費大眾。其可運用的工具已如前章之所述，本章首先將討論廣告、促銷與公共關係等部分，其餘人員銷售和直效行銷則留待下一章探討之。其中「廣告」部分，吾人將研討其功能、類型，以及廣告的相關決策。在促銷方面，則研討有關促銷的策略及方法。在公共關係方面，則分析建立公共關係的各項工具及其決策問題。

第一節　廣告的功能與類型

誠如前章所言，廣告是由廣告主支付一定的費用，而對有關理念、產品或服務做非人員推銷的表達和促銷之過程與作業而言。在各種推廣工具中，廣告是一種相當重要的方式。蓋廣告的傳播媒體非常廣泛，諸如報紙、雜誌、廣播、電視、海報、招牌、日曆、車廂、打火機、火柴盒、記事本、汽球、宣傳單、看板、網際網路等，都是廣告可加以運用的媒體。這些正可呈現廣告在行銷上的功能。本節首先將分別討論廣告在行銷上的功能與類型。

一、廣告的功能

廣告至少具備下列功能：

1.廣告可傳達有關產品與服務的訊息，使消費者能明確認知符合其所需要的產品或服務。
2.廣告可引發使用者對新產品的嘗試，並藉由過去的使用經驗促使其購買新產品。
3.廣告可促發通路成員的注意力，而暢通產品的行銷通路。
4.廣告可廣泛告知消費大眾，使其更能知曉和瞭解，終至增進其對產品的購買和使用。

5.廣告可增強使用者對品牌的偏好，提高其品牌忠實性。

6.廣告有助於製造商以大量低價和標準品質來生產產品，以便於與競爭對手做合理的競銷。

7.廣告可使消費者知道其對產品的選擇範圍，並有助於企業做更有效的競爭。

8.廣告可增進大眾生活的情趣，增進娛樂性、話題性和多樣性的生活文化。

由此可知，廣告對整個行銷和社會生活上的重要性。隨著消費者意識的覺醒、社會道德的規範，廣告必須能與消費大眾溝通，才能使企業機構得到永續發展的經營，並發揮加成的效果，以促進社會的進步。

二、廣告的類型

廣告劃分的基礎甚多，此處僅以行銷者的觀點，將之分為產品廣告（product advertising）和機構廣告（institutional advertising）兩種基本類型。

(一)產品廣告

產品廣告是指廣告主為了引導目標顧客，去購買其產品或服務所做的廣告。此種廣告的對象可能是消費者或最終使用者，也可能是行銷通路的成員。產品廣告又可分為先鋒性廣告（pioneering advertising）、競爭性廣告（competitive advertising）和提醒性廣告（reminder advertising）等。

1.先鋒性廣告：所謂先鋒性廣告，是指先鋒性產品的廣告，此種產品可能是新開發的，也可能是足以滿足新需求的，其目的乃在開發對某項產品的主要新需求。當產品處於生命週期的早期即導入期，廠商所推出的廣告即為先鋒性廣告。此種廣告乃在告知潛在顧客有關新產品的訊息，並試圖將之轉變為購買者或採用者。

2.競爭性廣告：所謂競爭性廣告，是指企圖取得競爭優勢的廣告，其主要目的乃在開發對某項特定產品品牌的選擇性需求。當產品生命週期往前移動到成長期，而面對強烈競爭情況時，廠商常被迫推出競爭性廣告。此外，比較性廣告（comparative advertising）是一種比較強烈的競爭性廣告，它乃在使用特定的產品名稱，與其他品牌做比較，以期對抗其他產品品牌。例如，有些藥廠在廣告中呈現出品牌圖片，並在廣告文案中強調自我品牌的藥效較佳，也較持久。今日隨著電信自由化，中華電信、台灣大哥大、遠傳電信與和信電訊，正不斷地上演比較性的廣告戰。競爭性廣告有直接和間接兩種類型。直接型競爭性廣告（direct competitive advertising），是在促成立即的購買行動；間接型競爭性廣告（indirect competitive advertising），則在強調產品的利益，以期望影響消費者的購買決策。例如，航空公司的廣告強調價格低廉、明列時間表和訂位電話號碼，就是直接型廣告；而強調服務品質，並建議下次購買，就是間接型廣告。

3.提醒性廣告：提醒性廣告，是指在加強一種有利的事物，以提醒消費大眾記住產品名稱的廣告。當一項產品已具有相當知名度，且能為消費大眾所偏好或堅持，但已進入產品生命週期的成熟期或衰退期時，廠商必須推出提醒性廣告，用以增強以前的推廣活動。此時，廣告主通常會採取柔性訴求的廣告，只提及或展示品牌名稱，以作為提醒。例如，香吉士柳橙對大多數消費者來說，都已經相當熟悉，而且經過多年的推廣，已能和高品質飲料結合在一起。因此，該產品經常利用提醒性廣告。

(二)機構廣告

機構廣告乃為推銷某家公司、組織或產業名稱、形象、人員或聲譽的廣告。此種廣告所強調的是公司或機構形象，而非產品的特色或功能。例如，福特汽車公司的廣告一再強調「品質是首要工作」（Quality is Job 1），即在凸顯公司對產品品質的關切，意圖建立起公司的良好形象。此外，許多政府機構和民間社會團體強調服務、環保、社會安全等，都在建立機構形象。

第二節　廣告決策設計

企業機構在研議廣告決策方案時，必須做成五項重要的決策，其步驟包括：設定廣告目標、編訂廣告預算、開創廣告訊息、選擇廣告媒體以及評估廣告效果等，如**圖15-1**所示。茲分述如下：

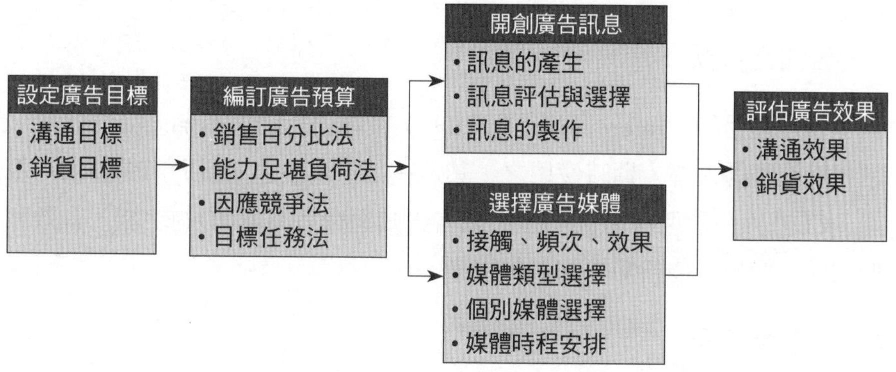

圖15-1　廣告決策過程

一、設定廣告目標

企業機構在設計廣告作業方案的第一項步驟，就是設定廣告目標。然而，廣告目標必須配合有關目標市場、市場定位和行銷組合決策。因為廣告方案只是整體行銷方案的一部分而已，且有關既定的各項決策常界定廣告作業的範圍，說明了廣告在整個全面行銷方案中所應扮演的角色。就事實而論，廣告目標應能在一定期限內對某一群特定閱聽者達成特定的溝通任務，此可包括三種目標類型，如**表15-1**所示。

表15-1　廣告目標類型及其內容

類型	內容	
告知性目標	·告知新產品上市 ·告知產品的新用途 ·告知產品價格及變動 ·說明產品性能及服務項目	·說明產品使用方法 ·建立廠商形象 ·緩和消費者恐懼 ·改正錯誤印象
說服性目標	·建立品牌偏好 ·說明顧客改用本公司品牌 ·改變顧客對產品特性的認知	·說服顧客立即購買 ·說服顧客接受推銷訪問
提醒性目標	·提醒顧客對產品的需要 ·提醒顧客購買地點	·保持對產品的知悉狀態 ·提醒顧客在銷售淡季時的記憶

(一)告知性目標

告知性目標（informative objective）主在告訴顧客有關產品的訊息，常在新產品進入導入期時使用之，其乃在為新產品建立新的市場需求。例如，CD在剛生產時，廠商乃推出廣告告知消費者有關CD的功能、音效和便利性，便是一種告知性的廣告目標。

(二)說服性目標

說服性目標（persuasive objective）乃在說服顧客偏好或購買某項特定品牌的產品，其乃在競爭趨於劇烈的階段，或廠商有意為其產品建立選擇性需求時使用之。例如，CD在建立良好知名度而為人所接受時，新力公司所推出的廣告，即在以說服消費者接受其能為他們提供最好的品質為訴求。

(三)提醒性目標

提醒性目標（reminder objective）乃在提醒消費者對產品的記憶，此

常運用於已屆成熟階段產品的廣告。例如，可口可樂已是成熟的產品，但其廣告常不斷地出現在各種雜誌上，其用意即在提醒消費者對可口可樂的記憶，而不在於告知或說服他們。

二、編訂廣告預算

在設定廣告目標之後，就可分別為各項產品的廣告編訂預算。廣告具有告知、說服和提醒功能，其目的就是在提升產品的需求曲線，廠商希望所編訂的廣告預算能達到銷貨的目標。一般而言，廣告預算的編訂，有四種主要方法，即銷售百分比法、能力足堪負荷法、因應競爭法、目標任務法，此已於上一章有過討論。此處所要討論的，就是在編列廣告預算時，所應考慮的五項特定因素：

(一)產品生命週期階段

新產品通常需要編列較多的廣告預算，用以建立產品的知名度，並鼓勵消費者試用。對於已建立品牌知名度的產品，或品牌已趨於成熟產品的廣告，通常以銷售額的某一定百分比來編列較低的預算。

(二)市場占有率

高市場占有率的產品品牌，通常只需較少的廣告支出，來維持其市場占有率；但若想拓展市場以提高市場占有率時，則需要有較高的廣告支出。此外，就接觸到每位消費者所花費的平均廣告支出而言，市場占有率高的品牌之廣告支出，就比市場占有率低的品牌為少。

(三)競爭與干擾

在一個競爭者很多，且廣告費用高的市場中，為使自我品牌凸顯於市場上，就必須做更多的廣告。甚至於，有很多與品牌無直接競爭關係的廣告，也會造成許多干擾的情況時，也必須做更多的廣告才能引發消費者注意。

(四)廣告次數

當品牌訊息需要不斷重複地傳播給消費者時，則其所需廣告的次數較多，且其廣告預算就必須增加。

(五)廣告差異化

當同類產品，如香菸、啤酒、冷飲等的品牌相似性極高時，就必須利用廣告加以差異化。此外，當產品本身與競爭性產品有很大的差異時，也必須運用廣告告知消費者，指出這些差異之所在。

三、開創廣告訊息

企業機構決定廣告目標和廣告預算之後，就可著手研議廣告策略，此種策略包括開創廣告訊息和選擇廣告媒體。此處首先將研析廣告訊息的開創。就整個廣告歷程而言，無論廣告預算多充裕，但廣告的目的乃在促使閱聽者的注意，並引發其共鳴，才能是成功的廣告。因此，開創有創意性的廣告訊息，益顯得重要。通常廣告訊息的設計應有三項步驟：(1)訊息的產生；(2)訊息的評估與選擇；(3)訊息的製作。茲分述如下：

(一)訊息的產生

廣告訊息應具有創意，為獲致創意性的訊息，可自多方面去選取。首先，獲致創意訊息的方式之一，就是展開訪談。廣告創意人可從消費者、經銷商、行銷或廣告專家，以及競爭者手中尋找靈感。另一種方式就是依憑想像。廣告創意人必須隨時發展創意概念，依此而想像消費者在購買和使用其產品時，所可能追求或獲得的利益，以此作為訴求而產生靈感。一般而言，廣告創意人常必須設法追求各種可能產生訊息的來源，用以形成各項訊息的內容。

(二)訊息的評估和選擇

在廣告創意人對各項訊息加以掌握之後，他必須一一加以評估，並從中做選擇。在評估訊息內容時，必須以顧客的利益為中心，依此而作為廣告訴求（advertising appeals）。易言之，廣告訴求是指在廣告訊息中所強調的產品或服務的利益。此種廣告訴求必須具備三個特徵：(1)具有意義性的，是指能指出使消費者所渴望或感興趣的產品特性，而引發消費者的喜愛；(2)具有信賴性的，是指可讓消費者相信該產品或服務能傳送廣告所承諾的利益；(3)具有獨特性的，是指應能告訴消費者該產品確實優於其他競爭性產品。

在決定廣告訴求之後，還要決定廣告訴求的表現方式，以求能將此種訴求有效地表達出來，俾能吸引目標閱聽者的注意與興趣。依此，廣告工作者必須提出一份廣告企劃書，說明所評估和選擇的廣告目標、廣告訴求和廣告表現的方式。

(三)訊息的製作

一項訊息的效果不僅取決於訊息的內容，而且決定於訊息的表達方式；亦即訊息的效果不僅受到「說什麼」所影響，而且受到「怎麼說」所左右。因此，廣告人員必須將構想轉換為實際的廣告製作，以期能引起目標市場的注意，誘發其興趣。廣告創意人員在製作訊息時，必須決定最佳的訊息風格、音調、用語和格式。

一般而言，所謂訊息風格，包括：生活片段、生活形態、新奇幻境、情調氣氛、音樂、人物象徵、專業技術、科學證據、個人證言等內涵。這些都必須具有吸引人的條件，才能有成功的表現。再者，訊息的語調必須採用正面的陳述，同時顯現幽默和逗趣。此外，訊息的用語必須簡短醒目、容易記憶。至於，廣告的格式會影響到廣告的成本和效果。如果能將廣告架構稍微重新安排，往往能使廣告更為出色。其他，如廣告標題、廣告篇幅、廣告色彩、廣告圖片等，都必須用心妥善處理。廣告標題要能有效地吸引足夠人數來閱讀。廣大篇幅的廣告較易吸引人注意，但成本差異不一定很大。廣告色彩必須有明顯對比而鮮明。廣告插圖也必須能吸引閱聽眾的注意。凡此都是製作廣告的要領與原則。

四、選擇廣告媒體

廣告媒體為傳送廣告訊息的重要工具，故選擇適當的媒體乃為廣告設計與決策的重要步驟。至於，選擇廣告媒體的主要步驟，包括：(1)確定媒體的接觸面、頻次與效果；(2)選擇適當的媒體類型；(3)選擇特定的媒體工具；(4)決定媒體的時程安排。

(一)確定媒體的接觸面、頻次與效果

廣告主在選擇媒體前，首先必須能確定媒體的接觸、頻次與效果。所謂接觸面（reach），係指在一定期間內，目標閱聽眾接觸到廣告的百分比而言。例如，廣告主期望在六個月內，廣告能在目標市場中接觸到70%的閱聽眾即是。所謂頻次（frequency），是指在一定期間內，目標市場中平均每位視聽眾接觸到廣告訊息的次數。例如，廣告主希望每位視聽眾能接觸到三次即是。所謂媒體效果（media impact），是指廣告能展露其應有的價值特性。例如，電視傳訊比廣播更有效果，因為電視兼俱視覺和聽覺的刺激。甚至於，即使是相同的訊息在同類型的媒體中，也有不同的效果，如專業性訊息刊登在專業性雜誌比一般性雜誌，其效果為佳。當然，凡是廣告媒體的接觸面較廣、頻次較多和效果較佳，其廣告預算也較高。

(二)選擇適當的媒體類型

廣告媒體的規劃人員在確定各種媒體的接觸面、頻次和效果後，接著就要選擇適當的媒體類型。廣告媒體主要有報紙、電視、直接信函、廣播、雜誌、戶外廣告、網際網路等，其主要優缺點如**表15-2**所示。

一般而言，廣告媒體規劃人員必須針對媒體類型，而考慮各項有

表15-2　主要廣告媒體的類型與比較

媒體	優點	缺點
報紙	較具彈性；能把握時效；能有效涵蓋當地市場；可廣泛被接受；可信度高	廣告壽命短暫；訊息表現品質不高；轉閱的讀者不多
電視	兼具畫面、聲音和動作；市場傳播性普及；單位製播成本低；直接感受訴求高；較具吸引力；接觸面廣	較高的絕對製作成本；易受干擾；展示時間短；閱聽者選擇度低
直接信函	目標閱聽眾的選擇性高；較具彈性；同一媒體沒有競爭者的廣告；具個人化、親切性	成本相對較高；有「垃圾郵件」的印象
廣播	極為普及；較能依地區和人口變數選擇目標聽眾；成本較低	只能以聲音表達；展露時間短暫；吸引力較低；無標準費率
雜誌	較能依地區和人口變數選擇目標讀者；信譽可靠；印刷效果較佳；持續時間長；轉閱較多	購買廣告的前置時間較長；發行量有部分浪費；廣告位置不易選取；成本高
戶外廣告	較具彈性；可以重複展示；成本低；訊息競爭較少；位置選擇性高	不能選擇目標閱聽眾；難以發揮創造力
網際網路	具高度選擇性；低成本；即時性；互動程度高	規模較小而受限於閱聽眾；影響力相對較低；閱聽者控制展露情況

關因素，如目標對象的媒體習慣、產品性質、訊息類型，以及廣告成本等。就目標對象的媒體習慣而言，媒體規劃人必須尋找最能有效影響目標顧客的媒體。在產品性質方面，須依產品性質找尋媒體，如服飾廣告宜選擇彩色雜誌，而汽車廣告以電視為佳。在訊息類型方面，不同的訊息需有不同的媒體，如立即減價的訊息宜透過廣播或報紙，而具特殊技術性的訊息則需要利用雜誌、直接信函或網際網路的廣告。此外，廣告成本也是選擇媒體的因素。通常電視媒體的廣告較貴，而報紙或廣播廣告較為便宜。當然，有關媒體類型的選擇，必須對這四項因素做綜合性的考量。

(三)選擇特定的媒體工具

在媒體規劃人員選定媒體類型之後，還要選出最佳媒體工具（media vehicle），亦即選定某種媒體類型中的特定媒體。此時，媒體規劃人員必須分別研究各媒體廣告的篇幅、彩色、刊登位置，以及其知名度、地位、訊息展露品質及委付的前置時間等；然後就其接觸面、頻次和效果等做評估，最後選定特定媒體。

此外，媒體規劃人員也應重視平均每接觸千人的成本，並考量各媒體的廣告製作成本。最後，媒體規劃人員還須權衡媒體成本和影響媒體效果的因素。這些因素包括：媒體工具的閱聽眾品質、閱聽眾的注意力，以及媒體工具的編輯品質等。媒體規劃人員必須依據這些因素，隨時加以調整，並求其平衡。

(四)決定媒體的時程安排

廣告主在選擇廣告媒體之後，還要決定廣告媒體的時程安排。有些廣告主常依銷售季節的變動，而增減其廣告支出；有些則選擇整年維持同樣的廣告支出。惟大多數公司都採取按季節變動的政策，亦即只在旺季做廣告。

另外，廣告時程可分為持續式廣告和間歇式廣告。持續式廣告係指在一定期間內均勻地播出廣告，而間歇式廣告則在一定時期內非均勻地播出廣告。持續式廣告的觀點，認為在一定期間內大量播出廣告，可建立知曉度。然而，間歇式廣告則認為，如此可使閱聽眾更徹底地瞭解廣告訊息而達到廣告的相同效果，並可節省成本。不過，也有些廣告主認為：「間歇式廣告只能獲致最小的知曉度，且無法達成廣告溝通的深度。」

五、評估廣告效果

有關廣告效果的評估，可分為兩方面：一為溝通效果，一為銷貨效果。溝通效果的評估，乃在探討廣告是否達成所預期的溝通目標。此項評估常在廣告推出前和播出後，以文案測試（copy testing）的方式行之。在廣告播出前，廣告主將所擬訂的廣告展示給消費者觀看，然後詢問他們對該廣告的接受或喜歡程度，並衡量其對該廣告的記憶情形，以及受到廣告影響後態度改變的情況。在廣告播出後，廣告主再行施測，然後衡量消費者對廣告內容的記憶程度，以及其對產品的知悉程度、瞭解程度與偏好程度。當廣告播出後的知悉程度和偏好程度都已提升，則表示廣告的溝通效果良好。

其次，銷貨效果的評估，乃在衡量廣告推出後對銷貨的影響。然而銷貨效果的評估，遠比溝通效果的評估困難得多。因為影響銷貨的因素甚多，絕不僅是廣告一項而已。舉凡有關產品的特性、產品價格、行銷通路與促銷手法等都會影響銷貨的情況。此時，可用的方法之一，就是將目前和過去的銷貨與廣告費用相互比較。此外，銷貨效果評估另一種方法，就是透過實驗來進行。為了測試不同廣告支出水準的效果，可在各種不同的市場區域，投入不同的廣告支出，並衡量其銷售水準的差異。當不同的廣告支出，出現不同的相對銷售水準時，必可測知銷貨確與廣告支出水準有關。依此，廣告主必能準確地評估廣告效果。

第三節　促銷工具與策略

在推廣組合中，促銷亦為重要的推廣工具。所謂促銷，係指行銷者用以激勵購買者購買某項產品或服務的短程措施。一般而言，促銷包括多項不同的推廣工具，用來激發市場的提前反應或增強反應。促銷若依促銷對象可分為三種類型，即消費者促銷、組織購買者促銷和中間商促銷。消費者促銷的目的，一方面在增加消費者的購買量，另一方面則在鼓勵非使用者試用。其方式包括：贈送樣品、給與特惠券、附送贈品、折扣、減價、抽獎、競賽、購買點展示、示範表演等。

組織購買者促銷，係針對企業組織、政府機構和非營利組織等的購買者所做的促銷活動，其目的乃在鼓勵組織購買者提早購買或增加購買量。其方式包括：購買折讓、特賣產品、折價券、贈品、購買點展示、合作廣告、推銷獎金、經銷商銷售競賽、產業會議等。

中間商促銷，係指針對中間商所做的促銷活動，其目的在鼓勵中間商多進貨，並努力銷售。其促銷方式包括：購貨折讓、銷售競賽、免費商品、銷售獎金、商品折讓、合作廣告、舉辦商展等。

以上各類促銷工具，幾乎可適用於各種組織機構，如製造業、通路業、零售業、產業公會，以及非營利事業機構。當然，企業機構辦理促銷活動，必須同時與廣告、人力銷售併用，以收相輔相成之效。

企業機構在推展促銷活動時，必須遵守一定程序，這些程序包括：設定促銷目標、選擇促銷工具、訂定促銷方案、測試促銷方案、推展促銷方案以及評估促銷成果。

一、設定促銷目標

所有促銷活動的目標，應以產品的行銷目標為基礎。然而，促銷目標的訂定必須因應不同的目標市場類型，而有所差異。首先，對於消費者的促銷活動，促銷目標應為爭取購買者增加購買次數和購買量，並爭取非購買者的試用，以及原已購買競爭對手的產品之購買者轉而購買本公司的產品。其次，對於組織購買者的促銷活動，其促銷目標仍與對消費者的促銷目標相同。對於中間商的促銷活動，則其促銷目標應為爭取中間商增加其產品存量，樂於推銷本公司產品，為本公司產品擴大其貨架空間，並樂於提前進貨。對於推銷人員的促銷活動，則促銷目標應為爭取推銷人員對公司現有產品及新產品的瞭解、認識與支持，並能為公司積極爭取新顧客。

二、選擇促銷工具

產品與服務促銷人員在設定促銷目標之後，接著就要選定適當的促銷工具。這些促銷工具誠如前述，可依消費者、組織購買者和中間商等不同對象，而採用各種可能的促銷方法。此時，廠商必須依據行銷策略的發展、市場競爭狀況、產品所處的生命週期階段、本身促銷目標和資源條件等，考量各種促銷工具的特性，選擇合適的促銷工具。

三、訂定促銷方案

在決定促銷目標和促銷工具之後，接著就必須訂定一套可行的促銷方案。一套完整而可行的促銷方案，必須決定提供誘因的強度、參與對象的設定、促銷訊息的傳遞、促銷時間的長短、推出方案的時機，並編列足夠的促銷預算。

(一)提供誘因的強度

促銷活動的規劃，必須決定促銷活動究竟能提供多大的誘因，才能吸引消費者的注意和參與。若欲使促銷活動成功，至少必須提供一定程度的誘因。此種誘因愈大，促銷效果愈強；但誘因條件愈佳，其所負擔的成本也愈高。因此，廠商必須在此兩者中間做一衡量。許多大型公司為尋求此一目標，常設置一位專責的促銷經理，以研究公司以往的促銷狀況，據以提出適當的誘因水準，俾供促銷之參考。

(二)參與對象的設定

廠商提供誘因給消費者可遍及所有人，也可限定於某些群體；但宜有明確的規定，不宜有歧視的現象發生。有許多促銷活動都對參加者的資格做一些規範。例如，贈品或贈獎活動規定寄回產品包裝空盒或瓶蓋，始予贈送；或購買一定數量以上產品，才能享受折扣；或規定公司員工及其眷屬不得參加抽獎活動等，都是對促銷參與對象加以設限的例子。

(三)促銷訊息的傳遞

在促銷活動中，廠商必須決定應如何將促銷活動的訊息，迅速地傳達給消費者和中間商。例如，抽獎活動的舉辦過程和結果，必須快速地傳達給消費者或中間商，以維持公平性和公信力。所有的促銷活動從宣布開始、執行到最後結束，都必須透過各種不同媒體，或郵寄、廣告，置於零售商店內，而將訊息迅速地傳送出去。

(四)促銷時間的長短

訂定促銷方案，尚需考量促銷時間的長短。一項促銷方案推動的時間太短，可能使多數可參與的消費者喪失參與的機會，而減少吸引力。但促銷時間太長，又將喪失「馬上購買」的動力，而降低促銷的成果。因此，促銷時間的長短，宜參酌產品類別、生命週期長短、季節性變動等因素而做適當的衡量。

(五)推出方案的時機

行銷人員在推出行銷方案時，尚須考量推出的確切日期。此時必須和生產部門、銷售部門和實體流通部門等做事先的協調，以確保促銷活動的順利進行，並信守諾言。此外，在推出促銷方案時，亦應與其他部門協調，用以準備應急方案，以應付可能的突發狀況。

(六)促銷預算的編列

促銷方案的推出，須有經費預算的支援，故編列促銷預算乃是不可缺少的。一般促銷預算的編列有兩種方式：一種是由下往上加總，即由行銷人員選擇個別的促銷活動，並預估它們的總成本。此種成本乃包括管理成本，如印刷、郵寄、推廣費用等成本，以及誘因成本，如贈品或折扣成本、兌換成本等。另外一種方式，就以公司總推廣預算的某百分比作為促銷經費，而百分比的決定須依市場或產品品牌的不同而異，亦即要考量產品生命週期階段和競爭性推廣支出等的影響。

四、測試促銷方案

行銷人員在擬定好促銷方案後，首先必須加以測試，以便能確切地掌握其可行性。測試促銷方案的目的，就是在瞭解各項工具是否適當，以及其所提供的誘因是否具有足夠的吸引力；並能瞭解促銷方案在推行過程中所可能遭遇到的困難，而能做及早的因應與防範。

五、推展促銷方案

在測試過促銷方案，並克服過各項困難問題之後，接著就是要推展促銷方案。促銷方案的推展就是在執行一套促銷計畫，其包括：推展的前置時間以及全部促銷的時間。其中所謂的前置時間，係指促銷方案開始前的規劃與準備時間；所稱全部促銷時間，係指從活動開始時起，一直到結束時止的時間。在這段時間內，不管貨品或促銷單位都必須有充分的準備與協調，才能使促銷活動順利進行。

六、評估促銷成果

推展促銷活動的最後步驟，乃在評估促銷成果。廠商評估促銷成果的方法很多，最普遍的方法就是比較促銷前、促銷中和促銷後的銷貨量。假如公司在促銷前，其產品的市場占有率為6%，促銷時一躍為10%，甫行結束又降為5%，其後再行提升為7%；則可得知：此項活動確已爭取到新的試用者，及增加了原有顧客的購買量之成果。而在活動甫行結束時，消費者已有了存貨，以致銷貨量下降；但稍後又回升到7%，即表示該公司確已爭取到部分的新顧客了。惟就長期而言，若該公司產品的市場占有率又回到6%，則表示此次促銷活動並未達到預期的成果。

此外，廠商尚可利用消費者調查的資料，以查知公司促銷活動引發了消費者的何種反應，以及活動結束後消費者的購買行為。消費者調查正可為公司提供所需的資料，包括：有多少消費者尚能記住此次的促銷活動？他們對該項促銷活動的看法為何？參與此項促銷活動的人中，有多少人能利用此項促銷機會？此次促銷活動對他們有什麼影響？

最後，廠商還可利用試驗法，作為評估促銷方案的工具。此法可分別試用不同程度的誘因、促銷活動時間，以及促銷訊息傳達等，來衡量促銷的成果，並作為設計最合宜的促銷方案之依據。

總之，促銷活動在整個推廣組合中，扮演著極為重要的角色。行銷者若能設定促銷目標、選擇適當的促銷工具、擬定好促銷方案、測試和推展促銷方案，並能評估促銷成果，當能更有系統地推展促銷活動。

第四節　公共關係工具與策略

公共關係是一項主要的推廣工具，其目的乃在和企業組織或機構的各種大眾（publics），包括：顧客、潛在顧客、供應商、股東、員工、工會、社區、媒體、政府，以及社會大眾等，建立起良好的關係，並維持良好的形象。公共關係不僅可用於產品的推廣，而且可運用於人物、地點、創意、構想、活動、組織，以至於國家的推廣。因此，企業機構常運用公共關係，來重整行銷通路，推廣其產品，並建立良好形象。政府機構和非營利事業也運用公共關係，來引發社會的注意與重視，或扭轉不良形象。甚至於國家也運用公共關係，來拉攏觀光客、吸引外人投資，並爭取國際支持。

公共關係實具有多重功能。首先，公共關係可透過新聞界將具有新聞價值的訊息刊登於新聞媒體上，以為公司爭取有利的宣傳。其次，公共關係可透過產品宣傳，以建立良好的公司形象。第三，公共關係可透過公共事務的推行和遊說活動，以消弭對公司不利的傳聞。第四，公共關係可透過和投資者與股東，發展與社會大眾建立和維持良好的關係。第五，公共關係可透過合理的管理制度，和員工或其他外界人員，建立良好關

係，並尋求其支持。因此，各種組織和機構都必須善用各種公共關係工具與實施良好公共關係策略。

一、公共關係的工具

企業組織或其他機構可運用的公共關係工具者甚多，最主要包括：新聞、演講活動、特殊事件、出版品和視聽資料、公益活動與公共服務、設置網站以及其他方式等。

(一)新聞

公共關係人員常可去尋找或開創有關公司、產品或人物有價值的新聞。這些新聞有時是自然發生的，有時則需要公共關係人員利用一些事件或活動來開創新聞題材。公共關係人員為了有效利用新聞工具，除了要瞭解新聞處理作業之外，還必須和大眾傳播媒體人員維持良好的關係，以取得媒體的合作與支持。

(二)演講活動

企業機構若想建立良好的公共關係，有時可舉辦演講活動，或派員去外界演說。演講活動可為公司和產品製造宣傳報導。公共關係人員可安排公司主管在各種聚會場合上，回答媒體所提出的問題，或在同業公會與銷售會議上發表演講，藉以和各界人士溝通，和塑造公司良好的形象。

(三)特殊事件

企業機構有時可透過各種特殊事件的安排，來引起社會大眾對公司或產品的注意和興趣。此種特殊事件的範圍甚廣，包括：記者會、研討會、巡迴展、開幕典禮、各種週年慶、成立大會、競賽活動、施放煙火、雷射演唱會等都屬之。公共關係人員在利用各種特殊事件時，應有周詳的規劃，安排各種不同活動，以吸引媒體和社會大眾的注意，提升組織的知名度和形象。

(四)出版品和視聽資料

企業機構有時也可運用出版品和視聽資料，來接觸和影響社會大眾。出版品包括：年報、月刊、小冊子、信封、信紙、報表、文宣、企業通訊、海報、雜誌以及其他出版物。視聽資料包括：影片、幻燈片、錄音帶、錄影帶等，其可放在網際網路上。無論是出版或視聽資料，都可提供社會大眾和顧客許多有關公司的政策和動態、新產品的特性與功能等資訊，用以傳遞銷售訊息，塑造組織機構的形象。

(五)公益活動與公共服務

企業機構參與公益活動和提供公共服務，亦有助於提高公司形象。公益活動包括：救助貧困兒童、支助弱勢團體、原住民、雛妓、孤兒、受災戶等，公共服務可提供造橋、修路、運動會、教育訓練贊助等活動。舉凡參與公益活動或提供公共服務，不論出錢資助或調派人力支援，都有助於建立良好的公司形象。

(六)設置網站

企業機構也可透過設置網站，來改善或提高公司形象。一般消費者和其他社會大眾，有時會上網尋找有關資訊和娛樂的相關網站。有些網站不僅可提供有關烹飪、旅遊經驗，有時亦能提供有關處理危機情境的相關資訊。公司若能藉由網站快速而正確地傳播相關資訊，不僅可達成行銷或促銷產品的目的，也有助於提高公司形象。

(七)其他方式

企業機構尚可運用其他工具或方式來建立起公共關係。例如，公司可透過新產品的發明或貢獻，而凸顯其新聞價值。有時，公司可透過對某些活動的參與或贊助，而達到宣傳公司形象的效果。有時，公司也可設置

消費者免費服務專線，以處理消費者的不滿與抱怨，從而提升消費者對公司或產品的滿意度。這些都可由公司主動發布新聞稿或舉辦記者招待會或接受訪問，而達到建立公司良好形象的目標。

總之，企業機構可用來建立良好公共關係的途徑與工具甚多，公共關係人員必須隨時隨地找尋、發現和開創各種可行的途徑，用以和各界人士建立良好的公共關係，藉以提升公司和產品的形象。此種宣傳途徑要比廣告經濟實惠得多，且較易取得社會大眾的信賴。

二、公共關係策略

企業機構在考量採用公共關係策略時，就必須要注意公共關係策略的訂定過程。此過程至少包括：設定公共關係目標、選擇公共關係訊息與工具、執行公共關係方案，以及評估公共關係成果。

(一)設定公共關係目標

企業機構想要推展良好的公共關係，首先就必須設定公共關係目標。企業機構的公共關係目標，不外乎是提升公司形象，以及市場占有率，藉此也能使消費者得到快樂、滿足，和相對價值等利益。唯有達成這些目標，才能完成公司行銷和追求利潤的更大目標。當然，公共關係目標也可設定更細的目標，指向更細的各個區隔市場之群體，分別訂定其目標；然後依據這些目標，具體地研訂明確的達成數字，俾能作為日後評估成果的依據。

(二)選擇公共關係訊息與工具

公共關係必須仰賴訊息和工具，始能建立和維持。因此，公共關係策略的擬訂，必須重視其訊息和所要使用的工具。在選定訊息主題時，必須考慮到公司整體的行銷與溝通策略，因為公共關係本是公司整體行銷溝通方案的一部分。易言之，公共關係所使用的訊息內容，必須謹慎地和公司的廣告、人員推銷、直效行銷及其他的溝通活動一致，並做相互協調和整合。

在某些情況下，公共關係訊息與工具的選擇，必須非常明確而具體。此外，企業機構必須主動去創造新聞，而不是被動去發現新聞。對於非營利事業機構而言，創造新聞是相當重要的。非營利事業機構的公共關係人員在募款活動上，常利用各種特殊事件活動，如舉辦藝術展覽、拍賣會、義演、募款晚會、書籍義賣、賓果遊戲、比賽、舞會、餐會、博覽會、時裝展覽、園遊會、攝影比賽、贈品拍賣、觀光旅遊、競走等，而為機構籌募到大量的基金和經費。有些營利事業機構也深諳此道，善於利用各種創新事件，來達成特定的公共關係目標。

(三)執行公共關係方案

公共關係方案的執行，必須相當謹慎，並講求技巧。公共關係工作必須設法將新聞故事刊登在媒體上。那些具有新聞價值的公共關係訊息，比較容易被刊登出來；但大多數的題材可能不具份量，而容易被忙碌的編輯所忽略。因此，公共關係人員的重大職責之一，就是要和新聞媒體人員建立起良好的私人關係，並把媒體編輯視為一個市場，且滿足其需求，使其能注意到公司的動態，並願意刊載或報導對公司及其產品有利的訊息。

(四)評估公共關係成果

公共關係成果很難評估，因為它通常都須與其他行銷推廣工具併用；而且公共關係的效果常是間接的，而不是直接的。通常評估公共關係的成果，可運用媒體展露次數來衡量。當媒體展露次數愈多，效果愈好；但展露次數無法測知到底有多少人實際看到、聽到，或記得訊息的內容。甚或展露次數的多寡也無法測知閱聽者對訊息的想法。

其次，評估公共關係成果，也可衡量公共關係活動對產品的知曉、瞭解，和態度的改變。此時，必須做事前和事後的比較，以瞭解多少人記得新聞內容？多少人對該新聞做轉述，而測知口碑效應？多少人在聽閱該新聞後，在態度或想法上發生了改變？

最後，如果能取得有關銷售和利潤的資料，則測度銷售和利潤的影響，是評估公共關係效果的最佳方法。惟行銷人員在推動公共關係時，常需配合廣告和促銷作業，故公共關係效果的測度，很難做評估。

總之，公共關係的推展必須依循一定程序，首先必須設定公共關係目標，其次要選擇合適的公共關係訊息與工具，然後再執行具體的公共關係方案，最後對公共關係成果做評估，以作為下次推動公共關係活動的參考。

人員推銷與直效行銷

人員推銷和直效行銷，各是行銷推廣組合的工具之一。長期以來，人員推銷早已存在；而直效行銷則為近年來所產生的推廣工具。本章所擬討論的主題，包括：人員推銷的本質、類型和任務，人員銷售的組織，人員銷售的過程，人員推銷的管理，最後則研討有關直效行銷的各種方式。

第一節　人員推銷的本質、類型與任務

所謂人員推銷係指由公司銷售人員和顧客做面對面的互動，期以能進行產品推銷，並完成交易，且能和顧客建立起良好的關係。人員推銷係自有交易行為以來，即已存在的古老行銷方式。從事行銷工作的人員有許多名銜，如銷售人員、銷售代表、銷售顧問、銷售工程師、代理人、地區經理、業務主管等。早期一些銷售人員不免給人某些負面印象，然而今日行銷人員都受過良好教育與訓練，且能努力地與顧客建立和維持良好的長期關係。他們必須傾聽顧客的意見、評估顧客的需要，並運用組織的力量解決顧客的問題和滿足顧客的需求。行銷人員一方面必須將廠商和其產品資訊傳達給顧客，另一方面又必須將顧客的需求反應給廠商。因此，行銷人員實是產品交易的中流砥柱。

至於，人員推銷依其工作角色的不同，可分成訂單爭取者（order getters）、訂單接受者（order takers）和銷售宣導者（sale introductors）。

訂單爭取者就是主動地爭取訂單，以尋求潛在購買者，並開發新的商業關係。在尋找可能的購買者時，及時提供必要的資訊，並說服他們去購買產品，以增加現有顧客的銷售，或開發新的顧客。此種產品的範圍，包括：家電用品、工業設備、汽車、不動產、保險、飛機、廣告以及顧問服務均屬之。

訂單接受者又稱為接單者，他們的工作主要在尋求對顧客的重複性購買，並維持和現有顧客的良好關係。由於他們在處理重複購買或例行購

買的標準化訂單，故較不需要做太多推銷的努力。一般而言，接單工作都在商店或辦公室內進行，也可在顧客的工作場所或住處為之。前者稱為內部訂單接受者（inside order taker），如由銷售人員站在櫃檯後接受顧客購貨，或在辦公室內接受電話訂貨或郵購；後者稱為現場訂單接受者（field order taker），乃為定期或不定期指派業務員到顧客住處或其工作地點，接受顧客的訂單。

至於銷售宣導者並不直接授受訂單或爭取訂單，而從事支援性的工作，如建立公司商譽或教育購買者。基本上，銷售宣導者所從事的是支援銷售工作，其主要任務包括：尋找可能的潛在顧客、提供資訊、教育顧客、建立商譽，或從事售後服務。此種宣導者可分：

1. 巡迴銷售人員（missionary salespeople）：是為生產者工作的支援性銷售人員。他們乃在拜訪中間商和顧客，嘗試發展商譽和刺激需求，並幫助中間商訓練銷售人員。有時巡迴銷售人員也幫助中間商接受訂單。需要依賴批發商獲得廣泛行銷通路的生產者，常常要借重巡迴銷售人員。因為批發商不只經銷一種產品，而是同時經銷多種產品，只有利用巡迴銷售人員，才能使此種中間商更努力去推銷某一種特定產品。
2. 技術專家（technique specialist）：是為訂單導向的銷售人員，提供技術性協助的支援性銷售人員。他們通常具有科學和工程背景，能夠瞭解產品對顧客的用途，並能向顧客解釋產品的利益和價值。在技術專家去拜訪顧問之前，訂單爭取者可能已經拜訪過顧客，並引起顧客的注意和興趣，然後由技術專家接續提供一些技術細節的說明，終能使得訂單爭取者完成其銷售。如果技術專家本身具備良好的溝通能力和說服技術，也可能成為享有高薪的訂單爭取者。

再者，今日由於愈來愈多的公司均強調關係行銷（relation sale），以及長期關係、售後服務和顧客滿意，乃紛紛成立了銷售團隊。所謂銷售團隊（selling team），就是結合一群具備銷售技能與相關人員，來從事於建立與維持強大顧客關係的隊伍。它可能包含一個或多個銷售代表、工程或科學技術專家、電腦行銷人員、行政助理、客戶協調者以及其他服務人員，其最可能的服務對象往往是購買量最大的顧客群。

綜合上述，可知銷售人員的角色各有其差別。然而，銷售人員的任務絕不只是負責銷售活動而已，他們仍然要負擔所有與銷售有關的工作任務，包括：撰寫報告、服務顧客、處理抱怨、及時補貨等，這些任務可歸納如下：

1.發掘顧客：銷售人員要積極主動地尋找和發掘潛在顧客，以開拓市場。

2.進行溝通：銷售人員必須花費很多時間與精力，來提供公司或產品有關的資訊，並且能和現有的或潛在的顧客進行各種意見溝通，以期爭取顧客的好感和購買。

3.推銷交易：銷售人員必須運用各種推銷技巧，去接觸顧客，展示產品，以取得顧客的認同，並願意完成交易。

4.完成服務：銷售人員不僅在推銷產品而已，更重要的是必須提供完整的服務，如充當顧問、示範操作、提供修理和安裝服務、安排財務融資、催促送貨等，以求能更滿足顧客的需求。

5.行銷通路：銷售人員不僅需與顧客接觸，並且要和行銷通路成員保持密切的關係，以取得他們的合作與支持。

6.蒐集資訊：銷售人員在執行市場任務時，必須隨時從事蒐集資訊的工作，不僅要提供給市場相關的產品與服務資訊，並且要從市場和顧客群中蒐集市場資訊，進而定期地向管理階層報告相關的市場情勢。

總之，銷售人員的基本任務，不但在銷售產品與服務，而提供有關的產品和服務資訊；更重要的必須能提供「顧客導向」的行銷品質與銷售條件。此外，人員推銷也有賴銷售團隊的共同努力，下一節將說明人員推銷的組織結構設計。

 第二節 人員推銷的組織

人員推銷的成效有賴人員推銷組織的推動，此種人員推銷組織具有各種類型，茲分述如下：

一、地區別銷售人力組織結構

地區別銷售人力組織結構（territorial sales force structure），是指由每個銷售人員分配自己的責任區，並在責任區內負責推銷公司所有的產品。此種組織編組方式的優點，是：(1)銷售人員的責任規定相當明確。由於每個責任區只派一位銷售人員，每位銷售人員都要為自己責任區內的銷售成績負完全的責任；(2)由於每位銷售人員有自己的責任區，可培養個人建立起自己責任區內的社會關係，用以改善其銷售成效；(3)責任區制度可激發個人努力的目標，養成自我成就感；(4)由於銷售人員的活動範圍只限於一個地區，可節省許多差旅費，終能降低成本。

地區別銷售組織結構適用於產品一致性高，和顧客類型相似的情況下；相反地，若產品的一致性很低，或顧客類型較為複雜的地區，則較不適合。因為在後者的情況下，銷售人員較不易整合其產品和顧客。地區別組織結構成功的前提，乃在於銷售人員必須對其產品和顧客的特性，能有深入的瞭解。

在採用地區別組織結構時，銷售主管必須安排或設計每位銷售人員所負責的銷售地區。此時銷售主管必須考慮：(1)容易管理；(2)容易估計銷售潛力；(3)能縮短銷售人員拜訪顧客的旅程；(4)能為每位銷售人員提供適當的工作負荷與銷售潛力等四項準則。具體而言，銷售地區的設計應該考量到地區的大小和形狀。

二、產品別銷售人力組織結構

產品別銷售人力組織結構（product sales force structure），是以產品線作為人員銷售分配基礎的組織結構。此乃因廠商的產品種類繁多，彼此毫不相干而且複雜的情況下，選定個別對產品情況瞭解的銷售人員，負責個別產品品目的推銷之故。例如，柯達公司即採取不同的銷售人員，推銷其軟片產品和工業產品。軟片產品銷售人員推銷密集配銷的簡單產品；而工業產品銷售人員則負責推銷需要技術知識的複雜產品。

然而，並非所有產品種類繁多的推銷，都適宜採用產品別銷售組織結構。即使有些廠商的產品種類繁多，但卻只賣給相同的顧客，若仍採用產品別組織結構，常會造成同一廠商的銷售人員重複拜訪同一顧客的現象。此舉不僅浪費人力，且會造成對顧客的困擾。例如，某些醫藥用品供應商常設有若干產品事業部，且都各有自己的銷售人員，如果這些銷售人員同一天向一家醫院推銷其產品，常會造成時間與人力的浪費和困擾。

三、顧客別銷售人力組織結構

顧客別銷售人力組織結構（customer sales force structure），係以顧客類型或工業產品線作為銷售基準的組織型式。此種組織結構可依普通顧客和少數重要顧客，設立不同的銷售小組；也可就原有顧客和開發新顧客，分設不同銷售小組；也可依據個別產業類別，而分設不同的銷售小組；更可依據不同通路成員，如批發商、連鎖商店、大型零售商，分設不同的銷售小組。

顧客別銷售人力組織結構的優點，是每位銷售人員均能深入瞭解特定顧客的需求，可與顧客建立密切的關係，此有助於長期銷售任務的達成。其次，由於每個領域有專責的銷售人員，當不致於發生重複的現象，故可節省銷售成本。然而，其缺點是，倘若顧客過於分散，則銷售人員在差旅費用、時間和精神上的花費，必大為提高。

四、混合式銷售人力組織結構

當廠商以多種產品在廣大的地區銷售給多種類型的顧客時，可能採取混合式銷售人力組織結構（mix sales force structure）的方式。此種方式包括：地區和產品、地區和顧客、產品和顧客，甚至可以地區、產品和顧客等各種編組方式。基本上，此種組織結構的銷售人員必須向不同的專業經理人報告，如果是地區和產品混合銷售組織，一方面必須向地區經理，另一方面又必須向產品經理報告。如此將使銷售人員的工作產生重複的現象。因此，採用混合式銷售組織結構時，公司必須將權責劃分清楚。

前述各種組織結構都各有其優劣利弊，並沒有一種編組方式對所有公司和其情境是最佳的。基本上，公司所選定的銷售編組方式，都應以提供顧客滿足為前提，且能符合公司的整體行銷策略。行銷主管必須定期分析市場和經濟情勢的變化，以更有效的方式對銷售組織做最佳的安排。

第三節　人員推銷的過程

人員推銷是古老的藝術，然而人員推銷不能再依憑直覺行事，而必須受過銷售分析和顧客管理等訓練。今日許多企業已採用顧客導向的推銷方法，銷售人員必須能確認顧客的需求，花費許多時間和精力去爭取新顧客，並與其建立長久的良好顧客關係。因此，人員推銷的過程是有步驟的，這些步驟如下（如**圖16-1**所示）：

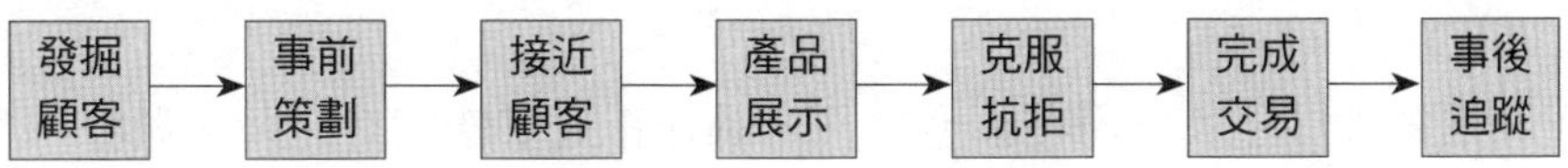

圖16-1　人員推銷的過程

一、發掘顧客

人員推銷過程的第一項步驟，就是發掘（prospecting）和確認（certify）潛在的顧客。只有推銷人員能找到潛在顧客，才能取得訂單。雖然有些公司會提供一些顧客的名單，但銷售人員必須具有發掘潛在顧客的能力。發掘潛在顧客的方法很多，其主要線索如下：

1.向現有顧客徵詢取得潛在購買者的名單。
2.透過供應商、經銷商、非競爭者的銷售人員、銀行界和同業公會等來源，取得相關資料。
3.參加各種潛在顧客所屬組織和協會的活動，俾便取得資料。
4.從事引起潛在顧客注意的各項活動。
5.查尋各種不同資料來源，如報紙、廠商名錄等，以找尋潛在顧客的姓名。
6.利用電話、郵件或網際網路去發掘潛在顧客。
7.在商展會場設置攤位鼓勵參觀，並設法取得潛在顧客的資料。
8.直接拜訪各辦公處所，以發掘潛在顧客。

此外，推銷人員也必須懂得篩選潛在顧客，以免浪費寶貴時間在非潛在顧客身上。推銷人員所要做的，包括：檢視潛在顧客的財力、業務量、限制條件、特別要求、所在地點，以及繼續營運的可能性，用以辨別有無可能成為顧客。

二、事前策劃

推銷人員在找出潛在顧客之後，應在正式接觸顧客之前，做好一些準備工作，此即為事前策劃（preapproach）。諸如：

1.儘可能瞭解潛在顧客的資料，包括：潛在顧客的需求特性、購買力、購買決策過程、購買人的個性和購買方式等。

2.決定訪問的目標，到底係在過濾潛在顧客，或為蒐集進一步資訊，或為達成立即銷售。

3.決定訪問的時間與方式。推銷人員可根據受訪對象的工作特性或作息時間，來決定拜訪時間。至於拜訪的方式應考慮先用電話聯絡、信件聯繫，還是直接親自拜訪。

三、接近顧客

推銷人員在接近（approach）階段，就應知道如何會見或接觸潛在顧客，俾能建立彼此之間的良好關係。推銷人員的儀表、言談、舉止、服裝等，都是相當重要的。推銷人員可考慮穿著和顧客相近的服裝，要有整潔的外表，顯得有禮貌、端莊，並能引起購買者的注意，但應避免有分散注意力的舉止與行為。訪問的開場白必須明確而令人愉快。開場白之後，可簡單寒暄以增進彼此的瞭解；然後才開始洽談一些關鍵性問題，或展示貨品，以引起顧客的好奇和興趣。

四、產品展示

在經過前幾個階段的準備之後，乃進入展示（presentation）階段。此時，推銷人員乃正式說明產品所能為顧客帶來的利益和價值。推銷人員一方面要以生動的方式來展示產品的特色，另一方面也要注意傾聽潛在顧客的意見和評論。一位有經驗的推銷人員必能保有顧客導向的行銷原則，隨時鼓勵顧客儘量發言，從中發掘顧客的真正需要。

此外，在展示階段，推銷人員尤應掌握AIDA模式，來引發顧客的注意，產生興趣，刺激其慾望，終而能採取購買的行動。當然，在展示階段，若能配合一些文宣資料，如小冊子、掛圖、幻燈片、影片、實際樣品等輔助性工具來示範，必能增進顧客的印象，其效果更佳。因為購買者能親眼目睹或實際接觸產品，就比較能記憶產品的各項性能和利益。

五、克服抗拒

顧客在整個推銷過程或被要求訂單時，往往都會有否定或拒絕的表示。這種抗拒有可能來自心理上的，如表現冷漠、先入為主、偏好原有品牌等；也有可能來自於理性的，如嫌棄產品品質或型式、對價格不滿，或對產品抱持懷疑態度等。面對抗拒時，推銷人員要把持克服抗拒（handling objection）的積極態度，具備相當的耐心和談判技巧，設法消除潛在顧客的疑慮，或反問抗拒的潛在顧客一些問題，而將此種抗拒轉化為使顧客購買產品的理由。

推銷人員在處理顧客抗拒態度時，必須體認到：顧客的抗拒是理所當然的。因為潛在顧客對公司或其產品並不熟悉，以致沒有太大的信心。此時，推銷人員必須提供足夠的資訊，預先做好因應方式。首先，推銷人員必須讓顧客瞭解你尊重他的不同見解，以避免對立。其次，他必須設法瞭解顧客抗拒的真正內涵，如此才能針對問題解決異議，使其轉化為購買行動。

六、完成交易

推銷人員若能克服顧客的抗拒，則可進入成交（closing）階段。推銷人員之所以無法進入成交階段，或還不能把這個步驟做好，其原因不外乎對自己缺乏信心、向顧客要求訂單會有罪惡感，或無法領會適當的成交時機。因此，推銷人員必須學習如何去辨認購買者所發出的成交訊息，包括：用語、肢體動作和其他訊號，如不斷點頭、討價還價、付款條件等。只要推銷人員能善用各種技巧，向潛在顧客要求訂單，重述雙方協議的要點，協助顧客填妥訂單，並指出現在不買的可能損失等，則成交的可能性就會大增。此外，推銷人員也必須即時提供一些特殊誘因，如低價優惠或額外奉送等，以增強購買者的意願與信心。

七、事後追蹤

推銷人員若想確保顧客的滿足度，就必須進行事後追蹤（follow-up）。當產品成交之後，推銷人員必須立刻將交貨時間、付款條件等事項處理妥當。在收到第一張訂單後，推銷人員仍然要安排一些追蹤訪問，以確保所有的送貨、安裝、指導和服務都很完善。事後追蹤的目的乃在發掘問題，向購買者展示銷售人員服務和關懷的誠意，並降低可能發生認知失調的現象。

就今日行銷的觀點而言，事後追蹤或跟催是相當重要的一環。因為它乃在確保交易條件和商品或服務品質是等量齊觀的。推銷人員必須關心產品或服務在顧客購買後的實際情況，如此才能保有顧客，畢竟尋找一位新顧客的成本遠高於維持原有顧客所花費的成本。

總之，人員推銷必須具備完整的步驟，才能建立起關係行銷（relationship marketing）的觀念。易言之，今日的行銷觀念必須能創造卓越的顧客價值與滿意度，才能和顧客建立與維持互利的長期關係。

第四節　人員推銷的管理

人員推銷是傳統的推廣組合工具，過去的銷售基本上是產品導向和交易導向的；今日講究行銷的概念，而以顧客或目標市場為導向。因此，今日的銷售人員必須經過招募、甄選、訓練、給予薪酬、激勵和進行評核，才能使行銷工作步入正軌，發揮最大的行銷效果。

一、銷售人員的招募與甄選

人員推銷若想成功，就必須能招募和甄選優秀的銷售人員。一般優秀銷售人員的條件很多，有些研究顯示：「一位良好的銷售人員具有熱情、耐性、自信、進取心、熱衷於工作」；有些研究認為：「良好銷售人員的特質是獨立、自我啟發、具強烈的顧客導向、親切、有毅力、誠懇」；更有些研究認為：「優秀的銷售人員必須具有內在動機、受過訓練、努力工作、重視顧客關係等特質。」大致言之，一位良好的銷售人員至少必須具備為顧客設想的同理心（empathy）與完成強烈行銷需求的自我驅力（ego drive）。

行銷單位在瞭解良好銷售人員的標準和條件之後，必須設法透過各種途徑去招募人才。這些途徑包括委託現有銷售人員推薦，由就業輔導機構、校園徵才，廣告、網路徵才等。招募工作若運用得當，常可吸引較多求職者應徵，此時就必須再經過甄選程序，以甄選到真正的人才。其方法包括：筆試、口試、現場演練、才能評鑑等。此外，要參考個人的個性、經歷、過去背景與就業記錄等。總之，廠商必須依據本身狀況和需要，設計出一套合宜的招募與甄選程序，以求能招選到所需要的人才。

二、銷售人員的訓練

行銷部門在徵得人才之後，緊接著就必須對這些人才進行訓練。完整的訓練可能需要數週或幾個月。訓練的方法包括：講演法、視聽器材輔助法、討論法、個案研討法、角色扮演法，以及其他方法。訓練的內容主要為推銷原理、公司產品、顧客關係，以及各種推銷技巧的運用等。此外，銷售人員訓練尚須注意訓練經費的籌措、場所的配置、行政管理、講師的安排等。

一般而言，銷售人員訓練的目標，乃在瞭解公司沿革、宗旨、組織結構與命令體系、公司產品、主要營業範圍。此外，銷售人員必須熟知公司與產品，以及產品製造過程、用途、性能。同時，銷售人員必須認識顧客與競爭者的特性，並瞭解各種不同類型的顧客與需求、購買動機、購買習慣。銷售人員也必須學習如何做有效的推銷表達、撰寫報告，以及做有效的行銷通路安排。

三、銷售人員的薪酬

廠商必須制定一套具有吸引力的薪酬制度，才能吸引和留住優秀的銷售人員。雖然各家公司的薪酬制度不同，然而理想的薪酬制度至少要比照同樣行業的水準。薪酬水準偏低，不足以吸引或留住人才；薪酬水準偏高，也將增加公司人事成本，非屬必要。

一般而言，銷售人員的薪酬，主要由三部分所構成，即固定薪資、變動薪資，以及雜項津貼與福利。固定薪資就是支付底薪，可滿足銷售人員對維持穩定收入的需求；變動薪資可能包括：佣金、獎金、紅利或利潤分享等，可激發銷售人員更加努力。雜項津貼是指銷售人員的出差、食宿和應酬費用，以便於銷售人員從事某些必要或有用的銷售工作。福利制度包括：休假給予、疾病或意外給予、退休金、人壽保險及其他福利，可提供銷售人員安全感和工作滿足感。

在銷售主管方面，必須決定前述薪資項目在薪資制度中的相對重要性。一般而言，非銷售性工作的固定薪資比率，高於銷售性工作的固定薪資比率。技術性較複雜的工作，其固定薪資比率應較高。對於呈現循環週期性或績效須依銷售人員努力程度而定的銷售工作，則應強調變動薪資。

依據前述固定薪資和變動薪資的運用，一般銷售人員的薪資制度，可分為薪水制（straight salary plan）、佣金制（straight commission plan）和混合制（combination plan）等三種。

薪水制是定期支付給銷售人員固定薪酬的制度。此種制度的優點是：(1)能提供給銷售人員穩定的收入，可產生安全感；(2)易於要求銷售人員配合公司的銷售政策；(3)銷售費用較易於估計和控制；(4)銷售人員較願意花費時間於非直接銷售的活動上；(5)薪資計算較為簡便明確。然而，其缺點是：(1)未能提供激發銷售人員從事推銷工作的誘因；(2)需要較多的監督工作，才能使銷售人員努力工作；(3)薪水和銷售量的多寡無直接關係。

佣金制是指依據銷售人員的銷售績效給一定比率薪資的制度。此制的優點是：(1)可提供給銷售人員對銷售工作的足夠誘因；(2)不需要密切監督，可節省管理成本；(3)佣金與銷售量成正比關係，可激發銷售量的提高。其缺點是：(1)銷售人員沒有穩定的收入，欠缺安全感；(2)很難要求銷售人員從事與直接銷售有關的工作；(3)銷售費用不易估計與控制。

混合制是指除了支付給銷售人員固定的薪資外，還加上銷售人員的銷售表現支付佣金的制度。此制度的優點是：(1)可提供某種水準的固定收入，使銷售人員具有安全感；(2)可提供銷售人員努力推銷的誘因；(3)銷售費用常隨著銷售收入的變動而變動；(4)對銷售人員可做適當的控制。其缺點是：(1)銷售費用屬於佣金的部分，較難估計；(2)薪資發放經常變動，計算較為繁複。事實上，大多數的公司都採用某種型式的混合制薪酬。

四、銷售人員的激勵

企業機構要想達成行銷績效，必須隨時對銷售人員加以激勵，才能使其全力投入推銷工作。一般而言，激勵銷售人員的工具，除了薪酬之外，尚有建立良好的組織氣候（organizational climate）、訂定銷售配額（sales quota）和其他正面措施。

(一)建立組織氣候

組織氣候代表企業內部的士氣和績效。一個具有良好組織氣候的企業機構，其內部員工的士氣必定高昂；銷售人員對其工作環境，和在公司發展的機會，必充滿著信心，如此則銷售人員的流動率與離職率必低，而銷售績效必也較佳。蓋組織氣候正說明銷售人員對公司所享有的機會、價值和報酬的種種感受。因此，企業機構必須建立良好的組織氣候，給予銷售人員充分發展的機會。

(二)訂定銷售配額

銷售配額係指企業機構為銷售人員設定的年度銷售額度。銷售配額可以銷售數量、銷售金額、銷售活動、銷售利潤和產品類別來表示。銷售配額的設定，有三種理論：

1.高度配額理論（high-quota theory）：係指將配額設定在比大多數銷售人員所能達成的水準還要高的額度，但所設定的水準是可以達成的。此種理論認為：「高度配額可激發銷售人員更大的努力。」
2.適度配額理論（modest-quota theory）：係指將配額設定在大多數銷售人員都能夠達成的水準。該理論認為：「此種配額是合理的、可辦到的，且可使銷售人員獲得信心，而會接受這個配額。」
3.變動配額理論（variable-quota theory）：係指銷售配額應係變動的，因為銷售人員具有個別差異性，故宜依個別差異而分別設定高度配額或適度配額。

(三)其他正面激勵

企業機構還可運用其他各種正面激勵的方法，鼓勵銷售人員更加努力工作。這些激勵方法包括：銷售競賽、銷售會議、頒發榮譽狀、招待旅遊、利潤分享、給予升遷和成長機會等，都是常用的激勵工具。

五、銷售人員的評核

行銷主管為了激發銷售人員努力工作，有時也必須和銷售人員進行溝通，進而評核其工作績效。為了正確地評核銷售人員的工作績效，行銷主管必須準確地掌握評核資訊的來源，然後才能做好銷售績效的評核工作。

(一)掌握資訊來源

管理階層可自多方面獲得有關銷售人員的資訊，其中最重要的來源是銷售報告（sales reports）。其次，尚可透過個別觀察、訪問報告、顧客的信件與抱怨、顧客調查，以及和其他銷售人員的交談等獲得一些資訊。

首先，銷售人員的銷售報告可分為兩種，一種是未來的銷售計畫，一種是已經完成的銷售報告。未來的銷售計畫就是銷售人員的工作計畫，通常在銷售前一週或一個月提出，其乃在說明將訪問的客戶以及預定訪問的路線。此種計畫的目的，主要在於使銷售人員規劃與安排銷售日程，讓管理階層瞭解銷售人員的動向，並作為日後與實際績效比較的基礎。同時，公司也可藉此評核銷售人員，在規劃銷售與執行計畫方面的能力。有時，管理階層在收到銷售計畫後，可和銷售人員進行溝通，並建議其做若干的修正。

此外，有些公司逐漸要求銷售人員草擬年度地區行銷計畫，列舉開發新客戶以及擴大現有客戶銷售的各項方案。有的公司只要求整個地區的一般發展趨勢；有的公司要求很詳細的銷售和利潤預測資料，俾使銷售人員扮演行銷經理或利潤中心的角色。這些計畫經過銷售主管核可後，就可作為向銷售人員提供建議，或擬定銷售配額的基礎。

再者，銷售人員用來記載已完成銷售績效的報告，以訪問報告為最常見。訪問報告的主要目的，就是要使管理階層瞭解銷售人員的動向，顯示與顧客交涉的狀況，以及提供作為若干時日後訪問的資料。在訪問報告中，銷售人員可以向公司申報在執行推銷過程中的所有費用。當然，有些公司會要求銷售人員提交有關新成交的生意、失去的生意，以及當地商業經濟情勢的報告。從這些不同的報告中，管理階層可瞭解到：銷售人員每天訪問的次數、每次訪問所花的時間、交際費用的額度、每百次訪問所成交的百分比、開發新客戶數、維持客戶數和失去客戶數等。

最後，銷售主管除了可由報告中評核銷售人員之外，也可經由對銷

售人員的觀察、與銷售人員的交談、顧客調查，以及顧客的信函與抱怨情形等途徑，來獲得評核有關銷售人員績效的資訊。

(二)評核績效的方法

銷售主管在取得銷售人員績效的資訊之後，可運用下列方法評核銷售人員的績效：

1.銷售人員之間的比較：評核銷售人員績效最常用的方法，就是比較所有銷售人員之間的績效，並評定其等級。然而，此種評核法極易滋生誤解。只有在各個責任區的市場潛力、工作負荷、競爭程度、促銷活動等相當的情況下，這種相對銷售績效的比較才具意義。何況銷售額也不是衡量績效的最佳標準。管理階層所應當關心的是，每位銷售人員對公司淨利的貢獻度，而這又必須先求出銷售組合與銷售費用。

2.銷售前後績效的比較：評核銷售人員績效的第二種方法，就是比較銷售人員過去和目前的銷售績效。由此就可看出銷售人員進步或退步的情形。此可就銷售量、銷量金額、銷售費用、訪問成本、銷售毛利、新顧客數，以及失去的顧客數等項目來比較。

3.顧客滿意程度的評估：有些銷售人員在銷售方面可能有很好的表現，但顧客對其評價可能不高，對其服務也不滿意。此種情形若不改善，將會影響整個公司的形象與長期利益。蓋銷售行為是涵蓋整個行銷層面的。因此，行銷主管必須重視顧客對銷售人員的意見。此時，可利用郵寄問卷調查、電話訪問等方法，來瞭解顧客的態度與滿意度，再依調查結果據以作為評核銷售人員的參考。

4.銷售人員定性的評估：對銷售人員的評估，有時可依他對公司、產品、顧客、競爭者、銷售地區和本身職責等的認識來評核。此外，銷售人員的特質，如態度、舉止、儀表、談吐、氣質等，也可作為評估的標準。銷售主管也可就銷售人員的動機和服務性等來做評核。由於這些定性評估的因素甚多，各公司必須衡量各項因素，因應本身條件和環境，選定一些評核標準，以使銷售人員能瞭解績效評核方法，努力去改善其績效。

第五節　直效行銷

近來新興而最具成長性的推廣工具，就是直效行銷。所謂直效行銷，或稱為直接行銷，是指行銷者利用各種非人員的接觸工具，而直接與特定消費者進行溝通或引發顧客的立即購買反應之行銷方式。此種行銷的利益和類型，可分述如下：

一、直效行銷的利益

直效行銷之所以興起和快速成長，乃是它對顧客和行銷者都具有某些利益，茲分述如下：

(一)顧客方面

1.直效行銷可使顧客在家購物，既方便又不引發爭執。
2.直效行銷可節省開車成本，避免停車困難、交通擁擠等情況。
3.直效行銷可節省購物時間，也可提供更多商品的選擇。
4.消費者可先瀏覽郵寄目錄與線上購物的服務，再加以比較後，進而決定所要購買的產品和要求其他服務。
5.產業產品的顧客可藉由直效行銷認識與瞭解各種產品和服務，不需要在銷售人員身上花費太多時間。

(二)行銷者方面

1.直效行銷幾乎可取得任何團體的郵寄名單，而將訊息加以顧客化和個人化，針對其特殊需要和慾望將提供物加以顧客化，並透過個人式溝通來促銷與推廣。

2.直效行銷者可透過顧客資料庫（customer database）的建立，進行資料庫行銷（database marketing），而與顧客建立長期的友好關係，並快速地找出最佳的潛在顧客。

3.直效行銷可以很快將產品和資訊送達有興趣的潛在顧客手中，故閱讀率和回應率很高，可使行銷者準確地掌握行銷時機。

4.直效行銷可使公司很容易對各種媒體與訊息效果進行測試。

5.直效行銷具有隱密性，不致使直效行銷者的提供物和策略，讓競爭對手所攫取。

二、直效行銷的類型

直效行銷的主要形式，有直接郵寄行銷（direct-mail marketing）、型錄行銷（catalog marketing）、電話行銷、直接回應的電視行銷（direct-response television marketing）與線上行銷（on-line marketing）等。

(一)直接郵寄行銷

郵寄行銷是最直接的一對一之溝通工具。它乃直接將提供物、信函、廣告、小冊子、樣品、宣傳單、催購函、錄音帶、電腦磁碟片和產品樣本等郵寄給消費者，要求消費者利用郵件來訂購貨品。消費者名單可由行銷人員自行蒐集，或向郵寄名單經紀商購買消費者名單。郵購行銷者通常可先從所有名單中，挑選一部分名單進行測試，再根據反應情況決定是否大量郵寄。

直接郵寄行銷具有高度的目標市場選擇性，也可針對目標市場的特性設計具有吸引力的行銷方案，並可進行測試來衡量消費者的反應。它是可以個人化的，頗具彈性，且很容易衡量成效。雖然郵寄成本高於大眾媒體，如電視和雜誌等，但其所接觸的都是較具購買潛力的顧客。直接郵寄行銷多應用於促銷書籍、雜誌、禮品、食品、服飾、保險服務、信用卡服務和會員招募等產品和服務上。有些慈善機構也會運用直接郵寄，來籌募慈善基金。

(二)型錄行銷

型錄行銷係透過郵寄型錄給預先選定郵寄名單的顧客，或將型錄放置在商店內供人取用等方式來銷售產品的行銷方式。一些大型的量販店都會透過型錄，來銷售其貨色齊全的產品。近來，有些型錄專門店更吸引了顧客的注意與興趣，消費者幾乎可從中購買到任何想要的東西。因此，今日許多公司乃發展或併購郵寄部門，建立了高價位的產品，以引進中高社會階層的市場。

今日有些消費者樂於接到型錄，有時還會付錢購買某些東西。許多型錄行銷公司甚至在書局或雜誌販賣店出售型錄，用以介紹精緻產品，告訴消費者有關產品及其購買資訊。有些企業也大量使用型錄行銷，不管是小冊子、三張活頁紙或書籍等的簡單形式，或灌錄在錄影帶或CD等形式，型錄行銷可說是現今最忙碌的銷售工具。預計在不久的將來，型錄甚至將取代部分銷售人員的角色。

(三)電話行銷

電話行銷是行銷者用電話直接向消費者進行推銷的工具。行銷者可利用打出去（outbound）的電話向消費者推銷產品，而消費者則可使用打進來（inbound）的行銷者所屬免付費電話來訂貨。今日許多公司已逐漸採用電話行銷的方式，如雜誌訂閱、信用卡、俱樂部會員等均是。

電話行銷提供給消費者很大的購物便利性，其可增加對產品和服務的資訊。若電話行銷能和電腦結合，不但可增加購物便利性，更可大幅降低電話行銷的成本。蓋電腦可自動撥號，向消費者播放事先錄好的廣告，並以電話答錄機來接受消費者的訂單，或轉給電話接線員去處理訂單，此種全自動電話行銷系統，更具有成本上的競爭力。惟電話行銷有時會干擾到消費者，而引發反感，故有些國家會立法加以規範。

(四)直接回應的電視行銷

電視行銷乃為利用有線電視或無線電視頻道，來從事直接推銷產品或服務的行銷方式。此有三種主要的形式。第一種是直接回應廣告（direct-response advertising），是指透過電視轉播網播出行銷者的產品廣告，並為產品做展示說明，且提供免費訂購電話號碼給顧客。此種方式適用於書籍、雜誌、小型家電用品、錄音帶、CD、收藏品以及許多其他產品的行銷上。

第二種是居家購物頻道（home shopping channels），是指以節目方式或使用整個頻道，完全用來推銷產品與服務的方式。有些購物頻道時間很長，其所經銷產品包括：珠寶、燈飾、收藏品、洋娃娃、服飾、電力工具、消費性電子產品等。節目主持人以喊價拍賣方式推銷產品，顧客可打免付費專線電話訂購產品，在電話另一端由數百名電話接線生接聽電話，並將訂單直接輸入電腦終端機。一般都在四十八小時內便可寄出所訂購的貨品。

第三種是影視通訊（videotext）和互動電視，即透過電話線將顧客電視機和廠商的型錄聯結起來，顧客可透過與系統相聯結的特殊鍵盤裝置來下訂單。此為雙向與交談式電視和網際網路聯結科技的購物方式，更是直效行銷的主要形式之一。

(五)線上行銷

線上行銷係指利用交談式的連線電腦系統，以電子式來聯結消費者和行銷者之間的溝通與購買之行銷方式。廠商可利用線上電腦系統提供產品與服務給購買者參考，而購買者則利用家中電腦經由電話線路進行選購。線上行銷通路有兩種主要類型，即商業線上服務與網際網路。

商業線上服務（commercial online service）提供線上資訊與行銷服務給支付月費的訂戶。其所提供的服務包括：新聞、圖書、教育、旅遊、運動、參考資料等資訊，購物服務、布告欄、討論會、聊天信箱等的對話機會，休閒娛樂，以及E-mail等是。訂戶只要按下滑鼠的按鍵和點選PC首頁，即可以電子方式訂購數千項的產品與服務，網站則提供數十種主要的商店與型錄。使用者亦可與當地銀行進行個人理財融資的業務；透過經紀商的服務從事購買與銷售投資性商品；預定航空機票、旅館及租車；玩遊戲、測驗比賽及各項競賽活動；獲取氣象預測資料；以及和全國或全球各地其他訂戶交換E-mail訊息。

目前，商業線上服務有被網際網路取代的趨勢。今日有許多線上服務公司都已提供網際網路的使用，使之成為主要的線上行銷通路。網際網路是一種全球性電腦網際網站的聯結，其規模相當龐大且正處於萌芽發展的階段。任何人只要擁有一部PC、一部數據通訊機（modem）和合適的軟體，就可在全球資訊網路上瀏覽，並獲得與分享任何主題的資訊，並與其他使用者交談與互動。

廠商可透過在網路上登廣告，創造一個電子店面，參加討論會、新聞團體、布告欄系統（BBS）、網路社群，和利用電子郵件和網路傳播（webcasting）等途徑，來從事線上行銷。

總之，今日的直效行銷可利用的工具甚多，這些工具和途徑都很快速。其他如傳真信函（fax mail）、電子郵件、有聲郵件（voice mail）等方式，不但傳送迅速，可立即發送與回應；而且不致於被視為「垃圾郵件」（junk mail），而浪費金錢與時間。因此，這些都可作為行銷者的直效行銷工具。

Part 4

行銷的延伸

所謂行銷的延伸，是為指涉行銷管理領域，而足可擴展行銷管理研究範圍的其他相關主題而言。本篇所擬討論的主題，包括：服務業的行銷、網路行銷、顧客關係管理、國際性行銷，以及行銷與社會責任等。一般而言，所謂行銷並不限於產業，其尚可包括服務業，故吾人將以服務業的行銷作為專章討論之。其次，網路行銷已深深地影響到人類的日常生活與交易關係，故亦專章論列。再次，行銷工作與顧客的關係，有密切的關聯性，這也是吾人不可忽視的。還有，行銷業務並不限於國內，尤其是今日已是地球村的時代，故國際性行銷也是不可忽略的。最後，舉凡所有的行銷工作者都必須顧及企業倫理，並承擔社會責任，故而行銷的社會責任也是吾人所應加以探討的主題。

服務業的行銷

第一節　服務業的意義與特性

第二節　服務業的類型

第三節　服務業的行銷組合

第四節　全面性服務品質管理

今日由於社會經濟的發展，不僅有產業產品的行銷，而且有服務業的行銷。此種服務業可能附隨著商品而興起，或形成獨立的服務業，或依附於產品的產銷上。本章討論獨立性的服務業行銷，首先將闡明何謂服務業，以及其範圍和特性。其次，將依據各種基礎，研析服務業的類型；接著再行探討服務業的行銷組合，以利於服務行銷的推展。最後，吾人將分析全面性服務的品質管理，以期建立服務業的完整行銷概念。

第一節　服務業的意義與特性

就今日經濟發展的領域而言，服務業的發展極為迅速。然則，何謂服務業？首先，吾人必須瞭解「服務」一詞的定義。一般而言，所謂服務係指能為銷售所提供的任何活動、利益或滿意而言。惟此種定有不夠周延之嫌。因此，近代學者乃提出更周延而詳盡的定義，認為服務係一種無形的商品，在由生產者經由交換直接到使用者手中，並無牽涉到運輸、儲存、所有權轉移等問題。具體言之，服務就是為了提供給使用者某種程度的利益和滿意結果，而未涉及所有權轉移，所做的是可以確認，但卻是無形的、無法儲存和運輸的種種活動。

至於，服務業乃為從事服務工作的行業，其種類繁多，變化極大。例如，政府部門有教育服務、法院服務、就業服務、醫院服務、警察服務、國防服務、消防服務、郵政服務，以及各種管制服務。民間非營利機構提供慈善服務、宗教服務、社會教育服務、醫療服務，以及各種基金會等。民間營利機構所提供的服務，包括：航空及各種運輸、銀行、保險、旅館、代書、顧問、養老、娛樂、房地產、廣告與廣告代理、研究發展、法律服務、零售、維修、通訊、會計、洗衣、美容等，均屬於服務業之列。由此可知，服務業可說是琳瑯滿目，範圍極廣。

雖然服務業範圍甚廣，種類繁多；然而它們都具有一些特性，茲分述如下：

一、無形性

服務是一種無形的產品，它是無法直接觸摸得到的，但卻是可以感受得到的。服務之所以具有無形性（intangibility），乃是因為服務不具備任何形體，故是不可能看得到、嚐得到、聽得到、嗅得到或觸摸得到的，此又可稱之為不可觸知性。例如，醫療服務、教學服務、旅遊服務、理髮服務等，在購買前看不出來的。當我們去看病、理髮時，並無法預知治療或美容後的情況；而當我們去購買實體產品時，卻可立即看到或嚐到。因此，服務是無形的。

準此，服務的提供者必須將服務化為有形化，或能將服務冠上品牌名稱，或使服務產生對購買者的直接利益和價值，用以建立起購買者的信心或品牌忠誠度，才能使購買者願意購買其服務。例如，保險公司將保險利益推廣成必要的退休金，以構成對被保險人的一種保障，即為服務對購買者的價值和利益之實現。

二、無法分割性

服務也具有無法分割性或稱無可分離性（inseparability），亦即服務與服務提供者同時出現，生產與消費同時發生。不論服務提供者是人或是機器，服務和其提供者都是無法分離的。例如，演唱會的娛樂價值和其主持人是無法分離，洗車服務和洗車設備是不可分離的；一旦分離，其服務價值不是立即打了折扣，就是使服務無法存在。又如，當我們去看病時，醫師和其所提供的醫療服務，是不可分割的。當我們到大學去接受教育時，大學教授和他所提供的知識，也是無法分割的。這些都是服務與服務提供者同時出現的例子。

此外，當大學教授在課堂上生產知識時，與身為消費者的學生，都是同時出現的，這也是一種不可分割性。其他，如旅館的服務、航空服務、理髮服務、就業服務等，無不如此。此時，服務提供者或行銷者為了吸引消費者，必須採取一些措施，如將「服務」複製，加快服務速度，訓練更多合格的服務人員，或採用集體服務的方式等，用以提供更佳而周密的服務或提升服務品質。

三、無法一致性

服務同樣具有無法一致性（inconsistency）。所謂無法一致性，係指一種同樣的服務常因服務提供者個性與能力，提供服務的時間、地點、精力、心情等情況的不同，而有很大的差異。此又可稱為易變化性或不穩定性（variability）。例如，大學教授的教學服務品質，常因安排教學的時間、個人的教學熱忱、專業知識的深淺、有無分心等因素的不同，而顯現不同程度的差異，此即為教學服務的不一致性。又如冷氣機的一名維修人員可能因神情愉快，而維修效率高；而另一位則因精神不濟，而維修行動遲緩。其他各種服務的情況亦然。

顯然地，服務與實體產品是大不相同的。一般實體產品的性質是一貫的。例如，同一種品牌的牙膏，其成分常是一致的，其功能也是相同的。依此，企業機構為了控制服務的不穩定性，並提升服務品質，或提供一致性的服務，首先要不斷地加強服務人員的甄選和訓練程度。其次，可將整個服務與績效過程標準化，而釐訂一份服務藍圖（service blueprint），資供參考。另外，可透過對顧客的訪問調查、建議和抱怨制度，以測知顧客滿意度，並及時改正不良的服務。

四、不可儲存性

服務是無法像實體產品一樣可以儲存備用的，它是很容易消逝的。此即為不可儲存性（non-inventory）或易消逝性（perishability）。例如，定期或定時的各項交通運輸工具，並不會因為非尖峰時段乘客較少，而可將多餘的座位儲存起來，以供尖峰時段使用。旅館、餐廳、電影院也不會

在顧客較少的季節或時段，而減少房間或座位的供應。醫療院所在沒有顧客前來時，醫療服務就會閒置而形成本的損失；易言之，服務的價值必須在顧客出現時，才能顯現。此亦可稱為服務的腐蝕性。因此，服務業必須協調市場的供需狀況。

就需求面而言，服務業者可運用多種策略，以彌補服務的腐蝕性。首先，業者可建立不同時間的價格策略，期使尖峰時間的需求得以部分轉移到離峰時間。其次，業者可在離峰時間增加額外的服務項目，藉以吸引顧客。再者，業者也可在尖峰時間，為等候的顧客提供特別的補償性服務。最後，業者可以提供預訂制度，以更確實地掌握市場需求水準。

再就供給面來說，服務業者可約僱臨時兼職員工，以應付尖峰時刻的需求。其次，業者可採取在尖峰時刻僅由員工負責處理某些基本工作，而其他工作由顧客自行辦理，以增快服務速度。第三，可由多家服務業者共同提供某一項服務，以分擔供給人力。第四，由業者事先做好未來擴展的規劃，以備日後提供服務之用。

總之，服務與實體產品固然同樣屬於商品；但在本質上，兩者的性質完全不同，服務是無形的、無法分割的、無法一致性、不可儲存性的。服務業者所提供的，最主要乃為滿足顧客的心理性與社會性需求，故在行銷的安排上自有其差異。

第二節　服務業的類型

服務業的種類繁多，其可依據各項標準分為下列各類型：

一、依是否需提供設備的分類

服務業依是否需提供設備，可分為以人為基礎的服務業和以設備為基礎的服務業。以人為基礎的服務業，有自由專業人員，如律師、會計師等；有技術人員，如家電修理業、水管修理業；有非技術人員，如保全業等。以設備為基礎的服務業，有由技術人員操作者，如挖土機、電腦服務；須由非技術人員操作者，如洗衣業、計程車；有擁有自動化設備者，如自動洗車、投幣購物機等是。易言之，以人員為基礎的服務業，是以人員提供服務為主；而以設備為基礎的服務業，是以設備提供服務為主。此兩種不同的服務業，其服務特性和成本各有不同。即使同一類型的服務業，其所提供的人員或設備亦有輕重的不同程度。有時使用某項設備，就足以增高服務的價值，如音響業；有時使用某項設備，就可降低所用人工成本，如自動洗車業即是。

二、依是否附屬於商品的分類

服務業依是否依附於商品，而可分為獨立性服務業與附隨產品的服務業。獨立性服務業是指所服務項目是獨立作業，而與任何商品無關，如律師、理髮業。附隨產品的服務業，係指服務係隨著產品而生，如汽車修理業、家電用品修護業等是。此種不同的服務業其所提供的行銷通路有很大的差異。例如，獨立性服務業係本於專業性質而形成，其行銷策略與規劃作業即為以其本身專業性質為範圍；至於，附隨於產品的服務業，常須配合產品做推廣的工作。

三、依顧客是否必須在場的分類

服務業若依顧客是否必須在場，可分為顧客需在場的服務業與顧客不需在場的服務業。所謂顧客需在場的服務業，係指業者在提供服務時，顧客必須在現場，始能完成完整的服務而言。例如，理髮業者在做理髮服務時，必須顧客在場始能施行服務。此時，理髮院必須特別重視店面裝潢、播放優美的音樂、提供舒適的座椅，並應注意與顧客的談吐應對。

至於，顧客不須在場的服務，係指顧客不須在場，服務業者仍可順利完成其服務。例如，汽車修護業和洗車業，雖然顧客不在場，仍可修護完整或將汽車清洗乾淨。此時，就不必多為顧客準備等待的設備，只對顧客所囑付的事情做好即可。

四、依與顧客互動程度的分類

服務業若依業者和顧客互動的程度來劃分，可分為高度互動的服務業與低度互動的服務業。所謂高度互動的服務業，就是服務業者和顧客之間的互動頻繁而密集。例如，醫療服務、法律服務、教育服務等均屬之。至於低度互動的服務業，在服務時則較少做直接的互動，且也不密集。例如，電影服務、洗衣服務、自動櫃員機服務等是。

五、依顧客購買動機的分類

服務業若依顧客購買動機，可分為滿足個人需求的服務業和滿足事業需求的服務業。所謂滿足個人需求的服務，係針對消費者個人需求的滿足而來。滿足事業需求的服務，則針對公司全部員工或事業機構而做的服務。此兩種不同的服務顯然會訂定不同的價格，且須分別訂定不同的行銷方案。例如，醫療院所對個別病人和整體機構員工實施體檢，其收費自然有所分別即是。

六、依服務者動機的分類

服務業若依提供服務者的動機或營利與否，顯然可分為營利服務和非營利服務兩種。前者通稱為營利事業機構，如醫療服務、保險服務業；後者則稱為非營利事業機構，如教育服務的學校、教會、慈善機構等是。顯然地，營利服務和非營利服務的事業機構，會有不同的行銷方案。因為營利服務的收入須繳稅，並將盈利分配給股東；而非營利服務則否。

七、依專業程度的分類

服務業若依服務專業程度，可分為高度專業的服務業與低度專業的服務業。前者是屬於具有高度專業知識與技能的服務業，如法律服務、醫療服務、稅務服務等。後者則為較少具備特定專業知識與技能的服務業，如清掃服務、泊車服務等。高度專業服務比低度專業服務的複雜程度高出許多，且所受的規範也較大。

八、依服務對象的分類

服務業若依服務對象，可分為對人的服務和對事物的服務。前者，如醫院對人的診療；後者如貨物運輸的服務即是。在對人的服務方面，必須提供滿足人性的需求；而對事物的服務方面，只要提供可容納事物的空間即可。

總之，服務業可依據各種基礎進行分類，分類的目的乃在提供各種不同的行銷方案，以利於各種服務業成立的目標。此外，吾人尚必須瞭解每個服務業也可能同時兼顧上述各種類型之一，則其行銷方案自必更為多元化，而做更多面性的行銷組合工作。

第三節　服務業的行銷組合

在討論服務業的行銷組合之前，吾人首先須瞭解「服務行銷」的意義。所謂服務行銷（service marketing），係指一家服務公司所推行的種種行銷業務而言，其目的乃在為其目標市場創造、維繫或改變顧客對該服務公司或其所提供的服務之態度與行為。正如產品行銷一樣，消費者在購

買服務時，會對服務公司或服務本身的特質加以評估和選擇。因此，服務公司必須對服務行銷妥為規劃。當然，由於服務業的特性，要做健全的服務行銷規劃，頗為困難。然而，有了行銷規劃可奠定成功的基礎，故仍以擬定一套服務行銷方案，其步驟如下：

一、分析市場機會

服務和實體產品一樣，都必須進行市場機會分析，以便為服務找出區隔的市場，並為服務定位。首先，服務業必須尋找需要其服務的消費者，並探討其購買興趣、能力或意願。其次，服務業者也必須將市場區分為消費者市場或產業市場，分別探尋其需要、慾望、態度與購買行為。再次，服務業者必須將本身所提供的服務做行銷研究，並探討整個行銷環境，如此才能為服務做定位。這些過程與步驟，與實體產品是一樣的。

二、產品

此處所謂的產品，係指服務而言。服務是一種無形的產品，其與有形的產品不同，大部分的服務在購買前，是無法保留的、無法看得見的，也是無法評估的。服務購買者是否購買的決定，完全取決於其對過去服務提供者的印象、經驗、口碑、信譽或推廣計畫。

有許多公司會提供標準的服務，對所有的顧客都提供相同的服務，並收取相同的費用。例如，洗衣店的收費、銀行存款利率、汽車維修服務、航空郵件收費等，對所有的顧客均一視同仁。有些服務公司所提供的服務常因顧客而異。例如，律師、醫師與顧問師等，都可能針對不同的顧客提供不同的服務。 就實質而論，成功而良好的服務內容，應具備四項特性：

(一)獨特性

服務雖然不能像實質產品一樣，可以申請專利，但可與實質產品一樣表現本身的特性。例如，服務的周到完整即為服務品質的保證，此可吸引顧客再度購買，即為服務的獨特性。

(二)品牌名稱

成功的服務通常有其品牌，此種品牌在服務差異上極為重要。許多服務公司基於長期的良好口碑，而運用其品牌名稱在服務行銷上已取得競爭的優勢。雖然服務具有無形性，很難去描述；但服務公司的品牌或商標識別足以幫助顧客做購買決策；而顧客也常將服務品質和服務品牌聯想在一起。美國聯邦快遞公司特別強調服務性質與快速的服務，使得顧客看到其標識名稱，即肯定其服務。其他金融服務業的銀行、共同基金、證券公司、保險公司等，亦有其個別的品牌。

(三)服務包裝

服務包裝雖然不能像實體產品一樣，可直接在產品外表做包裝；然而服務包裝的概念是服務行銷上不可忽視的概念。例如，健康檢查服務絕不只是為病患提供檢查報告而已，其甚至可追蹤和親訪病患，以獲悉其健康狀況。如此不僅可以瞭解顧客需求，並提供妥善的醫療服務，從而能建立醫療服務的良好形象。

(四)容量管理

良好而成功的服務，也必須做服務數量的管制，否則必有服務品質下降的疑慮。由於服務者和服務的不可分性，以及服務有稍縱即逝的特性，因此大部分的服務都必須有數量上的管制。在服務上可提供預約制，或提供更多的服務者，採用不同價格等措施，以調和尖峰和離峰時間的供需量，俾能使服務行銷組合整合顧客的需求，並降低空檔時期的成本浪費。

三、價格

在服務業裡，價格通常有許多不同的計價方式與名稱。服務業經常使用的名詞有費用（fee）、收費或手續費（charge）、租金（rent）、利息（interest）、入場費（admission）、律師費或顧問費（retainer）等。不同服務業收取費用的慣用名稱，如**表17-1**所示。

表17-1 不同服務業的價格名稱

服務業別	價格名稱
通訊	費率（rate）
教育	學費（tuition）
金融	利息（interest）
醫療	費用（fee, charge）
家庭修理工作	收費（rate, charge）
出租	租金（rent）
保險	保險費（premium）
顧問	顧問費（retainer）
法律事務	律師費（fee, retainer）
企業買賣	佣金（commission）
娛樂	入場費（admission）
個人服務	手續費（charge）
運輸	運費（tariff）

不同服務業所採用的訂價方式，有很大差異。有些公用事業的訂價，係受政府管制，如電力、電話；有些會按照季節或時段，來收取不同的費用，如旅館業、電影院；有些會按照年齡的不同，而收取不同費用，如公共汽車、娛樂業。此外，醫師、律師、會計師等都常依據顧客的償付能力來收費。因此，服務業的訂價策略常受到許多因素的影響。

然而，一般來說，大多數服務業的訂價都傾向於彈性化，此乃係基於服務的無形性所造成的。通常影響服務訂價的一項主要因素，乃為提供服務品質所需的成本。舉凡服務品質愈高，而其所花費的成本也愈高時，服務訂價就愈高；反之，則較低。此外，大部分服務業，若提供以人員為基礎的服務，由於其具有勞動密集的特性，且涉及人員的時間、專業知識及努力；此時，服務訂價就會考慮收回人工成本、資金成本與合理利潤。當然，服務訂價也受到服務供需方面的影響。當服務供給面有限，而需求量增加時，服務價格自然較高；而若服務供給面增加，需求量減少，則服務價格自然下降。

最後，服務費用的收取方式，與實體產品經常不同。因為服務一旦完成，而未獲得付款，並不能像實體產品一樣可以收回，故大多數的服務業都會要求顧客在接受服務之前能先行支付部分或全部費用。此乃為保障服務業生存之道。服務業必須預防在提供服務之後，收不到費用，而蒙受損失。

總之，服務價格會影響顧客的觀感，固然提供較周全的服務，應收取較高的服務費用；但即使收費低廉，至少亦應提供合宜的服務，以避免顧客產生負面印象和觀感。此乃為服務行銷的基本法則。

四、行銷通路

服務雖是一種無形的產品，且具有無法一致性和不可儲存性，但仍須有行銷通路。例如，證券業常使用獨立的經紀代理商；又有些行業須由一些訓練有素的人員來提供服務，以致常要授予經銷權來銷售其服務。不過，服務業中間商較不重視倉儲、運輸、存量管制和貨物裝卸等工作，則是事實。

近來，由於市場競爭日益激烈，有關便利通路的價值已開始被肯定。尤其是地點的選擇，更是服務行銷上必須加以重視的因素。銀行、汽車旅館、觀光飯店、診所、健身房等設施，無不設在顧客方便到達的地點。例如，健身中心、洗衣、剪燙髮業、銀行自動櫃員機等，無不選擇在人口密集的地區開店，以便攻占服務市場。

此外，有愈來愈多的服務業也使用服務配銷系統。當實體產品零售商在接受顧客的銀行信用卡時，銀行便在零售商店附設服務站，以鼓勵顧

客申請和使用信用卡消費。因此，當銀行從事信用卡推廣計畫時，零售商便成為銀行的中間商。此外，零售商如統一超商、各種便利商店常為各種服務業代收各種費用，也使得零售商成為服務業的中間行銷通路。

再就醫療保健方面而言，由醫師、護士、醫技人員以及藥劑師所組成的健康維護機構，可從事醫療團隊工作，以便增加機構成員所能提供的健康服務。此時，健康維護機構便成為醫療服務人員與病人之間的中間商。凡此都可說明服務行銷通路已日漸在發展中。

五、推廣與促銷

服務和實體產品一樣，都必須重視推廣和促銷的工作。由於服務係屬於無形的產品，其更須重視推廣工作，而推廣和促銷的最佳方式，就是要更提升服務品質與價值。

此外，服務推廣與促銷的重要工具，就是廣告。廣告可強調服務的地點、便利性、穩定的品質和效率性。同時，服務廣告必須考量社會大眾的印象，其可以某種標記或圖案作為廣告宣傳，以增強消費者的印象，並為其產品定位。當然，服務業也可運用公共服務廣告（Public Service Announcements, PSAs），作為傳播服務訊息的工具。

惟服務業者必須注意的是，服務推廣實係建立在服務效益上，只有凸顯服務的效益，才能促成服務的推廣，否則服務推廣所實現的功能必是短暫的。此種推廣活動和實體產品的推廣並無二致，它可透過廣播、電視、公布欄、宣傳單和報紙等媒體，來進行推廣活動。此外，服務業者如醫師、會計師和律師等，也可參加大型活動或公益活動等，間接地達成其推廣活動的目標。

總之，服務業和實體產品一樣，都必須重視其行銷組合，並擬定一套行銷方案，包括：服務本身的特性、服務價格、服務行銷通路，以及服務推廣與促銷等內容，做一完整的規劃，才能達成服務行銷的目標。

第四節　全面性服務品質管理

由於服務係屬於無形的產品，而最能彰顯服務效果者，當推為服務品質。是故，服務行銷最需要具有全面性服務品質管理的概念。所謂「全面性服務品質管理」（total service quality control），就是服務業將其內部各部門和人員的服務品質發展、維持和改進的各項努力加以綜合，使在最經濟的條件下，能讓顧客完全滿意的一種有效制度。因此，全面服務品質管理的目標，乃在提供給顧客更多和更好的服務品質；且此種服務品質是持續不斷的過程，所有人員都負有改善服務品質的責任。

惟影響服務品質的要素為何？這可從兩方面來看，一方面乃取決於服務品質的構面，另一方面則來自於顧客對服務品質的認知，如**圖17-1**所示。

就服務品質的構面而言，服務的有形性、可靠性、親切性、確定性、關懷性、回應性等。所謂有形性或可觸知性，是指服務本係無形

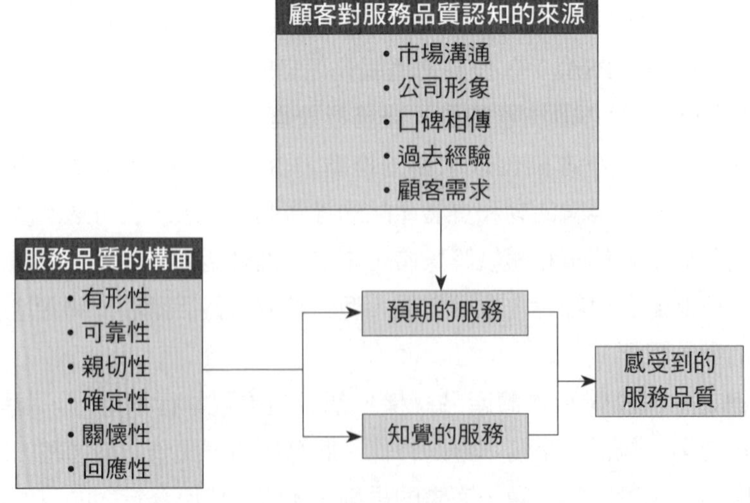

圖17-1　察覺服務品質的過程

的，而能把它有形化，包括：硬體設備、文件、人員儀容，以及其他實體證據等。所謂可靠性，是指提供可靠、精確和一致服務的能力。所謂親切性或保證性，是指願意對顧客提供迅速而有幫助的服務而言。所謂確定性，是指員工的知識、禮貌和獲得顧客信賴與信心的能力而言。所謂關懷性或同理性，是指能對顧客賦予高度的注意和重視而言。所謂回應性或反應性，是指能立即對顧客做快速而滿意的回應而言。這些已在第十章第六節中詳述過。

就顧客認知服務品質的來源而言，舉凡服務人員所進行的溝通、公司的形象、口碑相傳的影響、顧客過去購買該服務的經驗，以及目前的動機狀態等，都會影響其所預期的服務和知覺到的服務，進而左右他感受到服務品質的程度。茲分述如下：

1.市場溝通：市場溝通是指服務公司和人員與顧客之間的溝通而言。此種溝通可透過口語、文件、廣告、招牌、小冊子等方式來傳播公司的服務訊息，以提供顧客的瞭解與購買。

2.公司形象：公司形象係指服務公司過去所建立的服務品質在大眾心目中的印象而言。形象良好的公司會使顧客預期較好的服務，而形象不佳的公司會使顧客預期到不佳的服務。

3.口碑相傳：口碑相傳係指社會大眾之間對服務公司在口頭相互傳播其印象與評論而言。當服務公司有良好的口碑，則顧客較能產生良好服務的預期；否則較不會有好的預期。

4.過去經驗：顧客過去曾購買服務的經驗，會影響其是否繼續購買的意願。當服務公司曾提供良好品質的服務，則顧客再次購買的可能性較高；否則，再次或重複購買的可能性就會降低。

5.顧客需求：顧客在其他條件相同的狀況下，若其目前動機較為強烈，則其購買服務的可能性就會大增；否則，必降低。

由於服務是無形的，且在難以在購買前加以實體化，所以新顧客會依據這些資訊來源，來形成其服務期望。然而，對舊顧客來說，經驗品質可能是最具影響力的因素。經驗品質是來自於顧客在接觸服務後所形成的印象或認知。經驗品質的認知包括兩個因素，一為服務的特色或屬性，亦即為技術性品質；另一為服務的功能性品質。所謂技術性品質，是指服務人員所提供的意見或建議的品質。所謂功能性品質，是服務傳遞的方式，或與公司真正互動的品質；此種品質包括：服務人員的禮貌，以及服務的迅速程度。簡言之，服務品質的構面正反映出顧客對服務接觸品質的考量點或看法。

依此，服務公司要做好全面服務品質管理，就必須對服務品質進行衡量，並提出可行的策略，其方法如下：

一、將服務化為有形性

服務是無形的，故很難加以衡量和評估。但是要使服務有形化，必須將公司形象定位化，以幫助顧客在購買前進行評估和比較，並減少顧客購買的不確定性，及提高顧客購買自己產品而非競爭對手產品的機會。此外，服務提供者也要主動提醒顧客已完成良好的服務，以爭取顧客的信賴。將服務有形化的另一種方法，就是提供服務樣品或其他促銷方式，讓顧客在承擔低成本或低風險的情況下試用公司的服務。例如，廣告代理商常將自己創新的作品寄給顧客，以發展彼此的長久關係。

二、將服務品質差異化

服務公司將服務品質差異化的目的，就是希望在競爭激烈的環境中脫穎而出；此時就必須清楚地發展市場定位，以取得市場優勢。服務業者必須強調員工品質，因為服務是由人力產生的服務品質與員工素質和訓練有直接的關係。其次，服務業者可加強服務作業，作業對服務業者來說，就是產品。因此，服務作業必須隨時加以記錄，用以提高顧客的滿意度。再次，服務提供者必須重視服務行銷，因為行銷的優勢正是市場成功與否的關鍵因素。最後，服務提供者必須提高服務品質。因為服務品質正是顧客重複光顧的誘因。行銷可能刺激顧客嘗試，但只有良好的服務品質才能使顧客滿意，從而願意重複購買。

三、將服務人員加以訓練

服務業想推行全面品質管理運動，就必須將其員工加以訓練，以養成全面服務品質的概念。一般而言，顧客所期望和察覺到的服務品質若有差距，則其再次購買的可能性必低。只有在對服務品質的預期與認知相一致時，顧客才會再度購買。而影響服務的預期與察覺之差距的最重要因素，就是服務人員的態度。因此，服務人員的教育與訓練，是非常重要的。舉凡服務人員的言談舉止、服裝儀容、禮貌、誠懇的態度、熱忱、誠實，以及對服務的信念等，都會影響服務品質，左右顧客對服務的觀感。是故，對服務人員加以教育和訓練，也是必須加以重視的。

總之，服務公司推行全面性服務品質管理是必要的。蓋服務正是服務公司的產品，而服務品質的好壞就是服務的重心所在。固然，有時服務品質的提高，也代表成本的增加；服務公司可實施品質報酬法（Return on Quality, ROQ），用以衡量和維持服務品質和成本的均衡。但是有些服務品質的要素並不需要成本，只要在服務態度上加以改善即可辦到。例如，服務時保持心情的愉快、從容的態度，與穿著整齊而合宜的服裝等，都各自代表服務品質的一部分。因此，所有提供服務的人員都必須具有「全面服務品質管理」的概念。

Chapter 18

網路行銷

第一節　網路行銷的興起與意義
第二節　網路行銷的特色與功能
第三節　網路行銷的目標市場
第四節　網路行銷的組合策略
第五節　網路行銷所面臨的困境

在今日的行銷管理領域中，網路行銷已對行銷活動造成一定的影響。此乃拜電腦科技的發展之賜。因此，吾人於研究行銷管理之餘，已不能忽略網路行銷這項主題。畢竟網路在不久的將來，將更深入人們的生活領域之中。本章首先將探討網路行銷的興起及其所含的意義；其次，將研析網路行銷所具有的特性與功能；然後據以研究網路行銷應如何設定其目標市場，及做行銷組合策略。最後，則分析網路行銷所可能遭遇到的問題。

第一節　網路行銷的興起與意義

今日由於電腦的發展，使得網際網路（internet）已深深地影響到人們的日常生活。更由於網際網路的不斷開發，使得人們的工作形態與生活方式，也隨之發生極大的變化，也改變了人們之間的溝通關係。人類不僅在工作上可透過網際網路進行交談，在日常購物與交易中也可以網際網路來完成。因此，網際網路對人們的生活與社會結構，已帶來了革命性的影響。它在商學用途上，已迫使行銷管理人員不得不重視網路行銷的重要性。

網際網路的興起，最早是來自於第二次世界大戰時美國國防部深怕情報網被敵軍入侵，而想將情報網加以連結的構想。一九六九年美國國防部委由加州大學洛杉磯分校和史丹佛研究中心（Stanford Research Institute）共同發展出第一條網路，用於軍事、學術和少數公司的研究上，以進行溝通。日後也陸陸續續發展出一些相當重要的網際網路工具。例如，一九七一年出現了電子郵件，一九七二年利用電話線路連接電腦，一九七三年利用網路進行多人的交談會議，一九七三年可由FTP下載檔案等。

早期網際網路最主要的目的，只是要作為一種穩定而可靠的緊急軍事溝通網路；其次則在學術圈內進行一種實驗性研究的溝通系統。這些都得力於電子郵件所具有的便利性，且使電子郵件成為當時學術圈內一種最

主要的溝通工具。然而，網際網路真正成為一股風潮，乃出現在網際網路成立二十五年之後的一九九四年。當年出現了一些便利於使用網際網路的軟體版本，以致大眾網路的快速發展。

今日企業可透過網際網路和其他企業進行交易、溝通、協調和交流。人們可透過網際網路來聊天、購物、通訊、玩遊戲、訂購車票、報稅，甚至於看氣象報告。網際網路已大大地縮短企業與企業、人們和人們之間的溝通距離，使得資訊的傳播沒有限制，交易和交換也可以快速地進行。整個社會已變成了一個資訊化的社會，網際網路則已普遍地應用在所有的社會活動之中。

在整個眾多的網際網路應用之中，網路行銷就是其中很重要的一環。所謂網路行銷，或稱為網際網路行銷（internet marketing），或稱為電子化行銷（E-marketing），顧名思義，就是指將網際網路應用於行銷工作或作業而言。更具體地說，網路行銷就是個人或組織透過網際網路，而將產品或服務進行有價值的交換，用以滿足個人需求與慾望，並能達成組織追求利潤目標的過程。易言之，網際網路行銷和傳統行銷一樣，可協助行銷者從事於目標市場的設定，並對行銷組合的4P：產品、價格、通路和推廣做策略規劃，只是它係透過網際網路來達成的。

由上可知，網路行銷主要是以網際網路以及建置在網際網路上的多項資訊服務，作為行銷的工具。這些工具可包括全球資訊網（WWW）、電子郵件、電子布告欄、新聞群組，以及建檔傳輸等。網路行銷就是透過這些工具，協助企業使用相當低廉的成本，就可建立行銷通路，進行廣告推廣和促銷活動，且能和顧客做互動式的服務；並依據消費者的需求，為顧客量身訂做他們所需要的產品和服務，而從事大量的「一對一」行銷或客製化行銷。

總之，網路行銷對行銷管理的最大貢獻，最主要乃在促使傳統的行銷方式更有效率。其次，由於網路行銷使用了電腦科技，而使得行銷組合策略更具多元化的變動。然而，網路行銷只是整個行銷管理中的一部分，它想要取代傳統的行銷方式仍有一段距離，畢竟並不是所有的人都會使用網路。況且，對某些人士來說，他們仍然喜歡或習慣於傳統的交易方式。因此，吾人似可將網路行銷視為行銷活動的一部分，且將之作為行銷管理最重要的輔助工具。

第二節　網路行銷的特色與功能

在今日市場中，網路行銷和傳統行銷有很大的差異，雖然網路行銷尚有待發展，但它具有一些傳統行銷所沒有的特色與功能。舉凡從事行銷工作的人員，都必須能掌握網路行銷的特色，才能夠借由網路行銷的特色與功能，將產品或服務行銷給所需要的消費者。因此，本節將分別討論網路行銷的特色與功能。

一、網路行銷的特色

網路行銷是所有行銷活動的一部分，但它不同於其他行銷方式，最主要就是它具有本身的特色。這些特色如下：

(一)網路傳播速度快速

網路行銷的最主要特色，就是傳播速度相當快速。在網路上，行銷廠商有關產品的訊息能很快地傳遞給消費者，而競爭者也能很快地偵知到所有的行銷活動與措施。此外，製造商可以透過網路快速地知道消費者的需要、消費者對產品或服務的看法，從而調整其做法。再者，製造商也可以直接而快速地在網際網路中更新產品與行銷有關的任何資訊。當然，由於網路傳播訊息的速度快速，其模仿速率也很快，仿冒者也可能很快地就推出仿冒品。

(二)行銷範圍涵蓋全球

網路行銷的另一項特色，就是行銷商可透過網際網路於最短的時間內，將有關產品或服務的訊息傳達到世界各地。只要任何地區有電話和電信系統，即可將國內和國外市場連結成一個全球性的網際網路虛擬市場。因此，網際網路創造了全球性經濟，行銷管理人員可因而接觸到全球的消費者。對於從事全球性行銷的廠商而言，網際網路的運用提供了新的機會和挑戰。

(三)提供做全天候行銷

網路行銷的另外特色之一，就是可為行銷者提供作為全天候行銷的機會。在網際網路上，只要行銷者和消費者願意，隨時都可在任何時段進行交流和溝通。「全日無休」、「全年無休」正是網路行銷的特色。這也是傳統行銷所無法辦到的。企業機構的行銷網頁可放在電腦伺服器的主機中，只要伺服器主機不關機，將可全自動地運作，任何人均可依照自己的時間和習慣在線上與其他人溝通，行銷經理人也可在任何時間與全球各地的人進行交易。

(四)縮短實質地理距離

所有的消費者散布在全球各地，傳統行銷只能就某些地區作為目標市場；然而，網路行銷則可大大地縮短此種地理距離，這也是網路行銷的優勢和特色。此外，不管地理距離多遠，行銷者都可透過網路和其他供應商、通路商、企業合作夥伴，以及顧客做立即的互動，而不必實地的面對面交談。因此，網路行銷實際上已縮短了行銷者與其他人員之間的地理距離，但並不影響交易的進行。

(五)轉移交易權到買方

傳統行銷有關產品或服務的資訊，皆由行銷者掌控；然而，在網路行銷上，顧客很容易拜訪網站，可搜尋到競爭品牌或其他替代方案，以致顧客將成為整個交易過程中的主宰者，亦即買賣權力將由賣方轉移到買方。因此，網路行銷時代，行銷者必須積極努力地吸引顧客的注意力，並盡力去維持和顧客間的良好關係，使之能成為企業的最大資產。是故，顧客關係管理在網路行銷上，遠比傳統行銷更為重要。

(六)購買決策一氣呵成

網路行銷可在一個網站之中，將產品廣告、促銷、銷售和資訊服務結合在一起，使得消費者可以在網站中一次連貫地完成整個購買。如果產品係屬於實體產品，則在購買交易手續完成後，行銷者就可透過物流網路系統，將產品配送到消費者手中。如果產品或服務可以數位化時，則經由網際網路就更為便利了。例如消費者在網路上，以信用卡或電子錢包付款後，只要直接在網路上下載該數位化產品或服務，就能一次而連貫地完成交易即是。

(七)偏重智慧資產導向

在網際網路的科技資訊發展中，想像力、開創力、創意和企業家開創精神等無形資產，都遠比財務資源還來得重要。今日最吸引投資者的，就是這些無形的智慧資產（intellectual capital），而不是金錢和設備等有形資產。同時，網際網路、網路行銷本身即屬於智慧資產，可以為企業創造價值，增加利潤。因此，行銷管理人員未來所要面對的，就是要將這些無形的資產轉化為企業利潤的環境和挑戰。

(八)特別重視知識管理

在網路的數位環境中，知識管理（knowledge management）常居於網路行銷上的關鍵性地位。蓋在網路世界裡，顧客、企業和競爭者的相關資訊都會大量增加，甚至於可能到達資訊氾濫的地步。此時，則有賴行銷管理人員運用知識管理，而將之轉換成行銷策略與執行技術。因此，行銷人員除了要具備傳統的行銷知識之外，尚須擁有知識管理訓練，才能組合資

料庫中龐大的資訊，且從網路中明瞭和掌握到行銷策略的執行結果。

(九)發展出相容性系統

網路行銷另外一個特色是發展出一套相容性（interoperability）系統和標準。網際網路之所以能發展得如此迅速，是因為它存在著一個軟體設計的公開標準。此種標準使得不同的網站和網頁，都處於一套相容性的系統之中進中整合。今日除了語文的障礙之外，任何人只要上網，就可瀏覽到全世界所有網頁的內容。因此，行銷人員只要破除語文障礙，就可遊走於網路世界之中，而從事於行銷工作。

(十)促進跨部門間合作

網路行銷的特色之一，就是能促進跨部門之間的合作關係。由於網際網路的發展，使得部門之間的人員得以瞭解相關部門的業務，並進行相互的交流。例如：行銷部門透過網路而和資訊管理部門的合作即是。行銷人員必須瞭解最新資訊科技的發展，才能運用這些科技來推展其行銷工作；而資訊管理部門則透過網路或行銷人員的接觸，而得知相關行銷知識與技術，則可提供必要的協助。最後，其他企業內部門都可透過網路而得到合作的機會。

(十一)解構傳統市場結構

由於網際網路的發展，已造成傳統市場的解構或重新洗牌。首先，由於網路的存在，使得店面與商品數位化，故可進行無店鋪行銷，因而打破了傳統市場上店面的設置。其次，網路行銷可使行銷者和消費者直接進行溝通和交易，而不必透過中間商，故可縮短行銷通路。再者，網路行銷有時固可不必透過中間商，但有時卻可能促成新型中間商的出現，以致在網站上做聯合行銷。最後，由於網際網路的發展，也可能促成國際性的合作，或出現各種不同的合作組合方式。

(十二)提供有價值的服務

網際網路比傳統行銷方式，更能提供有價值的服務，此乃拜資料庫之賜。企業在運用網際網路時，可將網站伺服器連接到資料庫中，以方便消費者瀏覽相關訊息。當相關資訊項目很多或類別劃分得很細時，結合網站資料庫的作法相當有效。消費者上線購物時，他可從資料庫中找尋所需資訊，快速完成交易，如此又可節省成本。至於，廠商可和消費者進行直接互動，以取得顧客的基本資料和興趣、嗜好、習慣等資料；根據這些資料就可結合成「資料庫行銷」的觀念，為顧客提供個人化、量身訂做的服務。如此則必能使顧客滿意，培養顧客忠誠度，為顧客提高服務價值，建立起長期而穩固的顧客關係。

二、網路行銷的功能

網路行銷和傳統行銷比較，它具有本身的特色；同時，網路行銷也具備某些功能。茲討論如下：

(一)便利資訊蒐集

網路行銷的最大功能，就是便利於對各項行銷資訊的蒐集。由於網際網路上的資訊相當豐富，行銷者將可透過網際網路來蒐集有關影響產品或服務的環境、市場、供應商、通路商、顧客以及競爭者等資訊，以便於訂定更佳的行銷策略。雖然網際網路上的資訊相當複雜，但透過有系統的篩選，將可確保資訊品質，甚而可大大地降低資訊搜索成本。這些對企業進行相關行銷決策，都有很大的助益。此外，企業也可透過網際網路，讓顧客、經銷商或供應商分享企業的資訊，以協助他們瞭解企業，並對企業及其產品產生信心。

(二)開發潛在顧客

網路行銷的另外功能之一，就是更便利於開發潛在顧客。既然網際網路具有無遠弗屆的特性，不僅可增加企業和其產品的曝光度，也便於進行溝通，使得企業行銷人員可在很短的時間內，即可以相對較低的成本，接觸到全世界的市場以及潛在的目標顧客。行銷人員正可透過網際網路來傳達其行銷組合，藉以達到開發潛在顧客的目的。此外，行銷人員也可透過網路瞭解顧客在決策時的相關訊息，用以幫助顧客做更有效的購買決策，使之由潛在顧客變成真正而永久的顧客。

(三)降低交易成本

由於網際網路具有蒐集大量資訊的功能，相形之下，網路行銷就可降低大量的交易成本。所謂交易成本（transaction costs），是指所有運用在市場交易上的成本，包括顧客資訊蒐集成本、郵寄和訂約成本，以及其他執行成本。在資訊蒐集成本方面，由於網路可大量蒐集顧客資訊，和傳統運用人力來接觸顧客的成本比較，已大大地節省許多不必要的花費。其次，在郵寄和訂約成本方面，網際網路可透過E-mail或網站的方式，來提供產品或服務的相關訊息，不必郵寄大量資料，在時間上也較為方便；此外，相關的訂約資訊也可在網路上完成。

至於，其他執行成本方面，網路行銷可使供應鏈管理更為有效；在尋求供應商上可直接而快速地互動，因而節省相當多的成本；而在自動下單和採購系統上，可提高採購效率而降低整體採購成本；同時，由於資訊的分享，也可降低不必要的存貨而降低存貨成本。最後，由於網際網路的運用，企業內部也可降低許多協調成本。總之，網際網路可協調內部和外部市場，因而大大地降低各項交易成本。

(四)改善顧客服務

網路行銷可透過網際網路，而大幅改善顧客服務，提供給顧客便利性和價值感，終而提升顧客滿意度，用以建立和維持長久的顧客關係。因此，今日許多企業尤其是服務業，都已利用自動化櫃台的作業程序來服務顧客。最顯著的例子就是銀行業。目前銀行業都已將過去昂貴的櫃員服務，改成網路上的線上服務。又如高鐵和台鐵也運用網路售票系統，以方便顧客購票。此一方面可節省成本，另一方面又可提供二十四小時全年無休的服務。由此可知，網路行銷的最大功能之一，就是可以大大地改善對顧客的服務。

(五)降低資源侷限

由於網際網路的發展，已大大地降低資源的局限性。任何人只要有意願和能力，都可運用網際網路及其資訊，而不會受到其他資源的限制。易言之，由於網際網路的開發，所有的人在網路上是平等的，每個人都可自由進出而不會受到他人的箝制；甚至於弱勢團體也可由此發聲。此外，過去大型企業常挾其龐大資源，而做壓制式或獨占式的行銷；然而，由於網際網路的發展，致使搜尋成本的大幅降低，導致小型企業可不受資源的限制，而可大大地提升其競爭力。

總之，今日網路行銷具有過去傳統行銷所沒有的特色與功能。行銷管理人員必須瞭解和掌握這些特色和功能，才能做好網路行銷的工作。當然，網路行銷只是整個行銷管理的一部分。行銷管理人員必須善用網路行銷來輔助整體行銷工作。畢竟網路行銷並不能完全取代傳統的行銷，但它卻是從事行銷工作的極佳工具。下節及其後，吾人將繼續討論網路行銷對目標市場的設定，以及其行銷組合策略。

第三節　網路行銷的目標市場

一般而言，網際網路屬於一種新科技的發展與運用；而使用此種科技的人員，大多限於受過高等教育的階層、年輕人，以及從事於電腦科技的工作者。因此，從事於網路行銷的行銷管理人員，必須把目標市場設定在這些人員身上，才能發揮行銷的效果。當然，網路行銷的工作人員也必須對這些目標群眾，依其各項背景、興趣、偏好，和本書第八章所討論的

各項變數，做市場區隔，以便做好行銷工作。本節將依技術的差異，來探討有關目標市場的設定。

一、依據網站內容設定目標群體

行銷人員鎖定目標消費群體的最基本方法，就是依據網站內容及其內文來設定目標群體，這也是傳統媒體最普遍使用的方法。此種方法的特性就是可以依活動內容而提供不同的產品或服務。通常在網際網路上，行銷人員有數以千計的內容網站可供選擇，而每個網站都提供了不同鎖定目標消費群體的機會。依此，行銷人員可將這些站內容加以分門別類，而選取自己所要行銷的目標群體。同樣地，行銷人員也可藉由關鍵字的方式，在搜尋引擎上來鎖定自己所想設定的目標消費群。

二、依據註冊資料設定目標群體

通常網路上，行銷人員都可登錄大量的消費者資料，這些資料將可用來作為鎖定的目標。至於，獲得消費者資料的最簡單方式，就是直接詢問消費者，或提供表格請其填答。此外，網路行銷者可藉由提供個人化網站、參加競賽、給予回饋或其他優惠等方式，讓消費者提供個人資料，且將這些資料與儲存顧客資料的資料庫結合。如此則網路行銷人員就可依據這些登錄的資料分門別類，而鎖定目標消費群體。當然，有關註冊資料的鎖定是否準確，其最主要的關鍵乃在於消費者所提供資料的真假。

三、依據資料庫設定目標群體

網路行銷人員鎖定目標消費群體的方式之一，就是將廣告管理軟體工具和消費者資料庫技術加以結合。易言之，行銷者可運用廣告管理軟體工具，設法和消費者資料庫的提供者合作，用以建立匿名而具有彈性的消費者資料來源。當然，行銷人員也必須將資料庫的消費者各項資訊加以整理，從而選定自己所設定的目標消費群體。

四、依據Cookies設定目標群體

網路行銷工作者的另一項鎖定目標消費群體方式，就是利用Cookies，通常Cookies都包含一個獨特的字串，使得消費者在回到同一個網站時，可由所使用過的伺服器中加以辨識。Cookies可以用來記錄和追蹤消費者在網站上所做過的活動，行銷者則可依此而將所有的消費者做行為區隔，並鎖定消費者的嗜好，從而作為設定目標消費群體的依據。

五、依據個人資料設定目標群體

網站行銷者設定目標消費群體的另一方式，就是建立消費者個人資料。行銷者建立消費者個人資料，可提供作為瞭解個人的消費內容，從而對他提供建議，並幫助網站穩固銷售量。至於取得個資料的方法，可由網站提供顧客通行證；凡是想要取得通行證的消費者，都必須提供個人資料。此時，行銷者可依年齡、性別、地區等區隔變數，來建立資料檔，從而將公司的相關訊息傳遞給不同的目標消費群體，並加以鎖定且和每位顧客互動交流。

六、依據消費行為設定目標群體

網路行銷人員鎖定目標消費群體的方式，也可以依據個人在任何時間的真實消費行為來設定。當然，這得廣泛地利用顧客的所有消費資料，用以建立個人化的網站，如此必須經過相當長期的時間，且所蒐集到的資料必然非常龐大，必須經過一翻整理；但所得資料可能更為確實。依此而設定的目標消費群體，則可提供作為客製化的服務，為顧客量身訂

做，並作為電子商務宣傳活動的依據。

總之，網路行銷活動必須對其目標市場做設定，用以追求更高的行銷效率。當然，網路行銷者可依其不同產品和技術，而採用不同鎖定目標群體的方式，如此乃在為網路行銷做市場區隔，從而做到節省資源和成本，並更快速而有效地達成企業追求利潤的目標。

第四節　網路行銷的組合策略

網路行銷如傳統行銷一樣，其行銷組合可採取4P，即產品、價格、通路和推廣等策略；然而網路行銷有它自己的特色，以致其組合策略常不同於傳統行銷策略。茲將分述如下：

一、產品策略方面

1.由於網際網路的運用，以致網路行銷上的產品走向數位化和電子化。因此，行銷人員必須重新思考產品策略。例如，由於資訊搜尋成本的降低，導致市場透明度的增高，以致產品品牌價值也會隨之降低，故而品牌權益在網路行銷上已不如在傳統行銷上來的重要。是故，行銷人員必須重新構思品牌權益的問題。其他有關產品屬性、包裝設計，以及智慧財產權的保護亦然。

2.由於網路行銷的產品實體，在購買前很難為消費者所看到，所以網路行銷人員必須利用卓越的顧客服務，來彌補產品虛擬化的問題。為此，則行銷人員必須設法提高服務的質量。

3.在網際網路的時代裡，顧客對服務的期望會相對地提高。因此，網路行銷人員不僅止於被動地處理顧客抱怨而已，而應主動地預測和防範顧客服務上的問題，甚且應隨時隨地監控顧客的滿意度。

4.由於網際網路的虛擬特性，網路行銷人員必須將產品或服務的無形化為有形化。例如，車商可將車子的外型、內裝和結構，透過網路呈現給消費者，而消費者也可利用網路詢問相關的問題。又如觀光飯店可將房間設備與布置，利用網路提供給遠方的消費者即是。

5.由於網際網路資訊科技的進度，行銷人員可讓顧客參與顧客服務設計，一方面可提高服務產品的創新性，另一方面可使顧客設計自己所需要的服務產品；從而使行銷人員依據顧客獨特需求，而提供顧客化服務。

二、價格策略方面

1.由於網際網路的運用，使得產品或服務價格更具透明度；且顧客可以很輕易地以低廉的成本，搜尋和比價所需要產品或服務的價格。因此，網路行銷人員為了避免顧客忠誠度的降低，可設法對某些標準化的產品增強其差異化的空間。

2.在網路市場中，顧客可透過網路搜尋市場情報，更容易確定合理的產品價格，因此，價格將取決於顧客的認定。此時，行銷人員必須尋求由顧客主動訂價，而非被動地接受價格。

3.同一產品或服務對不同顧客具有不同的價值，甚至於在不同時間內對同一顧客也有不同價值。因此，行銷者可藉由網路的科技化來減低價格的齊一性，而採用更具彈性的差別訂價。

4.由於網路科技的應用，網路行銷人員可更準確地依據顧客使用資料的數量或時間來計價。如此將使計價更公平而合理。

5.由於網路科技的應用成本較低，其產品單價也較低，但卻可因銷售數量的增加，而使得收益提高。因此，行銷人員必須著重收益最大化，而非價格最大化。

6.由於網際網路的特性，可以產生差異化訂價，以及創造更大的附加價值。因此，行銷人員只要讓顧客感受到更大的顧客價值，都可使他們願意接受較高的產品價格。

三、通路策略方面

1.由於網際網路的應用，行銷者和消費者之間的地理距離不再重要，甚且網路溝通可在任何時段進行。因此，網路行銷者可減少或取消中間商，用以節省通路成本。

2.由於顧客可運用網路中低廉的搜尋和採購成本，以致使傳統的配銷通路發生系統性的變化。因此，行銷人員可據以重新思考配銷制度。

3.由於網際網路的發展，固然使得傳統配銷系統解體，但也可能新增電子通路或其他新型通路商。因此，從事大規模或多種類型產品的行銷者，將會愈來愈倚重電子通路，故宜早日做因應。

4.由於電子通路的興起，有時會和傳統配銷通路發生衝突。因此，網路行銷者必須以互補性來做整合，蓋不同的通路常能滿足不同區隔市場中的目標顧客。

四、推廣策略方面

1.由於網際網路具有增進溝通能力與效果的特性，行銷管理人員必須隨時保持高度注意力，探討每樣網路技術背後的可能溝通用途，從而開創和掌握潛在的行銷機會。

2.網路使用人口雖多，但並不都是合適的消費者。因此，網路行銷人員必須先確保消費者對其網站的注意力，才能吸引他們來購買商品。

3.網路行銷者為了吸引消費者，可以使用很多方法，如贈送折價券、提供免費服務、尋求與其他網站連結，或使用傳統的廣告來宣傳其網站等是。

4.傳統行銷常運用廣告將訊息強加在消費者身上，但網路行銷則運用超連結（hyperlink）技術，使顧客跳過他認為無關的訊息，而直接進入他所需要的訊息。此舉對推廣更具效率。

5.今日消費者為了尋找特定資訊，往往得花費巨大心力於網路搜尋上。因此，網路行銷者必須設置能掌握顧客資訊需求的網站，並將資料經常更新，以保持其新鮮感，使顧客願意續留或滯留於網站，而得到行銷推廣的效果。

6.由於網際網路的發展，網路行銷者可建立此個人網站更進一步的網上社群（on-line communities），用以吸引一些具有相同興趣或嗜好，或是其他同一類型的顧客之間的互動。

7.今日網路行銷已能運用應允行銷的推廣方式。所謂應允行銷（permission marketing），就是行銷者取得顧客的同意，而定期地傳送一些和其興趣相符合的更新資料給顧客。行銷人員經由此種方式，可和顧客持續地進行對話與互動。此應用於推廣季節性產品和服務，最為有效。

8.在網路行銷的時代，訊息傳播管道常具有多元化的特性。因此，行銷人員必須確保網路上所傳達的訊息，能和其他媒體所傳遞的訊息一致。如此才能真正達成整合性推廣的功效。

總之，由於網路行銷具有本身的特色，它與傳統行銷在產品、價格、通路和推廣的策略上略有差異。凡是從事網路行銷工作的人員必須能瞭解這些特質，才能擬具出合宜的網路行銷策略。然而，無論網路行銷者所擬定的行銷策略多麼完整，其仍然會面臨著難以克服的困難，下節將繼續探討之。

第五節　網路行銷所面臨的困境

今日網路行銷已為行銷管理工作帶來了新的機會和挑戰。誠如前面所言，網路行銷由於本身所具有的特色和功能，已大大地衝擊到傳統的行

銷方式。然而，網路行銷係屬於新科技，其仍然會面臨許多問題。本節將逐項討論之。

一、網路集中特定對象

網路行銷所面臨的最大困境，就是網路的使用者於特定對象。就全球性的範圍而言，凡是電信愈發達或愈開發的國家，其人口使用率愈高；相反地，電信落後的國家，網路使用人口愈少。此外，在同一個地區或國家之中，使用網路的對象往往也只集中在某一特定人群之中，而不是人人都會使用網際網路。這些使用網路的人群，大多限於受過高等教育、從事科技工作，以及年紀較輕者為主。最後，由於個人興趣、習慣或其他因素，有些人寧可採用傳統方式去購買，而不願意透過網路購物。

二、網路規範仍不健全

網路行銷所面臨的另一困境，就是使用網路的規範仍然不夠健全。一般而言，網際網路的興趣只是近幾十年以來的事，以致許多規範都尚未建立。再加上，網際網路的快速發展，使得相關立法和法律的修改都無法趕上網路的使用實務，因而導致網路的使用很難加以規範。當然，隨著網路的盛行，有關個人資料保護法已有了初步的立法，但是要做到周全的境地，仍有一段很長的距離。此外，有關網站的設置，是否課稅，如何課稅，仍有待探討。

三、網路資訊氾濫成災

網路行銷所面臨的困境之一，就是網路資訊過度氾濫，以致造成使用者的困擾。許多網路使用人在打開網路系統時的首要工作，就是要清除這些垃圾資訊，固然這可設定清除裝置，但已造成使用者的困擾。今日由於網路的發達，幾乎人人都可設置網頁、自由進出網站，但也製造大量垃圾的堆積，有人稱之為水族箱現象（fish tank phenomenon）。它是指網站中所收到的訊息價值很低，就是水族箱中的大量垃圾一樣。

四、網路助長仿冒風氣

就網路行銷的立場而言，網際網路可快速地傳遞訊息，但也加速仿冒商品的出現，這也是網路行銷的困境之一。在網際網路上，經常出現沒有經過授權或魚目混珠的商品等情況。雖然這種問題並不僅來自於網際網路，而是早已存在傳統通路和行銷方式之中；但是網際網路的隱匿性高，沒有地理的限制，並缺乏有效的監督機制，和具有高度移動性等特性，因而導致不當或非法行為更為猖獗，而更加難以管制和因應。

五、網路交易未臻成熟

今日在網路上的用戶花費在瀏覽的時間比購物的時間為多，故而網路上的購物者以工業用戶為大宗，而很少有個人的消費者，此乃為網路行銷的另一困境。但就另一方面而言，今日的網路詐欺也愈來愈氾濫，最常見的包括所購買的產品出現瑕疵、付了錢但收到的貨品不對、甚至於根本沒收到貨、信用卡的盜刷，或者使用偽造的信用卡等，都顯示網路交易的未臻成熟。雖然這些問題都可透過現行法令加以規範，但由於網路上的蒐證不易與追查的相對困難，很難使網路能成為真正的交易市場。

六、網路容易散布謠言

網際網路可提供全天候公關服務的機會，但顧客也很容易透過聊天網站或留言的方式，同時向很多人抱怨公司或產品的不是。更可怕的是網路上的謠言流傳得更快又廣。雖然網路謠言可加以追查，或運用其他法律加以規範，然而謠言一旦經過散佈，常已造成很大的傷害，甚至於導致公司的巨大虧損或倒閉，如此則很難加以補救。

七、很難形成安全防護

目前網際網路仍然存在著很大的安全顧慮，以致人們對它有相當的抗拒心理和疑懼。在網路運用上，人們會擔心信用卡被盜用，很多人不願意在網路上提供個人資料，也不習慣於網上購物；而網站本身也擔心自己的資料被盜取或設備被破壞。今日雖然安全保護的技術和措施已有很大的進展，但竊取和破壞技術也在增長之中。因此，確保網際網路的安全，已是未來網路發展的重要挑戰。

八、網路道德仍待加強

今日在網際網路的應用過程中，網站資料被竊取、消費者隱私權被傷害、顧客資料被層層轉賣等，都已構成網路上的道德問題。雖然網路的運用已縮短了人們的地理距離，但卻增長了心理距離。即以隱私權的問題而言，由於網路安全機制的未臻完善，以致個人隱私屢受侵犯的問題，一直是網路運用上嚴重的問題。至於，顧客資料的被層層轉賣，也是相當令消費者困擾的問題。舉凡這些問題不僅須立法加以嚴密規範，更需要加強網路道德教育，用以建立一個更乾淨的網路環境。

總之，網路行銷固有它獨特的特性與功能，但網路行銷才剛剛起步，它仍得面對許多困難問題。吾人期待在不久的將來，這些問題都能順利解決，則網路行銷將更能活絡商業交易，促進經濟的發展，最後能造福人類社會。

Chapter 19

顧客關係管理

今日企業行銷主張由「生產者導向」，走向以「消費者導向」的概念，因此「顧客關係管理」乃成為今日行銷上所必須重視的主題之一。亦即顧客關係乃為行銷者的工作重點，行銷者若能與其顧客建立長期的友好關係，必有助於其行銷工作；否則，行銷工作必無以為繼。本章首先將討論顧客關係的涵義以及顧客關係所指涉的內涵；其次將探討有關顧客關係的理論基礎，據以建立良好的顧客關係準則，從而能發展與維持顧客良好的長期關係。

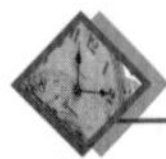

第一節　顧客關係的意義

所謂顧客關係（customer relationship），是指行銷者為了完成長久的行銷目標，必須和顧客或消費者建立和維持良好而和諧的關係而言。基本上，顧客關係應是長久而和諧的，唯有長久而和諧的顧客關係，才能有助於行銷工作的推展。因此，顧客關係是行銷過程中相當重要的一環。所有的行銷者都必須重視顧客關係的管理。所謂顧客關係管理（Customer Relationship Management, CRM），就是為了和顧客建立長久的關係，必須搜尋各項市場資訊，用以滿足顧客需求，並維持長期的顧客忠誠。因此，在行銷上，構成顧客關係好壞的要件，不外乎能維繫住顧客價值、顧客滿意度、顧客忠誠，和提供良好的顧客服務。茲逐一分述如下：

一、顧客價值

所謂顧客價值（customer value），是指產品或服務為顧客所帶來的利益和價值而言。此種價值乃包括顧客期欲的價值（desired value）和所接收到的價值（received value）。當產品或服務能帶給顧客某些利益和價值時，顧客就比較會購買該產品或服務；否則就比較不願意購買。因此，廠商或服務公司必須提供能顯示顧客價值的產品或服務。一般而言，顯現顧客價值的四項標準，為產品、服務、人員與形象。產品是指能提供較高的性能、可靠性、耐用度等；服務是指能提供較佳的服務，如快速的運送、訓練、維修等；人員是指能具有豐富的專業知識、反應能力、親切、誠懇、熱忱等；形象是指公司或產品與服務能獲得較高的評價；這些要素的組合便構成了所謂的整體顧客價值（total customer value）。

然而，評估顧客價值尚涉及所謂的整體顧客成本（total customer cost）。整體的顧客成本，不僅包括貨幣成本，而且也包括取得產品所需付出的一切心力與勞務的代價。因此，整體顧客成本實包括：購買者所投入的金錢、時間、精力與精神上的成本。顧客在比較產品或服務的整體顧客價值和整體顧客成本之後，才決定其整體顧客傳送價值（customer delivered value）；依此，顧客才會決定是否或向哪家公司購買其產品或服務。

不過，有些行銷人員認為顧客傳送價值的概念，太過理性化。因為有些行銷人員可能和顧客建立起長期的友誼關係，或顧客可能在一定的規格下選擇最低價格的產品。顯然地，顧客在各種不同的條件限制下，常較重視個人的利益。儘管如此，吾人認為顧客傳送價值的理念，可運用在許多情況下，來做為解釋的架構，並可擴大視野。行銷者必須先評估自己和競爭對手的整體顧客價值與整體顧客成本，以瞭解自己產品所擁有的地位。若行銷者發現競爭者所提供的顧客傳送價值較高，則公司必經採取因應的措施。此時，公司所採行的措施為：(1)透過對其產品、服務、個人或形象等方面的利益加以延伸或擴充，藉以提高整體顧客價值；(2)藉由降低價格或縮短購買者的時間、精力和精神等方面的成本，以降低整體顧客成本。

二、顧客滿意度

顧客滿意度（customer satisfaction），是指產品或服務所帶來的功能特性，能否符合購買者的期望之程度。所有的顧客都可能有各種不同水準的滿意度。如果產品的功能特性不如顧客的期望，則顧客將感到不滿意；倘其功能特性符合顧客期望，則顧客會感到滿意。若功能特性遠超過預期，則顧客將有高度的滿意水準，而享受欣喜或愉悅的經驗。

一般而言，顧客的期望乃係建立在某些基礎之上，這些基礎包括：過去的購買經驗、親朋好友的轉述，以及行銷人員與競爭者所提供的資訊與承諾。行銷人員必須謹慎地設定這種期望水準。如果行銷人員所設定的期望水準很低，則購買其產品的消費者可能很容易感到滿意，但過低的期望水準很難吸引足夠的顧客前來購買。相反地，行銷人員若設定的期望水準太高，則購買此項產品的消費者可能會感到失望。

今日許多成功的公司都會致力於提升期望水準，以迎合顧客需要的品質；亦即推行全面顧客滿意度，用以追蹤其顧客的期望水準，以及顧客所認知的公司績效。廠商如能使顧客維持高度的滿意度，就可為公司帶來利益。蓋滿意的顧客較不具有價格敏感度，可維繫一段很長的購買時間，並向他人訴說公司和產品的良好形象。

三、顧客忠誠度

顧客忠誠度和顧客滿意度，具有一定的正相關性。一般而言，隨著滿意度的提高，顧客忠誠度也會增加。然而，在高度競爭的市場中，如汽車和個人電腦，較不滿意顧客的忠誠度和滿意顧客的忠誠度，其間差異並不大；但是滿意顧客和完全滿意的顧客，其間的忠誠度差異則相當大。

根據研究顯示，當完全滿意的顧客之滿意度稍稍下降時，則可能導致忠誠度大大地滑落。此即意味著：「公司若想維繫其顧客，就必須專注於提升最高滿意度顧客的比率。」愉悅的顧客會對產品或服務產生情感性的親密，且會進而產生更高的顧客忠誠度。

不過，在競爭溫和的市場中，如獨占性的企業，或主宰性很強烈的企業，或具有專利保護性的產品等，無論顧客感到多麼不滿意，由於其選

擇性不高，故多能維持一定的忠誠度。然而，這些廠商多訂定很高的價格，長期而言將導致顧客的不滿意；一旦市場開放競爭，顧客將轉而購買其他產品，故其忠誠度很低。由此可知，即使相當成功的公司仍須重視顧客滿意度，以及其與顧客忠誠度的關係。

至於，顧客忠誠至少包括惠顧忠誠（patronage loyalty）、產品忠誠（product loyalty）、品牌忠誠（brand loyalty）等。所謂惠顧忠誠，是指顧客習慣或不斷地重複在某固定商店購買而言；產品忠誠則為顧客習慣或不斷地重複購買某項產品；品牌忠誠則為顧客對某項產品的品牌情有獨鍾不斷地重複購買。這些都是顧客忠誠度的一部分，也是行銷者在建立顧客關係管理時，所應努力去探討的課題。

四、顧客服務

顧客服務（customer service）和顧客滿意度與忠誠度，都有密切的相關性。所有的商品包括產品和服務，都有服務的要素存在。汽車和電腦的維修，固然是一種服務；而公司服務人員回答問題或快速接聽電話，也各是一種服務。這些服務水準和產品品質同等重要，也影響到顧客關係與顧客忠誠度的建立。

一般而言，不管產品的種類為何，行銷者和顧客關係的建立係在交易完成時才開始的。因此，行銷者提供對顧客的良好服務，乃在建立顧客對公司的信任感，進而能維持長期的關係。為了達成此目標，公司可實施服務差異化。所謂服務差異化，就是公司服務有別於其他競爭對手，且在同樣產品的核心屬性之外，能增加一些預期與延伸，用以提升顧客的滿意度，進而維持顧客的忠誠度。

誠如本書第九章第一節所言，任何產品均含有五項「顧客價值層級」，核心產品代表顧客購物的真正用意和利益；基本產品是產品能發出真正效益和基本屬性；此兩者都是同類產品所具有的基本屬性和功能。至於，期望產品是消費者購買產品時所能預期會獲致產品效益的屬性和狀況；附贈產品是產品能對消費者產生附加的服務和利益；潛在產品是產品在未來有可能產生的期望與附贈的利益；這三者是顧客服務所需專注的，如**圖19-1**所示。因此，服務差異化所能加強顧客價值的部分，就是後三者。

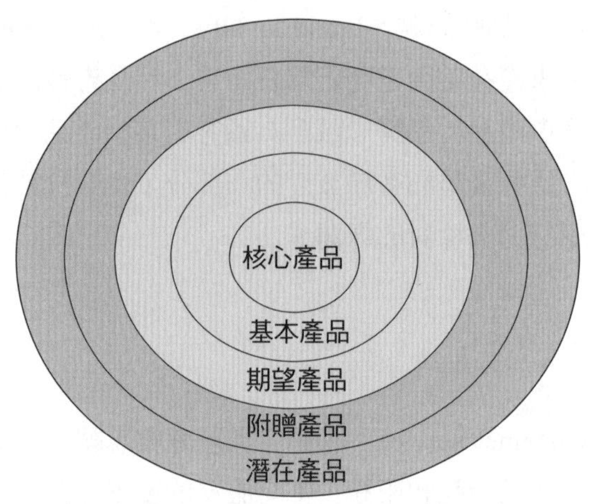

圖19-1　顧客服務的產品區域

此外，顧客服務差異化的另一種方式，就是提供服務保證。服務保證不僅在提供顧客服務品質，也在加強服務品牌形象。另外一種展現卓越服務的方式，就是服務修復。當修復服務快速而完備時，一樣能提供顧客滿意度和忠誠度。當然，這不僅要有嚴謹的訓練和合適的人員，且必須具有同理心、傾聽和解決問題的能力。

總之，行銷人員和顧客的關係是始自於交易完成之後的。因此，行銷人員必須重視顧客價值、顧客滿意度、顧客忠誠度和顧客服務，唯有如此才能做好顧客關係管理。然而，良好的顧客關係並非毫無限制的，諸如對信用不佳的顧客、需索無度的顧客、品德不佳的顧客，甚或理念不合的顧客，必要時也可加以捨棄。

第二節　顧客關係的理論基礎

顧客關係是指行銷者與顧客之間的關係，此種關係是始自於交易的完成。惟行銷人員與顧客之所以會產生交易，學者常有不同的看法，最主要的可歸納為角色理論、需求理論、交換理論和平衡理論等。事實上，這些理論只能解說部分顧客關係的本質，並無法全盤地說明整個顧客關係的過程。因此，吾人在研討顧客關係的本質時，必須同時注意各個理論的論點，並做綜合性的探討。茲將各個理論論述如下，資供參酌。

一、角色理論

角色理論認為：「顧客關係是行銷人員與顧客之間個別角色運作的結果。」所謂角色，是指個人在社會體系中據有某種地位而加以扮演而言。在社會中，不同的個人都分別扮演不同的角色。在行銷過程中，行銷人員所扮演的是推銷的角色，而顧客所扮演的是購買者或使用者的角色。不管是行銷者或是消費者，其所扮演的角色都涉及兩種期望，一為自己的期望，一為他人的期望。例如，行銷者自己的期望是希望能順利銷售某項產品或服務，並從中獲取利潤；而他人的期望是希望他能提供合宜的產品，賺取合理的利潤。同樣地，顧客自己的期望是希望以較低的價格，購買到適用的產品；而他人的期望是希望他能儘速地購買。凡此乃形成了行銷者與顧客的關係。

依此，行銷人員在某種程度上都會依據自己所扮演的角色，去預測顧客將如何對待自己，或自己應如何去對待顧客。同樣地，顧客在購買行為上，也會依據自己的角色去預測行銷者將如何向他推銷產品，或自己應如何去對待行銷者。由於此種角色相互運作的結果，乃形成行銷者與顧客之間的關係。然而，由於行銷者乃為提供產品或服務的人，為了能使行銷或交易成功，他必須扮演主動的角色，期使顧客能順應其角色，這就是顧客關係中「角色理論」的要旨。

二、需求理論

需求理論乃主張行銷者與顧客關係的建立與維持，最主要係建立在彼此需求的基礎上。當行銷者或顧客覺得有與對方進行交易的需要時，則彼此才會進行交易；否則，他們之間將不會進行交易；於是而形成彼此的關係。在交易過程中，行銷者或顧客不僅會受到角色運作的影響，而且受到雙方交易意願的左右。此即為彼此之間的需求決定了行銷者與顧客關係的建立與維持。這就是需求理論的要旨。

就一般情況而言，行銷者或顧客之所以願意進行交易，基本上乃在說明他可從對方得到相當利益。這些利益包括：得到對方的協助，和對方建立親和關係，可顯現自我成就與榮耀，可從對方得到價值，可尋求安全感，可得到使用的便利性等；倘若缺乏這些需求，任何一方將不會尋求與他人交易，且難以建立或維持彼此的關係。因此，雙方需求與願望實乃為構成行銷者與顧客關係的基礎。這是顧客關係「需求理論」的主要概念。

三、交換理論

交換理論主張行銷者與顧客關係的建立與維持，實繫於彼此間買賣相互交換的結果。在交換過程中，任何一方都會估計其成本和報酬的關係，亦即任何一方會將對方行為看作是成本和報酬的交換過程。例如，顧客對行銷者表現善意的行為，即為顧客關係中所投入的成本；而行銷者表現是否同樣或更多更少的行為，則視之為對顧客的報酬。當成本和報酬之間有了合理的關係時，則顧客將會加強其間的關係，否則，必減弱或消除其關係。因此，依據交換理論的觀點而言，顧客關係的建立或維持，乃係建立在買賣及其行為的成本與報酬之間關係的基礎上。

為分析交換理論，吾人可從報酬中扣除成本，其剩餘部分即稱為成

果；而判斷成果的標準，可分為比較標準和選擇標準。所謂比較標準，是指將個人的成本和報酬與他人比較，以判定其成果是否令人滿意，若其間成果是令人滿意的，則其較願意與他人交往；否則，個人必拒絕與之交往。至於，所謂選擇標準，是指個人會選擇成本和報酬的標準，據以決定是否繼續獲取成果的對人行為；若其成果令其滿意，則個人會建立和維持與他人的關係；否則，必降低或消除其間的關係。此外，個人若以比較標準而無法獲得滿意的成果時，有時會轉而採用選擇標準；即使對比較標準的成果不滿意，而對選擇標準的成果仍滿意，仍可能繼續維持其與他人之間的關係。此即為替代性標準或降低慾求標準，只要有足以維持滿意的條件，就繼續維持其關係。是故，行銷者可加強選擇標準的條件，以求能和顧客建立或維持其顧客關係。

四、平衡理論

平衡理論認為：「顧客關係是一種行銷者和顧客之間的平衡關係，亦即主張行銷者和顧客之間之所以能達成交易，實係雙方利益相互平衡的結果。」該理論主張：「產品或服務之所以能成功地達成協議，就是雙方利益平衡的結果。」易言之，行銷者能給予顧客有關產品或服務的價值與利益，而顧客也能帶給行銷者相對的利潤，這就是一種平衡狀態。倘若行銷者無法賦予顧客價值，而顧客也無法給予行銷者相對的利潤；或行銷者和顧客的任何一方，不能給予對方相對的價值，就產生了負平衡或不平衡的狀況，此時就無顧客關係可言。

就平衡理論的觀點而言，顧客關係的建立與維持，不僅取決於雙方產品或勞務與金錢的平衡，更重要的乃為雙方心理上的認同。當顧客無法認同行銷者的產品價值或利益功能時，此種關係自然會受到破壞。就長期觀點而言，由於行銷者掌握了主導地位，以致行銷者必須致力於雙方的平衡關係，以促進彼此的瞭解與相互的吸引力。行銷人員唯有深入探討平衡理論的內涵，才能建立與顧客之間長久的良好關係。

總之，顧客關係的建立與維持，係受到許許多多因素的影響。固然，產品或服務的本質會影響交易的能否完成，但行銷者的服務狀態與對自我角色的瞭解，以及對相關理論的探究等，也會影響其服務品質，終而左右其與顧客之間的關係。就學理而言，顧客關係有時是行銷者與顧客之間角色運作的結果，有時是雙方需求與意願的結果，有時是受到交換過程和成果的影響，有時則受到雙方平衡關係所決定。是故，行銷人員與顧客的關係是相當複雜的，也是彼此之間與環境交互作用的綜合結果。

第三節　顧客關係的資訊建構

行銷人員為了和顧客建立長期的良好關係，固然要提供周全的服務，以維持其忠誠度；然而這仍得依靠相關資料的蒐集，才能徹底瞭解顧客的需求與行為。尤其是今日講求「一對一」行銷或關係行銷的時代，企業機構一方面要求得應有的利潤，另一方面又要建立龐大的「一對一」行銷，此時就只得借助電腦進行各項資料的蒐集、分析、整理，並整合成為有用的資訊。因此，顧客關係管理必須將行銷內容加以資訊化，其主要步驟不外乎：

一、資訊的蒐集

行銷人員為了瞭解顧客的需求與行為，首先必須蒐集顧客的各項資料，以求能正確地找出目標顧客，擁有完整的各項資訊，包括顧客的嗜好、習慣、消費能力和消費偏好等。行銷人員可運用來蒐集顧客資訊的科技工具，包括銷售點管理系統（POS）、電子訂貨系統／電子資料交換系統（EOS／EDI）、企業資源規劃系統（EQP）、顧客電話服務中心（call center）、網際網路顧客行為搜集系統（web log）、傳真自動處理系統、信用卡核發系統（card issue）、櫃檯機，以及市場調查與統計資料等。

銷售點管理系統，係利用電腦來處理顧客資料的登錄、傳送與統計。該系統若能和顧客資料結合，可做顧客消費能力與消費偏好的分析；若與資料庫結合，可發揮自動訂貨的功能；若與銷售資料結合，則可做銷售資料分析與行銷建議。

電子訂貨系統或電子資料交換系統，是利用電子連線的方式來取代人力取單、送單、郵寄或傳真的及時性訂貨系統。電子訂貨系統可自訂上下游之間的交易傳遞資料格式，較適合於簡單的資訊系統、較單純的交易關係。電子資料交換系統是使用公訂的上下游之間交易傳遞資料格式，較適合於完整的資訊系統，以及較複雜的交易關係。該兩套系統都可用來協助蒐集顧客資料。

企業資源規劃系統，就是在將企業內部各項資源透過各個部門，包括生產、行銷、財務、人力資源、品管、工程、會計等，利用資訊科技整合，並將之連結在一起的系統。由於有了企業資源規劃系統，企業內部人員包括行銷人員，都可在一定的權限範圍內，輕易地從電腦上獲得相關資料。因此，行銷人員亦可從中獲知和行銷有關的顧客資料。

此外，行銷人員尚可透過顧客電話服務中心、網際網路顧客行為蒐集系統傳真自動處理系統、信用卡核發系統、櫃檯機，以及市場調查與統計中心等，蒐集到所需要的顧客資料。

二、資訊的儲存

當行銷人員在蒐集到完整的目標顧客資訊之後，他必須將這些資訊加以儲存。行銷人員在儲存顧客資訊時，必須在電腦內設置資料庫（data base）、資料倉儲（data warehouse）、資料超市（data mart）、知識庫（knowledge base）或模型庫（model base）等，以方便整理和取用。

在資訊儲存中，最普遍而方便的，就是資料庫的設置。資料庫可儲存大量的資料，但必須經過有系統的彙集和整理，以便於使用者查詢。資料倉儲是一個集中儲存電子資訊的地方，它乃在將資料客觀而完整地依時間序列做有系統的蒐集，以便提供管理當局做決策的參考。資料超市是資料倉儲的子系統，乃是專為某個部門的需求而設置的決策支援系統（decision-making support system, DSS）。知識庫就是在將蒐集的知識轉換成一套合乎邏輯的處理程序或機制，同時也是儲存知識的地方。模型庫則為將所蒐集到的資訊建置成一套標準，以供採擇。凡此皆可為行銷人員儲存顧客的相關資料。

三、資訊的整理

行銷人員在儲存顧客資料之時，尚必須對這些資料加以整理，始能化為有用的資訊，此稱之為資料採礦（data mining）。它乃為運用統計（statistics）、機械學習（machine learning）、決策樹（decision tree）等資訊科技，從一個大的資料庫中淬取正確而可確知，且極具內涵的資訊，以作為採取關鍵性商業決策的一種過程。易言之，資料採礦就是一個從資料中淬取，並展現出具可行動性、隱藏性，且具新奇性資訊的過程。

所謂淬取，就是不斷地鍛鍊而取得；所謂展現，就是設法讓它顯現出來。可行動性就是具有可被採用的形式，隱藏性是被隱藏而不是顯而易懂的，新奇性是新穎而為過去所沒有的。這些都需要經過行銷人員對顧客資料加以整理，才能成為有用資訊的過程。

四、資訊的應用

顧客關係管理將行銷內容加以資訊化的最後步驟，就是資訊的展現與應用。此時行銷人員必須將顧客資訊建置成主管資訊系統（EIS）、決策支援系統、策略支援系統（SIS）、報表系統（reporting）、線上及時分析處理系統（OLAP）、特別詢問系統（ad hoc query）、網路顧客互動服務系統（web-base customer interaction）等，以便於展現出顧客資訊，並能善加應用。

主管資訊系統，係提供給高階主管使用，俾能使其掌握正確資訊。決策支援系統，可主動提供建議性資訊，包括銷售預測、市場需求預測、經濟預測等，以作為行銷決策的支援。策略支援系統是可參考整體市場資訊，包括顧客、競爭者、市場等情況，以求能研擬策略性決策。報表系統是以固定格式的報表呈現長期性與固定性的資訊。線上及時分析處理系統，是可經由網路資訊與資料庫或檔案的結合，而進行交易資訊的及時處理。特別詢問系統，是利用資料庫查詢語音隨機做交談式的查詢動作，用以隨時掌握顧客資訊。最後，網路顧客互動服務系統，則可傳送屬於個人化的顧客服務，以協助顧客完成其工作。

總之，顧客關係的建構，有賴於行銷人員將行銷關係加以資訊化，一方面能為公司建置一套大量顧客資訊，另一方面也能為顧客提供更周全的服務。如此，不僅能為公司賺取更大的利潤，也能為顧客建構顧客價值、顧客滿意度及顧客忠誠度。

第四節　顧客關係的維繫

行銷人員一旦和顧客建立起買賣關係，仍然要和顧客維持良好的關係。誠如前述，顧客在購買產品或服務之後，常有重複購買的情況，此種情況唯有依賴行銷人員能保持良好的關係，才能持續下去。因此，行銷人員必須採取務實的行動，隨時與其顧客保持密切的聯繫，其可採取下列策略或措施。

一、表達明確信念

行銷人員對其所推銷的產品或服務必須能表達明確的信念。當行銷人員的信念非常明確時，較易取得顧客的信賴，如此會使顧客獲得應有的承諾，此有助於雙方關係的未來發展。行銷人員表達明確信念的方式，包括：情感的支持、相互的信任，以及在需要提供服務時能給予適時的幫助。易言之，行銷人員若能表達確定性的言行，當可使顧客得到對產品的信心與安全感，此有助於雙方友誼的增進，使得溝通更為順暢。

二、秉持開放態度

所謂開放性態度，是指行銷人員能勇於面對顧客的質疑，並對其所提問題能耐心地一一加以回覆，並化解其質疑，如此顧客才樂於接受行銷人員的推銷與解說。行銷人員若能採取開放的態度，才能瞭解顧客的感受、探討對方的感受、討論有關的問題，並做不斷地交談，而能維繫彼此的關係。相反地，行銷人員若無法採取開放態度，將很難建立彼此關係。惟有時過度開放的態度也可能損害到雙方關係，因此行銷人員必須避免禁忌性的話題，易引發爭執的話題，以及具有負面價值的話題。

三、採取正面回應

行銷人員若想和顧客建立起良好關係，就必須積極地正面面對顧客的反應。所謂正面面對反應，就是雙方在交談時，能有愉快的談吐，討論正面的問題，且態度能誠懇，並提供正面而積極的建議。正面回應正是維繫良好關係的有效方法。通常人們有一種習性，就是較易接受自己喜歡或喜歡自己的人、事、物、言詞等，而討厭或排斥自己所不喜歡或不喜歡自己的人、事、物、話題等。因此，行銷人員採取正面回應，常能增進顧客的回饋程度。至於，表現正面回應的方式，可包括：表現同理心、分享內在的感受；這些都能吸引顧客，從而可增進彼此的關係。

四、拓展社交網絡

行銷人員為了維繫其與顧客的關係，有時可運用拓展社交網絡的方

式。此種方式就是運用第三人的關係來增進個人與第二人的關係。換言之，行銷人員為了建立或維持與顧客的關係，有時可透過個人的社交網絡，如自己的朋友和家人，來進行或改善他與顧客的關係，依此而擁有或分享共同的活動和社交圈。一般而言，能建立共同社交圈的人比沒有共同社交圈的，較能夠藉此而維持彼此的良好關係。因此，行銷人員若能運用「朋友的朋友」之關係，較能瞭解或增進他與他人的關係。

五、分享生活情趣

行銷人員為了維持與顧客的良好關係，除了可運用社交網絡之外，尚可與其分享生活情趣，此種生活情趣的分享，必須他常能和顧客經常交往，才可能實現。此乃為行銷人員與顧客相處時，能共同討論日常生活上的事物，採取幽默而愉悅的態度，以提高共同話題的活潑化與趣味性。當人際間願分擔彼此的憂慮時，有助於雙方關係的親密性，依此而顯示出個人對他人的關懷，並可形成相互依賴的關係。

總之，行銷人員想要與顧客維持良好的關係，就必須尋找各種可能的策略與方法，並增進彼此的關係。一般而言，顧客關係的建立就不是一蹴可幾的，它是要經過長期經營的，且必須出自於真心誠意的付出，才會有深交的可能。

第五節　顧客關係的開發

行銷人員在與顧客關係上，固宜重視原有顧客關係的維繫，更應開發新的潛在顧客，其途徑如下：

一、分析市場機會

行銷人員若想開發新的顧客關係，首先就必須要分析市場機會。唯有對市場機會進行分析，行銷人員才知道潛在顧客在哪裡。此時，行銷人員可從事行銷研究和資訊研究，依此而蒐集潛在顧客的相關資料，包括：姓名、住址、電話、嗜好、財力、購買意願、社會階層等，從而研判購買的可能性。因此，行銷人員做市場機會分析，乃在掌握新顧客的可能來源。在行銷人員已掌握新顧客的可能來源之後，他可嘗試與顧客進行溝通，以瞭解其需求，而將無購買可能的顧客資料予以剔除，只保留有購買可能的部分繼續溝通。

二、開闢目標市場

行銷人員在做過市場機會分析之後，尚可瞭解新顧客的可能來源，接著就必須探討哪些顧客可能成為產品或服務的購買人，哪些顧客可能不會是產品或服務的購買人。行銷人員在設定可能購買人之後，就可以透過信函或電話或網路，來揭示自我產品或服務的相關資訊，包括：產品名稱、品牌、功能、特性、價格、聯絡方式等，以使潛在顧客知悉其產品或服務的相關資訊，若有合乎潛在顧客需求者，顧客當會表示購買的意願。如此，行銷人員就可與潛在顧客建立起新關係。

三、找尋創新顧客

當目標市場過於寬闊，而行銷人員力有未逮之時，他尚可運用另一種方法去開發新的顧客，那就是找尋具有創新性的消費者，使其能成為意見領袖，以協助行銷人員開發可能的新顧客。通常意見領袖都是具有影響團體內成員的人，透過其對產品使用的經驗，來傳達產品或服務的有關訊息，不僅能協助促銷產品，且可為行銷人員建立起和其他顧客之間的新關

係。這也是前述中運用第三者的力量，而建立行銷人員和新顧客之間關係的重要途徑。

四、暢通行銷通路

行銷人員有時亦可透過行銷通路成員或中間商，來建立或開發新的顧客關係。亦即行銷通路成員不僅在中介產品的推銷而已，有時也可幫助企業和消費者之間建立起新關係。因此，在開發新顧客的過程中，暢通行銷通路也是不可忽視的一環。有時，行銷人員也可利用行銷通路成員蒐集潛在顧客的有關資料，然後提供給行銷人員作為建立新顧客關係的參考。是故，行銷通路是行銷人員可利用來開發新顧客的途徑之一。

五、加強推廣組合

行銷人員為了開發與新顧客的關係，也可運用加強推廣組合的方式。誠如前述，推廣組合的工具有公共關係、廣告宣傳、促銷推廣、人員推銷與直效行銷等方式。這些工具都可運用作為行銷人員和潛在顧客建立起新關係的方法。其中尤以人員推銷和直效行銷都是屬於直接與潛在顧客和原有顧客最直接接觸的方式，行銷人員若能善用這些方法，並做整合，不僅可協助產品與服務的推廣，且可協助新關係的建立與維繫。此外，公司建立良好形象所運用的公共關係，往往具有主動招徠新顧客的作用，行銷人員若能好好地把握，並善加利用，常能奠定良好顧客關係的基礎，進而能引進新顧客。因此，加強推廣組合工具，亦為開發新顧客的途徑之一。

六、推展促銷活動

顧客新關係的開發有時可透過促銷活動的推展而建立起來。此乃為潛在顧客常因參與促銷活動，而使得行銷人員可運用此種機會而取得其資料，行銷人員當可透過這些資料而和新顧客建立關係。因此，推展促銷活動，也是開發新顧客關係的可能來源之一。在展開促銷活動時，行銷人員可設計各項有關顧客資料的表格，一方面用以吸引顧客前來購買，另一方面可獲得顧客的資料，依此而做長期的追蹤，並瞭解顧客的購買習性與意願，然後再利用其他方式的輔助，終而與顧客建立新關係。

總之，顧客關係不僅需要維繫而已，而且要不斷地開發。因為企業機構若想不斷成長與發展，就必須使其產品和服務能更為廣大的消費大眾所接受，此時只有依靠不斷地開發新顧客才能達成。因此，行銷人員必須不斷地透過各種可能的途徑去開發新的顧客關係，才能促進銷售的成長與發展。

Chapter 20

國際性行銷

今日由於通訊與運輸的快速發展，已逐漸縮短時間或全球各地的距離，以致許多公司都已展開國際性的活動。雖然有些國家喜歡以保護主義來阻止國外企業的入侵，然而許多資本家已能放寬視野來搜尋全世界，並找尋成本最低的地方生產、利潤最高的地方銷售，以尋求全球性的機會。因此，追求最大利潤的企業正跨越了國界，以致國際性行銷也日益重要。本章首先將討論國際行銷的意義；其次從事國際性行銷，必須評估國際性環境，然後才能決定是否進入國際市場，以及應採取哪些行銷組合策略，並進行國際行銷管理。

第一節　國際行銷的意義

所謂國際行銷（international marketing），或稱為全球性行銷（global marketing）、多國性行銷（multinational marketing），其乃為企業機構的營銷常跨越兩個或兩個國家以上者而言。惟就相關名詞的涵義，尚有所爭議。有人認為國際行銷和多國性行銷是不相同的，國際行銷乃為跨越兩國之間的產銷，而多國化行銷則為跨越兩國以上的產銷。但也有人認為它們是相同的，基本上它們的產銷都不只限於一個國家。至於，全球性行銷的範圍更為廣闊。然而，吾人認為這些差異並不太大，而將之視為同義詞。不過，其基本條件如下：

1.國際行銷的活動必須牽涉到兩個或兩個以上的國家。
2.國際行銷活動必有當地人士參與。
3.國際行銷的相當比率必須為國際性活動，且其銷售利潤的相當比率亦係來自於國際性活動。
4.在行銷決策方面，須具有世界觀和世界導向。亦即行銷決策必須依據全球性的基礎，並善用其資源，如資金、技術、行銷通路和企業知識等。

5.雖然企業行銷不能同時或同樣在每個國家或地區營運，但至少須考量到有遍及全世界的所有機會。

顯然地，上述條件或許已過於嚴苛，故大多數人都只認同：凡是任何公司的行銷業務有相當分量地在兩個或兩個以上的國家或地區實施者，皆屬於國際行銷之列。該項定義已普遍為人所接受，並可做更多延伸的解釋。

準此，國際行銷可說已跨越兩個或兩個以上的國家或地區，其已發揮一種國際性的經濟力量，並運用當地的行銷通路，此有助於公司行銷業務的發展，可謂為真正的多國性，而不致被認為是剝削、侵奪或帝國主義。換言之，國際行銷除在國外賺取利潤之外，尚須對當地負起相當的社會責任。

第二節　國際行銷的環境

當企業機構的行銷業務，倘要推展到國際，就必須探討國際環境。此種環境常不同於本國，且經常會發生變化，這固然會帶來若干新機會，但同時也會產生一些新挑戰。因此，企業機構的行銷主管必須妥為評估。這些國際環境最主要包括：國際貿易體系、經濟環境、政治與法律環境、文化環境、科技環境等。

一、國際貿易體系

企業機構想要向國外發展，首先要瞭解國際貿易體系。此乃因企業機構將其產品銷往其他國家時，都會面對各種不同的貿易管制。其中最常見的，首推為關稅。所謂關稅（tariff），是指一個政府對某項進口貨品所課徵的稅捐而言，此種稅捐通常係依據商品的數量、重量或價值來課稅，其目的一為增加政府財政收入，一為保護國內產業。其次，較常見的貿易管制是配額。所謂配額（quota），是指輸入國對於某類產品的進口數量常加以設定限制而言。其目的既在減少外匯的支出，又可保護本國產業，增加就業機會，禁運（embargo）就是配額最強烈的管制，為完全禁止產品項目的進品。

第三種貿易管制就是外匯管制（exchange control），係指外匯匯出及匯率的限制而言，其乃在避免造成本國貨幣的波動。第四種貿易管制是非關稅貿易障礙（non tariff trade barriers），是指有關本國的招標採購，規定外國企業機構不得參與投標；或設定某些產品標準，將外國產品排除於外，或做差別待遇而言。

但在另一方面，今日許多國家也致力於促進國際貿易自由化的推進。例如，關稅暨貿易總協定（General Agreement on Tariffs & Trade, GATT），就是在透過降低關稅和減少國際貿易障礙等方式，來促進世界貿易的繁榮。舉凡GATT會員國都可重新評估貿易障礙問題，並新設相關國際貿易規定；其範圍可涵蓋農業貿易與服務業，並對版權、專利權、商標及其他智慧財產權等，有更嚴苛條款的規定。

此外，世界貿易組織（World Tradc Organization, WTO）的成立，乃在加強GATT的規定；其首要任務之一，就是將服務業也納入GATT所談判的主要範疇，並討論有關金融、保險與證券等服務業的世界貿易問題。WTO的角色有如保護貿易的組織機構，監視GATT、服務業貿易總協定的執行，以及管理智慧財產權的運行。同時，WTO也調解國際貿易的紛爭，其所擁有的職權已超越GATT。

至於區域性的自由貿易組織，如歐洲聯盟（European Union, EU）、歐洲經濟共同體（European Economic Community），以及其他區域性經濟共同體，如北美自由貿易協會（North American Free Trade Agreement, NAFTA）、拉丁美洲自由貿易協會（Latin American Free Trade Agreement, LAFTA）等，無不致力於降低各會員國之間的貿易障礙，使產品、服務、金融和勞動力等都能自由流通，甚至於免除關稅。

準此，企業機構在推展國際行銷工作時，都必須確切掌握各國的特殊情況。事實上，一個國家是否適用於引進各種不同產品與服務，以及該市場是否對外國公司具有吸引力，其完全視該國經濟、政治與法律、文化與企業環境等而定。

二、經濟環境

企業機構要想向國外發展，必須對各國的經濟狀況進行瞭解。至於一個國家能否成為具有吸引力的經濟指標有二：一為該國的產業結構，一為該國的所得分配。

(一)產業結構

一個國家的產業結構，常反映該國產品與服務的需求、所得水準，以及就業水準。此可大別為四種類型：

1.自給自足型經濟：自給自足型經濟，係指一國的絕大部分國民均從事於簡單的農業生產。此種生產大部分提供自己消費，若有剩餘始用以交換所需的簡單產品或服務。在此種經濟形態下，出口商幾乎無用武之地。

2.原料出口型經濟：原料出口型經濟，係指一國盛產某一項或多項天然資源，但缺乏其他資源者。在此種型態下，這些天然資源的輸出便成為其主要收入的來源。例如，沙烏地阿拉伯的石油、智利的錫和銅、薩伊的銅和咖啡豆等即是。類此國家，常為開採設備、工具和器材、物料搬運設備、卡車等產品的極佳市場。倘若這些國家有外來居民，或當地富有的階層人士、地主人數夠多，也常是奢侈品的市場之一。

3.工業開發型經濟：工業開發型經濟，是指一個國家的工業正處於發展階段，其製造業生產約占國民生產毛額的10%到20%。例如，埃及、菲律賓、印度、巴西等。在此種經濟形態下，其製造業的生產逐步升高，有關紡織原料、鋼鐵、重機械等的進口比重逐漸增加；而紡織品、紙製品、汽車等成品的進口數量日趨減少。工業化的結果通常會帶來一些富有階級，以及愈來愈多的中產階級；此兩者都會產生各種新型進口產品的需求。

4.工業化經濟：工業化經濟，是指為各項製造業產品與投資資金的主要輸出國家。在此種經濟形態下，這些國家多有相互間的貿易往來，且將其工業產品輸往其他經濟形態的國家，以換取所需的原料和半成品。工業化國家的製造業，通常較為活躍，其國內常產生可觀的中產階級，因而成為所有產品的最佳市場。

(二)所得分配

每個國家國民所得的分配常有很大的差異，此亦影響其國民對產品與服務的需求。一般而言，所得分配的情況，大致有五種模式：(1)家庭所得普遍偏低；(2)大部分家庭所得偏低；(3)家庭所得趨於偏低和偏高的兩端；(4)家庭所得低、中、高都同時出現；(5)大部分均為中等所得。前二種情況出現在自給自足型或原料出口型經濟的國家，則其進口市場必甚小。後三種情況出現在工業開發型或工業化經濟的國家，則其進口市場可能較大。然而，即使在低所得國家的國民，也可能有購買重要產品的需求，或有少數人口的所得在平均所得之上，此時，國際行銷人員有必要做高所得消費者的市場區隔。

三、政治與法律環境

各國的政治與法律環境有很大的差異。國際行銷人員在評估是否要進入某個國家的市場時，至少要考慮到下列四項要素：

(一)對國際性採購的態度

有些國家頗能接受和歡迎他國的企業機構，有些國家則對外商懷有

很深的敵意。例如，新加坡、馬來西亞、泰國和菲律賓等，都會歡迎外商投資，並提供各種獎勵措施與有利的營運條件。相形之下，印度則要求各國的出口商接受其進口限額、外匯管制，及大量僱用當地人士擔任管理人員，在在都造成外國企業機構的不便。

(二)政局穩定性

政局的穩定性是另外一項要考慮的因素。有些國家的政治不安定，政府屢有更迭，甚至於情況極為劇烈。即使政府能保持不變，但其政策常隨著國民情緒而變動。一旦形勢很惡劣時，外國企業機構的財產可能會被沒收，或凍結外匯、限定配額、課徵重稅等。儘管如此，有些國外國公司仍有利可圖，其端於如何處理其業務與金融事務而定。

(三)金融管制

企業機構從事國際行銷工作，其目的乃在追求利潤；惟利潤應以對該企業確具價值的貨幣為基礎。最好的情況是國外買方機構能以賣方的貨幣或其他強勢貨幣來支付貨款。倘若不然，則可退而求其次，希望以所得貨款購買買方國家的其他產品，轉售至他處以換得所需要的貨幣。最壞的情況是企業機構以買方國家的貨幣，換購其他不需要的產品運出，再以略有虧損的價格轉售出去。這是國際行銷在金融管制上所應承擔的風險之一。此外，企業機構仍須注意各國外匯匯率的變動，大幅度的匯率變動是企業機構從事國際行銷的另一項風險。

(四)行政效率

各國政府的行政效率，也是國際行銷所要考慮的因素之一。有些國家的政府會建立一套有效率的制度，以提供外國企業機構一些協助，包括：通關作業、提供市場資訊，及其他有助於發展業務的措施。但有些國家在企業機構接觸之時，常困難重重、關卡甚多，須支付賄賂費用，才能暢行無阻。

四、文化環境

企業機構在從事國際行銷時，須注意各國的文化環境。蓋文化有時是國際性行銷成敗的關鍵性因素，每個國家都有其民俗、規範和禁忌，這些都是不相同的。因此，企業機構在研議國際行銷時，必須先瞭解各國消費者對每種產品的看法和使用情形。例如，法國男士使用美容化妝品幾乎為其配偶的兩倍。又如坦尚尼亞的母親不讓孩子吃雞蛋，是為了怕他們食用後會禿頭或性無能。義大利兒童喜歡拿兩片麵包夾著巧克力棒當點心吃。企業機構若忽略這些文化差異，常會遭遇困境而陷入泥淖之中。

此外，每個國家在行使行銷業務的規範和行為上，也有很大的差異。例如，拉丁美洲在洽談生意時，常靠得很近，幾乎是臉貼著臉；而美國人則保持著一定距離。又如美國人較喜歡開門見山洽談生意，缺乏耐性；而日本人較為迂迴，且不會直接說「不」。美國人視時間為最有價值的，特別守時；但在中東和亞洲人，卻視時間為無物，而不太守時。這些都是文化差異，國際行銷人員必須瞭解各國的文化傳統、偏好與行為，才能做好國際行銷工作。

五、科技環境

各國的科技環境不同，其接納外國產品的程度也自有差異。一般而言，科技環境可分為高度、中度、低度等。凡是低度科技環境的國家，其國民多從事簡單農作，所需的產品和服務有限，故其國際市場不大。中度科技發展的國家，其需要輸入高度技術的設備，以幫助其科技發展，故需有重機械，以致天然產品需求愈來愈少，而工業化產品愈來愈多；且其科技新貴可能會購買價值較高的產品和服務。至於高度科技發展的國家，其國民生活水準和國民所得普遍較高，其工業產品和奢侈品的需求也高；且在高度科技發展的國家之間，常進行對銷貿易（counter-trade）和對換採購（interchange-purchasing），有時也可做貨品和服務的交換。

總之，企業機構進行國際行銷工作，必須瞭解各國的環境，然後選擇可以做國際行銷的國家，以決定進入哪些市場和如何進入市場。這些都有待做國際行銷決策，下節將進行這方面的討論。

第三節　國際行銷決策

企業機構在審視國際環境之後，也必須衡量本身的狀況，以決定是否有實力進入國際市場，並決定進入哪些市場，及如何進入國際市場。茲分述如下：

一、進入國際市場與否

企業機構在審視國際環境和本身狀況之後，當可決定是否進入國際市場。一家企業機構之所以選擇進入國際市場，可能來自於自身產能過剩，已足可進入國際市場；也可能發現某些較佳的國際行銷機會；也可能企業必須以全球性的眼光，來拓展其特定市場。此外，企業機構之所以進軍國際市場，乃為發現國際市場的利潤高於國內市場，或國內市場已趨於飽和或萎縮，必須擴大顧客層，以維持其生存與發展。再者，企業機構本身的顧客可能已擴展到國外，因此需要國際性的服務，使得公司必須發展國際市場。最後，企業機構可能感受到國內、外競爭者的強力競爭，而必須避免倒閉的風險，所以必須進入國際市場。

然而，企業機構構在發展海外市場之際，首先必須審視自身參與全球營運的能力，包括：公司是否足以瞭解外國消費者的偏好和購買行為？公司是否能提供具有吸引力的產品？公司是否能依他國文化而進行與他國的交易？公司經理人是否具備國際貿易的經驗？公司管理階層是否能瞭解和掌握外國相關法規和政治環境的影響？公司是否足以承擔國際投資上各項風險？由於進軍國際市場有許多風險和困難，企業機構必須審慎加以思考。

二、應進入何種國際市場

企業機構在確定要進入國際市場後，接著就必須決定進入何種市場。此時，企業機構首先應設定其國際行銷目標與政策，亦即決定在國外銷貨所期望的數量和比重。大部分的公司在開始拓展海外市場時，國外市場所占比率不多，然後隨著業務的拓展而逐漸增加其比重。但有些公司卻把國外市場和國內市場的業務等量齊觀，甚至認為國外市場業務比國內重要，而採取大規模的海外發展計畫。

其次，企業機構要決定進軍國外市場的範圍，思考要在多少國家從事行銷活動。一般而言，選擇進軍極少數國家市場的公司，由於其進行市場滲透策略，常比較能獲利；而採行更多國家市場的公司，由於其資源過於分散，反而獲利不多。例如，寶路華鐘錶公司（Bulova）在開始就決定經營許多國際市場，先後進入一百多個國家，結果卻因力量分散而僅二個市場有獲利；又安麗消費品公司（Amway）開始只決定以極快速的步調進入少數國家的市場，然後才逐漸擴展新市場，如今已擁有六十多個國家的市場。

再次，企業機構必須決定其所要拓展市場的國家類型。一個國家市場的吸引力，通常依其產品特性、地理位置、國民所得、人口變數、政治局勢，以及其他各種因素而定。當企業機構對這些因素加以考慮之後，就可選定其所要進入的國家或地區。此已對企業機構提供許多有利的機會，但也帶來極大的挑戰。

最後，企業機構在列出可能的國際市場之後，接著就必須甄選和評估這些市場。評估國際市場的標準，包括：市場大小、市場成長性、營運成本、競爭優勢和風險程度等。在評估各個市場的潛力之後，當可瞭解哪個國家市場的長期投資報酬率最大，從而決定進入該國際市場。

三、如何進入國際市場

企業機構決定進軍國際市場之後，就要選擇進入國際市場的最佳方式。企業機構選擇進入國際市場的策略，有三：出口外銷、聯合共營與直接投資。**圖20-1**即顯示進入國際市場的策略。在這些策略中，直接投資具有最大的掌握權、最高的涉入程度，以及更高的潛在利潤；但相對地，也承擔更高的風險和需有更多的承諾。

(一)出口外銷

企業機構進入國外市場最簡單的策略為出口外銷（exporting）。企業機構可能只是偶然地把剩餘的產品輸往國外，也可能把產品針對某一特定市場展開外銷。不論何種方式，企業機構必須在本國生產全部產品，而對外銷產品可能做必要修改，或不做任何修改。因此，出口外銷對企業機構的產品線、組織結構、投資計畫和經營目標等，均無重大改變。

不過，企業機構一旦決定產品出口外銷，通常都可採取兩種途徑：一為透過獨立經營的國際行銷中間商外銷，是為間接外銷；一為自行處理各項出口業務，是為直接外銷。

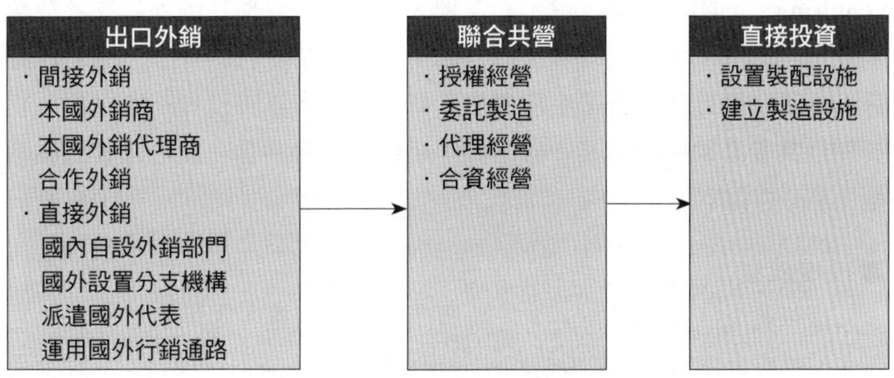

圖20-1　進入國際市場的策略

■ 間接外銷

間接外銷，是企業機構初入國際市場最常用的方式之一。此種方式所需投資較少，企業機構無需另設專責國外事務的銷售組織、人員和通訊網。此外，它不必研究外銷技術，承擔的風險較小，可免於出現銷售上的任何錯誤。其國際行銷中間商，可為國內外銷商、外銷代理商、或合作組織，這些中間商常可提供有關的行銷技術與服務。

■ 直接外銷

企業機構倘能自行處理自身的出口業務，其所需的投資和風險固然較大，但相對的報酬也比較豐厚。企業機構採行直接外銷的方式有好幾種：第一種方式就是在本公司內部自設一個外銷業務部門。第二種方式是在國外設置分支機構，負責處理有關銷售、配銷和促銷等工作；此種方式較易掌握國外市場的行銷方案，且可在國外市場設置產品展示中心和顧客服務中心。第三種方式是，企業機構可視情況需要，適時指派業務代表，分赴國外各地開拓業務。第四種方式就是運用國外的行銷通路商，將產品逕行出售；或透過國外代理商，委託代理產品的銷售。

(二)聯合共營

企業機構進入國際市場的第二項策略，就是聯合共營（joint venturing）。聯合共營，就是和當地人士合作，以便在國外建立各種產銷設施和據點。聯合共營和出口外銷不同的，是聯合共營多一層合作關係，並可在國外成立若干生產機構。聯合共營和直接投資不同之處，在於聯合共營必須與國外某一機構共同組合。聯合共營一般可分成四種類型，茲分述如下：

■ 授權經營

授權經營（licensing），是製造商比較容易進入國際市場的方法之一。授權經營係指由企業機構和國外市場的受權人簽訂一項合約，授權受權人使用其製造方法、商標、專利、商業機密，或某項有價值的東西，而

取得一定費用或權利金之意。依此，則企業機構可憑以進入國際市場，而幾乎不必承擔風險；而受權人也不必從頭開始，就能擁有現成的生產技術或知名產品品牌名稱，可謂兩蒙其利。例如，可口可樂公司大舉進入國際市場，即為其例。

授權經營的缺點，是授權廠商不能如自營一樣，具有充分的控制權。其次，倘若受權人經營極為成功，這些利潤常不屬於授權廠商所有；且一旦合約期滿，無異已培植一家強有力的競爭對手。因此，企業機構勢必要避免這種不利的情勢發展，而於授權時就要創造一種互利的情況；且授權者必須永保創新，俾使受權人非得持續依賴其授權公司不可。

■契約製造

聯合共營的另一種方式，就是契約製造（contract manufacturing）。契約製造，或稱委託製造，係指企業機構與某個國外市場的製造商訂定合約，委由其製造某項產品或提供服務而言。Sears百貨公司就曾以此種方式，在墨西哥、西班牙等國開設若干百貨公司，並由當地契約製造商產製許多產品。此種方式的缺點是，企業機構對受託者的製程常不易控制；且損失了在製程中所不應損失的利潤。不過，它可使企業機構在快速進入國際市場時，不必冒很大的風險；且能與當地製造商建立合作關係，或有機會收購其整個生產工廠。

■管理契約

管理契約（management contracting），或稱代理經營，是指由企業機構對國外某家公司提供管理經營技術，而由國外公司提供資本的聯合共營方式。所謂管理契約，是表示企業機構輸出經營管理服務，而非輸出產品，故又稱為代理經營。例如，希爾頓飯店經營全球各地的大飯店，即為採行此種策略。

■合資事業

合資事業（joint ownership），是指企業機構和國外企業共同合資創設一個事業，而共享該事業的所有權和控制權而言。此種情況可能是由企業機構收購當地廠商的部分股權，或由雙方共同出資而成立一個新事業。就國外投資者而言，合資事業若考量經濟或政治因素，實屬必要。倘若某個企業機構缺乏足夠的資金、物力或人力，而無法獨立負責全部投資，合資事業是可行的途徑。甚至有些當地政府也會要求外國公司必須與當地企業合資經營，始准其進入當地市場。

不過，合資事業也有若干缺點。首先，合資雙方可能在投資、行銷政策和其他方面，很難有一致的意見。例如，企業機構可能希望將投資盈餘用於事業的發展，但合資人則堅持將盈餘取出加以分配。又企業機構可能習於將經營重點放在行銷組合上，而合夥人只希求產品的推銷。凡此都可能造成雙方的齟齬。

(三)直接投資

企業機構進入國際市場的第三項策略，就是直接投資（direct investment）。所謂直接投資，就是企業機構直接在國外設置生產設備和裝配設施而言，其乃為國際市場涉入程度最深的策略。當企業機構已在外銷業務上有了充分經驗，或在國外市場已發展出相當規模時，採行此項策略常有許多優點。首先，企業機構可因廉價的工資或原料、外國政府的投資獎勵措施和節省運費等，而享有較低的成本。其次，企業機構在當地創造了許多就業機會，而提升了公司形象。再次，企業機構可因與當地政府、顧客、供應商和通路商等建立更密切的關係，而使得產品能適應當地的行銷環境。最後，企業機構能對其投資事業做完全的控制，因而可以訂定合宜的產銷政策，以配合企業機構本身長程的國際目標。

然而，直接投資的最大缺點，乃為承擔的風險很高。當企業機構在投入大量資金和人力之後，必須面對國外貨幣的限制和貶值、市場衰退，以及財產被沒收等風險。惟有時企業機構為拓展本身的營運，也只好去承擔這些風險。

第四節　國際行銷組合

企業機構在從事國際行銷時，有的僅行銷於一個國外市場，有的則行銷於數個國外市場。此時，企業機構必須決定其行銷組合，以因應各國的實際狀況。一般而言，國際性行銷組合每因適應情況，而將之分為標準化行銷組合和適應性行銷組合。所謂標準化行銷組合（standardized marketing mix），是指有關產品、廣告促銷、行銷通路和價格等，都採取標準化方案，不因國別而異。此種行銷組合可降低生產、配銷、行銷和管理等費用，以便企業機構能以較低價格提供給消費者更高品質的產品。例如，可口可樂公司、通用汽車的「世界車」，都採用此種方案，以迎合大多數國家消費者的需求。

此外，所謂適應性行銷組合（adapted marketing mix），是指企業機構針對各個不同的國家，在產品、廣告促銷、行銷通路和價格等方面，均採用不同的行銷方案之謂。此種行銷組合雖然會產生較高的產銷成本，但可享有較大的市場占有率和報酬。例如，雀巢公司每因不同國家的消費者在地理區域、人口統計、經濟情況、文化特性等方面，產生不同的需求與慾望、消費能力、產品偏好和購物形態等，而採取適應性行銷組合策略，以因應每個國家獨特的消費者需求。

事實上，在標準化和適應性行銷組合之間，到底何者較為適合，常有不同的看法。企業機構有時可以尋求更標準化，以求降低成本和價格，並建立雄厚的全球性品牌實力。但是，過度標準化的結果固可節省經費，卻無法確保各個國家消費者真正需求的產品。因此，有些企業機構常在此兩者之間尋求更多可行的折衷方案。以下將就各項行銷組合因素，論述如下：

一、產品

企業機構在從事國際行銷組合時，產品和促銷有五種調整的策略，其中直接延伸、產品調適、產品創新屬於產品策略，而溝通調適和雙重調適屬於促銷策略，如**圖20-2**所示。今先討論產品策略如下：

(一)直接延伸

所謂直接延伸（straight product extension），是指企業機構將其產品原封不動地行銷於國際市場，不做任何修正而言。企業機構在實施直接延伸策略時，首先必須瞭解國外消費者是否使用該產品，以及其對產品的偏好。有些企業機構運用直接延伸策略甚為成功，有些則遭遇到失敗。例如，可口可樂公司採用此種策略，而能將其產品行銷於全世界；通用食品公司將粉狀果凍引進英國市場，卻遭遇失敗。儘管如此，直接延伸仍是一種頗具吸引力的策略，因為此種方式不需要增加產品、研究發展費用，也不需要重整生產設備或修正促銷方式。但就長期而言，如果產品無法滿足國外消費者，也可能使產品行銷遇到困境。

(二)產品調適

所謂產品調適（product adaptation），是指企業機構的促銷方式不

		產品不變	修正產品	開發新產品
促銷	促銷不變	1.直接延伸	3.產品調適	5.產品創新
	修正促銷	2.溝通調適	4.雙重調適	

（表頭：產品）

圖20-2　國際行銷的產品和促銷策略

變，但對產品做適時修正，以期適應當地的消費環境與需求而言。例如，通用食品公司在英國的咖啡加牛奶，在法國則不加牛奶，在拉丁美洲則帶有菊苣的味道，這些都適應各國不同消費者的口味。此外，在某種情況下，產品也必須適應當地的迷信或信仰來做調適。例如，在亞洲許多國家都相信風水的問題，以致有關建築和室內各種擺設都必須符合其期望，才能有利於行銷。

(三)產品創新

所謂產品創新（product invention），是指企業機構在國外行銷時，能創造某種新產品之意。此種策略有二種方式，其一是將早期產品修改成適合目標市場國家國民所需要的類型，而予以重新推出；另一種方式就是重新設計一項新產品，以適應另外一個國家的需要。前者，如國民收銀機公司即曾修改早期的手柄操作收銀機，而在亞洲、拉丁美洲和西班牙等地區大發利市。後者如桂格公司在較低度開發的國家研究其飲食需要，而推出麥片等新產品，並配合廣告促銷，而獲得這些國家消費者的接納。產品創新策略成本雖高，但成功的報酬也甚豐。

二、促銷

企業機構在進軍國外市場時，可沿用其本國市場的促銷策略，也可修正促銷策略，以求因應各國市場。就廣告訊息而言，許多大型跨國性公司都喜歡採用高度標準化的廣告主題和訴求方式。例如，Exxon石油公司的廣告，多年來一直沿用「在你的油箱裡放一頭猛虎」，而獲得國際上的一致認同。

至於在修正促銷策略方面，有兩種方式，包括：雙重調適與溝通調適。所謂雙重調適（dual adaptation），是指企業機構在進軍國外市場時，不僅將其產品做修改，且也採取和本國不同的促銷方式。企業機構有時必須對產品名稱、文稿、圖樣、顏色等加以修正，以免觸犯當地市場的禁忌。例如，拉丁美洲最忌紫色，紫色令人聯想到死亡；日本最忌白色，白色表示弔喪；馬來西亞不宜選用綠色，綠色代表叢林疾病。因此，不管是產品顏色或促銷方式等都必須因應當地環境。

另外，有些企業機構會採行溝通調適（communication adaptation）策略，就是產品不變，而在廣告訴求方面做因地制宜的措施。例如，Schwinn自行車公司在美國的廣告訴求為歡樂，在北歐各國的訴求為平安。再者，媒體的選擇也常因各國媒體類型和媒體廣告時間的不同，而有所差異。例如，瑞典雖有電視媒體，但無電視廣告；法國和北歐各國沒有廣播電台的廣告；義大利的雜誌期刊為重要媒體之一；奧地利則不重視雜誌；英國有全國性報紙；西班牙只有地方性報紙。凡此都是企業機構在國外市場上採行溝通調適時所必須注意的。

三、價格

企業機構將產品銷售於國外市場時，有時可能會訂定全球一致性的價格，但此種價格對貧窮國家而言可能過高，而對富有國家而言又可能過低。又有些企業機構可能依各個國家所能負擔的情況來訂定價格，惟如此常忽略了各國之間的實際成本差異。又有些企業機構會依各國標準成本來訂定價格，惟如此又可能使該公司在成本較高的國家之產品價格偏離市場。這些都是企業機構對進軍國際市場時產品價格所遭遇到的難題。

無論企業機構採用何種訂價方式，其產品價格有時會較國內市場為高，因為它乃將運費、關稅、進口利潤、批發商利潤、零售商利潤等，加在原有價格之上。不過，有些企業機構會採取低價政策，其原因有三：一為因應當地較低所得水準；二為有意在該國建立起較高的市場占有率；三為在本國已無市場，而期望將產品傾銷於國外。

此外，產品國際價格的另一項難題，乃是企業機構無法控制國外中間商所訂的產品零售價格。國外中間商在向企業機構進貨後，常寧願減少銷售量，而將產品價格訂得較高，如此將影響企業機構的國際行銷量。又

國外中間商倘若以信用方式來向企業機構進貨，勢將增加企業機構的行銷成本和風險。

四、行銷通路

企業機構在從事國際行銷時，應有整體通路的觀點（whole-channel view），以求能順利地將產品送到最終使用者或消費者手中。圖20-3即顯示整體通路具有三個主要環節：第一個環節是賣方機構本身所設置的國際行銷部門，負責整個通路作業的管理，而且本身也是通路的一部分。第二個環節是國際間通路，為將產品運送到外國的邊界。第三個環節是當地國內通路，係將產品由邊界入口點運交到最終消費者手中。

各國的行銷通路常有很大的差異。首先，各國所使用的中間商類型和數量是很大的不同。例如，有些國家的批發商和零售商經常銷售競爭者的產品，且經常拒絕與供應商分享基本的行銷資訊；又有些國家中的批發商，又可能分為總批發商、基本批發商、專業批發商、地區批發商、當地批發商等；這些都使得供應商必須花費很多時間與投資來溝通，因此有些企業機構可能自行設立直接行銷通路系統，以便能順利將其產品銷售。惟這仍得花費很多資金與人力。

其次，國內通路的一大差異，就是各國零售店的規模和特色也有很大差異。有些國家雖有大型零售連鎖店，但有些國家則存在著無數的小型零售店。大型零售店固可提供更低的價格，但基於經濟和文化因素，有時小型零售商店也可提供討價還價的空間。加以某些國家人民所得較低，他們寧可逐日購買少量產品，而不願意每週一次採購大批產品，以致這些國家的小型零售商常遍布全國各地。凡此都會影響行銷通路的設計。

圖20-3　國際行銷的整體通路

第五節　國際行銷的管理

企業機構在瞭解國際行銷環境和評估自身實力，而決定進軍國際市場之後，除了選定進入國際市場的最佳方式和應有的行銷組合策略，也必須重視國際性行銷管理。有關國際性行銷管理，至少包括：管理程序上的問題與行銷人員運用的問題。茲分述如下：

一、管理程序

舉凡從事國際性行銷的企業機構及其最高管理階層，都必須重視行銷的規劃、組織、控制等程序。

(一)規劃

國際行銷公司在規劃其行銷目標時，除了必須審視公司本身財力與各項資源目標之外，尚須能與地主國的經濟和政治目標相契合，才能做更大的發展。惟在事實上，這些目標常潛存著許多衝突。此時，由地主國所扮演的目標角色，常提高了與國際行銷公司之間的衝突。蓋一般國家的目標，乃在維持其國際收支順差或改善其本國國民的所得水準；而國際行銷公司的目標則在追求更大利潤，以致其間目標並不一致。由於國際行銷公司的盈餘可能造成地主國資金的外流，故某些國家常採取限制措施。此已如第二節所述。

是故，國際行銷公司在規劃行銷工作時，必須注意相異文化背景、經濟制度、政治體制、法律途徑、貨幣制度、文化習俗，以及其他多樣化的市場環境等。一般而言，這些因素在地主國多由政府官員所規劃。國際行銷公司倘能熟悉當地政府官員的態度，並依據地主國的情境做事前的規劃，則其行銷成功的可能性較高。

(二)組織

國際行銷公司在完成行銷規劃之後，必須設計組織結構，以提供對任務執行的依據，並確立達成組織目標的權威體系。正如規劃一樣，整個組織結構必須能適應當地的情況。蓋組織的有效性完全依賴資訊的流通，國際行銷公司在地主國必須能擁有有效的溝通系統，才能透過組織傳遞其資訊，並完成其任務。

企業機構在進軍國際市場前，有時常在無意中接到少數的國外訂單，然後才開始走向國際行銷的路途，其行銷組織常經過循序漸進的演化而有不同的形態。首先係由企業機構設置一個外銷部門，然後進而成立一個國際事業部，最後則成立一家多國或跨國公司。一家企業機構倘在地主國成立公司，則有兩種情況：一為分支機構，係為多國企業的一個前哨站或據點，目標在協助本公司達成當地的企業目標；一為子公司，係屬於一家完全獨立的公司，不一定為母公司所有，其一切業務可獨立運作，但卻對總公司有高度的依賴性。

就自設外銷部門而言，企業機構必須專設經理人和若干助理人員。當外銷數量逐漸擴展後，外銷部門的業務必隨之增加，此時部門人員也必然要增加，以便能充分照顧到整個外銷業務。一旦企業機構進而投入共營或直接投資的階段，則單純的外銷部門就無法因應需要了。

當企業機構的行銷業務擴展到一定程度時，就有成立國際事業部的必要。此時，該企業機構已同時投入多個國際市場，或多個不同的國際業務。最後如僅對某國進行外銷，對另一個國家進行授權經營，對第三個國家有投資事業，而對第四個國家有分支機構。基於各種情勢的需要，企業機構乃成立一個國際事業部，以便專責處理各項國際業務。

倘若企業機構的業務已經跨越國際事務的階段，就必然成為一家真正的多國或跨國公司了。此時，企業機構的管理階層就不僅限於某個國家的行銷工作而已，而應重視全球性的行銷事業。因此，企業機構的最高管理層級就必須對有關製造設施規劃、行銷政策的訂定、財務流通的管理、行銷人員的建制，以及各項支援系統的建立等，都採取全球性的觀點。其次，舉凡遍布全球各地的營運單位，都必須將營運報告經過公司的國際事務部，直接送達最高主持人或執行委員會。整個企業機構的管理人員，均須經歷全球性的經營訓練，有時必須向各國遴聘；相關零件和原料的採購，產品的銷售，均以全世界為對象，以期成本為最低；而投資決策亦分散於全球，並期報酬率為最高。

(三)控制

最後，有效的控制對國際行銷公司，是絕對重要的。然而，凡是營運愈具全球性，其有效控制就愈為困難。控制的程度大致上可分為：嚴密控制、中度控制和低度控制。此三種控制各有其利弊。

嚴密控制是指子公司須事事向總公司報告，任何較重要的事項均須向總公司請示。此種控制的優點是，子公司的業務進行能符合總公司的政策，而總公司對遍布全球各地的作業均可做綜合和協調。一旦發生問題，總公司可協助分公司或子公司解決。但其缺點是嚴密控制極不經濟，也不如預期有效，且常延誤時機。又子公司的管理者常覺得無法發揮其才能。

中度控制是指公司固須向總公司提出業務報告，但對重要決策可自行決定，毋須事先請示。其優點為有報告制度，總公司仍能監督業務的進行，且對子公司提供協助。同時，子公司享有自由決策權，故能迅速因應各項問題，對員工士氣也是一大鼓舞。但其缺點是，子公司的經理人既為業務執行人，又為書面報告專家，此種人才不易尋覓。其次，總目標由總公司訂定，但由分公司來執行，常有困難。

低度控制是子公司完全享有充分自由權，對總公司的報告減至最低程度。其優點很多，首先是子公司可全心全力從事於業務營運，為總公司賺取較高利潤；其次，書面報告減少，子公司可節省人力，間接成本跟著降低。再次，子公司可得到充分授權，士氣大為提高。但其缺點也不少，首先是很難找到足以擔當大任的管理人員。其次是總公司無法對整個海外業務做充分的協調與綜合。最後，子公司一旦出現重大問題，母公司常無法提供適時的應有協助。

總之，嚴密控制欠缺彈性，而低度控制無法做到必要的制衡。因此，許多企業機構都寧可採用中度控制，在方式上力求做適當的變化。子公司的管理者可就當地問題自做決策，但對各項業務仍必須經常向總公司提出報告。

二、人員管理

企業機構除了必須在管理程序上做好決策之外，尚須對行銷人員進行良好的管理。蓋一切行銷業務的進行有賴人員去推動和完成。此在國際行銷上亦然。惟國際行銷機構除了必須聘用本國人士之外，有時常須依賴國外當地人士的鼎力協助，才能發揮行銷效果。因此，有關人員管理可分為本國人士和當地人士兩方面討論之。

(一)當地人士的管理

國際行銷公司若任用國外當地人士，就必須能瞭解其需要、價值和期望。蓋任何工作態度、企業上的競爭和權威體制，常因文化差異而有很大的不同。領導風格和激勵技巧適用於美國、加拿大和英國的，在墨西哥、亞洲、非洲、南美洲等地不一定也能發揮同樣的作用。此不僅是文化差異的問題，也可能是各地區或國家人民的需求不同所致。

然而，國際行銷公司之所以選用當地人士，最主要的原因就是就近選才可得到業務上的便利性，語言在當地不會有隔閡，便於在當地政府辦事。部分原因是當地民族意識抬頭，許多國家的政府規定國外公司必須任用其本國國民，以提升其就業所得，並促進當地經濟的繁榮。

對許多國際行銷公司而言，僱用當地人士確可節省開支，且當地人士的待遇標準較低。不過，任用當地人士的缺點，可能包括行銷技術較不純熟，理念和工作習慣可能與本國人士不同，而在企業內部形成不同族群而相互齟齬，終而造成管理上的紛擾等。

(二)本國人士的管理

很多國際行銷公司很自然地會任用本國人士。其乃因本國人士在領導風格和經營理念、經驗等，都較為一致之故。且由本國人士管理其設施，也比較放心；其原因乃為其較具有同質性，且其有受過監督管理等營運技巧訓練。惟任用本國人士常需付出較大成本，包括：離家的補償、來回交通食宿以及和其家庭有關的超額成本。

任用本國人士也有失敗的例子，其原因乃為他們無法適應當地的文化、社會、生活習慣和企業環境上的問題。其次，某些本國人士缺乏適應海外生活的特質能力，如溝通技巧、變遷的適應性、情感的成熟性以及和不同背景、眼光和文化的人士在一起工作的能力。因此，企業機構對這些人士，除了須舉辦各項訓練之外，尚須在遴選時就必須謹慎篩選適當人員。

Chapter 21

行銷與社會責任

企業機構在從事行銷工作時，所需重視的一項重大課題，就是社會責任與企業倫理的問題。蓋行銷工作不僅涉及企業本身的獲利力，更重要的是整個社會環境與企業機構之間的互動和相互影響。倘若企業機構不重視社會責任和企業倫理，有時不僅無法獲利，甚且也會阻礙自身的營運。本章首先將討論社會責任的涵義；其次研究社會對行銷的批評；再次探討社會對行銷的管制；然後研析企業機構的社會責任行銷；最後將闡述企業機構對行銷倫理的建構。

第一節　社會責任的意義

所謂社會責任，是指企業機構依據合法條件，用以協助解決目前社會問題，並避免自身營運危害社會而言。社會責任若能含括企業倫理，則其經營層次將更為深遠。今日企業機構必須更廣泛地關懷社會問題，而不應只局限於產品或服務的產銷。企業機構之所以必須這麼做，不僅因為那是倫理道德的問題，對企業機構本身來說，更具有最佳的利益，至少也與其生存或發展具有密切的關聯性。因為企業機構能促進社會的進步，等於為自己創建了更大的生存空間。

回顧企業機構對社會責任的態度，大致可分為三個階段：第一個階段在一九三〇年代之前，企業機構始終以謀求自身利潤為最高目標，其尚未有社會責任觀念的存在。第二個階段為一九三〇年代到一九六〇年代初期，社會責任的觀念已開始萌芽；企業機構不僅在追求最大利潤，尚須顧及顧客、員工、供應商、經銷商、債權人、股東，以及社會各方面利益的平衡。第三個階段為一九六〇年代迄今，企業機構及其管理階層均已熱烈地肩負解決社會重大問題的責任，甚而把解決社會問題視為企業經營的一部分。

早期企業機構要遂行社會責任的最大阻力之一，乃為公司股東和財務人員。在該兩類人員的心目中，基於企業營運利潤的壓力，很難接受企業對不急之務的投資，而社會責任正是不急之務，其所產生的遠程報酬非短期內所可評估。此種壓力自形成企業對社會責任的阻礙，以致企業每以種種營運利潤為其短期目標。企業機構及其管理階層若有心完成社會責任，亦難獲得諒解。

然而，隨著社會各階層人士的反彈，今日企業機構必須正視社會責任的問題。因此，企業機構首先要審慎檢視公司短期目標與社會價值的一致性。此種檢視必須是一種持續不斷、經常性的程序；蓋社會價值時常隨著時代的變動而變動，且影響到企業的營運狀態；此時做經常檢視當不致使公司短程目標和社會價值的變動脫節。

其次，企業機構對社會責任的第二步驟，乃是重新評估其長程規劃的程序，以及企業決策的程序，俾使公司上下一體，皆能瞭解社會的潛在影響。如企業行銷通路和促銷方法的選擇，都必須顧及消費者和社會各個階層人士的反應，不能完全以經濟因素為唯一的考量。

再次，企業機構尚必須致力於協助政府機構及社會團體，共同推動社會工作。這些協助包括：技術、管理和資金的資助等。舉凡企業機構所擁有的科技知識、組織技能以及管理經驗等，都可運用於有關社會問題的解決上。

最後，企業機構應研究是否能以本身的事業，用以解決社會問題。事實上，許多社會問題之存在，原是社會中某一族群因經濟的困窘而引發。企業機構若能透過捐助來解決社會問題，必然受到社會的讚譽，此正為遂行社會責任的最大發揮。

總之，企業的社會責任乃為企業機構為社會履行一些義務，用以協助社會解決問題，從而促進本身與社會的共存共榮與安定。是故，每個企業機構除了應負起本身的企業經營外，也應負起其社會責任，才能贏得社會大眾的敬重。

第二節　社會對行銷的批評

今日企業機構雖然已具有社會責任概念，且體認到行銷是一種服務哲學和互利哲學；然而並非所有的行銷人員都能嚴守此項行銷概念，以致不免遭受社會的批評。這些批評可包括：對個別消費者的傷害、對社會整體的傷害，以及對其他競爭者的傷害等三方面。茲分別說明如下：

一、個別消費者方面

個別消費者對行銷是否符合他們的利益，常會表達高度的關切。一般消費者最關切的，不外乎是價格過高、詐欺行為、高壓式推銷、產品不安全、計畫性廢棄，以及服務不佳等。茲分述如下：

(一)價格過高

個別消費者常認為有些產品的價格過高，而造成價格過高的因素有：行銷通路成本過高、廣告及推廣成本過高及價格加成過高等。

■行銷通路成本過高

長期以來，產品價格被認為過高的主要因素，就是因為行銷通路成員的層層剝削，取價過高，而超過其提供服務的價值。批評者常指出，中間商的層級過多；或中間商的效率欠佳、服務欠當；或服務重複，管理及規劃不良等；以致通路成本過高，而轉嫁於消費者，造成產品價格偏高。

然而，零售商和中間商加以辯白，其理由為：第一，中間商替製造商和消費者分擔了許多工作，其功勞應予肯定。第二，由於顧客所要求的服務水準提高，如地點要方便、店面要夠大、產品要夠多、營業時間要長、要求退貨等，故成本愈高。第三，由於零售商的營業成本不斷上漲，致使業者必須提高產品售價，始有盈利可言。第四，大部分零售業

因競爭激烈，其毛利不高，故須提高產品售價。凡此都需要提高經營效率，以致產品價格日高。

■廣告及推廣成本過高

現代行銷由於過度偏重廣告和促銷活動，以致使產品價格飛漲。例如，有些產品和其他產品差異不大，但經過強烈推廣，以致產品價格高出其他產品甚多。此外，某些多樣化的產品，如化妝品、清潔劑、衛生用品等，價格中尚包含甚多包裝成本和促銷成本。然而，這些包裝成本和促銷成本並不具有實質功能，而只具有心理價值而已。若再加上廣告、商業印花、舉辦活動等成本，則使產品售價更形提高。

然而，業者對上述論點也提出幾項看法。第一，消費者對產品的期望，並不只限於功能價值而已，他們同樣需要享有心理價值，如美麗、舒適、亮眼、榮耀等，故而願意付出較高價錢，以購買能滿足其心理價值的產品。第二，有些產品品牌能增進消費者的信心，因為它代表一定的特定品質，以致消費者願意付出高價購買此種知名品牌的產品。第三，強力的廣告可傳遞產品的存在與優點之資訊，以致廠商不得不推出各種廣告和促銷手法，終致使產品售價提高。第四，在競爭同業不斷地推出產品廣告時，業者必須跟進作廣告和推銷活動，才能保持在消費者心目中的占有率。第五，在今日大量生產的經濟社會中，生產往往超過需求，只有繼續不斷地促銷推廣，才能刺激消費者，以求能出清存貨。

■價格加成過高

批評者指稱有些企業機構對產品價格的加成過高。例如，一粒藥丸成本只需幾毛錢，但售價卻高達幾十元；又喪葬業者常利用喪家悲痛之餘，擅抬價格；又各種電器修理業者、汽車修理業者的取價，亦常偏高。

惟行銷人士則認為：企業機構偏高的價格加成，事屬合理。因為價格常包含進貨成本、促銷成本、通路成本和一些研發成本；而且行銷人員也希望能持續維持顧客的光顧，已力求公道價格。倘有不肖行銷人員故意抬價或有詐欺行為，消費者應訴諸於公平交易委員會。

(二)詐欺行為

詐欺行為是指企業機構常以虛偽的方式，致使消費者實際付出的代價遠超過其實際所得的利益。此種詐欺行為，常包括三種主要形態：一為詐欺式定價，包括：以不實的廠價或批發價大作廣告，然後大肆抬價，再聲稱特價優待。二為詐欺式促銷，包括：誇大產品特性與功能。提出虛偽保證、偽造成品樣式照片，引誘顧客到商店購買已經沒有存貨的廉價品、銷售人員調包劣質品、促銷時贈送過時品或劣等品或瑕疵品，以及舉辦虛偽不實的競賽或促銷活動等。三為詐欺式包裝，包括：利用精美的外表包裝低劣的產品、產品包裝內容物不足、採用易令人誤解的標示，以及利用令人誤解的用語來說明包裝容量。

然而，企業機構辯稱，他們會避免詐欺行為。何況若有詐欺行為，就長期而言，是一種損失；因為消費者會轉而向其他廠商購買產品。此外，大多數的消費者在購買產品時，會試圖去洞悉行銷者的意圖，而採取懷疑的態度，以致對合情合理的訴求也不相信。再者，有時誇大的廣告是不可避免的，因為有些消費者購買產品，不純粹是為了購買產品的功能。事實上，完全拒絕誇大的廣告，常帶來單調、煩悶而枯燥的人類生活。當然，絕大部分的詐欺行為會受到政府的干預，而受到公平交易委員會或消費者保護基金會等的制裁。

(三)高壓式推銷

企業機構有時會受到消費者的批評之一，乃為採取高壓式推銷。所謂高壓式推銷，就是企業機構常促銷消費者原不想購買的產品而言。此類產品包括：百科全書、保險、房地產、汽車、珠寶、某些奢侈品等，這些產品原不是消費者所希望購買的，而是推銷員強力推銷的結果。通常推銷員受過行銷訓練，而以犀利的語詞打動了消費者，但在消費者購買之後常感到後悔。至於，推銷員則可在推銷競賽中，獲得豐厚的獎金。

關於此項指控，行銷者並不否認：消費者確可能以高壓式推銷，而促成其原無購買產品的慾望。然而，有時消費者購買產品，應有自己的立

場。當在交易過程中，購買者也有幾天的考慮期，用以隨時取消購買合約，或換回其認為不適當的產品。消費者也可向公平交易委員會或消費者保護團體提出申訴，故行銷者很少能從高壓式推銷中獲利。何況此舉將破壞行銷者與顧客之間的長期關係。

(四)產品不安全

消費者抱怨行銷者的另一項原因，就是產品低劣或不安全。產品低劣包括：產品品質不良、配備不佳、有瑕疵、漏洞、破損，以及未能為消費者提供應有的利益，或服務做得不夠好等。此外，有些產品欠缺安全、設計不當。這些都可能出自於生產者的疏忽，或生產過程的複雜，或工人訓練不足，或品質管理不當等，其原因不一而足。

然而，大多數廠商都希望能產製合乎品質要求和安全性高的產品，他們知道這些對公司形象有很大的影響。此外，消費者團體也會採取積極行動，來對付那些銷售品質不佳或不安全產品的公司。企業機構一旦產製不安全產品，將導致產品責任的控訴和巨額的損害賠償。更重要的是，一旦消費者對公司產品產生失望，將不再購買其產品，甚而告知其他消費者也不要購買該公司的產品。因此，今日行銷人員必須瞭解到，顧客價值的品質將影響顧客的滿意度，從而影響其與顧客的長期關係。

(五)計畫性廢棄

個別消費者對行銷的抱怨之一，是廠商實施計畫性廢棄。所謂計畫性廢棄，就是企業機構故意產製很快過時的產品，迫使消費者在堪用狀態下就拋棄不用。有些廠商會故意不斷地產製新型別產品，以誘使消費者提高購買量和提早購買。有些廠商故意將產品多項較佳的功能與特點予以保留，致使產品一經推出不久即告過時。更有甚者，有些廠商故意使用易破裂、易磨損、易鏽蝕的材料與零件，而宣稱其價格可較便宜，以誘使消費者購買。這些計畫性廢棄，屢遭消費者的指責。

然而，企業界則認為，消費者有喜新厭舊的習性，追求產品式樣的改變，以便能跟進時髦。倘若消費者不再追求產品的新型式，廠商也不敢輕易推出其新產品。有時，企業機構之所以保留某項尚未試驗完成的新產品，乃因其風險較高之故。且所有產品的產製需考慮成本，與市場上的競爭態勢。至於，企業機構當不致使用易破裂、易耗損和易鏽蝕的材料，因為如此無異將顧客奉送給競爭對手，並破壞公司形象，此非為長期經營之道。廠商有時常採用新原料，以降低成本和售價，不會故意製造有瑕疵的產品。當產品新功能尚未確定，或其成本過高而超過消費者所願支付的水準，或其他原因時，廠商當不致隨便改變產品的功能。是故，計畫性廢棄通常係自由社會中不斷競爭和革新技術的結果，此正表示產品和服務永不停滯的進步。

(六)服務不佳

行銷之所以引起負面批評的另外一個原因，乃是服務不佳，尤其是對弱勢群體的照顧不周全。有些行銷人員很明顯歧視窮人，使得他們反而在小商店中，以較高價格購買到低劣的貨品。對於低所得地區，企業機構實宜建立一套更為優異行銷制度之必要；同時對於弱勢消費者，應該給予更踏實的保護。

理想的企業行銷在保護弱勢族群上，不應傳播不實的價值，也不應以舊商品充當新商品供應，亦不應以融資而課以過高的利息。此外，企業機構應在弱勢消費者地區，建立規模較大的零售商店。此亦有賴於政府建立政策和制度，用以保障低所得弱勢族群。

二、社會整體方面

企業機構在行銷上，除了可能被個別消費者所批評外，尚可能被整體社會所批評。此種負面評價尤以廣告為甚。這些評價包括：行銷激發了物質主義思想、挑起消費者虛浮的慾望、造成公共財貨的不足、形成文化污染，以及擴展了政治權勢。茲分述如下：

(一)激發物質主義思想

批評人士指責現代行銷制度，助長了社會對物質主義思想的重視，以致今日社會對人的價值判斷，已以物質享受為主，而忽略了以人為本的價值觀。今日許多人以擁有高級花園別墅、多部轎車、時髦服飾、豪華家電為榮。此種以追求財富累積的趨勢，已嚴重腐蝕人心道德。

不過，今日許多社會學家也發現有一股對抗富裕和浪費的趨勢，社會也有回歸基本價值和社會認同的潮流。部分人士已逐漸改變物質占有慾，而寧願過著輕鬆休閒的生活方式，使日子愈趨平淡、平實、平凡。所謂「小即為美」、「少即為多」，已逐漸形成一種新的生活方式。且社會科學家也不斷地提倡親密人際關係的建立，使之逐漸成為社會中流砥柱。

(二)挑起虛浮慾望

行銷受到整體社會批評的原因之一，乃為挑起消費者的虛浮慾望。有人認為擁有物質享受，並非出自本性，而係受到不斷行銷的刺激所致。行銷不斷地透過廣告、促銷、產品設計來挑起人們的慾望，以致購買了一大堆不需要的東西。例如，有廣告宣稱「物質享受即為舒適人生」，促使人們不斷努力去賺錢，以便有能力去消費。如此固可促進社會的進步與繁榮，但同時也激起人們的慾望。因此，行銷被視為有利於企業，卻提高了消費者的虛浮慾望。

惟行銷者認為人類慾望是無窮盡的，絕非行銷所刺激的結果。況且人類對廣告的知覺，本已有防衛作用；行銷者只在滿足人類的一般需求，並非在創造需求與慾望。此外，人們在採購過程中，多會多方蒐集各項資訊，以決定是否購買產品，而不會一味地只追求慾望的滿足。甚且消費者在購買產品時，只有該產品的價值符合其實際需要，才會去購買。進而言之，人類慾望與價值不僅受到行銷的影響，同時也會受到家庭、同儕、教育、種族背景等各項因素的影響。因此，人類慾望的不斷提升，與其說是受到行銷的影響，不如說是一種社會化過程的必然結果。

(三)造成公共財貨不足

有人認為行銷會使得私有財貨不斷集中，而公共財貨則不斷地流失。惟事實上，當私有財貨增加時，須有公共財貨的支援。例如，私有汽車的增加，必須有各種道路設施、交通管制，以及足夠的停車場，和警力的保護措施，才能使社會更為安定。儘管如此，但過度的行銷可能造成交通擁擠、空氣污染、車禍傷亡等社會意外事件的發生，終而造成社會成本的龐大支出。

依此，設法平衡私有財貨與公共財貨，乃成為社會責任的一項重大課題。最可行的辦法，就是責成私有企業擔負所有可能衍生的社會成本。政府通常可設計課稅的方式，或要求企業機構使用降低引發社會成本的設備和系統，來抑制私有財貨的過度膨脹。然而，企業機構很容易將這些成本轉嫁給消費者。惟一旦消費者在購買這些產品而覺得其價格高於其所認定的價值時，則該產品的銷售必然減弱。其次，平衡私有財貨與公共財貨的第二種方法，就是直接讓消費者支付社會成本。一旦消費者認為其所購買的產品售價過高時，也可抑制其消費，卒能降低社會成本。例如，開車的成本過高時，消費者將減少開車，而尋求其他可行的交通工具即是。

(四)形成文化污染

企業行銷受到的另一項批評，就是製造文化污染。有人認為今日社會大眾無時無刻不受廣告的侵襲，無論電視、雜誌、網路、各種媒體等，隨時都會出現巨大的廣告。此種情況污染了社會大眾的心靈，常顯示出性、權力、地位，加重大眾在這些方面的競逐，造成文化與人性的墮落。

然而，行銷者則認為廣告的目的，只在傳達給聽閱者，但由於大眾傳播媒體的涵蓋面過廣，以致散播於對產品無興趣的大眾，而引發人們的抱怨。事實上，有些廣告對有興趣者而言，反而提供了便利性。其次，廣告使收音機或電視成為自由開放的媒體，同時使雜誌和報紙的成本降低，大多數人在這些媒體看到商業廣告，也可得到所需要的資訊。最後，今日消費者在眾多媒體中可有自由選擇的餘地，免於受到廣告的騷擾。因此，廣告主更會設法使其廣告更具娛樂性與靈活性。

(五)擴展政治權勢

企業行銷受到指責的另一項原因，乃為它擴展了政治權勢。有些企業機構運用產品的行銷而壯大自己在政治上的勢力，此種勢力常違背了公眾利益。此外，有人指稱企業機構常把持大眾媒體，使得媒體無法做客觀而公正的報導，甚而運用其廣告掩飾或歪曲了事實真相。

惟今日許多大型企業已逐漸體驗到：企業機構和社會大眾的相關性，而希望在兩者的權益上尋求平衡點。此外，今日企業對廣告媒體的控制程度，已因媒體的大量開放與自由競爭，而逐漸降低了影響力。同時，媒體本身也自動增加了許多各區隔市場所感到興趣的題材，而不斷地增進廣告創意，淡化政治勢力的影響。當企業權勢過大時，就自然形成一股抗衡的力量，以牽制政治權勢的影響。

三、其他競爭者方面

企業行銷之所以產生負面評價，乃是有些企業機構的作為常傷害其他同業。此至少可分為三項，包括：反競爭的併購、阻礙新競爭者進入市場，以及做掠奪式的競爭。茲分述如下：

(一)反競爭的併購

有些企業機構常疏忽自行研究與開發新產品，而專注於併購其他競爭對手，以求獨霸市場，降低同業的競爭。此種反競爭的併購常會壟斷市場，招來負面批評。惟就社會立場而言，有時企業併購可擴大經營規模，使成本和價格得以降低。另外，倘係一家經營績效優良的公司併購經營不善的公司，則可改善效率，反而有益於社會。由此可知，一家原無經營實力的公司，常可因併購而強化其競爭力。然而在其他情況下，併購可能產生弊端，故常受到政府的嚴厲禁止。

(二)阻礙新競爭者

有些企業機構之所以受到批評，乃為阻礙新競爭者加入市場。這些企業由於規模龐大、資源雄厚，可全力投入於廣告推廣、專利權的維護、供應商和經銷商的運用，以致其他競爭對手無從著手，不得其門而入。固然，此與行業實際的規模有關，然而這可運用現行法律及新的立法來消除。例如，有人建議對廣告支出可課以遞增稅率，以抑制因行銷成本過高，而阻礙其他競爭對手進入市場參與競爭的程度。

(三)做掠奪式競爭

有些企業機構採行不公平的競爭手段，企圖傷害或摧毀其他競爭者的行動，此種惡意行為包括：大幅減價、設法切斷其他同業的行銷通路，或貶抑競爭者的產品。這些都可透過立法，來阻斷各種掠奪式的競爭。但是，企業行銷何者屬於惡性競爭，何者非屬於惡性競爭，殊難判斷。

第三節　社會對行銷的管制

由於企業機構不免對社會造成一些傷害，故部分社會人士乃推動各種運動，以期抑制企業機構的不當行為。其中最重要的，首推為消費者保護運動與環境保護運動。茲分述如下：

一、消費者保護運動

所謂消費者保護運動或稱消費者主義（consumerism），係指一種由社會人士和政府機關所推行，用以增進消費者相對於行銷者的權利與權力的社會運動，其目的在於保障消費者，以確保消費者在交易過程中的一切

權益。此種運動主要可分為三個時期。第一階段為發生於一九〇〇年代早期，當時消費者的攻擊乃導因於產品價格的飛漲，包括：對肉品加工業的惡行，及藥品管制的缺乏倫理道德觀念。第二階段為一九三〇年代中葉，由於不景氣時代的物價大漲，以及一家製藥廠的不合理行為。

第三階段為一九六〇年代，主要為一連串的社會發展所致。此時，消費者教育程度日高，而產品變得愈複雜且危險，因而對許多企業機構的不滿情緒廣為擴散。再加上許多知名作家撰文，大為抨擊大企業的浪費與操縱市場。甘迺迪總統乃於一九六二年在「保障消費者權益的特定訊息」一文中，宣布消費者應享有安全、充分得到資訊、選擇和發表意見的權利。美國國會也對某些行業進行調查，並提出消費者保護法案。此後，消費者組織不斷出現，並逐漸遍及世界各地。

在傳統上，一般賣方組織或銷售者可享有下列權利：

1.只要對個人不致造成健康或安全的威脅，銷售者有權銷售任何大小或式樣的產品；一旦可能造成傷害，就應有適當的警告或管制。
2.只要對各個階層的購買人不具任何歧視，銷售者有訂定任何價格的權利。
3.只要在推廣活動沒有造成不公平的競爭，銷售者有花費任何費用於推廣產品的權利。
4.只要訊息內容或銷售手法不產生誤導或不實的情況，銷售者有採用所有推廣方式的權利。
5.只要不是以不公平或誤導方式，銷售者擁有運用各種方法去刺激購買行動的權利。

至於，購買者的權利則包括：

1.擁有自由購買產品的權利。
2.擁有要求產品必須安全可靠的權利。
3.擁有要求產品內容和所宣示功能一致的權利。

在對上述兩方面權利的比較之後，消費者當會發現銷售者實占極大優勢。固然消費者擁有採取拒買行動的權利，但銷售者往往工於心計，而消費者又沒有充分的訊息、教育和保護，以致消費者保護運動又提出一些消費者的權利，如下：

1.消費者擁有充分產品訊息來源，以瞭解其重要特性與功能的權利。
2.消費者應受到保護，而擁有不受問題產品和不當行銷活動侵害的權利。
3.消費者擁有足可改善生活品質的正當方式，以影響產品及行銷活動的權利。

消費者保護運動依據前述提出一連串的要求：

1.有關消費者有權被告知充分資訊的權利方面，如獲知貸款真實利息的權利，此為公平借貸；獲知品牌真實單位成本的權利，此為真正單位定價；獲知產品新鮮度，如標明使用期限；獲知食品營養價值，如標示營養含量；獲知產品的基本成分，如標示成分；獲知產品的真實利益，如真實廣告等是。
2.有關要求保護消費者的事項，包括加強消費者的保護，以免受到企業詐騙；產品設計應有高度安全性；政府機構應有更多的保護力量。
3.有關生活品質事項，包括：某些產品如清潔劑及包裝、飲料容器等成本與內容物的管制；應降低廣告噪音音量的管制；應在企業機構董事會增設消費者代表，以維護消費者利益等。

一九九七年消費者國際（Consumer International）協會修訂了全球企業消費者憲章（Consumer Charter for Global Business），確認了八項消費者權益，包括安全權（right to safety）、知情權（right to informed）、選擇權（right to choose）、被傾聽權（right to heard）、尋求補救權（right to seek redress）、健康環境權（right to a healthy environment）、

消費者教育權（right to consumer education）、基本需求權（right to basic needs）等。惟今日消費者權益更擴展了物有所權（right to full value）、隱私權（right to privacy），和代議與參與權（right to representation and participation）等消費者權益意識。

此外，消費者權益除了表現在消費者權益意識的領域上，也呈現在消費者運動的領域之內。今日，消費者運動的範圍隨著時代的變遷而日益擴大，由傳統的消費場域演變為當前的廣泛領域，甚而包括醫療保健和教育等均納入消費場域之中。舉凡醫療服務和教育服務均納入於消費者權益的相關法規之內，而受到類似於消費權益的保護。更有進者，由於金融市場的快速發展，持有股票的公民也愈來愈多，股民權益保障已成為政府要立法保護的對象，凡此皆為消費者權益的一部分。

最後，消費者個人有權利也有責任保護自己，不應依賴他人。當消費者對某項交易感到不滿意時，其可採取的途徑，包括：致函企業機構主持人、大眾媒體、各級政府機關，甚而訴諸於法院，用以保障自身權益。至於，企業機構無論是為了利潤的追求或自身形象的建立，在產銷之餘也必須兼顧消費者權益，以求共存共榮。

二、環境保護運動

消費者保護運動的重點，在於企業行銷是否能滿足消費者的需求；而環境保護運動的重點，則在於現代行銷對環境的影響，以及其在滿足消費者需求過程中所帶來的成本。所謂環境保護運動（environmentalism），是指由社會人士、企業和政府機關為保護和改善人類生存環境，而推動的一項組織性的運動而言。

環境保護運動所關切的課題，包括：地表採礦、森林砍伐、資源枯竭、工廠排煙、廣告牌豎立、廢棄物污染、垃圾危害、海洋惡化、水源缺乏、水土流失、物種滅絕、酸雨、臭氧層的消失、地球暖化等，對自然環境所造成的破壞。此外，該運動也關心休閒區域的喪失，及因空氣、水和化學物質污染所帶來的健康問題。因此，政府機關不斷推動環境保護法案，以管制會對環境造成衝擊的產業，並要求行銷和消費能兼顧環境的維護。

今日環境保護運動的開展，已要求產業行銷從事於維護環境的管制上。例如，鋼鐵業和公用事業必須投入巨資於污染控制的設備上；汽車工業必須投資於廢氣控制裝置上，並研究低鉛汽油和無鉛汽油的煉製上；包裝工業必須致力於降低垃圾廢物的新包裝之研究上。凡此都使得企業行銷必須面對環境保護的壓力。今日環保運動已由保護轉為預防，從規範轉為擔負責任。

今日企業機構為因應此種環保觀念的改變，除進行污染預防之外，在產品製造上期能使產品製程污染最小化，且使產品整個生命週期對環境的衝擊最小；並使所製造出來的產品容易回收、再利用或循環再利用。此外，許多企業機構都再進行綠化運動，擴展綠地空間；並從事於生態科技的發展，藉以控制植物成長和抵抗昆蟲侵害。再者，藉由產品與服務、製程和政策，而發展一套持久性的願景，以提供污染控制、產品經營和環境科技的新架構。

總之，企業行銷的目標，不應僅以擴大消費、擴展消費選擇和消費者的滿足為重點，更重要的必須以提升生活品質為重心。所謂生活品質的提升，並不只是消費者產品及服務數量與品質的提升，更應該是環境品質的提升。因此，企業機構的環保責任，就是在從事自然生態保育，防制各種環境污染，包括空氣、用水、噪音、固體垃圾、輻射等，並確實規劃、執行和控制環保倫理。

第四節　企業的社會責任行銷

今日企業機構類皆能體認，消費者確應享有獲知產品資訊的權利，和接受保護的權利。因此，許多企業機構對消費者保護運動和環境保護運

動，都表現了正面的肯定態度，以求能為消費者做周全的服務。企業機構在推行行銷工作時，必須著眼於行銷制度的最佳長程績效。為期達成這種績效目標，企業機構實應實現下列行銷原則：

一、消費者導向行銷

所謂消費者導向行銷（consumer-oriented marketing），就是企業機構的各項行銷作業，均能以消費者的觀點為觀點。亦即行銷人員必須針對特定消費者，瞭解其需要、服務其需要，並滿足其需要。為求達成此目的，企業機構必須對其產品和服務，做真實的報導，其效果就是在於增強消費者的信心，讓消費者在使用其產品和服務時，果真發現其優、劣點與事實相符合。如此，不僅能增進消費者的購買意願，也能建立公司自我力爭上游的意圖，更能提升自我的形象。這就是顧客價值與顧客滿足的建立準則。

二、創新性行銷

所謂創新性行銷（innovative marketing），是指企業機構能不斷地尋求真正改良產品和行銷的方式而言。一家企業機構若能不斷地求新求變，將可刺激其他企業機構跟進，終而促進整體社會的進步與繁榮。今日企業機構必須隨時發展其創意，使其產品和服務方式均能不斷地更新，不但為自我開創新的途徑，且能更為吸引消費者；企業機構若缺乏創新精神，必為社會所淘汰。

三、價值性行銷

所謂價值性行銷（value marketing），就是企業機構能將大部分資源，投入在未來具有經濟效益的行銷行為上而言。目前有許多行銷人員都舉辦一次性的盛大促銷活動，微不足道的包裝改善、誇大的廣告，這些在短期內或許能使銷售量大增，但對顧客卻無長期的真正價值可言。事實上，行銷人員應致力於產品品質、特性和便利性的提升，以增添產品對顧客的真正價值。明智的行銷人員應努力改善消費者從公司的行銷供應品當中接收到產品價值，以期能建立長期的消費者的忠誠度。

四、使命感行銷

所謂使命感行銷（sense-of-mission marketing），就是企業機構能以較廣泛的社會觀點來界定公司的使命，而不是以狹窄的產品觀點來界定。當企業機構能以較廣泛的社會目標來肩負其公司使命，必能使公司員工對工作更感到熱心，運用公司資源也會較為明確；且能體認公司在社會結構中所扮演的角色，並藉由不斷地創新來改善廣大社會的生活品質。當公司由「銷售消費性產品」的基本使命，重新改造為「提供利益給消費者、員工和其他社區」的更大使命時，將有更大的發展空間。因此，今日許多企業機構都能擔負起社會責任的活動，甚至將社會責任納入其基本使命之中。

五、社會感行銷

所謂社會感行銷（societal marketing），就是一家開明的企業機構在做行銷決策時，必然會同時考量消費者的需求、公司本身的需求、消費者的長期利益，以及整體社會的長期利益。企業機構若只局限於自身需求，而漠視消費者與整體社會的長期利益，將危害消費者和社會。開明的企業機構會體會到社會問題的呈現，正是一項市場機會的基礎。

具有社會導向的行銷者，不僅會設計出愉悅的產品，而且會設計出有益的產品。吾人若就滿足消費者短程利益和長期利益程度的高低，可將產品劃分為四種類型，如**圖21-1**所示。合意性產品（desirable

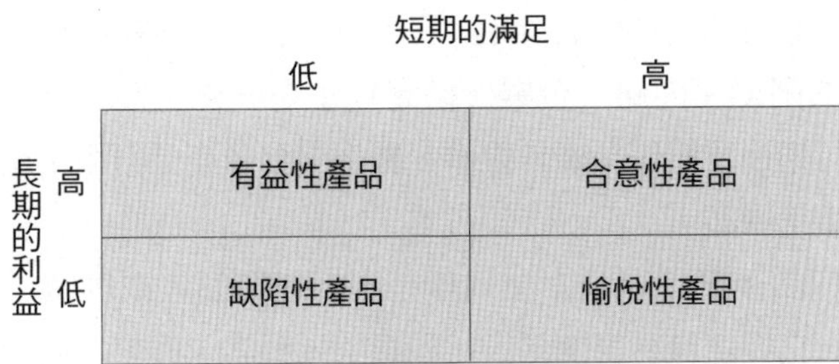

圖21-1　社會感行銷的產品類型

products），是指能同時滿足消費者立即性和長期性需求的產品，如可口營養的早餐食品。愉悅性產品（pleasing products），是指只能得到立即性的滿足，但長期上是有害健康的產品，如香菸。有益性產品（salutary products），是指短期不具吸引力，長期卻對消費者有益的產品，如汽車安全帶。缺陷性產品（deficient products），是指短期不具吸引力，長期也無益的產品，如味道差又無效的藥品。

在這四類產品中，愉悅性產品固可在短期銷售上極佳，但在長期上卻可能對消費者造成傷害。因此，在市場機會上宜創造一種新產品，以增添其有益的品質，而不致降低其愉悅的品質。有益性的產品之挑戰，則宜增加愉悅品質，使該產品在顧客心目中變成一種令人滿意的產品，如有益健康的食品再行降低卡路里和脂肪含量即是。至於缺陷性產品則必須同時改善其對消費者的短期愉悅和長期利益。合意性產品也可同時增加其短期滿足感與長期利益，而使該產品能繼續保有其特性。舉凡這些產品的改善，都在增進其社會感行銷。

第五節　企業行銷倫理的建構

企業行銷人員即使本著良心從事行銷工作，仍不免會面臨許多企業倫理的問題，而不知所從，當行銷人員的行動有利於企業機構，不見得有利於社會；而有利於社會的行動，又不見得有利於企業機構，此時便陷於進退兩難的困境。因此，企業機構實宜建立一套完整的企業倫理哲學觀，包括：行銷通路關係、廣告標準、顧客服務、產品訂價、產品開發和一般倫理標準等課題。

然而，何謂企業倫理？企業倫理是用以規範個人或群體決策與行為的經營原則。它與組織利害關係人，如員工、顧客、股東、供應商、經銷商、政府和社會大眾等，都有密切的關係。一般而言，企業倫理是指一種經營企業的是非對錯之行為準則。企業倫理的目的或準則，乃在使企業機構及其成員在做任何決策時，能合乎社會規範與道德。凡是所有行為愈合乎社會規範與道德者， 愈合乎企業倫理；反之，則愈不合於企業倫理。

在今日社會中，企業倫理已愈來愈受重視，其原因不外乎過去企業經營不太重視企業倫理，而引發社會大眾的反感。其次，企業機構已意識到忽視倫理，可能使公司或整個社會付出極大的成本。然而，所有企業機構和社會大眾也已體認到，企業倫理的動態性是相當複雜而具有挑戰性的。亦即要辨明何者是企業倫理，何者不是企業倫理，是相當困難的。例如，企業機構大肆推行廣告，固可促進產品的銷售，並滿足消費者的需求；但同時也造成視覺污染與社會習俗的改變。又如香菸的產銷，是促進產業和經濟發展的一項因素，但卻也危害到人體健康。這些都是企業行銷所面臨的難題。

通常企業倫理專家在解決上述難題時，常訂定一種企業倫理標準的順序，首先是社會大眾，其次是企業機構，最後才是個人。依此，企業倫理原則，一端是利己主義者；另一端為利他主義者。利己主義者以自我的最大利益為目標，總是以追尋自己的快樂為尚；而利他主義者以社會的最大利益為目標，選擇以社會最大利益為行動綱領。利己主義的企業機構常以自己的利益，如最大的銷售量和利潤，作為評估行動方案的準則。利他主義的企業機構可能衡量對錯的準則，以追求最大多數人的最大幸福為基準。不過，在實務上，無論利他和利己主義都無法提供判斷自身利益的方法，故而遵守正義原則是最可行的。

所謂正義原則，乃介於利己主義和利他主義兩個極端之間。利己主義假設個人能從行動中取得利益，則該行動就是好的；而利他主義則假設行動能產生社會利益，那麼該行動是好的。該兩項倫理準則，都是依據結果而設定的。但正義原則的倫理準則與此兩者相反，它乃係植基於行動的對或錯之理念，是依據原則而行事，並不是依賴結果而來。

基於上述三種倫理標準，企業機構似宜採用正義原則，較合於社會責任與企業倫理。但有學者認為要求企業機構採用正義原則，來實現利他主義，放棄利己主義，是不切實際的；而應採行多元化途徑（pluralistic approach）的方式，而將這三項標準依層次的重要性做安排。即主張企業機構決策的原則，應是：(1)社會利益置於企業機構之前；(2)企業機構利益置於個人利益之前；(3)所有的利益都應公開其真實性。

事實上，仍有人堅持：「企業倫理和企業利潤是相互排斥的。」實則，誠正的信譽和公平的企業實務是共生的，即使企業倫理對企業利潤沒有直接的幫助，但對企業利潤卻是有貢獻的。顯然地，企業倫理準則並不能限制非倫理的行為，但企業機構若不能遵守企業倫理準則，卻可能會為企業帶來損害。

總之，企業倫理和社會責任與企業利潤之間的關係，是相當明顯的。企業機構應在企業倫理上扮演重要的角色，並由最高管理階層訂定一套倫理標準，包括：公司的價值、信仰和倫理行為規範的書面文件；同時企業機構必須鼓勵全員參與，使之成為一種公司文化。如此自可協助企業社會責任與社會對企業機構行為期望的整合。

行銷叢書

行銷管理

著　　者／林欽榮
出 版 者／揚智文化事業股份有限公司
發 行 人／葉忠賢
總 編 輯／閻富萍
編　　輯／李鳳三
地　　址／台北縣深坑鄉北深路三段 260 號 8 樓
電　　話／(02)8662-6826・86626810
傳　　真／(02)2664-7633
E-mail ／service@ycrc.com.tw
印　　刷／鼎易印刷事業股份有限公司
ISBN ／978-957-818-942-3
初版一刷／2004 年 10 月
二版二刷／2013 年 1 月
定　　價／新台幣 550 元

＊本書如有缺頁、破損、裝訂錯誤，請寄回更換＊

國家圖書館出版品預行編目資料

行銷管理 / 林欽榮著. -- 二版. -- 臺北縣深坑鄉：揚智文化, 2010.02
面；　公分. --（行銷叢書）

ISBN　978-957-818-942-3 (平裝)

1.行銷管理

496　　　　99001288